中国美术家协会 编
马锋辉 苏丹 主编

为中国而设计
DESIGN FOR CHINA

第十届
全国环境
艺术设计
展览
作品 论文集

THE DESIGN WORKS AND PROCEEDINGS
OF THE 10TH NATIONAL ENVIRONMENTAL
ART DESIGN EXHIBITION

中国建筑工业出版社

图书在版编目（CIP）数据

为中国而设计：第十届全国环境艺术设计展览作品论文集 = DESIGN FOR CHINA THE DESIGN WORKS AND PROCEEDINGS OF THE 10TH NATIONAL ENVIRONMENTAL ART DESIGN EXHIBITION / 中国美术家协会编；马锋辉，苏丹主编． -- 北京：中国建筑工业出版社，2023.8
ISBN 978-7-112-28988-2

Ⅰ．①为… Ⅱ．①中… ②马… ③苏… Ⅲ．①环境设计－中国－学术会议－文集 Ⅳ．① TU-856

中国国家版本馆 CIP 数据核字（2023）第 140099 号

本书为"为中国而设计"环境艺术设计展览的作品、论文合辑。作品部分围绕"石"营造主题，从室外环境设计、室内设计、公共艺术设计、大地艺术设计以及家具设计几个方面通过我社建知微圈增值服务以及纸质图书相结合的方式，以图片和数字影像进行呈现；论文部分为围绕本次主题的对于该专业教学探索以及设计理念研究的相关论文。本书内容全面展现了环境艺术设计专业的发展方向和教学模式在新时代下的转变，为从事相关教学工作的院校和该专业的师生提供了一定的参考价值。本书适用于环境设计专业师生、从业者，以及对环境设计感兴趣的相关人士阅读参考。

责任编辑：唐旭　张华
文字编辑：李东禧
责任校对：芦欣甜
校对整理：张惠雯

扫一扫可阅览数字资源

为中国而设计
第十届全国环境艺术设计展览作品论文集
DESIGN FOR CHINA
THE DESIGN WORKS AND PROCEEDINGS OF THE 10TH NATIONAL ENVIRONMENTAL ART DESIGN EXHIBITION

中国美术家协会　编
马锋辉　苏丹　主编

*

中国建筑工业出版社出版、发行（北京海淀三里河路9号）
各地新华书店、建筑书店经销
北京富诚彩色印刷有限公司印刷

*

开本：880毫米×1230毫米　1/16　印张：19¼　字数：1103千字
2023年8月第一版　　2023年8月第一次印刷
定价：188.00元（含增值服务）
ISBN 978-7-112-28988-2
（41714）

版权所有　翻印必究
如有内容及印装质量问题，请联系本社读者服务中心退换
电话：（010）58337283　QQ：2885381756
（地址：北京海淀三里河路9号中国建筑工业出版社604室　邮政编码：100037）

序 一

  金秋时节，党的二十大在北京胜利召开，大会报告站在全面建设社会主义现代化国家、全面推进中华民族伟大复兴的战略高度，提出"推进文化自信自强，铸就社会主义文化新辉煌"的重大任务，提出了以中国式现代化全面推进中华民族的伟大复兴，为新时代新征程做好文化文艺工作指明了前进方向、提供了根本遵循、注入了强大动力。在这具有里程碑意义的一年，"为中国而设计——全国环境艺术设计展览暨学术论坛"迎来了第十届活动的顺利举办。本届活动由中国美术家协会主办，中国文联美术艺术中心、中国美术家协会环境设计艺术委员会、福州大学承办，福建省美术家协会、厦门市文化和旅游局、厦门市美术家协会、建发房产、联发集团、鼓浪屿当代艺术中心协办。

  中国美术家协会于2003年成立环境设计艺术委员会，并创办了两年一届持续举办的"全国环境艺术设计展览暨学术论坛"。二十年来，展览和论坛秉承"为中国而设计"的理念，始终观照着人居生活、社会民生、文化建设、创新发展、生态文明和美丽中国建设，一直参与着中国式现代化道路的铺设与构建。本届活动结合新时代设计领域的民生关切和社会热点，以环境艺术的"石"营造为主题，把环境艺术设计置于优秀中华传统文化的大背景和自然环境之中，担当起设计领域创造性转化与创新性发展所面临的责任，以期树立文化自信，构筑中国人的美好生活图景，同时为构建人类命运共同体的生态环境设计"中国方案"。

  展览自启动以来，得到了全国高校师生、企事业单位设计工作者以及独立设计师等广大设计从业者的关注和积极参与，共收到投稿作品755件，投稿论文146篇。经过评委会本着公平、公正、透明的评审原则，在中国美协规范的评审程序，以及监审委员会严肃认真的监督下，共评出入选作品231件和入选论文44篇。入选作品覆盖环境设计、室内设计、家具设计、公共艺术设计、大地艺术设计等多个类别，与时俱进地拓展了环境艺术设计概念的外延，体现了新时代设计者对中华传统文化与现代环境艺术设计的积极思考和热情关注。展览鼓励以影像为主要表达手段，同时辅助实物的展示方式，以立体化、多样化的环境艺术设计之美展现新时代的中华美学精神与审美风尚。本届活动发挥了良好的学术引领作用，也产生了积极的社会影响，这些入选作品和论文集结出版，将为本届活动留下珍贵的学术成果。

  在新时代新征程上，从城市建设到乡村振兴，都为环境艺术设计提供了广阔的天地，"为中国而设计"也有了新的时代定位和新的发展方向，需要我们共同努力去探索、去创新、去实践。希望广大设计专业从业者积极践行党的二十大精神，将美术、艺术、科学、技术相结合，在继承传统营造精髓的基础上进行创新创造，用优秀的环境艺术设计服务于人民群众的高品质生活需求，为中国式现代化的建设发挥积极作用。

中国美术家协会分党组书记、驻会副主席、秘书长
2022年11月

序二

2021年4月19日，习近平总书记在清华大学考察时指出，美术、艺术、科学、技术相辅相成、相互促进、相得益彰，要发挥美术在服务经济社会发展中的重要作用，把更多美术元素、艺术元素应用到城乡规划建设中，增强城乡审美韵味、文化品位，把美术成果更好服务于人民群众的高品质生活需求。总书记的重要讲话，为美术工作者尤其是环境艺术设计专业的从业者指明了方向。人居环境是人们幸福生活的容器，而环境艺术设计专业正是一个肩负增强这个容器审美韵味、文化品位的专业，一直在努力践行并发挥美术在服务经济社会发展中的作用。

据统计，在全国高等院校设置设计学及相关专业数量排名中，环境艺术专业的数量排名第一，并且从2018年的1421所增至2020年的1830所，可以说几乎不到两天就增加一个，从中不难看出广大人民对美好人居环境的巨大需求，也进一步回答了如何更好地充分发挥美术在服务经济社会发展中的作用之具体路径。以此为基础，中国美术家协会环境设计艺术委员会构建了"两实、一虚、多点"的学术布局。"两实"，是指"为中国而设计"全国环境艺术设计展览和"中国空间艺术构造大展"两大学术活动，二者隔年轮流举行，一重"服务"，一重"美育"，并通过每届展览主题的设定，充分贯彻落实习近平总书记提出的"美术、艺术、科学、技术相辅相成、相互促进、相得益彰"的讲话精神；"一虚"指的是建立"中国环艺档案"的计划，将长期坚持系统梳理环艺专业的历史文献；"多点"是指广泛联合相关学术组织，开展丰富的学术活动。

2022年11月5日，"为中国而设计"第十届全国环境艺术设计展览在福州大学厦门工艺美术学院圆满呈现。作为二十大胜利召开后中国美术家协会举办的第一个展览，又是中国美术家协会环境设计艺术委员会最重要的"届展"，整个展览充分将二十大报告关于人与自然和谐共生理论指导贯彻到展览的作品之中，聚焦中国传统及当代的物质与非物质文化，发掘传统文化和当代生活融合与发展的多种可能。展览秉承"为中国而设计"的理念，立足中国优秀的环境营造文化与福建特色的地域特征，以环境艺术的"石"营造为主题。

"石"是人工营造的天赋，亦为开天辟地的伊始，作为一种自然的材料，是人类文明的重要载体。石是土和金的混合，因而具有土的纯厚、金的锐气。人类改造大自然的时候，以石攻木，而成具；以石生金，而成器；以石筑垒，而成城。石曾是人工建造的骨骼，石造的结构是建筑的开始，也是屹立在废墟上最后的领地守护者。它曾是建造者关于永恒的想象，并诞生了众多的形态，形成了无数奇妙的组合。石还是人工环境的皮相，影射着星空、大海、径流和荒原，它让建筑的内部成为一个个小型的宇宙。在钢结构肆虐的今天，作为表皮的石变得越来越薄，一片片干挂在建筑的体内和体外，维护着那些古老的诗意。

入选的作品及论文充分体现了党的二十大报告与相关理论的指导精神，以"美术"为目标，以"艺术"为路径，以"科学"为基础，以"技术"为手段，坚持四个自信，努力为国家、社会、人民的幸福生活而创作，将二十大报告及相关理论充分物化为体现新时代中国特色社会主义的一个个环境艺术作品，一切为了人民，在实现中国式现代化的时代征程上埋头苦干，奋勇前进，为更广阔的人类命运共同体构建贡献"中国方案"。

中国美术家协会环境设计艺术委员会主任
2022年11月

目 录

序一
序二

入选作品

自然生长——重庆巴南矿坑遗址温泉酒店概念方案设计 / 孟凡锦 曹睿 阮润海 徐梓榕 / 15

"温、良、恭、俭、让"红石帐篷营地概念设计 / 石大伟 陈沙桐 / 16

洞天——秦淮文化数字体验中心 / 黄正元 雷昊玥 邓少健 贺雅然 卓尔 / 17

山石艺生——"石"艺术中心室内设计方案 / 罗广宇 / 18

洞天仙居——基于中式传统文化语境下的太湖石空间设计 / 朱红艳 范志豪 傅琍璇 / 19

拜城县独库游客中心 / 迟燕 张琰华 / 20

化石·泡园 / 杨一丁 林红 刘凯仪 卢浚文 李骏铭 / 21

茅台酒厂"茅草台"思源文化广场 / 张鹏 孙继任 朱罡 王依睿 李灿 / 22

自然而然的际遇——玉石荒料场的可持续再生设计 / 梁青 丁梓健 王恒青 / 23

漱石枕流——天津市蓟州区大峪村石文化民宿社区中心设计 / 孙博序 李子璇 刘婉婷 / 24

烂柯弈梦 / 陈雨菲 贺顺畅 林国航 / 25

TIME·中勘双创园 / 程辉 / 26

太阳村——陕西服刑人员子女救助站建筑·景观设计 / 海继平 周岢薇 陶然 柴幸幸 李智飞 吴颖洁 / 27

重塑——重庆市南坪东路城市更新项目 / 魏婷 冉振星 韩雪玲 李正阳 谢思雨 廖昕芫 / 28

"石"来运转 / 罗曼 / 29

石载文明 风流襄汉——襄阳博物馆常设展序厅空间设计 / 杨满丰 刘健 赵时珊 王泓月 / 30

"石"间胶囊 / 李晓媛 / 31

"石"营造到"市"营造 / 陈淑飞 / 32

以石为生 / 余毅 梁军 高小勇 王珩珂 / 33

公共艺术计划——一条大河 / 杨朔 涂永麒 曹力文 孟锦程 丁筱 / 34

叠石说 / 龚立君 张君 / 35

观音听石 / 张黄宇 宋子樱 / 36

富春山居——书房产品设计 / 卓凡 薛文静 沈晨曦 / 37

玉石建筑空间环境设计 / 郑小雄 / 38

一碗双皮奶的诞生 / 蔡信乾 / 39

梦回长安——城市触媒理论下的唐长安城 元·空间叙事性探索 / 曹子森 徐廉发 董怡雯 尹祥至 / 40

顽石有灵 闽园有情 / 黄智 / 41

旧园改造中的"石"循环 / 沈实现 何洋 / 42

抽象的自然——北京泰富酒店室内设计 / 崔笑声 / 43

石毓山泽 艺韵新风——迪拜世博会中华文化馆石文化专题展 / 柳棱棱 邹鸣箫 黄蔚萌 / 44

异质舞池 / 陈天阳 李子玥 俞岱瑶 / 45

方寸·琢——福建非遗寿山石雕技艺馆展陈交互空间设计 / 高宇珊 / 46

砖筑陶生——阳泉市郊区耐火砖厂改建设计 / 李德承 董昕宸 阴金辉 / 47

留村毛主席路居地文化园 / 丁圆 王伟 党田 赵智然 / 48

乌镇北栅啤酒厂老厂区改造与更新设计 / 陈立超 / 49

石忆—鼓家 / 陈湘子 聂若飞 / 50

忆"石"痕 / 陈晓菡 罗唯珂 / 51

巧于因借，精在体宜——昆明龙门观景平台设计 / 陈新 / 52

洞·见——重庆南山石头酒店曲面薄壳建筑设计 / 陈兴达 屈潞玲 金宗贤 / 53

到灯塔去——基于集体失落状态下的海石观象台设计 / 陈沅儒 郑翰 吴婧 顾辰雨 / 54

西南地区传统村落保护与发展规划设计与实践——以重庆市梁平区观音寨为例 / 陈中杰 / 55

过去·现在·将来——杭州岑岭矿坑遗址环境设计 / 迟珂 罗浩文 吴佳丽 / 56

镜花水月——幻空园石景营造 / 代锋 / 57

"隐逸绮园"，邂逅山水 / 丁艺文 / 58

燕翼·围石乡境 / 方强华 于吉发 李江 徐家鹏 / 59

归·园·居 / 冯丹阳 崔罡 董贤珠 / 60

倾听松石园 / 冯亚星 项泽 刘高睿 戴利 / 61

缘石而生 / 郭辉 罗雷 原野 刘强 丁瑶 苏鑫 阳沁芮 郭文涛 冯博威 蹇永洁 / 62

石中岩语 / 郭明瑞 田承晟 袁寅 / 63

基于乡村地域特色的景观建筑规划设计 / 韩卓鑫 / 64

石作——环线凝声 / 何东明 童虎波 郄琪格 陈雨夏 李斯焕 邓鼎 王泽伦 樊盛武 毛雨 章雨萌 / 65

叠石胜景——海之礁 / 何锐 唐大为 周韦博 / 66

石·忆——琼北火山石民居更新设计 / 贺虎成 / 67

方玫——平阴县北石峡村玫瑰产业展览馆及周围景观设计 / 黄河清 / 68

野间书院 / 黄红春 吴玥 王之育 杨毅诚 陈龙国 / 69

拾光梭暻——西安国棉三厂旧址环境改造设计 / 江艺恬 陈怡馨 许梦瑶 / 70

与尔共潮生——礁石潮汐互动下的渔村文化空间设计 / 金盾 曹周楚楚 / 71

因石而构——原乡度假村景观营造 / 康胤 於劭扬 杨涛 周美娇 李勇涛 / 72

金"石"为开——枣庄市翼云石头部落风景区民宿设计 / 孔令夏 胡力文 田家澎 丁喆 张勇 / 73

山水之乐·玩石之趣——重庆石坂镇采石场地质科普中心规划设计 / 雷云霓 张显懿 徐若芸 / 74

岩街石院——山地旧城的新"石"空间 / 李超越 蒲萍 王芷萱 / 75

历炼——中钢集团西安重机有限公司废弃工厂改造设计 / 李润泽 司竹韵 / 76

"石·植"——石与植物组合的现代转译 / 李圣哲 陈映彤 / 77

红岩·碧玉——红山文化主题广场设计 / 李艳 吴俊辰 王先桐 / 78

"石棱"乡村民宿空间设计 / 李永昌 彭立 张惠 / 79

武汉剧院——文保修缮性设计研究 / 梁竞云 范思蒙 丁萧颖 李津宁 许琳 / 80

平行石间 / 梁锜 董含 / 81

山野听溪 / 林佳丽 骆瑶 李浩宇 / 82

银谷石院 / 刘涛 谢睿 郭宇 黄亚蕾 李欣溢 石一淇 / 82

千山暮雪——石头主题精品民宿设计 / 刘威 陈晓丹 张怡 / 83

乾隆花园 / 刘永颜 王若璇 / 83

叠石为山 / 刘宇 韩福森 郝语 / 84

长白山区乡村记忆的在地性表达——河源镇小吉祥村山居文旅设计 / 刘治龙 赵丽丽 张濛濛 蔺旭 / 84

石器新说——恒合土家族乡箱子村石砌圈舍改造设计 / 柳国荣 / 85

映射乡土——四川彭山江口镇石坝村乡村特色公厕营造设计 / 龙国跃 王刚 项勇 王博 王艺涵 / 85

爿墙之间 树荫之下——西安市鄠邑区蔡家坡剧场织补空间设计 / 卢琳 张雅雯 / 86

山水以形媚道——矿山废弃地纪念性景观空间设计 / 吕鹏杰 陈怡帆 徐华颖 / 86

"石间"——伊通满族自治县保南村康养民宿设计 / 吕雪晖 王萌 陈禹辰 / 87

北川——中华兵器博物馆建筑及室内设计 / 马品磊 姜昱莹 尹梦涵 张明昊 岳建宇 韩鹏宇 高金亮 赵清泽 周雪丰 张玉伟 / 87

阿朵土司府遗址设计 / 马琪 董津纶 陈馨宇 王鹏翔 周艳 代学熙 / 88

一池三山 / 牧苏夫 孙清业 / 88

无限之道 / 潘延宾 顿文昊 丁凯 郭凯 钟鑫宇 吴琛 杨思怡 李畅 / 89

石破天明 / 钱艺璇 褚阳宇 / 89

守望天山·独库公路纪念 / 钱缨 朱瑾文 何显扬 张百聪 / 90

南山南城市矿坑公园一号坑概念设计 / 邱俞皓 钱程 / 90

书山——开放的园林图书馆 / 曲婧 沈泽洋 / 91

乡——石营造主体创意设计 / 全莹 / 91

黑岩七院——红色文化教育院落组团设计 / 任志远 / 92

灵雾太湖——无锡市和风路（清舒道）公交车站台及场所设计 / 容颖熙 陈书培 / 92

石轩 / 沈杰伟 / 93

果香峪石基底风貌优化导则 / 沈莉 殷长安 梁泽立 / 93

知其白，守其黑——金华山九龙石灰岩矿坑公园 / 施俊天 罗青石 王啸龙 魏玲珺 江婷 王晓敏 付婷 周畅琪 / 94

游园观石 / 宋凯凡 龚雨萌 尹紫东 / 94

李疙塔艺术康养社区保护与发展规划设计 / 宋润民 梁冰 刘玮 袁博生 / 95

舟石沧水上——运河沿线城市环境更新计划 / 唐兰慧 于琬珑 赵益弘 / 95

硼石溯水 / 陶锦程 刘思源 萨仁满都拉 王喆 / 96

绯屿——关怀性视域下女性疗养空间设计 / 汪行雨 彭湘蓉 吴丽君 陈佳 / 96

石门别院·世界文化遗产与乡村振兴——石马镇城乡融合示范项目 / 王比 丁嘉 韩勇 / 97

松·岩·雪·浴 / 王辰 / 97

石阡厝影——泉州市涂岭镇樟脚村文化综合体设计方案 / 王海宇 张玉楠 毛佳怡 / 98

"石生"敦煌荒漠化治理——小型多功能生态馆设计 / 王嘉慧 / 98

光之墟——广西空难事件纪念性墓园空间设计 / 王嘉琦 段洛丹 郑军德 苏哲 蔡玉蓉 / 99

金石之计——乡村环境中纪念性景观的探索 / 王平妤 谭笑 赵浩源 / 99

石为骨与土为肉的陕北石箍窑营造——榆林市麻黄梁艺术家村落生土窑洞改造设计 / 王晓华 薛茹意 林忆琳 董凡歌 潘朵 王松彬 / 100

磐石活水——传统文化研学体验馆庭院设计 / 韦爽真 廖伟 黄永灿 王宇轩 孙凯 袁小超 何科后 / 100

石与木源——行为模式分析下昆明盘龙江社会化便民空间设计 / 吴春桃 / 101

"如石"特色民宿建筑设计——以西井峪石文化为例 / 吴雨航 宋婕 刘晓倩 / 101

造山——"石"营造下的景观建筑小品设计 / 吴韵婷 / 102

青石·烟火——重庆市南坪正街南段街道更新计划 / 肖宛宣 / 102

石间 / 谢明洋 潘卿媛 王丹 / 103

山与石——重庆三河村美术馆 / 熊洁 张坤 罗玉洁 陈杰斯睿 刘静姝 李思懿 王若云 / 103

石间市井——桥下遗址公园再设计 / 徐晓慧 张靖力 王虹鉴 / 104

石间乐园 / 徐曌 / 104

云间之石——城市文化观景台设计 / 徐祯辉 徐雨鑫 毕倬源 / 105

石之营造·夷陵之眼——三峡大学南校门设计 / 徐征 王敏 汪笑楠 邢祥龙 卞梦瑶 陈文龙 谢东欣 李冰 / 105

石缘忆事——"石"文化景观 & 公共艺术设计 / 闫飞 蒋许可 史博文 陈雨馨 李凌云 / 106

言石——基于石之营造下的姜家镇书院改造设计 / 晏晶晶 余文玉 / 106

天书巴语——半山崖居图书馆环境设计 / 杨吟兵 陈琦瑛 秦晋 王心怡 周远龙 / 107

砖石之筑 / 印玥 沈暾 唐俣 / 107

岩启——螳螂川元宇宙与碳中和绿色产业园交互景观与生态修复设计 / 张海辰 徐煜程 颜玥莹 韩智宇 / 108

魏家沟村改造设计 / 张梦楠 肇启媚 陈雨佳 / 108

石源忆梦——基于古典文学的现代园林景观实验性设计 / 张倩 王影 何红燕 / 109

大家的洙凤村——浙江上虞市下管镇洙凤村知青文化设施设计 / 张维 刘勇 郭锋 张一鸣 梅振 沈真祯 /109

依山而居，垒石为室——基于羌族地域文化视角下民居衍生设计 / 张旭冉 荣振霆 / 110

石不语，圆融自愈——大裕自然艺术疗愈山庄概念设计 / 张泽桓 姚家琳 王兆辉 陆雨晴 乔颖 / 110

水出白石，日出东山 / 张紫蕾 张本政 韩青原 黎佳兴 / 111

栖石园——拟在画中学 / 章艺竞 杨望筝 陈妍洁 / 111

山水石承，竹纸为赋 / 赵骏杰 田雨阳 陈思聪 吴望辉 / 112

镜水石堡——贵州省安顺市云山屯村文化中心设计方案 / 赵倩 卢颖萱 林昕瑶 / 112

山之宿·石之魂——西安市终南逸民宿空间规划改造设计 / 赵旸 徐鹏元 史鹏飞 于佳慧 叶丘陵 赵青山 / 113

以石为营 聚石为陵——李庄天景山烈士陵园 / 赵一舟 任洁 王鑫 张丁月 陈飞龙 李陈美子 / 113

石之营造，神秘夜郎 / 赵永竟 王科蓝 程智勇 赵千山 / 114

天坑石屋——重庆市巫山县下庄村老房改造设计 / 赵宇 石永婷 张弛 吴凯 姚远 / 114

"七个鸡窝"——乡土遗产的文旅更新 / 郑昌辉 孙青丽 任新科 / 115

阵痛的仪式——基于舞剧《春之祭》叙事结构的实验性空间设计 / 郑炜杰 汤镇 / 115

石焱——浙江乌石村民俗文化体验馆设计 / 周然 叶琪 / 116

共生·寻忆——玉溪青花街工业文化景观重塑设计 / 朱芳仪 / 116

环石为骨，同乐同情——重庆九龙坡区同乐园更新设计 / 朱猛 张帅 李佳蓬 胡梓毓 夏秦锐 / 117

风雨栖宵——基于阳泉大村村窑洞建筑的修复与改造 / 邹明霏 李朋威 徐赫 / 117

垒石为山，水穿石行——半山植物园景观设计 / 邹欣辰 王柳涵 / 118

石材重塑——空间再生 / 鲍晓寒 何向 陈艺樟 / 118

十五念·文人风骨成套茶席 / 蔡万涯 / 119

内蒙古巴林石雕展览馆 / 常圣杰 / 119

石浦渔村养老型建筑空间设计 / 陈柳伊 林素素 陈俊杰 谢宇挺 徐凌骏 / 120

石过"镜"迁——石头记叙事性展示空间 / 陈思嘉 邵钰珺 郭欣雨 / 120

原乡——古窑遗址下的知青人居空间探索 / 陈扬杨 / 121

车辚马萧，西戎绝唱——马家塬战国墓出土车乘文化展 / 陈轶恺 毛坤卫 李昌峰 冯长哲 / 121

"石"说时令——基于节气文化的养生餐厅＆爱心厨房设计 / 陈雨馨 / 122

欢庭惬舍 / 戴南春 / 122

邻里之间——红砖旧有建筑改造与革新 / 董骏 / 123

太湖山居 / 杜嘉颐 杨东龙 / 123

地壳元素——矿物岩石展览馆 / 段裕祥 宋航煜 / 124

石韵·敦煌石窟文化艺术体验中心设计 / 范蒙 李旻轩 张佳瑞 / 124

遁石幽居 / 郝卫国 侯宇 吴赢利 / 125

出砖入石——泉州南站室内设计 / 何凡 罗浩 / 125

石·触——大足石刻主题文创坊 / 洪秀玲 林涧 陈斯斯 / 126

品·石光 / 黄彩雁 李裕鹏 / 126

二次重生的"水泥筒"——富平·美原水泥工厂空间再生 / 孔楚楚 田孟宸 / 127

青云书院文创馆空间创意 / 李建勇 李晓亭 张建勇 / 127

"寻石愈天"沉浸式体验空间设计 / 李金 罗云仪 张文雅 单绍峰 / 128

"石"面埋伏——乡村振兴背景下的福建农产品展销空间设计 / 李晶涛 肖海兵 陈诺 黄境怡 / 128

叠石·叠时 / 李屹 赵若愚 / 129

镜石——石乡 / 李禹辉 / 129

一剑临尘 / 林祥鹏 胡语涵 杨梦琛 / 130

新景石韵 / 林志明 / 130

大地之石——艺术家乡村驻地计划项目设计 / 刘蔓 李蕾 / 131

石头记·忆——那时那石生活器物展 / 刘正法 杨杰 许李军 王永健 刘志达 / 131

岩石星球 / 罗子安 / 132

新疆石文化岩画馆 / 马霞虹 赵晟旭 倪啸 / 132

益闲——建筑综合体设计 / 毛咏飞 / 133

石融匠心——福建非遗寿山石雕文化博物馆展陈交互空间设计 / 潘吟之 魏必航 / 133

石非石——音从何来先秦石磬器物展 / 彭一名 郑斌 / 134

禅意石观 / 任孝臣 / 134

石营造——新疆林基路烈士纪念馆设计 / 盛新娅 / 135

藏窑 / 王海亮 白雪婷 王蓉 刘波 魏静 / 135

正向艺术空间改造设计 / 王俊磊 黄迪 / 136

归去来兮辞——长白山文化精品度假酒店 / 王鹏 田惠中 / 136

无界·商业空间设计 / 王婷玉 / 137

传奇都会——新佛山博物馆历史文化陈列展 / 王永斌 郭梓豪 王培锦 张丽珠 吴诗艳 陈冬怡 李涛 林娴满 / 137

海纳百川——豫园站 / 吴旻 黄凯 熊星 金妍 陈佳维 / 138

他山之石——景德镇创作中心空间设计 / 吴宁 / 138

谧·石 / 吴思菲 张书雨 / 139

大足石刻新游客中心室内设计 / 夏青 邹建 唐金贵 王洪 陈瑶 / 139

石·反转·器 / 许慧欣 王妙孖 常晓庚 / 140

温度——石材在民宿空间中的运用 / 薛宇 / 140

石城人海——以"石"为鉴，城市反思主题展览馆 / 杨蕙如 梁嘉钰 李祥天 徐昀博 / 141

"焕新"——英格苏驼奶旗舰店设计 / 杨舒羽 / 141

石之独白 / 叶隽洁 / 142

石韫玉而山辉 / 于博 胡书灵 冯佳依 宗子晓 张静丹 孙梦阳 / 142

"共同生活"老年社区空间设计 / 于林 / 143

秀丨怀石料理 / 张健 刘利剑 周海涛 高家骥 曲纪慧 / 143

浮游石阶——第二届"三重阶"中国当代手工艺学术提名展展陈空间设计 / 张雯 李恩锡 / 144

山川故鲤·泉州宴 / 庄焕阳 / 144

汴梁艮岳梦——艮园 / 胡亦菲 张宁 黄思颖 / 145

禅石椅 / 张胜杰 / 145

五色石 / 李慧珍 徐泽鹏 / 146

碑镜石鸣 / 毕亚鹏 王珏琪 陆体卫 樊婉怡 / 146

逐梦系列 / 陈坚坚 / 147

四十非石 / 丛龙 / 147

川剧主题展览概念设计 / 戴千惠 程茜 / 148

石·文明 / 戴怡雯 胡沁怡 / 148

石光隧道 / 单思琦 傅文淇 许的芝 / 149

落没"石"光——水下古村石牌坊遗址展示体验空间设计 / 段菁菁 章隽闻 陈歆 程映熠 / 149

她·石 / 戈楚灵 黄萧熠 何颖 徐扬 / 150

一石一乾坤 / 洪文静 / 150

Bleeding / 胡力文 / 151

空 / 胡余 张宇航 / 151

米芾拜石 / 黄雨欣 / 152

园林 1 号——自然之心 / 纪明亮 / 152

石门残影 / 蒋许可 史博文 陈雨馨 李凌云 / 153

以"石"为基——劳模主题公园景观设计 / 金常江 朱大帆 胡晓华 那艺凡 赵晓宇 / 153

镜石 / 郎郭彬 姜可欣 吕成昊 顾佳瑜 / 154

朱文鉴今——朱子文化城市景观小品设计 / 李安飞 / 154

天地幕 山石媒，共自然 / 李万曦 廖丹 / 155

塑石之化 / 梁炳林 孙志恒 樊宇辰 / 155

石记——城市工业太湖石 / 林庚荣 / 156

"浪"出"石"间——厦门市高集海堤铁路遗址设计 / 林涵瑜 / 156

迹·忆 / 刘皎洁 郭盼 孙民泽 徐冰缘 / 157

楼兰驿站 / 刘卫平 赵俊 齐笑 / 157

石语 / 刘哲 / 158

裂缝：破与生——重庆渝北矿山公园大地艺术设计 / 裴国栋 杨灿 谭林丰 黄文康 / 158

风的轨迹 / 钱程 / 159

玉出于山 / 宋刚 / 159

大地时钟 / 唐方 马鑫 余深宏 / 160

黛云 / 王志勇 / 160

石相众生 / 王卓 吕海岐 李永康 王春娇 / 161

石与世 / 吴祉珞 魏颖臻 廖嘉敏 / 161

林壑石吟 / 杨童禹 张斯容 贺芯玥 缪灿 周一凡 / 162

垠没 / 张宸龙 / 162

笙磬同音——建一座山地间的"乐器" / 张苏洋 肖非雨 彭昊南 / 163

筑福 / 周铭楷 刘霁萱 / 163

入选论文

黔南布依族民居的石作工艺探析 / 尹婷玥 李瑞君 / 165

非遗语境下的文化空间数字化展示研究——以福建寿山石雕博物馆空间设计为例 / 潘吟之 高宇珊 / 170

记忆与乡愁：万松里石磨纪景观营造 / 曹文译 / 174

公共石雕的"环境美感"营造——以谢林"美感直观"为讨论视角 / 郑志刚 / 177

堆石成塔——韩国环境艺术中的石营造 / 丁凡 / 180

乡土景观中"石"意匠设计与意象创作探究 / 潘园飞 吴昊 / 183

"石"说新语——蓟州乡村文化景观中的东方审美观 / 郝卫国 杨云歌 / 188

石间与时间：环境设计的"断片"话语 / 陈珏 / 192

石之礼、石之异、石之美——"石营造"为特色的乡村景观形式美 / 冯越峰 / 196

中西方石营造的发展嬗变与秉性刍议 / 崔仕锦 范天宸 / 199

当代大地艺术中的山石重塑之探析 / 冯亚星 牟宏毅 / 202

东方魅影古石新韵——大足石刻与吴哥窟历史回顾、比较与展望 / 李子璇 孙奎利 龚立君 / 206

石窟艺术对建筑空间设计创新研究——以山西云冈石窟为例 / 韩雨琦 龚立君 / 211

天如惟则禅学思想中的狮子林假山 / 王珏 / 214

天然石材在建筑材料中的可持续性研究 / 李永昌 彭立 / 218

无用之用——中国传统陈设艺术中的石文化 / 赵囡囡 / 222

石刻纹样融入古建彩画创新设计教学探索 / 韩风 李沙 仇耿 / 225

从创作公共艺术《"石"来运转》论闽南民居"出砖入石" / 罗曼 / 228

唐宋时期文人赏石与诗画中的石意向研究 / 高家骥 张兴 赵莹 / 231

诗情诗意诗境——古典园林石景营造探析 / 李祥 / 234

从具象到抽象的形式更迭——砚石艺术在现代环境设计中的启发 / 代雨桐 / 236

"营石"的中国环境美学阐释 / 赖俊威 / 239

古代石刻景观艺术遗存在大运河洛汴段河图洛书文化圈中的价值 / 季云博 窦炎 / 242

乡土材料在乡村建筑的改造设计应用研究 / 吴春桃 / 245

中国传统造园艺术中"石"的纪念意义 / 朱文豪 / 248

借古开今，以古为新：山石景观设计理法 / 温瑀 / 250

真趣与真意——从禅意营造角度再识苏州狮子林大假山营造 / 王博文 陈悦 / 253

图像学视域下明代绘画空间中的石景考证与营造特征研究 / 赵宇耀 龚立君 / 256

顽石无言最可人——浅析环境艺术中蕴含的石文化 / 滕云鹤 高颖 / 260

乡村振兴中的"石"营造——以济南北石硖村环境艺术设计为例 / 石媛媛 赵晓东 / 263

石为骨与土为肉的陕北石箍窑营造意匠文化 / 王晓华 / 266

士大夫对中国古典园林"石"营造的影响探究 / 徐志华 / 269

现代建筑空间"山石意境"营造方法探赜 / 殷健强 林韬 / 272

清江流域土家族聚落石作营造技艺传承及其环境艺术价值 / 辛艺峰 / 276

掇山的手法与空间艺术研究 / 孟琳 / 278

词与物中石的形态变化 / 何亮 尉鹏程 / 281

理石意味深求——中国古典园林置石掇山于现代石构景观的启示 / 刘迪 戴佳杰 / 284

闽南沿海石头厝营建策略研究——以永宁古卫城为例 / 骆佳 施鸿锚 / 287

浅析宋代砖室墓为载体的古代丧葬文化——以白沙宋墓一号墓为例 / 孙博序 孙奎利 / 292

垒石为居——环境伦理观下的纳西族民居营造特征研究 / 王珩珂 梁军 / 296

中日古典庭园置石文化与方式差异探究 / 张泽桓 彭军 孙奎利 / 300

论石在公园景观营造中的三重表达——基于胡塞尔的艺术图像理论 / 李佩璇 / 304

丽江纳西族宝山石头城村"庇护型"空间图式研究 / 朱力 张旎 / 307

景观环境中的石质雕刻艺术分析 / 周雷 周海彬 赵晶 / 310

为中国而设计
第十届全国环境艺术设计展览作品 论文集

入选作品

自然生长——重庆巴南矿坑遗址温泉酒店概念方案设计

孟凡锦 曹睿 阮润海 徐梓榕
四川美术学院

重庆巴南矿坑遗址温泉酒店，是一个景观性建筑，我们希望以一种"轻"的姿态来处理场地，探讨原场地粗犷的矿石遗留下来的空间美感与新建筑细腻坚定的建筑美感形成强烈的融合与反差，这也是当代建筑学所追求的自然的建筑，表达了建筑与环境的融合，突出了以"石"为造景元素材料的特征。

"温、良、恭、俭、让"红石帐篷营地概念设计

石大伟 陈沙桐
北京工业大学艺术设计学院

"温、良、恭、俭、让",为君子之道,遵从在地性原则,挖掘丹霞地貌红色石头背后的石营造内涵:1."温和"红石,不走极端;2."善良"红石,和蔼不与环境为敌;3."谦恭"红石,以石头的特性营造环境,凸显石头的结构本体;4."俭朴"红石,石营造不奢华,不做作;5."谦让"红石,石营造以配角出现在环境中,不与自然其他元素争宠。

作品以石营造为叙事主线索,以小鸟的视角和生活栖息地为叙事副线索,展现了一部红石营造的帐篷营地全景,结合传统文化儒学思想弘扬了石营造在环境艺术设计中的重要现实意义。

洞天——秦淮文化数字体验中心

黄正元 雷昊玥 邓少健 贺雅然 卓尔
天津大学

  本设计项目以太湖石为文化原型，以秦淮文化体验中心室内设计为题，在南京秦淮区真实场地内进行概念设计。项目包括：展示策划、建筑、景观、室内、视觉、产品、界面7项跨专业设计内容。

  本设计利用太湖石"瘦、皱、漏、透"的形象特征指导展示策划向外生成建筑、景观设计，向内指导室内、视觉设计；利用太湖石的文化内核，通过界面设计搭建虚拟平台，形成一体化的展示体验；"数字展示技术"为主要展示手法，强调场地文脉"明代城门三山门"的保护和发展。项目创造性地引入"非线性空间叙事"和"游戏化体验设计"两个设计亮点，达到"传承秦淮文化，激活南京自然"的最终目标。

山石艺生——"石"艺术中心室内设计方案

罗广宇
东北师范大学美术学院

"自然"与"艺术"是人类精神情感的重要载体。自然孕育着生命,艺术滋养着心灵。当自然与艺术相互碰撞、交融,便赋予了空间超然的生命。本方案为艺术中心室内设计,设计理念为"道法山石",以自然的山石形态、纹理、质地为创作要素,对山石的自然形态进行提炼,然后进行抽象化、艺术化处理,转化为室内的空间语言,让使用者在空间内感受到自然鬼斧神工的同时也感受到浓烈的人文艺术关怀。

洞天仙居——基于中式传统文化语境下的太湖石空间设计

朱红艳　范志豪　傅琍璇
上海大学

　　本次设计的主题基于"融居与人文"两个层次展开，以太湖石的孔洞为依托，将太湖石的孔洞空间与中国传统生活方式相结合，一洞一景。引发人们对于过去和未来理想生活场所的思考，以及对自身精神需求的反思。这是一次以石文化为载体的空间畅想，并在中式传统文化语境下进行的叙事性创作。

拜城县独库游客中心

迟燕　张琰华
新疆五方天成装饰工程设计有限公司

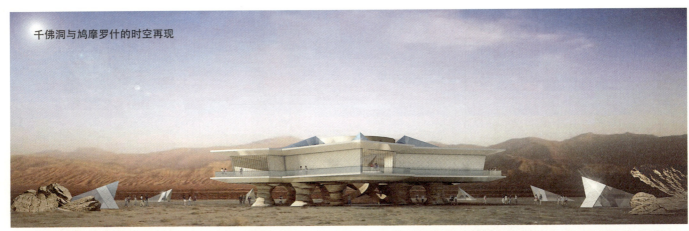

千佛洞与鸠摩罗什的时空再现

螺旋楼体DNA密码与3D全系照亮夜空

　　以生态景观体系建设为依托，以人文景观体系建设载体，以强烈的地域符号当地品牌建设为核心，以文化消费体系建设为目标，采用大绿化、大生态融合精品建筑、高端设施相结合的方式，突出文化特色，建设资源禀赋突出、文化底蕴厚重、产品结构合理、服务体系完善的文旅景观项目。

化石·泡园

杨一丁　林红　刘凯仪　卢浚文　李骏铭
广州美术学院 建筑艺术设计学院

　　石，由火、风、水的自然做功而成，又经历时间而幻化灵气，作为人居环境的营造材料，既保存历史的痕迹，也承载生活的温暖。中国古人称石头为"云根"，本作品取其形意，以气模材料和方式塑造"有灵的顽石"，将代表当下生活的图像、符号附于其上，表达对现代文明信息多向度的含纳与沉积，轻巧的"群石"与构筑物可响应周遭环境，进行多样化的组合，既减少因开采运输所造成的环境破坏和资源浪费，也为叠石造园传统增添别样的可能。

茅台酒厂"茅草台"思源文化广场

张駬　孙继任　朱罡　王依睿　李灿
四川美术学院

　　本方案位于贵州省仁怀市茅台酒厂茅台天街核心区，背靠下酒库，紧邻赤水河，占地面积8000平方米。茅草台与山水相连，场地呈退台式布置，视野开阔，以自然生态的方式融入传统的人文景观，打造茅台仰天、敬地、崇人的重点祭祀文化活动场所，并以思源九脉历练九形，形成以茅草台为中心，投射八点景观的文化公园形象创意设计，表达了茅台文化的传统中华文化思想的造物观，呈现了传统中国美学思想艺术观，沉浸式体验茅台浓厚的文化底蕴。

自然而然的际遇
——玉石荒料场的可持续再生设计

梁青　丁梓健　王恒青

福州大学厦门工艺美术学院　闽江学院

本方案尝试以可持续理念把玉石荒料场做成复合型功能场所，满足选料功能的同时又有着石料展览空间的另一番感受。通过场地空间功能的整理，植入游园的手法，营造了荒料场二十四景，创造出让人愿意漫游的一个有着粗犷自然、野奢感的新空间体验。可展石、可玩石、可选石、可品石、可漫游、可拍照、可登高，可自由寻找在荒料场中自然而然的乐趣，可能是一个寻找石料的过程，也可能是一场与石头的时空对话，实现玉石荒料场的激活再生！

漱石枕流——天津市蓟州区大峪村石文化民宿社区中心设计

孙博序　李子璇　刘婉婷
天津美术学院

　　建筑依山林而建，伫石于建筑之间，人行于廊道之上，产生人、建筑、自然之间的对话关系，形成和谐共生的局面。
　　建筑将山石作为原型，分为主要的三个体块，以当地村民以及来访游客的需求为导向，将功能置入其中，既服务游客也为村民提供便利，同时给予村子一个旅游的新地标建筑，给乡村旅游带来活力与生机。

烂柯弈梦

陈雨菲　贺顺畅　林国航
首都师范大学

　　场地位于浙江省衢州市石室山，为典故"观棋烂柯"的地点原型。方案整体设计以烂柯弈梦为主题，枕流漱石为体验，着力营造身名旦暮、壶中洞天的时空感受。

　　烂柯是人们以阴阳对弈寻求天道的一种想象，在故事中不仅仅对弈的双方是二元的，它们所处的空间与时间也在二元中变化，中国逻辑的要义，就是要寻求阴阳二元的最终平衡、超越天地时空的须臾方寸，在万物的流转不休、生生不已中，获得性灵的自由。

分析图

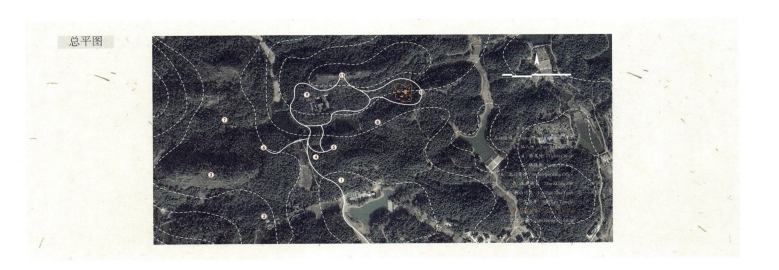

总平图

TIME · 中勘双创园

程 辉
首都师范大学

  这是一片20世纪50年代的央企仓储库区，城市周遭的机缘与变迁，使得城市一隅的这片场地北望植物园，南邻城市水系，颇有城市山林之意。要让这片场地更新成新兴的办公园区，不仅要对未来进行预估，还要以较彻底的改造方式，来实现最大的功能价值。游走于这样的空间，我想不仅是物居的植被山石，更是一种偏东方的自然回归和智乐于山水、放松自如的臆想。一个园区就是一个工作的更新场，多元而充满活力，是接纳身体与社会生活的容器，为逃离垂直城市创造了可能。城市更新不仅是空间的更新，更是实现人文性的社会关系重构。

太阳村——陕西服刑人员子女救助站建筑·景观设计

海继平　周岢薇　陶然　柴幸幸　李智飞　吴颖洁
西安美术学院

太阳村是无偿代养代教服刑人员未成年子女的公益机构。为太阳村儿童营造一个安定的环境是我们本次设计的目的。

救助中心在设计元素上以太阳为形态参考，营造一个热情、富有生机的放射状空间。本设计在理念上以"石"贯穿，塑造孩子平凡、质朴、坚毅的内在心理秩序。中心广场的主题标识设计，采用圭臬的基本形态，提醒孩子们做人处事的法度与标尺。整个空间水石环绕、空间结构层层递进，为儿童营造了一个纯净、简朴、明快、包容的家园。

重塑——重庆市南坪东路城市更新项目

魏婷　冉振星　韩雪玲　李正阳　谢思雨　廖昕芫
四川美术学院

　　本项目设计面积约 2500 平方米，位于城市主干道旁边一个荒废的绿地上。总体地形高差较大，南面临崖，自然景观好。场地内植物杂乱，缺乏休憩空间，使用率低。连接体育中心的阶梯步道陡，无停留空间，行进体验差。在设计中，注重功能空间的完善，增设观景、休闲平台及设施，丰富居民的户外活动。秉承"因石制宜、以石塑景"的理念，保留岩石崖壁，体现重庆的地域空间特色。大量使用水磨石于花池和景墙造型，地面铺装利用黑、白、灰三个层次的水刷石，形成丰富的图案肌理，营造质朴、亲切的社区小广场，为街区提供有活力、有吸引力的公共空间。

"石"来运转

罗曼
上海工程技术大学国际创意设计学院

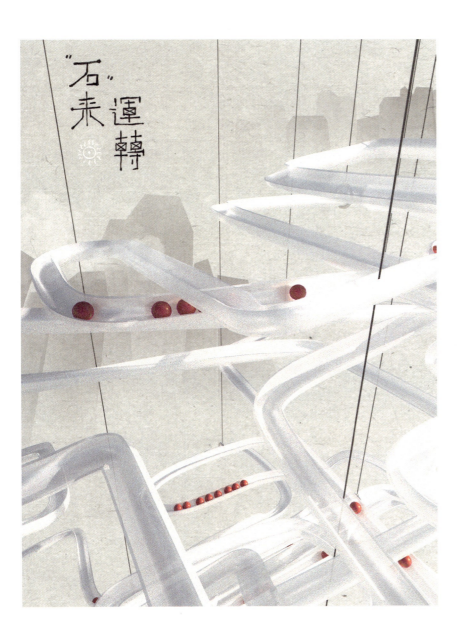

"三分天定、七分搏拼""三分天官庇佑,七分闽南百姓自拼搏",显之与人居围院,作"出砖入石",是为闽南一方自有独到之处,"遭乾坤之灵,值时来之运",人自生而向折路,求是,求真,握"石"机,方为"石"来运转。长路漫漫,道阻且长,前人之往,后世福享。战事频起,家国疮痍。闽南多石,自明朝退寇,群以桓材重修故园,曰"出砖入石"。其后亦称"金包玉""百子千孙",以觅得吉祥安乐之意。其用"出砖入石"以之居,为求平安喜乐、纳福求吉,更以示先人之所智、之所勇、之所无畏。战敌卫国、黯中存熹之志。授天赐佑,福泽万家,掷子问缘,投石解惑。公共艺术《"石"来运转》管道层叠错落,百转千回,如崖间悬路,盘于峰上,亦如人生漫漫,一波三折。掷子问缘,投石解惑,掷出"石"球,行于命途转折之处,求折中"转运",福至顺泽。天官赐福,风清云澈,日照东升,久霭终散。千疮百难,毅处于巅。雨终止,硝烟散,旧风不在,来日之路光明灿烂。望历史,启新朝,存美满之望。踏至新日,同问上天,再求福泽,以佑后世,"天公保庇,万事好势",承百姓未来之景愿,明日之朝霞,寄予虚冥之中,一处虔心期盼。如今,福建传统文化已经成为中国文化的重要组成部分,必将继续存善真、盼幸福,保佑中华大地风调雨顺,富强光辉,迎风面雨,终将《"石"来运转》。

谨以此创作献给"为中国而设计"二十年。

石载文明 风流襄汉——襄阳博物馆常设展序厅空间设计

杨满丰　刘健　赵时珊　王泓月
鲁迅美术学院

襄阳博物馆坐落于山峦蜿蜒奔腾的凤山东北麓，作为文化交融之地，石载文明凝聚了展馆的主题，空间将自然、艺术、人文情感交织融合在一起，带给体验者与襄汉文明之间的对话。石痕脉脉，巨石层层，石是时间的记录者，是人类文化的见证者，伴随着人类文明的发展和进步。石如一面镜子，步入其中，行走其间，映射出世间百态。借石观己，我对着石，犹如对着我自己。自然与空间共生，与石同立、与石同坐、与石同谈，从石中体悟襄樊之地的沧桑巨变。

"石"间胶囊

李晓媛
广州美术学院

作品是在对物质、非物质形式语言共用基础上产生的，两种语言彼此相生将传统再生。作品中利用材料、影像的融合，将原始、工业、信息，三个时代的物质营造现代的山石之态，山石之肌，来探讨被遗忘的时间与空间之间的再生关系。通过"重复叙事"尝试营造错置的山水性；感知视听在多个维度上放大了"石"间的表演性；利用抽象的"非自然叙事"打破常规石项的排列，使得传统的"信息""时间""声音""空间"超越"石"间本身。

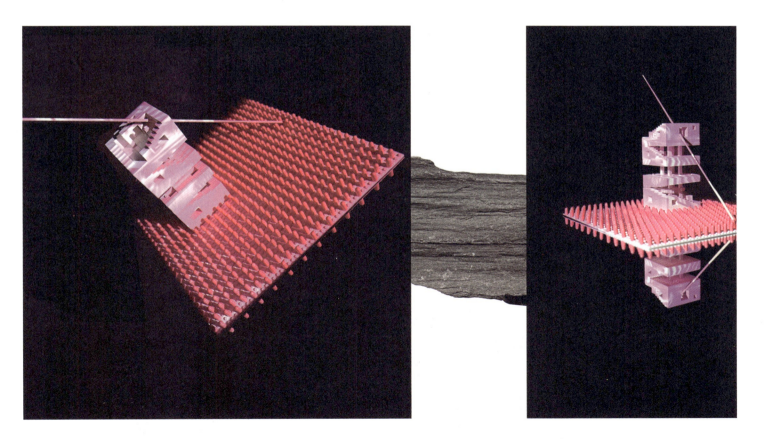

"石"营造到"市"营造

陈淑飞
山东建筑大学

济南商埠区万紫巷街区更新设计以筑石、叠砖、复市为设计理念，筑石为基，传承百年开埠精神；叠砖为策，延续街区历史风貌；复市为本，重构市井烟火景象。设计在面域维度延续街区肌理，线性维度重构空间序列，点状维度激活空间活力，重点对万紫巷西街以东、纬四路以西、万紫巷东街以南、仁美里以北区域进行设计，以商业广场、街区广场和邻里广场为主线，还原原生生活秩序，实现街区活力复兴，重构万紫巷街区繁华热闹的市井烟火气。

以石为生

余毅　梁军　高小勇　王珩珂
四川美术学院

乡村振兴正在推动着新一轮乡村旅游的热潮，保护和开发乡村地域文化成为当下亟须解决的问题。从古至今人类将石材广泛用为建筑材料与生产工具，生产力的快速发展使人类对美的需求更高，因此石头的运用不仅满足功能需求也具备装饰审美功能。设计"以石为生"是寻求在地的改变，通过设计与历史、与当地文化对话。本设计将当地材料与现代材料、当地建造工艺与现代建造工艺结合，演绎当下的"石头精神"，传承当地地域文化，促进乡村振兴发展。

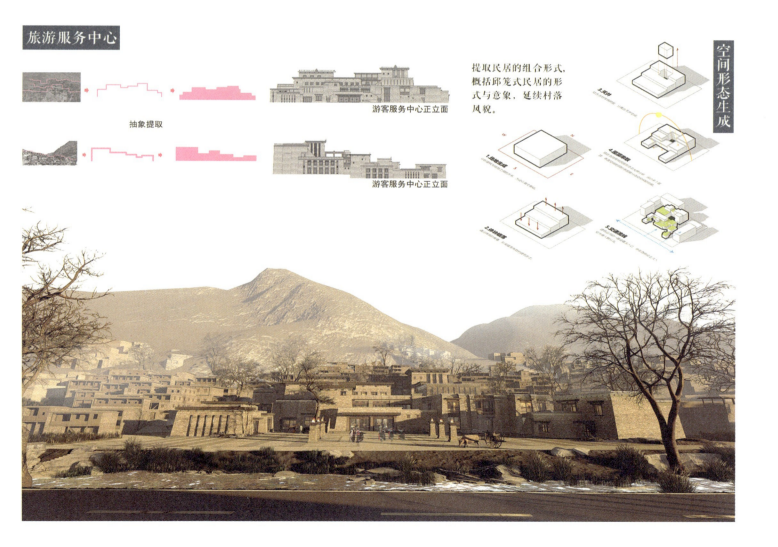

公共艺术计划——一条大河

杨朔 涂永麒 曹力文 孟锦程 丁筱
南京艺术学院

2021年7月1日中国共产党成立一百周年的当天,创作团队征集了全国1500多位网友写下百年建党祝词。随后,团队与这些代表当代红色精神传承的文字,共同来到红色革命圣地——井冈山,将这些有力量的文字,书写在红色革命老区的石头上,并汇聚于江西省莲花县沿背村的红军医院旧址广场上,让红色信仰通过艺术的形式,继续传承,分享给更多的人!

叠石说

龚立君 张君
天津美术学院

以古典的叠石技艺、现代雕塑的空间理念、中国画的构图，诠释现代环境中的叠石，再现中国人内心的高山流水。

叠石说 - 心中山水

叠石说 - 心中山水

观音听石

张黄宇　宋子樱
澳门城市大学　厦门华厦学院

该项目探索了居民和游客共享的和谐环境，利用声音和水的视听转换，将传统闽南石砖做了新的动态可视化处理。为联合国教科文组织（UNESCO）指定的音乐创意城市创造了促进文化交融与社会和谐的原型系统。我们开发了相互结合的两个系统，水振动系统带来可视化声音的振动；声学隔断系统拼接为游客的卧室，增强空间声音和节奏的可视化。通过音乐与"石"的视听呈现，建立当地居民与游客之间的纽带。

富春山居——书房产品设计

卓凡　薛文静　沈晨曦
中央美术学院　北京城市学院　网易（杭州）网络有限公司

追溯宋代帛画的简雅之美，
传承华夏经典的制器工艺，
塑造典雅平正的东方气质，
回归时尚质朴的生活美学。

　　从最原始的石器时代，玉石文化就孕育而生。中国书房凝聚着生活美学和国学智慧。本设计致力于将玉石文化与现代书房产品设计相结合，从本真出发，应用设计和造型手法，以玉石天然纹理为依托，从传统家具中提取精髓。该设计融合制器与美学，在书房空间中追寻"典雅平正"的东方美学价值观。

玉石建筑空间环境设计

郑小雄

厦门凌云玉石有限公司

玉石大厦的设计理念是打造"现实版琼楼玉宇",还原人们想象中的玉境天宫。为探索更多玉石在空间应用的可能性,建筑选用多种天然玉石,首次让玉石成为表达空间关系的主角,其贯穿于建筑的每一个布局中。天然玉石是大自然的瑰宝,每一块玉石都有着晶润光泽、绚丽色彩,触手温润细腻,材质天然通透。本设计不仅实现了对玉石透光特性的成功演绎,还有温润和诗意的诠释,让建筑艺术化,让艺术生活化。

一碗双皮奶的诞生

蔡信乾
广州美术学院

广州东山集合了幼儿园、小学、初中、高中等覆盖全年龄段的学区资源，但封闭式学校和灌输式教学，使各年龄层的教育局限于教室与书本。设计将尝试以情境式学习的方式弥补学校教育与真实情境生活之间的差距。项目以粤式传统甜品"双皮奶"为切入点，通过儿童、家长、社区居民共同参与双皮奶的诞生过程等一系列情境式学习，激发全年龄段儿童的认知力与创造力，并有助于学校教学的补充以及东山老城传统产业的活化更新。

梦回长安——城市触媒理论下的唐长安城 元·空间叙事性探索

曹子森　徐廉发　董怡雯　尹祥至
西安美术学院

一个城市的历史遗存、人文底蕴，是城市生命的一部分，是城市文化的根脉所在。然而，在当今城市建设快速发展、文化创新快速更迭背景下，城市文化已经逐渐丧失了自身的独特气质。我们的选题是站在未来学的元宇宙概念发展基础上，畅想城市文脉的保护与弘扬。以更加多元和多维的设计手法，再现盛世长安中的大唐文化、市井风情……使对唐代文化关注的体验者切身实地地感受唐长安城的盛达景象。

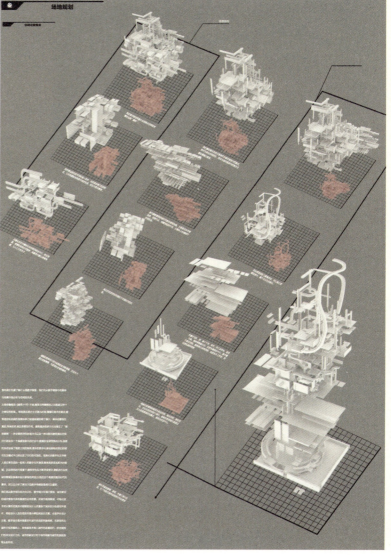

顽石有灵 闽园有情

黄智
厦门大学

  以石建园，见其秀美；叠石筑寨，显其稳重。
  这是中国人民的智慧，取之自然，取法天地。
  平潭园位于厦门大学翔安校区八闽园内，它独具特色，一石一瓦，一草一木，无一不凸显着平潭"石头城"的盛名，并将"石文化"迁移至平潭园，以石为景，以石为园，力求展示出平潭地区的自然人文风貌。
  平潭文化广场全部由当地石材构成，通过各种铺贴方式构成广场的地面和背景，特别是由火山岩抽象化的人字形屋顶错落于弧形的背景墙上，似海浪、似渔船、似海岛、似渔村。通过 16 块抽象化的巨石拼成"双帆石"形状的水池，池内铺满黑色石块，石间喷珠吐玉，流水潺潺。有石有水，石水相邻，相互衬托，显示出当地独特的石头文化和海洋文化。

旧园改造中的"石"循环

沈实现 何洋

中国美术学院 中国美术学院风景建筑设计研究总院有限公司

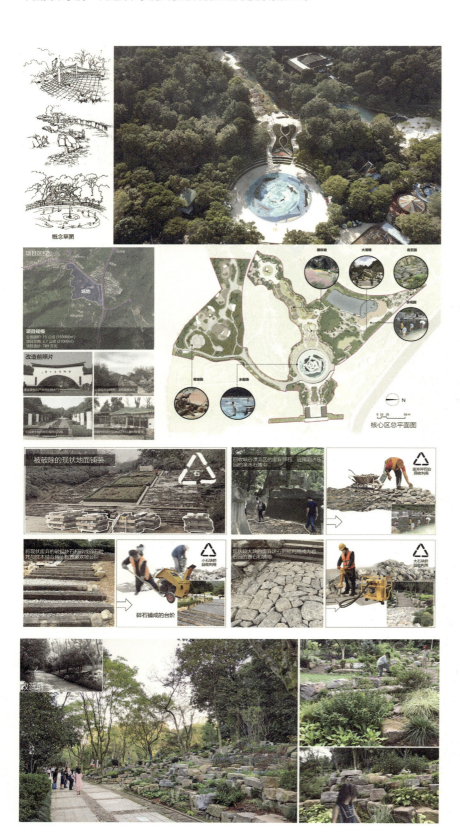

杭州少儿公园场地原来是满陇桂雨公园，中轴对称的古典风格与少儿公园不协调，园方希望通过改造增加欢乐活泼的氛围。一期面积2.7公顷，主要包括水剧场、撒欢坡、萌宠园、水乐园和岩石园。

本项目每平方米造价仅300元，设计团队采用多项措施以较低造价取得较好效果，而最重要的一点就是石材的循环利用，回收原有大台阶和大广场上拆除的石材，改造应用于砾石路、萌宠园、岩石园的景观营造，探索了环境艺术中的低碳设计。

抽象的自然——北京泰富酒店室内设计

崔笑声
清华大学美术学院

泰富酒店位于北京市海淀区学知桥西侧，也是燕京八景之一"蓟门烟树"的所在地。因此，陆续展开的室内空间设计顺理成章地沿着"抽象的自然"这个线索探索。酒店作为一个社会性的事件聚集容器，其空间解读不仅是具象的，更重要的是空间的品行、气质以及人们读到的信息。始于物质性，终于精神性。设计整体以形山、影林、烟屏、季相、气象五个关键词作为形式意境目标贯穿整体空间，以置景、描景、格景、凿景为具体设计操作手法，以多种技巧处理石材料的肌理和形态，从石材料的物质性中挖掘情感基因，升华为精神感受，从而呈现物象－意向－境象的空间感知关系。

石毓山泽 艺韵新风——迪拜世博会中华文化馆石文化专题展

柳棱棱　邹鸣箫　黄蔚萌
中央美术学院

此设计以"寻觅石之智慧"为线索，感受中国石文化的"形、质、色、意"，体会石文化背后的"艺、技、流、变"。通过"石之本、石之源、石之态、石之韵、石之艺、尾厅和文创空间"七个部分，讲述石文化的丰富内涵。通过研究"人""物""空间"的两两互译关系，从器形、艺术造型、传播的角度及质感、色彩、光线，赋予展厅情绪变化。提取石头结构的菱形元素作为展览设计的形式语言，让中国石文化能够在世博会舞台上展现出勃勃生机。

异质舞池

陈天阳　李子玥　俞岱瑶
华东师范大学

你有没有听说过这么一种场所——它容纳着简单的音乐、舞蹈的人群和自由的灵魂。2070 年，探月工程迈入新时期，人类在非地表环境建设起规模庞大的定居基地。

"异质舞池"就是这么诞生的。在这里，你可以忘记你是谁，你在哪，你需要做什么。将"月球基地"与"异质舞池"结合，是有意让"主流文化"与"非主流文化"产生碰撞。

历史似乎重现，文化似乎轮回。"异质舞池"象征着包容与归属、呐喊与解放，是属于普通底层人民的心理疗愈。

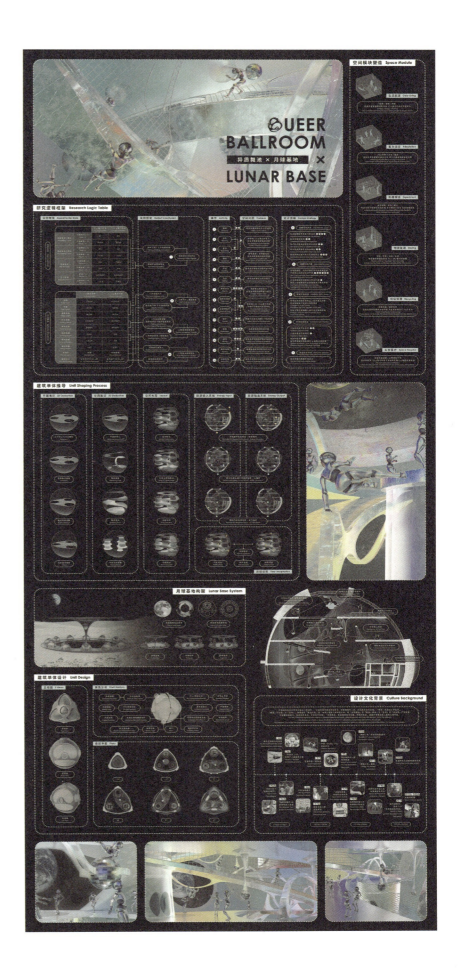

方寸·琢
——福建非遗寿山石雕技艺馆展陈交互空间设计

高宇珊
福州大学厦门工艺美术学院

以福建非遗寿山石雕技艺展示空间设计为载体,通过纵向的空间形式转化、横向的文脉梳理来构建易于大众学习了解福建寿山石雕工艺的窗口与平台。设计通过提炼寿山石雕技艺刀法的特点,将其抽象变形应用到展览空间中,完成"物"与"形"的转译,构建出独具特色的空间性格及空间特质,为观众营造一个具有寿山石雕技艺文化底蕴的展示环境。

砖筑陶生——阳泉市郊区耐火砖厂改建设计

李德承　董昕宸　阴金辉
太原理工大学

　　本次设计砖筑陶生：根据原有建筑以及陶的一些特点去做一些沉浸式工艺文化体验空间，想法是砖厂的消失，水罐的崩裂，水罐的水重新滋养这片场地，原来烧制的红砖重新筑成了一个个窑，而窑中所诞生的陶器则是砖厂灵魂的延续与重生。设计大量保留了原场地的拱元素。主要水罐改建则是采用陶片裂纹印象，场地铺装及建筑外立面肌理中采用了大量的砖石材质，希望可以保留砖厂的历史痕迹，也与主题相呼应。

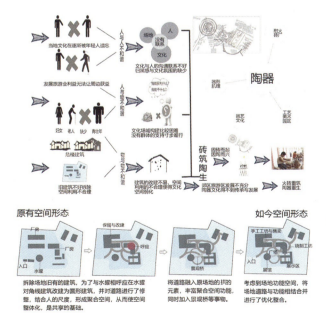

总平面

1. 陶生互动喷泉广场
2. 游客服务中心
3. 入园毛石步道
4. 入园二层活动广场
5. 砖陶水罐
6. 砖陶马赛克公园
7. 青石廊桥
8. 珐陶石桥
9. 陶生—活动广场
10. 陶器珐华器展馆
11. 烧制参观工坊
12. 陶器制作体验工坊
13. 工艺品售卖广场
14. 停车场
15. 餐厅
16. 百人表演厅

留村毛主席路居地文化园

丁圆　王伟　党田　赵智然
中央美术学院

项目位于山西省吕梁市石楼县，占地面积约32亩，建筑面积约760平方米。项目聚焦经典红色遗址和纪念景观方向，针对主题文化和场地环境一体化改造更新，以尊重和再现历史为原则，因地制宜、发掘场地现有条件。使用夯土和干垒技术构筑景观墙，形成纪念性场所的动线引导。核心景观区利用石沙还原《沁园春·雪》"千里冰封，万里雪飘"的景观意境。项目绝大部分工程依靠当地原生农民完成，以低成本的方式满足乡村改造的诉求。

乌镇北栅啤酒厂老厂区改造与更新设计

陈立超
中国美术学院

　　乌镇北栅啤酒厂老厂区位于浙江省嘉兴市乌镇北栅市河的西侧，场地三面临水，一面紧贴老旧村宅，是典型的具有江南水乡特征的工业遗产地块，政府要求将其改造为以戏剧制作和展演为主要功能的创意产业园区。本案保留了最有工业代表性的桁架、烟囱和外墙材料，并以其为基础，利用精细的"修补术"进行适度改造，运用结构包覆、节点细化、材质替换等多种手法，打造耳目一新的复合性工业遗产建筑群，实现工业遗产资源的再利用。

石忆—鼓家

陈湘予　聂若飞
四川美术学院

　　该民居设计位于重庆市巫山县竹贤乡下庄村，设计面积为建筑面积310平方米，庭院面积420平方米。民居原始建筑为传统石头瓦房。房屋主人善于一些传统手工艺的制作，例如鼓、竹编、石磨等。

　　此设计以环境设计的"石"营造为主题，基于传统石头民居设计体现用材、结构、功能、人文之美，展现建筑本真、格局、环境、山水之美。紧扣乡村"生产、生活、生态"，坚持"美观、实用、经济、绿色"原则，充分体现地域特点、民族特色和时代特征。

　　设计理念为"大地的记忆""石——民居传承"，"生境营造"。

忆"石"痕

陈晓菡　罗唯珂
华东师范大学

　　乾坤之气，阴阳之核，质性无华，浑然天成。石头是自然界中一种奇妙的存在：它坚硬，却不冰冷；朴拙，却也别致。它在人类历史中起着不可替代的作用。即使沧海桑田，我们依旧难忘回首那一块坚守的磐石。

　　随着人类社会的发展，我们的吃、穿、住、行不断变化，高科技在战胜时空阻隔的同时，也毁损着人与人、人与自然之间的纽带。但就如磐石亘古不变一样，我们心中对自然的环境、自然的生活、自然的人际关系的向往不会改变。忆"石"痕，于新时代再造人与自然和谐共处的空间，在石头的纹路之间、足迹之中探索我们共同的家园！

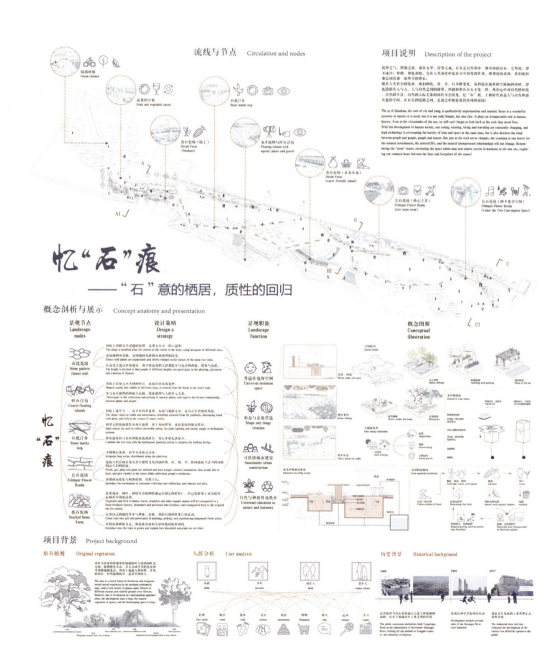

巧于因借，精在体宜——昆明龙门观景平台设计

陈新
云南艺术学院设计学院

西山景区作为昆明市最重要的自然人文名片，文化景观资源突出，个性鲜明，重新界定西山龙门作为城市门户的标志体现，完善城市阳台的功能与形象，提高游客的满意度。设计延续"巧于因借，精在体宜""远借、邻借、俯借、应时而借"，涵盖了空间和时间两个层面的借景，也同时强调"构园无格，借景有因"这一因借不可分的主张。构筑物的外观形似中国传统文化象征的折扇，又有石峰升起之意，表达"魁星点斗"文化圣地的意向。

效果图 Renderings

效果图 Renderings

效果图 Renderings

洞·见——重庆南山石头酒店曲面薄壳建筑设计

陈兴达 屈潞玲 金宗贤
四川美术学院

石是构建防空洞的载体。重庆防空洞是人民的庇护所，是山城文化的记忆载体，是民间工匠精神和腹地智慧的体现。它代表了重庆人坚韧不屈的精神内核。防空洞的意象成为设计的来源，通过数字化转化创造适应现代生活方式的石构造主体，用图解静力学来实现石的空间形态演绎。通过对石的堆叠垒砌，用石拱券构建洞窟的形态，创造与环境相融，与人互动的石构筑自由曲面。作品代表了一种新的生活场景，实现了与山泉林道结合的适应性景观。

到灯塔去
——基于集体失落状态下的海石观象台设计

陈沅儒 郑翰 吴婧 顾辰雨
西安美术学院

  设计概念起源于伍尔夫的小说《到灯塔去》中对生死寄往的思考。我们认为当下正需要一个"灯塔"，让人驻足停留，听海的发声，回到自我的怀抱。我们试图在设计中反思意识的错位，让被杂乱信息包围禁锢的人们有一个安静的、停留的地方。到灯塔去，不只是空间的到达，更多是找寻到心的寄往处，并试图通过自省实现精神的自洽与心灵的回归。

西南地区传统村落保护与发展规划设计与实践
——以重庆市梁平区观音寨为例

陈中杰
重庆工商职业学院

  通过制定保护和发展策略，使观音寨成为"汉寨特征鲜明、传统格局完整、生态环境优越、文化特色突出、邻里关系和谐、人居环境优美的巴渝特色古村落"。以古汉寨保护为核心，兼顾村落产业发展，在保护村落格局和民居、传承非物质文化遗产、完备生活及旅游服务设施的同时，促进农民增收，保护与发展并举，形成合理、科学的可持续发展模式，形成一定的示范效应，并带动周边更广大区域共同振兴，对其他古汉寨、堡、古村落形成有益启发。

  观音寨走"活态保护、有机发展"的古村落保护之路。通过完善整体保护、挂牌保护、活态保护、共赢保护、分类保护机制，形成"政府主导、村民主体、社会资本、社会人才、合作社共同参与"的综合性推进机制。充分利用观音寨村落的自然资源及梁平地区文化资源，开发以渝东北汉寨文化体验为主线，以梁平地方文化为特色的系列休闲产品，创造性地打造独特体验性的乡村民宿"寨家乐"产业，推动周边农田产业升级转型。从而建立"游传统村落、住汉寨民居、绘山村美景、赏两地文化、吃农家饭菜、购土特产品、观田园风光、体农事乐趣"的综合性乡村旅游服务体系。

过去·现在·将来——杭州岑岭矿坑遗址环境设计

迟珂 罗浩文 吴佳丽
云南省昆明市呈贡区雨花街道云南艺术学院

此次设计方向为"改造废弃矿坑,保护生态环境,宣扬矿山矿石文化"。秉承"只改造,不开采"的理念,我们在保持原有地形地貌的同时,尽量恢复矿坑植被,设立阶梯绿植改善矿坑及周边村庄、小区的生态情况。利用奇特的地形与水面,设立冥想探索区,打造出独特的思隐空间。观景台可一览矿山风光。赏石文化是我国传统文化的重要组成部分,通过赏石弘扬精神,故设立水石迷宫阵与艺术长廊,发扬历史遗留矿山文化,使游客在与矿石互动时探索自身与传统文化,在快节奏发展的时代,找到属于自己的一方净土。

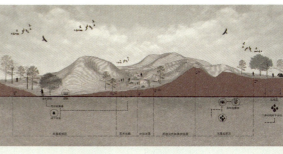

镜花水月——幻空园石景营造

代锋
吉林师范大学美术学院

　　本方案设计位于吉林省二道白河小镇，长白山脚下。其地域自然环境得天独厚，白桦林更是美不胜收。设计者将中国南方古典园林概念元素与东北自然环境（白桦林、长白山水、冰）相结合，运用中国古典园林造园的置石手法，结合中国书法设置路径，用以营造幻空园。空由亭、镜、特置石、大飞虹石桥、小飞虹石桥、水面等构成。幻则由基于中国书法设置的弧线路径石桥、对置石、群置石、水面等构成。本方案旨在探讨在东北营造一处以石为主的"庭园"，实验性尝试东北造园的空间形式样态，由园入境。

"隐逸绮园",邂逅山水

丁艺文
南京艺术学院工业设计学院

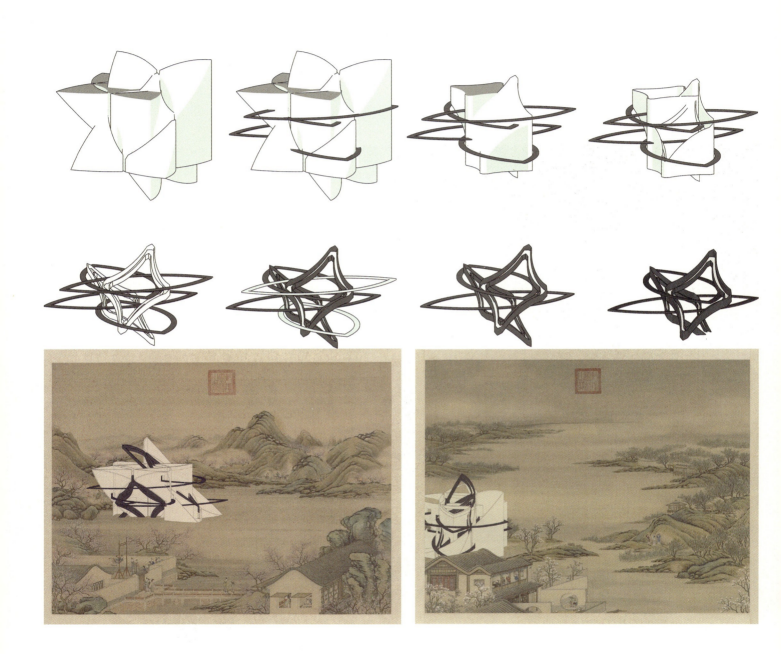

本方案受绮园造景手法上石材的搭配和垒石造景的启发,运用白色大理石和黛色石砖组合,通过设计语言回应绮园的山水造景观,以抽象的造型技法创造一个以绮园造景艺术和精神内涵为蓝本的景观建筑,创造一个承载绮园文化内涵的"隐逸绮园",以此来唤起人们对园林的情感和记忆。

燕翼·围石乡境

方强华　于吉发　李江　徐家鹏
江西师范大学

建筑是凝固的艺术，中国的传统建筑表现为土木结合的木构架体系，但江西赣南地区的围屋却呈现出别具一格的"石"营造。其与福建闽西地区的土楼、广东梅州地区的围龙屋，被誉为"在世界上具有特异形态"的建筑类型，是客家人对世界建筑学的一种创造性贡献。

该设计方案以国家历史保护建筑——江西赣州市龙南县杨村燕翼围为原型展开创新设计，力求将富有特色的传统客家文化与当代生活相融合，通过整体环境改良设计，增强围屋的居住体验，增进人们对传统客家文化的认知，从而促进乡村振兴，推动人与环境的和谐发展。

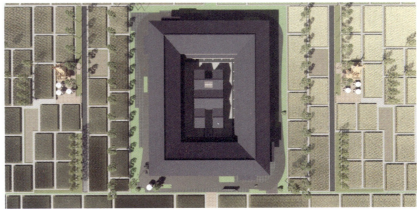

归·园·居

冯丹阳 崔罡 董贤珠
鲁迅美术学院

北方寒冬，户外活动单调，人们渴望山水园林逸趣，我们试图在北方城市中插入一片山水园林，汲取江南园林的"堆山理水、小中见大、咫尺山林、步移景异"的形象与意境，营造一种理想的冬季"户外"公共游憩场所。

倾听松石园

冯亚星　项泽　刘高睿　戴利
湖南工程学院

　　以石头为意向的建筑与环境空间蕴含着万物本原的奥秘，而这种富有生命意味的意境审美也正在被越来越多的人所关注，它所传达的精神情感是种独特的艺术特征。

　　"倾听松石园"意欲使人们在现今的科技、工艺水平非常高超的当下，依然能够感受到空间设计主要依赖人的意志，且自然意向依然对我们当下探索空间设计具有重要的参考价值。石头意向的营造是本项目追求完美的建筑及环境艺术可供人静思的意念式空间。

缘石而生

郭辉　罗雷　原野　刘强　丁瑶　苏鑫　阳沁芮　郭文涛　冯博威　蹇永洁
四川美术学院

　　重庆·铜梁·桥亭外。
　　距山城重庆西30分钟车程处,有一群被历史遗忘的"石头聚落",坐落在秀美的桥亭湖边。"石头聚落"背山面水,"自北向南"一字排开,历经百年风雨,矗立在美丽的桥亭湖畔。
　　20世纪20年代,挖湖、采石,垒石而居;
　　20世纪50年代,隘口、要道,围石而御;
　　20世纪80年代,阵痛、革变,离石而去;
　　今日归来,垒石成筑,百年涅槃,缘石而生。
　　聚石之精气、显石之精巧,幻化一方天地、感通器美中国!

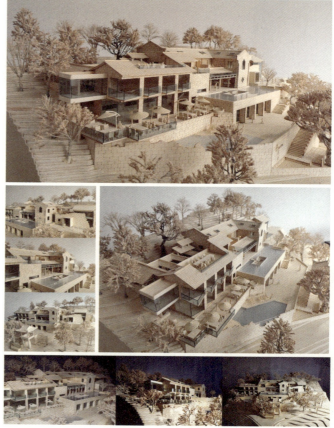

石中岩语

郭明瑞　田承晟　袁寅
三峡大学

　　《石中岩语》讲的是岩画与石的故事，但更多是想通过岩画石营造探寻石材和当代设计的关系，从而推广岩画文化，激活选址当地乡村活力，带动周边乡村振兴。

　　作者在研究岩画时发现其石材粗犷、厚重的肌理感就是最自然的装饰。为探讨"石"的更多可能性，以石为基，其他为辅，结合模块化设计，探讨石材与不同材料之间的碰撞结果，以应对乡村不同空间的需求，使岩画文化的推广形式变得更为多样，实现传统文化与当代生活的统一。

基于乡村地域特色的景观建筑规划设计

韩卓鑫
东北大学

为了响应乡村振兴政策，设计选址于平顺县北部荒废村庄。平顺县地处太行山脉南段西半侧，是典型的干石山区和革命老区。当地石材丰富、种类多。本设计借鉴县城石板屋顶特色，开发以旅游度假为宗旨，以村庄野外为空间，以人文无干扰、生态无破坏、以游居和野行为特色的村野旅游形式。本次设计主导思想为简洁、大方、便民；美化环境，使景观和建筑相互融合，相辅相成。

石作——环线凝声

何东明 童虎波 郄琪格 陈雨夏 李斯焕 邓鼎 王泽伦 樊盛武 毛雨 章雨萌
中建三局集团有限公司　湖北美术学院　武汉大学

项目位于威海金线顶，与刘公岛隔水相望，毗邻城区，面向大海。海风、山脉、绿植、山石，这些原生的自然要素是对这片土地最直接的认知。设计通过对山体的下挖，石块体量的植入，覆土的衔接手法，萦绕环廊渗透汇合于内庭，以构建新的场所精神，形成开放的融合于山体的公共活动公园。建筑通过石的营造形成场所，不仅是对当地历史文脉的传承，也书写着场地和石之间的叙事，它以光和声为媒介，建立起石和人的对话。

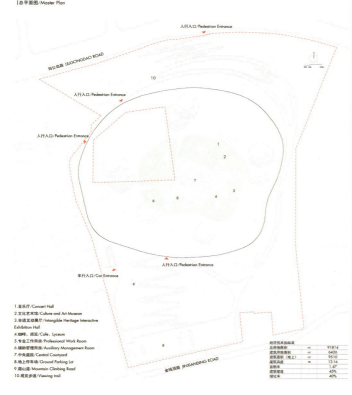

叠石胜景——海之礁

何锐 唐大为 周韦博
深圳职业技术学院

　　"叠石胜景——海之礁"的立意来源于大自然之形式各异的礁石塑造的丰富沿海景观。设计通过借鉴中国传统园林中的叠石技法以及"可赏可游"的空间意想，运用数字化技术探讨元素堆叠的建构逻辑，从而将自然形态转化为景观构筑，并创造丰富的内部空间，让人们既可以感受到礁石的外在形态美，也可以置身于礁石之中，体会建筑赋予的生命力。

石·忆——琼北火山石民居更新设计

贺虎成
山东建筑大学

琼北地区传统村落数量众多，并且多数村落地理位置偏远，在改造的过程中，传统民居面临着年久失修以及新建民居与传统民居风貌不协调的现状。在这种新与旧、传统文化与现代浪潮的关系上，通过在地材料——火山石，来找寻两者之间的平衡点和突破口，并且以琼北道郡村海关将领吴元猷的故居作为研究对象，以期为传统民居的发展提供切实可行的操作方法，进而实现乡村的可持续发展。

方玫——平阴县北石峡村玫瑰产业展览馆及周围景观设计

黄河清
山东建筑大学

依据国家层面《乡村振兴战略规划(2018—2022年)》，贯彻落实中央一号文件，倡导乡村文化主题的创意设计，弘扬优秀农耕文化，美化乡村人文环境等文件政策为导向，选取济南市平阴县玫瑰镇北石峡村部分区域进行改造。设计目的是在保留传统乡村民居特色的前提下推动乡村文化与现代文化相融合。鉴于当地传统民居采用石材为主要建筑材料，在设计中大量采用石来营造。场地内设有玫瑰产业展览馆、休闲广场、玫瑰花海、游船码头等节点。

野间书院

黄红春　吴玥　王之育　杨毅诚　陈龙国
四川美术学院

　　乡村振兴背景下乡村教育提供人才条件、文化条件及提高公民素质等重要功能。"野间书院"选址于贵州安顺鲍家屯村，结合当地屯堡建筑文化，将山、水、石，田等要素纳入整体格局中营建出独具魅力的贵州山地书院风格，空间设计采用了L形、一字形、退台式，以应对复杂山地地形。书院基于对自然的尊重，展现了文化的传承以及对屯堡历史的全新诠释，提供了一个传统与当代的融合、创新与发展并行的设计理念。

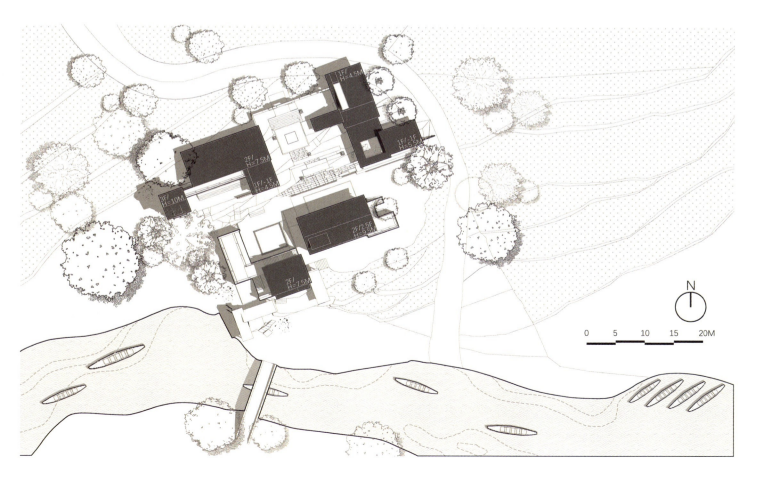

拾光梭曒——西安国棉三厂旧址环境改造设计

江艺恬 陈怡馨 许梦瑶
西安美术学院

体量巨大的西安纺织城国棉三厂遗址由于种种限制，逐渐沦为城市灰色地带，不利于城市治安管理。本设计通过构建文化、生态、共享的生活性开放空间，为纺织城内居民提供可贵的社区公园、城市绿地、就业创业间、富有活力的生活剧场以及有情怀记忆的文化地标，缓解城市生活给居民带来的身心焦虑，为居民和社会创造一个有趣的良性场所造，将更新改造的"自然人文的世界"送到居民身边，实现真正的"还厂于民"。在进行城市地块更新的同时，保留住最特别、最鲜明的城市记忆。

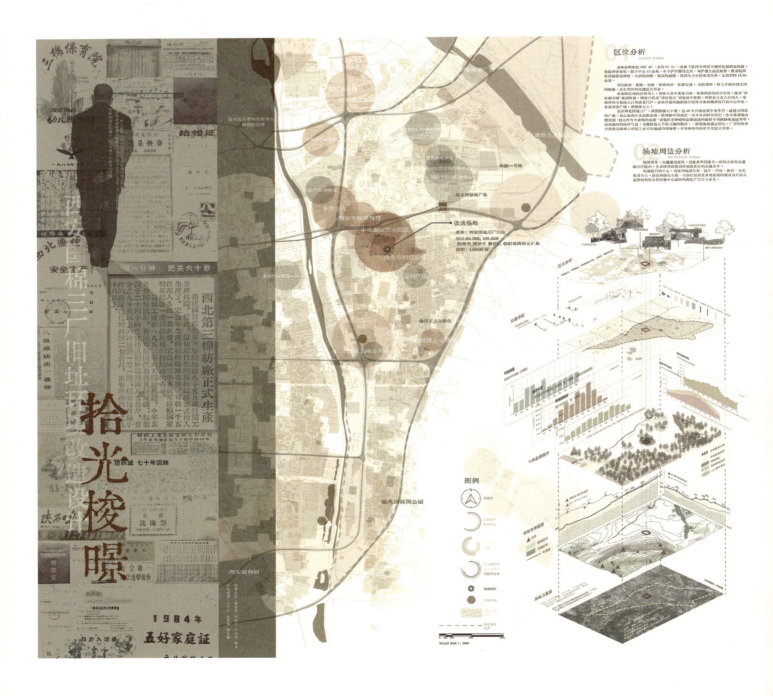

与尔共潮生——礁石潮汐互动下的渔村文化空间设计

金盾　曹周楚楚
上海大学

　　设计位于浙江嘉兴山湾渔村，是一个发扬传统渔村文化的展示馆，由展示空间、体验空间、民宿空间、社区空间四个部分组成；造型取自海边的礁石，表面由数控伸缩帘构成，可产生多种变化，提供不同的空间体验。作品概念取自古诗词"东临碣石，以观沧海"，对"石—海""建筑—环境"等关系进行了深入探讨，作品的形态、内部功能可根据海水潮汐涨落变化而变化，营造"海上明月共潮生"的空间意境。

因石而构——原乡度假村景观营造

康胤　於劲扬　杨涛　周美娇　李勇涛
中国美术学院风景建筑设计研究总院有限公司

本项目是一处古村改造的高端野奢度假酒店景观营造。基于古村原状对土石材料广泛应用的特色，汲取因地制宜、因材而构的当地传统营造智慧，充分利用在地材料，结合现代度假需求，展开整体环境设计。

从各类墙体、街巷铺装、院落营造、水系梳理等方面，以大小不同的自然石料、因石而构的营造逻辑、质朴低调的设计语言，实现技术与艺术的融合，再现具有地域特色的环境氛围，提供传统文化和现代生活有机融合的文化性环境体验。

金"石"为开——枣庄市翼云石头部落风景区民宿设计

孔令夏　胡力文　田家澎　丁喆　张勇
山东艺术学院

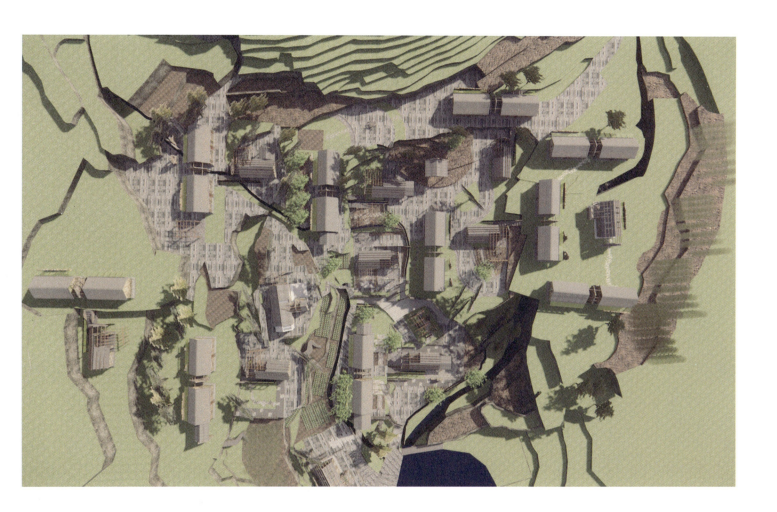

本设计以金"石"为开作为主题，是根据国家乡村振兴战略及政策，并以乡村旅游为助力金点，贯彻绿水青山就是金山银山的设计理念。设计主要以枣庄市山亭区兴隆村石板房建筑和周边景观为核心，融"石"元素设计及鲁南民俗和民间工艺为一体，并对石板房建筑、景观、室内等进行改造设计，突出"石"元素和相关传统文化元素的设计运用。同时在相关细节如屋顶、建筑立面、围墙以及水渠等方面进行创新改造设计。

山水之乐·玩石之趣——重庆石坂镇采石场地质科普中心规划设计

雷云霓 张显懿 徐若芸
四川美术学院

采石场对我国经济建设贡献巨大，采石场废弃地形成的"城市疤痕"严重制约着区域生态环境改善和社会经济持续发展。本次对重庆九龙坡石坂镇矿坑进行设计，使不可再生的矿业资源得到永续利用，保护矿业遗迹，并将重庆地质地貌通过更具趣味性的方式展示给游客，强调参与互动性，生动地向游客展示重庆亿万年沧海桑田的地质变迁，也带动其相关产业发展，对当地的经济发展起到促进作用。

岩街石院——山地旧城的新"石"空间

李超越 蒲萍 王芷萱
成都文理学院

本案位于重庆万州老城区，万州区位于长江口岸。设计灵感来源于长江自然风貌——冲刷岩石景观。建筑整体选用红砂岩材质，体现原生石材肌理与质朴的美感。设计结合场地复杂现状，提取老小区退距红线形成建筑外轮廓，利用多层体量空间消解现状8米的堡坎，依山而建、占天不占地的构造形式，结合顶层独立露台空间，创造山地传统美学语境下文化美感与当代美感相结合的新艺术文化地标。一砖一石、一山一水都是自然与人文的交错杂陈，相互辉映。

历炼
——中钢集团西安重机有限公司废弃工厂改造设计

李润泽　司竹韵

中钢集团西安重机有限公司

本次设计选址于陕西省西安市莲湖区含汉城北路和枣园东路交叉路口的原西安冶金老厂，现隶属于中钢集团西安重机有限公司，由于工厂已经废弃，现在工厂处于闲置状态，场地南邻城西客运站，北邻汉长安城未央宫遗址公园，西面和东面分别邻近居民区，附近居住人群较多，人流较为密集，功能需求复杂，且附近居民区多为老旧小区，公共空间寥寥无几，所以此场地的改造较为重要。设计中的建筑、植物、地形、水面相互协调成为一个整体，将商业、展览、游憩、休闲娱乐、休息、交流等不同功能注入场地，使其成为附近居民以及市民的综合性工业文化主题园区。设计采用叙事性景观的设计手法，贯彻"历炼"的设计主题理念，将景观与建筑有机结合，形成具有浓厚工业历史文化特色的景观氛围。

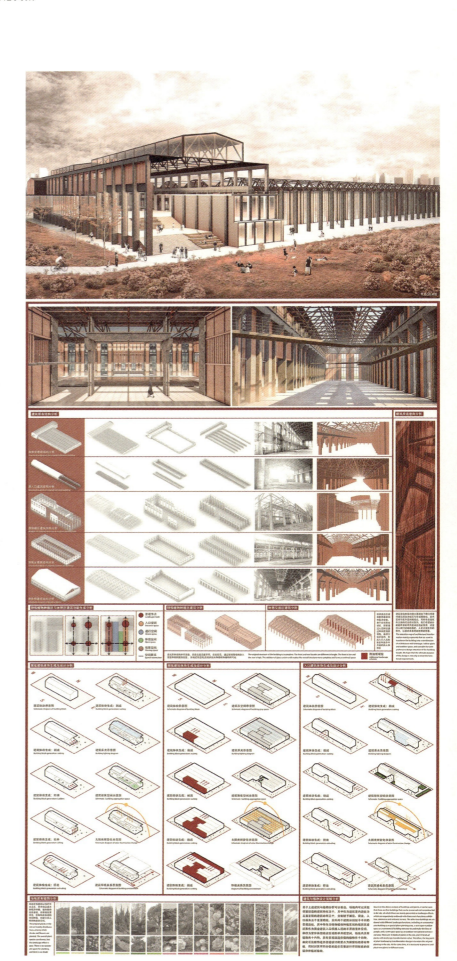

"石·植"——石与植物组合的现代转译

李圣哲　陈映彤
华东师范大学

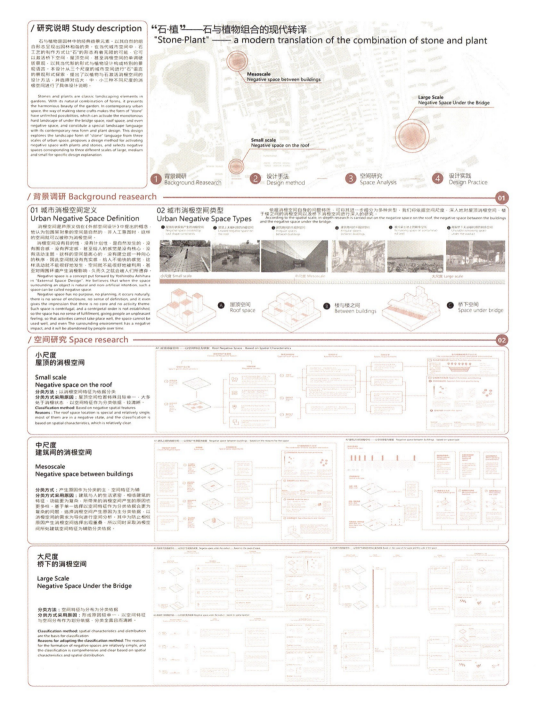

　　石与植物是园林中的经典造景元素。以其自然的组合形态呈现出园林和谐的美。在当代城市空间中，石工艺的制作方式让"石"的形态有着无限的可能。它可以激活桥下空间、屋顶空间，甚至消极空间的单调硬质景观，以其当代新的形式与植物设计构成特别的景观语言。本设计从三个尺度的城市空间进行"石"语言的景观形式探索，提出了以植物与石激活消极空间的设计方法，并选择对应大、中、小三种不同尺度的消极空间进行了具体设计说明。

红岩·碧玉——红山文化主题广场设计

李艳 吴俊辰 王先桐
东北师范大学

赤者红也,峰者山也。红山遗址群作为全国重点文物保护单位,红山文化主题广场设计通过赤峰市红山森林公园和遗址本体的保护、文化的提炼和剖析,从文化展示、延续、拓展等方面对广场进行设计研究,将玉龙、玉玦、双圈、马面等要素附于实体景观空间,展示红山文化魅力。将文化与功能相融合,历史与现代生活相结合,开拓出新型展示和阐释的方式,创造出兼具红山文化风貌和文化活力的现代景观空间,对发扬红山文化做出了积极探索。

"石棱"乡村民宿空间设计

李永昌 彭立 张惠
南京林业大学

"石"元素作为一种乡土材料在后现代工业社会扮演着重要角色，设计将"石"元素用于环境空间设计中，满足视觉构图，寻求"最美图形""最美节点"，追求象征意义、空间意象甚至禅境。打造满足视听觉共同感受的乡村民宿空间，"石棱"代表多棱的石，也象征乡村民宿体验的多样性，因此也将展板分为"石棱"之"时之星野"，和"石棱"之"时之舞阳"，传达不同场景下乡村民宿的感官体验。

武汉剧院——文保修缮性设计研究

梁竞云　范思蒙　丁萧颖　李津宁　许琳
湖北美术学院环境艺术学院

武汉剧院见证了中华人民共和国成立初期中华民族从无到有、自强不息的这一段奋斗历程。在这次的修复设计过程中，其原始资料的缺失，导致设计缺乏一个系统的文保修缮性指导依据。通过大量收集相关原始资料、探究梳理相关"苏式建筑"与中国民族形式风格相融合的建筑文献脉络和归类相关装饰纹饰系统作为修复设计依据。特别是武汉剧院作为一个优秀的水刷石饰面代表性建筑，其工艺"匠心"特别值得今天研究与借鉴。通过详细比对分析其原始材料及工艺特征，在修缮中最大化地还原其历史风貌。

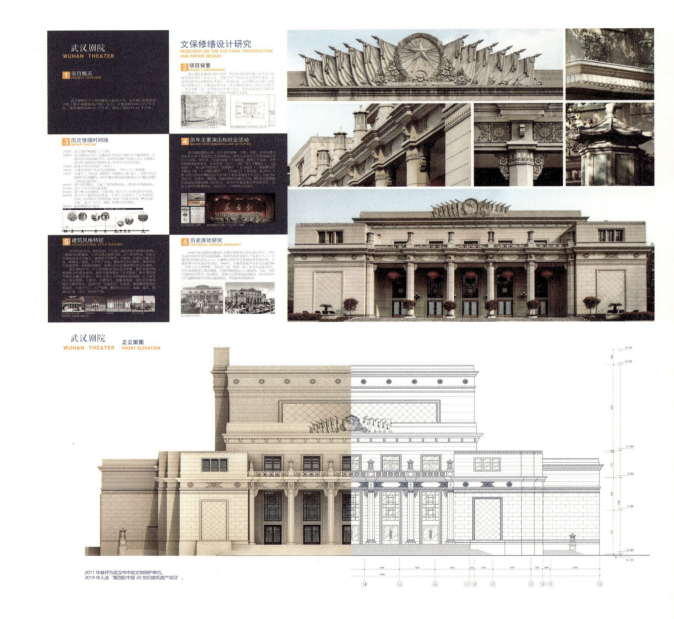

平行石间

梁锜 董含
内蒙古师范大学

设计的灵感来自于自然山脉的起伏交化，艺术手法以展示岩石肌理为主，作品整体通过阵列的形式将每一块雕塑间隔 1.5 米平行排列，整个作品连贯但富有变化，可以看作一个整体也可以看作 25 个个体。人们可以穿梭其间仰视石柱，感受自然的魅力听到四面的水流声；也可以在看台四周步移景异，观察岩石的变化感受时间的推移，石柱的四周雕刻着千里江山图在行走的同时感受文化的气息。

山野听溪

林佳丽 骆瑶 李浩宇
湖南工程学院

设计注重重构自然、建筑、人类之间的关系"大隐于市，小隐于野"，希望人们追求内心的纯粹与一隅安宁。

设计中还体现了茶禅的意境，我们选择让墙体以石头为主，在宁静与淡然之间保持自然最真实的模样。空间内的家具端方雅正、简明大方，除去了繁琐的花样款式和线条雕刻，追求更加简约、禅意的生活。

银谷石院

刘涛 谢睿 郭宇 黄亚蕾 李欣溢 石一淇
四川美术学院

项目位于重庆金佛山银杏村古坟嘴的一个山地院落，在充分挖掘场地环境内的石屋、木屋、巨石、小溪等资源基础上，通过生、拼、插、改、建的方式对这个山地院落进行保护与重塑。建筑面积约2300平方米，功能规划餐饮、住宿、博物馆、工作室、茶室等，建筑外墙多采用本地石材。景观充分利用山石溪流等自然资源，融入西南地区特有的石门、石亭、石桥、石堡、石坎等景观元素，探索石的"自然美、艺术美、技术美"，传承西南地域的传统营建工艺，打造富有地域特色的"新山居环境"。

千山暮雪——石头主题精品民宿设计

刘威　陈晓丹　张怡
沈阳航空航天大学

石头，在中国传统文化中既是一类特殊的物，又是一种别致的意象。它曾派生女娲补天的神话，也曾融入精卫填海的传说。齐天大圣的形象因石头而孕育，不朽名著《红楼梦》的别称，为《石头记》。本次建筑设计以石为契机，采用当地的特色石头及传统石砌技艺进行大面积的墙体及院落建造。除此之外，"石"元素也在建筑中进行了诸多点缀，如院落中的石墨盘装置及水池处的不锈钢石头等。

项目选址于辽宁省鞍山市千山脚下，遵循就地取材的原则，大量使用当地石材，做到因地制宜。地处千山脚下，风景秀丽，环境优美，交通位置突出，区位优势明显。本建筑为民宿性质，共分为两层，面积约1100平方米，带有中心庭院，满足居住和休闲活动需求。

乾隆花园

刘永颜　王若璇
天津美术学院

此次作品用建模渲染的方式还原了乾隆花园及倦勤斋内的场景，精细到各个角落，深度剖析了乾隆花园的造园意境和手法。解读倦勤斋传统室内的竹簧、传统纹样等多种技艺的应用技法，展现了我国北方皇家园林的气魄和皇家建筑室内设计的精巧。

叠石为山

刘宇　韩福森　郝语
首都师范大学美术学院

与自然漫长的形成过程相比，一块普通的石材从制造到使用的寿命可以说是一瞬间。

我们能否试着从材料生命的角度去看待我们的城市，改变我们的设计方式？

设计位于扬州市旧城内工艺美术学校旧址，与旧城环境割裂的建筑既是我们改造的对象也是改造所用的材料。

石材是时间的见证者，我们希望设计结合当地生活，在缓慢、延续的建造行为中感受石材的魅力。同时，这一过程代表一种意识，即自然界中的一草一木与我们的生命息息相关。

长白山区乡村记忆的在地性表达
——河源镇小吉祥村山居文旅设计

刘治龙　赵丽丽　张濛濛　蔺旭
东北师范大学美术学院　长春师范大学美术学院

吉林省河源镇小吉祥村山居文旅项目的建造由服务和住宿两部分功能组成。服务中心承载的是整体项目的接待功能，住宿部分由5个45平方米的居住单元和3个帐篷露台构成，可以解决8组家庭式旅居游客的住宿需求。项目计划为冬夏两个营业模块。夏季在5~10月开放，为春夏城市周边游及观鸟、观星爱好者提供短期的居旅场所。冬季又可以满足人们对北方冰雪世界的向往，为旅居者欣赏雪景、冬钓、冰上娱乐提供良好的支撑条件。

石器新说——恒合土家族乡箱子村石砌圈舍改造设计

柳国荣
四川美术学院

面对乡村振兴热潮下的"大拆大建"和"千村一面",乡村闲置建筑与乡村旅游开发如何相互作用应引起深刻思考。

恒合乡石砌圈舍的主要价值来源于其独特的建造工艺、建筑材料、使用功能以及表现的科学性与地域性。研究的主要目的就是探索乡村特色建筑,如石砌圈舍在乡村振兴的发展语境下,以及乡村旅游的风口上如何将其原真地域特色转换为旅游亮点,吸引游客,促进当地旅游经济发展。

映射乡土——四川彭山江口镇石坝村乡村特色公厕营造设计

龙国跃　王刚　项勇　王博　王艺涵
四川大学锦江学院

随着乡村振兴的深入,四川彭山江口镇成为四川省商品粮生产基地和国家生态示范区。本设计选址于江口镇以石为特色的石坝村。对应乡村旅游发展需求,从传统乡村建设的石作营造技艺中汲取智慧,将公厕设计定位于村中水渠上、稻田间、晒坝内、小河边,在外观造型和材质运用上与农村生产生活用品、现代时尚材料相结合,推出了"水渠公厕""稻田公厕""晒坝公厕""石磨公厕",映射乡村环境,形成独特的新型乡土"石"景观。

爿墙之间 树荫之下
——西安市鄠邑区蔡家坡剧场织补空间设计

卢琳 张雅雯
西安美术学院

设计以"乡俗"为基点,希望通过对其空间的打造为蔡家坡村提供一个"乡庆""乡约"之地。在解决周边功能空间缺失的同时展现出当地传统文化绵延的生命力。装置以"石"为主元素,通过石材向麦田的视觉过渡,给人以时空交织下的生生不息之感。装置外观承接关中民居形态特征,通过对关中民居建筑元素提取转化,让装置不再是生硬的存在、自我的表达,它生在此长在此。整个空间均未被定义,希望使用者用实际行动赋予其意义。

山水以形媚道——矿山废弃地纪念性景观空间设计

吕鹏杰 陈怡帆 徐华颖
浙江师范大学

人对环境过度开采造成了生态破坏,由此我们提出了基于生态修复理念的矿山废弃地纪念性景观修复设计,从自然生态和人文生态两个角度进行生态修复。

一方面以自然生态为纪念对象,进行生态修复,在不同修复阶段让人与场地进行互动,进而引导人们反思如何与自然相处;另一方面基于场地的上位规划与地方文化,在道文化背景下提出"山水以形媚道",遵循场地现状,取山高远之意,旨在意境塑造,重塑自然生态与人文生态,弘扬当地文化。

"石间"
——伊通满族自治县保南村康养民宿设计

吕雪晖　王萌　陈禹辰
东北师范大学

该项目以吉林省伊通满族自治县的保南村为背景，基于乡村实际，通过"旅游＋康养"产业结合的康养民宿，带动经济发展。根据当地特殊的地形和民俗，依据山脉的走势呈西低东高依水库而建，利用满族建筑元素并打破传统合院形式，使建筑入口自由开合，创造乡村式邻里之间的模式，并通过不同的户型和功能满足不同需求的人群。它不仅是一个建筑体，作为灰色地带的康养步道优化功能与动线，也是与景观的结合，让建筑融入环境。

北川——中华兵器博物馆建筑及室内设计

马品磊　姜昱莹　尹梦涵　张明昊　岳建宇　韩鹏宇　高金亮　赵清泽　周雪丰　张玉伟
山东建筑大学

项目位于四川省绵阳市，北川羌族自治县，是在曾经的汶川大地震中，被泥石流吞没的北川老城之后的新址，非常需要具有顽强生存精神的建筑空间表达。项目占地约 4.5 公顷（68 亩），建筑总面积 1.2 万平方米。设计以羌族山寨传统建筑形态元素，结合"石"营造的体块组合，并将中国原始文化期的石矛、石斧作为形态推演的基础。在防御性建筑姿态中形成开放的共享区，并增加了防御性寨堡通道的体验和游览路线的变化。展厅以历史顺序为线，通过空间形态表达了历史各阶段中的社会场景，每个独立建筑空间展示兵器分支体系及科技演变，大致形成压抑－融合－抗争－和平等规律性节奏。项目预计于 2025 年完工。

阿朵土司府遗址设计

马琪　董津纶　陈馨宇　王鹏翔　周艳　代学熙
云南艺术学院

本次设计的宗旨在于寻找一种特有的方式介入至土司府遗迹设计中，保护遗留残垣断壁的同时，需尊重传统的建筑意向，一味地还原显然不可取。因此设计中以开放性保护方式对遗迹进行保护设计，尊重自然之力，尊重时间的痕迹，与其苦思以何种方式来渲染这片空间，不如就让它保持原有的样子，那么我们所做的，只是让它的存在变得更合理。

一池三山

牧苏夫　孙清业
内蒙古师范大学

把中国古典园林的"一池三山"加以现代的手法引用到景观环境中，地面用碎石来模拟了水的形态，运用发光材质代替石头原本的材质去表现一个不一样的"一池三山"。夜晚整个景观呈发光形态，白天山体为较透明形态。

无限之道

潘延宾　顿文昊　丁凯　郭凯　钟鑫宇　吴琛　杨思怡　李畅
湖北美术学院

本案采用道家"天人合一"的禅意思想，结合自然人文、数字科技将园林中的石解构。以建筑、墙体代山，道路为川，结合镜水、林木，重构石的现代表现形式。本案利用高差营造出山林的空间形态，让人们在"声瀑"、影谷、风洞、山居、穿林等场景中充分感受石的形态与特质，感受现代生活中"天人合一"的禅意思想，更在细节和体验中诠释着人与自然的美好关系，诗意演绎道法自然的人文居住景观。

石破天明

钱艺璇　褚阳宇
上海大学

从环境、社会和自身三个角度去分析其他因素对情绪的影响，结合石营造，提出通过带入自然，增加社交来缓解情绪负面波动。以裂缝作为形态进行演变，确定场地的平面造型。并对特殊期间的事件进行整合，与人类三种心理变化对应，也将场地分为三种空间。通过不同的景观体验，为公众提供开放的活动空间。进一步认识环境与人类健康的关系，传达正面的精神力量，从而了解一个多层次的人与自然。

守望天山·独库公路纪念

钱缨　朱瑾文　何显扬　张百聪
广州美术学院

项目以"消隐的纪念"为题，构想了两组埋藏在严酷自然环境里的纪念性建构。作为独库精神的象征，纪念空间是季节性的、抽象的、平凡的。它直视自然的石砾，四季的轮回，披雪的大地。

"哈希勒根的冰"——消失在雪中的纪念独库公路每年通车时间大约四个月，主要原因是受冬季下雪影响。"哈希勒根的冰"随着冰雪尘封在哈希勒根隧道处的冰崖下，等待冰消雪融，再一次回到世人面前。这是冰雪也不能凝固的、火热的天山公路精神。

材料以气凝胶为主材，是世界上已知密度最低的人造固体材料，有"固态烟雾"之称。即使把一块气凝胶放在花蕊上也不会将花蕊压弯。

"老虎口的砂砾"——消失在车辙中的纪念独库公路在夏天开通时，经常会因泥石流、塌方等抢修。"老虎口的砂砾"是纪念在独库公路最难修建、最易塌方的老虎口路段。在无数车辙的尽端，看到为造路者修建的丰碑。

材料取自塌方落下的碎石。

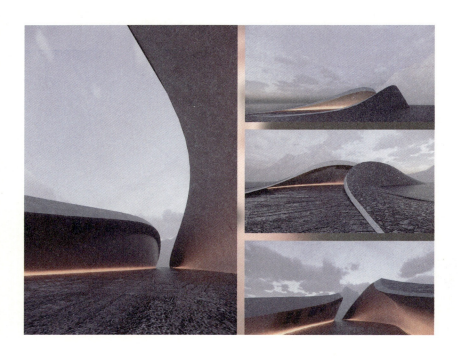

南山南城市矿坑公园一号坑概念设计

邱俞皓　钱程
四川美术学院　重庆师范大学

采石活动带来了社会经济的繁荣也留下了巨大的地理伤疤与生态破坏。方案将藏于山林之中的矿坑加以修复与利用，运用文化置入、展演互动、康体元素设计、业态延伸异质化等设计策略使得场地能够为人们提供身心疗愈、休闲玩乐、运动康养、文化互动、美食品鉴等功能的现象级城市公园场所。

书山——开放的园林图书馆

曲婧 沈泽洋
中国美术学院

项目位于大学校园内，规划了温室与教学楼间的一片面积0.4公顷（6亩）的空地，运用各类石材将项目与原有山石环境相融，打造了一处能沉浸在书籍与精神世界的山间乌托邦，使其作为辐射周边的阅读空间与工作之余的舒缓场所。

在山石清风间阅读、冥想，暂且跳出浮躁的樊笼，感受自然、感受山、感受当下，让精神在鸟鸣与书海中休憩。

乡——石营造主体创意设计

全莹
山东艺术学院

此设计以"石"营造为主体，设计元素提取自邹平的传统非物质文化"龙灯"。建筑以砖石材料为主体，构成蜿蜒流转的建筑本体，俯视来看亦是龙灯的形态。该设计提取自龙灯的形态以及龙灯上的纹样，周边环境运用了大量的曲线元素，以中心建筑为主题，周边景观根据中心建筑进行扩散蔓延，既体现了传统非物质文化的宣扬，也体现了乡村振兴的理念。

黑岩七院
——红色文化教育院落组团设计

任志远
郑州轻工业大学易斯顿美术学院

项目位于河南省修武县黑岩村，场地原址为抗日战争时期的中共修博武中心县委旧址，记载了一段地下根据地艰苦卓绝的抗战历程。方案设计从乡土建筑与乡村景观风貌营造切入，打造以"山水孕育、大地滋养、红色注魂"为设计理念的红色美学山居。保留了黑岩村特有的山石风貌，突出土坯墙、石墙等当地建筑肌理，营造原乡美学，利用地势高差合理组织景观视线和游览路线，以七个院落串联，开合有度，适度退让，相互渗透，缔造富有趣味的空间节奏。

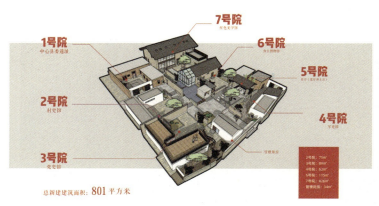

灵雾太湖——无锡市和风路（清舒道）公交车站台及场所设计

容颖熙　陈书培
广州美术学院

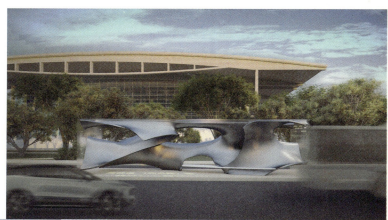

无锡的城市文化与太湖息息相关，也自然成为无锡印象的自然符号。从太湖我们联想出了太湖石这一诞生于自然、独具美感却又充满空间感的空间原型。同时，我们对场地进行了具体的分析，把环境需求、人群使用需求和城市文化面貌需求进行平衡融合，使其成为未来既能成为城市文化展示窗口，又能与市民产生实际互动的文化车站。太湖石衍生出来的一体全金属质感建筑形态，古典形态和现代材质相碰撞糅合，亦柔亦刚。水雾从顶棚的缝隙中缓缓飘出，仿佛太湖中缓缓落下的花瓣，形成别具另类的江南风情。水雾装置起到了夏季降温的作用，与使用的人群也产生了多样的互动。建筑形态中的孔洞也增添了空间的趣味性。

石轩

沈杰伟
集美大学美术与设计学院

石轩本案位于粤北梅州市五华县龙村镇，在这里的区块位置主要的建筑是戏台和土地庙，以区块为基础修改设计成岩石文化知识馆与戏台区块的合理融合，将河岸台阶进行设计，利用其原本不能使用的区块，构成人文与岩文化的融合交互，让大人和儿童更好地接触各种岩石文化，触摸岩石文化，为乡村增添一些特色文化内涵，增添旅游设施。通过对老旧设施的再利用，通过可回收的自然材料构成建筑，使人文活动与自然岩石有机结合。

果香峪石基底风貌优化导则

沈莉　殷长安　梁泽立
天津财经大学艺术学院

天津蓟州区果香峪村作为华北地区广大村落的典型代表，既没有典型村貌特征，也没有突出的自然资源作为依托，在多年自发性建设中产生了诸多无序性问题。本项目由微改造入手，把握住北方村落传统石制材料的基底特点，通过以现代材料置换不易得的毛石材料，梳理制定果香峪村"石基底"风貌导则，指导村落重建视觉规则，尝试探索重塑华北地区乡村美学的方式方法。本项目成果对华北地区众多同类型村庄景观提升均有一定的参考和指导意义。

知其白，守其黑——金华山九龙石灰岩矿坑公园

施俊天 罗青石 王啸龙 魏玲珺 江婷 王晓敏 付婷 周畅琪
浙江师范大学

知白守黑，是宇宙万物生命无限循环的制式，投射着一种黑白并存、黑白互构、黑白转化的中国式思维的辩证之光。

项目位于金华山九龙村，曾因传统水泥产业发展需要，大量开采石灰岩，对生态环境及山体风貌造成了较大的破坏，矿坑的生态修复成了重中之重。此次改造方案强调坚守对石灰岩的尊重和利用，以石灰岩及其衍生材料为介质，以黑白灰作为视觉语言，以黑实白虚为造境手法，通过设计创意和景观转化，实现废弃矿坑的蝶变再生。

游园观石

宋凯凡 龚雨萌 尹紫东
北京工业大学

"游园观石"属于城市微小空间更新项目，这次更新的目的为提升社区环境、激活社区空间，提高居民的生活品质。我们立足于中国传统文化，引入"山水"的概念，并且融入五行元素。我们将原本方正呆板的场地用曲线划分，并选取黑色石材进行铺装，以表达流动的河流；三块场地分别为入口区、观赏区和功能区，达到用、赏兼备，并用石不同的石材营造不同的感觉；最后引入"土生木"的概念，以木材做上方廊架，以营造山水林木的大观。

李疙塔艺术康养社区保护与发展规划设计

宋润民　梁冰　刘玮　袁博生
曲阜师范大学

项目位于山西省阳城县李疙塔村，整体规划依托现有的艺术写生基地，以"艺术+"模式，打造融合绘画、摄影、陶艺、戏曲等艺术形式的开放艺术康养社区。在保持村落空间的完整性、维护传统文化形态与内涵的基础上，保留村域建筑土石结构的基底上进行适应现代生活与艺术康养的保护与改造设计。设计充分利用当地石材，恢复邮局、供销社、电影院等部分功能，以勾连其历史文脉与生活痕迹的乡愁记忆，建成乡土本底、艺术介入、产业融合、一体发展的乡村振兴示范区。

舟石沧水上
——运河沿线城市环境更新计划

唐兰慧　于琬珑　赵益弘
天津大学

项目以重塑沧州市京杭大运河古渡口旧址为主题对设计场地进行景观改造。设计综合考察周边地形，深入研究沧州环境特征与文化背景，针对其特有的运河渡口文化，对场地进行"自然+人文"的城市微更新。项目根据古渡口的记忆与特点，引入渡船的形态与概念，创造以观景为主要功能的仿桥头装置，满足运河观景与文化象征的双重需求。在自然环境上，充分考虑人群活动的特点，结合运河流动蜿蜒的自然形态与沧州特有武术与杂技的动态韵律，在场地构建弯曲起伏的坡面，巧妙地划分了绿地、座椅与广场等功能不同的活动区，创造具有弹性特质的渡口空间。此项目有潜力成为沧州运河景观带上的象征性地标。

硼石溯水

陶锦程　刘思源　萨仁满都拉　王喆
内蒙古师范大学

项目为"石"主题休闲生态景观绿地。基于传统"石"文化，结合现代建筑。以"生态"为切入点，兼具"文化"内涵。以石头为元素，设计理念用典：东临碣石，以观沧海，集生态与文化于一体的城中草原绿地。

设计原则：1.生态优先结合文化传递：使用大面积草地，并结合景观灯、休憩平台等构筑物，营造一个透明清澈的石结构景观绿地。2.绿化结合美化：城中草原采用自然式设计法则，既展示自然的美又调节了人居环境下的生态平衡。

绯屿——关怀性视域下女性疗养空间设计

汪行雨　彭湘蓉　吴丽君　陈佳
湖北商贸学院艺术与传媒学院

随着时代的进步，使得女性社会地位不断提高，女性的压力也在不断变大，因此我们为各个年龄阶层的女性打造了一个沉浸式的解压空间。此次设计整体上是从负一楼纵深而上的设计，以红色石砖和白色石块为主要构成的建筑元素，配合葱郁的草地与绿植，打造一座有温度的"城堡"，并满足女性内心深处对温柔、坚毅、舒适的需求，体现出女性的阴柔之美。同时，利用高低错落的建筑组合，使空间看起来更加灵动和趣味，打造步移景异的意境。

石门别院·世界文化遗产与乡村振兴——石马镇城乡融合示范项目

王比　丁嘉　韩勇
四川美术学院

项目将大足石门山石刻旁的闲置国有资产"石门小学"以及旁边的自然院落设计改造成景区大门、游客中心、停车场等相关旅游配套设施，并打造"石刻匠技传承展示中心"，丰富旅游业态，动态展示石刻艺术，是对物质类世界文化遗产的重要补充。石门山石刻是物质文化遗产的载体，而"石刻匠技传承展示中心"是非物质文化遗产"石刻技艺"的承载地。"匠技传承展示中心"与世界文化遗产"石门山石窟"动静呼应、相映生辉。

松·岩·雪·浴

王辰
鲁迅美术学院

松·岩·雪·浴，位于长白山下第一镇——二道白河镇，一个隐于长白山下、美人松间、岩石岸旁的温泉浴场。依石而建，静默地立于城市于松林的交界线上，在保护生态系统的前提下打造融于自然的休闲娱乐场所，让游客切身体会边陲小镇的独特风光。

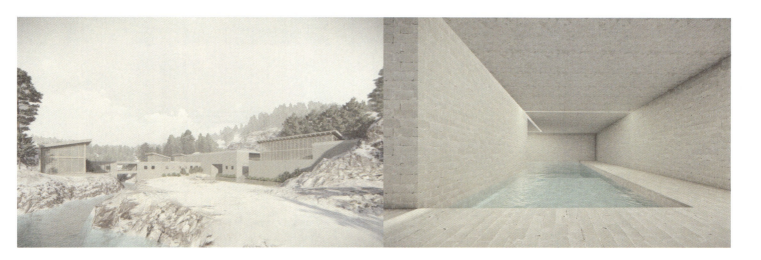

石阡厝影——泉州市涂岭镇樟脚村文化综合体设计方案

王海宇 张玉楠 毛佳怡
西安美术学院

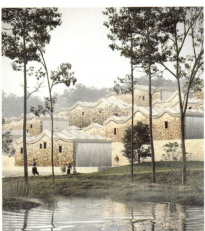

项目地点位于福建省泉州市涂岭镇樟脚村,建筑需要同时满足游客与村民的需求,故以当地的建筑文化为载体,采用石头厝的建造技艺,保留石头粗糙质朴的前提下,融入现代元素,使建筑和石墙错落在曲折上行的步道中,与当地民居的聚落形态相呼应,形成一个具有地方特色与现代文化艺术综合体。希望通过游离于传统文化和现代风貌之间的设计手法,实现传统文化建筑的现代性转译和延续。

"石生"敦煌荒漠化治理——小型多功能生态馆设计

王嘉慧
上海大学

本次设计通过对于中国石头文化的剖析,把核心放置于探索中国特有的石头原本形态中的演化与形成过程以及仿生学的方式,研究石头空间与解决环境问题与治理之间相互联系。在敦煌,沙尘暴成为当地的困扰问题,荒漠化非常严重,所以作品对敦煌莫高窟周围进行生态馆的设计。通过设计建筑中生态循环系统的运行,将沙尘暴中所产生的动能进行转化,在循环系统的运行下合理地进行再利用,从而解决次生灾害给当地带来的影响。

光之墟——广西空难事件纪念性墓园空间设计

王嘉琦　段洛丹　郑军德　苏哲　蔡玉蓉
浙江师范大学

本设计总体方位坐北朝南,神道贯穿圆形广场与主体建筑,呈中轴对称之势,并建十二生肖石柱以为标,代表循环往复之意。

建筑取山包之态,回归群山之中,与自然相融合。平面取桃花之形,寓意自然、超脱。顶部天窗模拟月的阴晴圆缺,由朔至望,由虚到实。内部空间根据五行数理展示人生轮回,帮助生者释放悲伤和恐惧,并相互靠依围合成第六个具有对话追思功能的壁龛空间。

在纪念逝者的同时,抚慰生者。

鸟瞰　　水空间

金石之计——乡村环境中纪念性景观的探索

王平妤　谭笑　赵浩源
四川美术学院

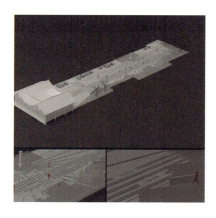

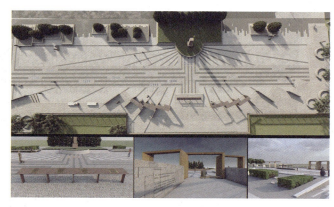

重庆开州刘伯承故里的景观环境提升项目,以人物纪念为主题,村落环境的现代性景观为线索,围绕"金石之计"策划了"走石飞砂"——人物图像的动态展示;"泉石之乐"——山水环境中的展廊景观;"亲冒矢石"——纪念刘帅峥嵘岁月的广场景观;"金石可开"——纪念孕育刘帅的家园景观。"石为计"设计观念、石与多种材料结合的景观语言作为革命人物纪念景观设计方式,体现作为位于乡村环境中当代纪念性景观的探索方式。

石为骨与土为肉的陕北石箍窑营造
——榆林市麻黄梁艺术家村落生土窑洞改造设计

王晓华 薛茹意 林忆琳 董凡歌 潘朵 王松彬
西安美术学院

该项目位于陕西省北部黄土高原地质遗迹与毛乌素沙漠地貌景观相结合的麻黄梁地质公园区域内。以体现陕北独特的台地式生土窑洞民居院落为主,采用传统石箍窑、接口窑的做法,对现有破损状况不同的窑洞民居进行改造、设计,对室内外环境整合优化。以石营造作为主题,将不同种类、不同色调的石材运用到庭院和窑洞内部的各个部分之中,形成一种"石为骨、土为肉"的陕北石箍窑营造文化意蕴,充分展现出独特地域性的自然和人文特征。

磐石活水
——传统文化研学体验馆庭院设计

韦爽真 廖伟 黄永灿 王宇轩 孙凯 袁小超 何科后
四川美术学院建筑与环境艺术学院

本馆坐落在距离市郊的山林中,设计将原有的旧建筑及其庭院改造为让人从都市中逃离出来,到自然环境中体验传统文化的休养生息之地。

本设计以中国传统园林的叠石理水造景手法为载体,以传统文化的"棋""琴""书""画""茶"为功能,营建沉浸式传统文化研习体验场所。

在设计手法上,从山水人文画中提取石的态势,从自然江河中提取水的形式,从传统绘画中提取风景园林构图法则,形成石的八态、水的八形、构图的八景,相互辉映成趣。

石与木源——行为模式分析下昆明盘龙江社会化便民空间设计

吴春桃
云南师范大学

盘龙江，曾是昆明城的"第一碗水"。盘龙江两岸，见证着几代人的成长，随着城市发展进程的加快，以及各种历史性、人文性因素，产生了各种社会矛盾问题与冲突。设计通过"BOUNDARY+X"面对现实社会问题，聚焦昆明传统及当代的物质与非物质文化，发掘环境艺术的石、木等材料的营造和当代生活融合与发展的多种可能，在这种客观环境中，为各类社会人群创造探索性场所，为城市注入新的精神与活力，具有社会价值和意义。

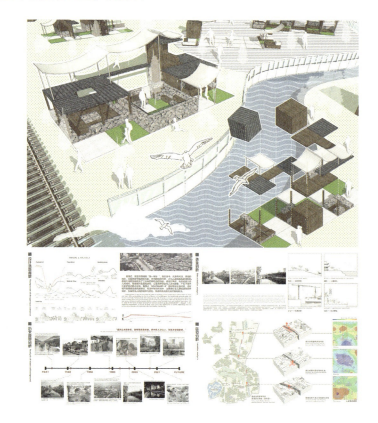

"如石"特色民宿建筑设计
——以西井峪石文化为例

吴雨航 宋婕 刘晓倩
山东建筑大学

"石"是西井峪的灵魂，项目将石头院作为品牌推广的核心。各民宿院形成不同风格的石头院，追求在文脉上的统一。以石为建，以院叙事，以村为形。历史与发展交织，通过传统与现代的结合，使文脉成为联系人与环境的纽带。既保留了石头院的历史遗存，也通过项目使民宿产业成为当地经济发展的新载体。

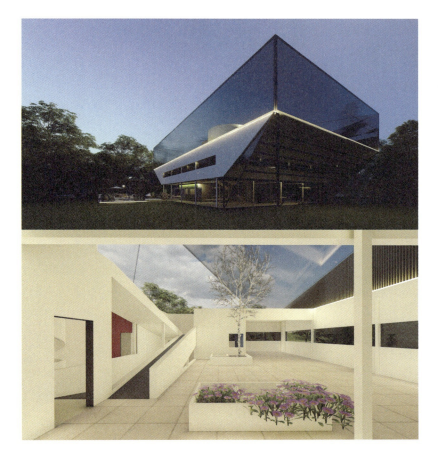

造山——"石"营造下的景观建筑小品设计

吴韵婷
上海大学

本次设计旨在为远离城市文脉的地方建立心灵净化器，将自然风光融入建筑，探讨建筑与自然的关系，让人造环境成为自然风光的载体，呈现出独一无二的观景空间。同时赋予石材新的意义，新的场地环境也让来访者以不同的视角观察和思考自然，进而重新唤起人们对城市化、工业化的过度发展，对自然环境遭到破坏的反思。

在保护本土特色古建筑的同时，强调游客视觉冲击效果，打造网红景点。让设计充分发挥促进经济转型发展的作用，实现乡村振兴的美好开局。

青石·烟火
——重庆市南坪正街南段街道更新计划

肖宛宣
四川美术学院

青石作为巴渝地区最常见的传统建筑材料之一贯穿着每一处角落。它朴实无华却能经风霜，千百年来与勤劳顽强的巴渝人民休戚与共，浸润了坚韧不屈、奋发自强的重庆个性，是集体记忆的凝结，是重庆人民的精神象征。因此，本方案在南坪正街南段街道更新设计中，以青石串联起与重庆五种地域特色传统空间类型——对应堤、山、坝、院、巷五个主题空间，成为游走线索，在城市空间迅速迭代的今日，为这一块平凡之地寻找一种具有温情的存在方式。

石间

谢明洋　潘卿媛　王丹
首都师范大学

　　园林选址位于上海市青浦区金商公路 1348 弄，庭院面积 900 平方米，三面环湖，西面住宅区，交通便利。设计题名"石间"，谐音"时间"，以春花一晨、夏风一昼、秋月一夜、冬雪一昏为主题营造四个主要园林空间，体现"四时园居"的诗意栖居环境。根据《山海经》中的神话传说，在四季主题区域分别置入春日的花神、夏日的捕梦铃、秋日的鲛人、冬日的白泽等石雕艺术品，隐喻永恒的时空叙事。园林整体为覆土建筑结构，空间变化隐匿于叠石与草木间，追求废墟般模糊的时代性，虽由人做，宛自天开。

山与石——重庆三河村美术馆

熊洁　张坤　罗玉洁　陈杰斯睿　刘静姝　李思懿　王若云
四川美术学院

　　三河村地处重庆市缙云山脉腹地，2022 年三河村美术馆计划以新的方式思考美术馆可以是什么，以及它如何服务乡村发展。建筑的灵感来自于山与石自然生长，嵌入山体的建筑拔地而起，宛如破土而出的巨石雕塑；建筑表皮毛石的粗糙纹理与自然环境有机融合，借用重庆吊脚楼和临崖步道的传统建造手法，形成与山势呼应的体量空间。其精神和个性将代表土地与自然对乡村重要性的艺术表达，成为一个庆祝乡村文化的地方，并作为游客中心使用。

石间市井——桥下遗址公园再设计

徐晓慧 张靖力 王虹鉴
上海大学

方案以重庆市轻轨站下的一处遗址公园为设计对象，场地具有独特的"石空间"，而交通的不便与功能的缺失让公园的活力逐渐消退。重庆作为一座市民活动丰富的山城，具有"休闲、安逸"的生活习俗。此次设计正是希望通过提炼当地市井生活的特点，以"隐""掩""靠""护""观"为设计策略结合场地石材特色并再设计，且通过保留场地记忆与增加创新语言最终打造一处隐于石间的桥下市井公园。

石间乐园

徐曌
上海邦德职业技术学院

该方案以"石"为元素，将整个游乐场结合新中式的现代园林文化，打造出一个别具一格的"石间"乐园，整个场地分为三个主要部分：沉浸区、体验区和休闲区。

沉浸区——"洞之石"可以让儿童拥有一个沉浸式的溶洞体验，身临其境地感受石头的魅力；体验区——"山之石"以山石造型为基础，结合儿童游乐设施与石文化科普进行创新设计，让儿童乐在其中、学在其中；休闲区——"水之石"以水自然流动的曲线与石相结合打造多功能的趣味休闲凉亭，为游客提供休憩交流的空间。

云间之石——城市文化观景台设计

徐祯辉　徐雨鑫　毕倬源
上海大学

本设计以松江当地某地块为基地，参考云母石造型，设计了一个具有人文气息的观景台，极其周边广场设计。我们希望通过设计，能让人们的生活更加美好，能发现生活美的瞬间。

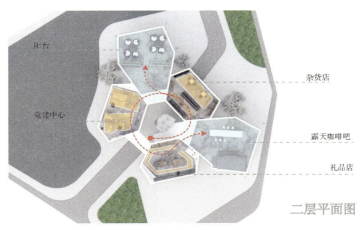

石之营造·夷陵之眼
——三峡大学南校门设计

徐征　王敏　汪笑楠　邢祥龙　卞梦瑶　陈文龙　谢东欣　李冰
三峡大学

三峡大学校门外观紧扣"石营造"主题，充满了屈原文化体系中的浪漫情怀与理性精神，匠心巧妙的设计将屈原文化融汇成了有机整体。三峡大学大门设计，又名"夷陵之眼"，山水＝夷陵＝宜昌。

校门以"眼睛"喻示开阔的视野，辅以校徽、帆船、编钟、状元帽、屈原诗篇等视觉元素，将地域文化特色巧妙融合到建筑设计之中。雨天倒影让"夷陵之眼"更为完整，使师生产生共情之美。

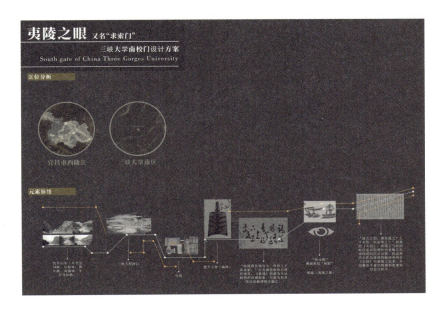

石缘忆事——"石"文化景观&公共艺术设计

闫飞　蒋许可　史博文　陈雨馨　李凌云
扬州大学

本方案分为景观、公共家具和公共艺术三个部分。石景涟漪——主题景观设计展现石文化传播这一历史现象为目的，可视化中国传统园林石景在大运河沿线的"文化涟漪"。石圻小憩——公共家具设计，以公共艺术的设计手法，将石材与木作相结合，呈现文化媒介的互换，同时满足坐、靠、倚的功能。石泉——公共艺术设计将石与水相结合，以水塑石，以石载水，给观者带来刚柔交错的视觉体验。

言石——基于石之营造下的姜家镇书院改造设计

晏晶晶　余文玉
四川美术学院

书院不仅是人们提高精神生活的载体，在乡村中更是"授人以渔"的功能性建筑。以石之营造为主题，强调自然予以万物的无限可能性。

当下，人们更加追求人与自然和谐相处的方式。本方案以"石"为主题元素，通过艺术形式的呈现，积极寻求地域文化特色与环境艺术设计融合的方法，强调自然予以万物的无限可能性，通过书院的形象彰显中华传统艺术的大象之美。

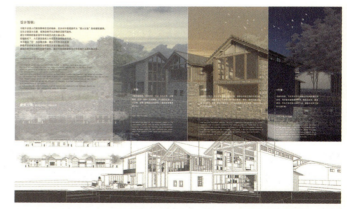

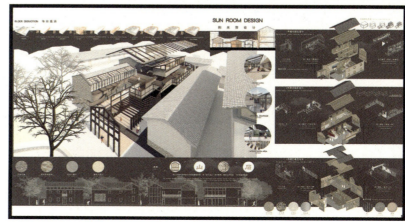

天书巴语——半山崖居图书馆环境设计

杨吟兵　陈琦瑛　秦晋　王心怡　周远龙
四川美术学院

方案设计以"巴文化"为底蕴，以神秘莫测的"巴文字"为主题，以"巴渝古崖居"为载体，以"石"为媒介贯穿内外，融入现代设计材料与参数化设计手法，打造"天书巴语"半山崖居图书馆。整体设计从石的形态、质地来体现巴人崇尚自然的古朴审美。通过传统与现代、自然与人文的跨时空对话，唤醒沉睡千年的巴乡情。

砖石之筑

印玥　沈暾　唐俣
西安美术学院

项目位于福建省泉州市惠安县崇武镇，当地留存许多以"出砖入石"砌筑的石建筑。我们以"出砖入石"墙体结构为设计基础进行再创造，建筑外立面采用当地传统石营造技法，形成红砖青石的图腾式变化。建筑底面采用铜板进行装饰，中庭为几何式开洞，并种植树木，使外部自然的环境融入建筑。檐廊采用金属材质护栏加以保护。建筑顶部为可休憩、眺望的花园。希望我们的设计能让传统建筑营造技艺在新时代获得新生，并得以传承、延续。

岩启——螳螂川元宇宙与碳中和绿色产业园交互景观与生态修复设计

张海辰　徐煜程　颜玥莹　韩智宇
云南师范大学美术学院

元宇宙是最大的碳中和，碳中和是最真实的元宇宙，而农业便是中国实践元宇宙的最佳土壤。本项目以元宇宙是碳中和最大工程、最强工具的独特视角，运用数字孪生技术结合本土化设计以及生态修复方法构建绿色产业园，以石为启，从虚拟世界和物质现实赋能场景功能和景观形态，围绕农业和博览植入文化符号，利用元宇宙技术给予人们新的景观交互和沉浸式体验。设计展示了现代化农业与元宇宙技术融合带来的全新产业模式、服务应用和综合体验。

魏家沟村改造设计

张梦楠　肇启媚　陈雨佳
鲁迅美术学院

本次设计以石材质为主要材料，将自然景观和人文景观融入村庄原有的生活形态，营造舒适宜人的生态环境，提升居民居住品质的同时，将石文化融入设计，为居民的精神生活营造了良好的氛围。同时结合当地的乡村文化进行有针对性的设计改造，寻找更适合当地生活与发展的建筑形态，形成具有当地特色的村民居住区，将"在地性"与"文化性"合二为一，营造更适宜居民居住的乡村。

石源忆梦——基于古典文学的现代园林景观实验性设计

张倩 王影 何红燕
四川美术学院

　　古典园林是我国几千年历史发展留下的艺术瑰宝，在物我疏离的当代背景下，利用现代手法将古典文学融入园林设计。依据《桃花源记》作为设计的文本，实现文学与设计的结合创新，融入魏晋时期追求的不拘礼法、自然主义等社会思想，打造云山巍巍、流水潺潺的山石景观。古人云："无石不园。"因此，设计中的园林山石追求虚实相生、整散结合、妙合自然的艺术形式，体现着尊重自然的生态智慧，也传递着平衡和谐的园林美学内涵，更传续着中国传统美学范畴中的"绚烂之极归于平淡"之美。

大家的洙凤村
——浙江上虞市下管镇洙凤村知青文化设施设计

张维 刘勇 郭锋 张一鸣 梅振 沈真祯
上海大学

　　洙凤村，是浙江省上虞市下管镇的一个自然村，位于虞南山区北部管溪西南。洙凤村知青文化设施项目，是散落在这个村庄中的由几间村舍改造的小型文化设施。经过精心设计，这些建筑从原本村舍的功能属性，逐步转型成为包容性很强的新型乡村文化空间，以及村民之间交往的活力场所。当人们在村道中自然地游走，知青记忆收藏馆、知青食堂、知青医疗馆，这些建筑与原有聚落之间相互融合，在很大程度上提升了乡村公共空间的品质与村民生活的文化内涵。

依山而居，垒石为室——基于羌族地域文化视角下民居衍生设计

张旭冉　荣振霆
四川美术学院　重庆城市科技学院

信息化的来临对少数民族原始村落产生了巨大冲击，在越演越烈的现代化进程中，少数民族传统村落在现代文明下摇摇欲坠，对于此方面的研究已经迫在眉睫。

本设计将尊重民族文化、地域特色作为基本出发点，一方面力图对自然环境减少破坏，保持其民居"依山而建，垒石为室"；另一方面关注场所精神的营造，由此回忆到该地曾经的历史与文化内涵，再现羌族石木建筑群语汇。

石不语，圆融自愈
——大裕自然艺术疗愈山庄概念设计

张泽桓　姚家琳　王兆辉　陆雨晴　乔颖
天津美术学院

本作品凝练石之八质，挖掘石的自然属性，设计以特色的石疗愈空间，以自然之石与艺术之石，为乡村游客提供绘、听、演空间，注重疗愈空间的精神建构与机能恢复。综合生活、康养、文旅、艺术等功能打造自然山野中的艺术疗愈空间，在设计过程中考虑建筑与本地产业的结合，为乡村文旅发展提供一定的产业发展规划与引导，充分发挥建筑场域价值。

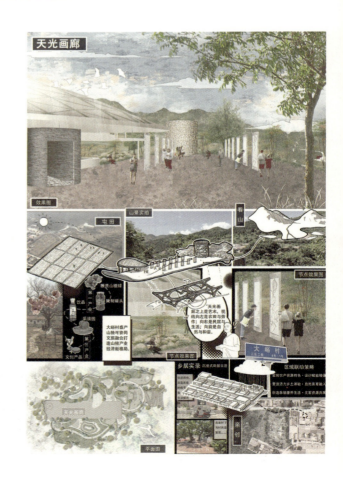

水出白石，日出东山

张紫蕾　张本政　韩青原　黎佳兴
四川美术学院

　　水出白石，日出东山。在重庆南坪坝岛周围，分布着迎春水纹石刻、摩崖石刻、清玄观千年糯米墙、抗倭英雄李文进石墓等石文化古迹。本方案是在这样的"石氛围"中打造一块伫立于江边的白石，建筑坐卧地形之中，上下之间架空与自然相接，前后分别由廊道与围合而成的广场营造出公共空间。本案从教育、生态、经济这三个维度来阐释"石"营造与传统非物质文化的结合，以白石为媒，打造一个专注于中国儿童的传统文化研学馆。

栖石园——拟在画中学

章艺竞　杨望筝　陈妍洁
中国美术学院

　　假山叠石是中国传统造园要素之一，然而它对于现代年轻人的生活而言并不是十分匹配。且在当下难以找到很多适用于叠山的石头资源。因此，我们希望探索一种传统叠石艺术与当代生活的新结合。

　　中国的山水画与园林在空间生成方式上是相互影响的，因此我们选择中国画作为研究传统叠石艺术的途径。通过利用几何的变形、空间叠加等手法，将传统文人山水画中石头的趣味，转化成一个与当下人们生活紧密相关的以石为主题的当代园林。

山水石承，竹纸为赋

赵骏杰　田雨阳　陈思聪　吴望辉
四川美术学院

山峦叠石、百年枷担、千年纸乡，枷担桥老街位于"千年竹纸之乡"四川省乐山市夹江县。项目坐落于群山之中，建筑地基均以砂岩垒砌而成，设计策略以国家乡村振兴的"二十字方针"为指引，归纳出业、居、家、活、富五个方面，分别构建了以水为源、以石为基、以文化街、以纸为业、以民为本五项设计策略，形成水中石、山间石、檐下石、竹倚石、人赋石五个设计节点，以山水为承，颂竹纸之赋。

镜水石堡
——贵州省安顺市云山屯村文化中心设计方案

赵倩　卢颖萱　林昕瑶
西安美术学院

项目位于贵州省安顺市西秀区七眼桥镇云山屯村，建筑主体是面向村落的三栋围合式建筑。我们围绕当地传统文化，融合当地屯堡石作营造技艺，加以现代的钢筋混凝土建造技术，打造以屯堡文化为主题的综合活动中心。我们以传统屯堡建筑作为空间设计的原型，重新思考在地的场所要素及其关系，在留住乡村的风土与人文特征的基础上，将村民的日常生活行为与游客的观光行为共同组织在一个新的符合场地尺度的围合庭院中。

山之宿·石之魂——西安市终南逸民宿空间规划改造设计

赵旸 徐鹏元 史鹏飞 于佳慧 叶丘陵 赵青山
西安青筑创意设计装饰工程有限公司

本方案在乡村振兴的大背景下，以盘活乡村闲置资产为框架，以终南山的山石水资源为基底，将一座原本废弃的小学改造为隐逸于山石之间的山中之宿——终南逸。

设计取石之"魂"，建山之宿，以石之"拙"、石之"野"、石之"雅"、石之"趣"为设计内核，以低技、低廉之营建方式，将其拆解、重组，融合到原本废弃的建筑室内外空间中，将闲置的建筑重新激活，焕发生机，同时带动乡村经济并与所在村庄形成良性共生，促当地乡村经济提质升级，新农人、新营建、新乡宿，以设计赋能，共促乡村振兴。

以石为营 聚石为陵——李庄天景山烈士陵园

赵一舟 任洁 王鑫 张丁月 陈飞龙 李陈美子
四川美术学院

本设计位于四川省宜宾市李庄天景山烈士陵园。为纪念"李庄保卫战"，设计围绕"以石为营，聚石为陵"为主题，"以石造景，托石寄情"为理念，凝练石之"稳固、承载、寄托、坚韧、永恒"五大精神象征，构建陵园入口、追思步道、英雄广场、纪念广场、烈士纪念碑五个景观节点，五区并进，起承转合，打造具有石之精神、饱含陵之意义的纪念性景观场所。

石之营造，神秘夜郎

赵永竟　王科蓝　程智勇　赵千山
重庆市设计下乡赵宇工作室

作品利用"黑山谷具有浓郁的地方特色人文风情——神秘夜郎"。作为创作元素，以石为基础，进行艺术创作，悟山石之造化，感通中国人在人与自然关系上主张"天人合一"的人文精神。

天坑石屋——重庆市巫山县下庄村老房改造设计

赵宇　石永婷　张弛　吴凯　姚远
四川美术学院

项目为传统村落建筑与环境的改造设计，位于重庆市巫山县下庄村。

老屋由块石和夯土混合建成，历经风雨，已近垮塌。但破败的外表下却保留着曾经人声喧嚣的农家余音。

设计者想要延伸这道风景与余音。因此加强结构，用钢架形成受力框架，保证建筑的稳定。变形垮塌的原有石墙部分拆除，雨水侵蚀的土墙挖走清理，用相同的工艺补回破损清理的墙体；按农家的习惯用景墙与植物把石屋土房与天坑远山衔接起来，形成一个可以聊天和看景的场坝。

用朴素的材料和原始的工艺，记忆乡村的历史余音。

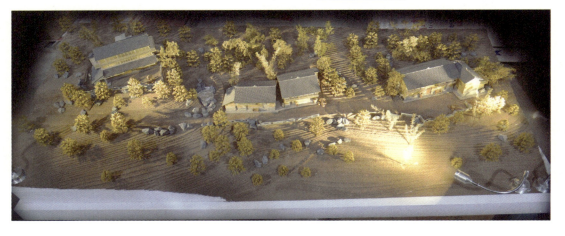

"七个鸡窝"——乡土遗产的文旅更新

郑昌辉 孙青丽 任新科
天津美术学院 河南工业大学

"七个鸡窝"是郭亮村改造中十分重要的环境创意设计。在乡村旅游改造的过程中,设计团队面对乡村主步行道旁几个废弃的石砌鸡窝与旱厕并没有直接将其夷为平地。而是用"站在50年后往回看"的眼光重新认识这些废弃的乡土景观,将其视为难得的乡土遗产。设计团队力排众议,将废弃的石砌鸡窝与旱厕大部分保留,进行无害化与景观化处理,聘请当地石匠使用传统材料及工艺进行扩容提升,使用当地的"红果"与"剪纸"等非遗元素,植入休闲配套功能并进行灯光亮化与绘画提升,使其成为郭亮村最受欢迎的休闲空间与网红打卡点。该项目获得2021年"黄河非遗点亮老家河南"全国乡建竞赛一等奖,并作为标志性项目登上河南广电卫视及《河南日报》。

阵痛的仪式
——基于舞剧《春之祭》叙事结构的实验性空间设计

郑炜杰 汤镇
南京艺术学院工业设计学院

作品基于经典舞剧《春之祭》叙事结构的研究,以"石材"完成实验性空间环境设计。

金字塔结构展现了春天祭祀的仪式感,是男性力量的象征,以荒料石材质感呈现。内部结构是女舞者对生命的讴歌,以白色大理石质感呈现对春天的向往。

选址荒漠,是对大地与泥土的浪漫表述,使用石材体现泥土的温度。蜿蜒的异形体是复杂叙事结构的体现。通过对空间结构的设置,材质的表达,《春之祭》这部作品将以"设计"的形式,诗意般的存在。

石焱——浙江乌石村民俗文化体验馆设计

周然 叶琪
浙江师范大学

本次设计，主旨为弘扬乌石村传统民俗文化，故为其建立乌石村民俗文化体验馆，在建筑材料上，建筑由乌石村特有火山岩"乌石"堆砌而成。在功能分区上，首先，提取其民俗文化"炼火"这一元素，构建了"炼火"民俗体验广场与民俗体验区；其次，利用流经村落的石板溪与"炼火"时所用木炭构建了"融"——水火体验廊道。

共生·寻忆
——玉溪青花街工业文化景观重塑设计

朱芳仪
云南艺术学院

将共生思想运用到玉溪青花街工业文化景观设计项目的实践中，用景观语言拓展了传统"工业遗产"与现代新街区共生的可能性，解决了对历史陶瓷遗迹文脉传承的问题。街区整个景观设计还从文化传承的角度、保护与再利用角度出发，把聚焦的三大文化，即玉溪窑陶瓷文化、旧厂工业文化、艺湖生态文化三大文化的共生。将新主题、新体验、新演绎的方式融合到街区整体风貌之中，挖掘玉溪窑文化的精华部分，用文化重构的方式对入口广场景观进行设计营造趣味性景观；用文化转译的手法对文化广场设计营造保护性景观；用互动灯光装置的方式营造互动性景观；用引入自然的方式营造民宿区生态性景观；用新业态创新植入的方式营造衍生性景观。

环石为骨，同乐同情——重庆九龙坡区同乐园更新设计

朱猛　张帅　李佳蓬　胡梓毓　夏秦锐
四川美术学院

项目位于重庆九龙坡区黄桷坪街道。"环石为骨"，以"石径"为"骨架"构建空间结构，串起分别表现九龙历史、生态、人文、活力、未来的五大主题区域。"同乐同情"，基于现状和需求，将其更新为艺术公园画卷、全龄社区场所、历史展示窗口。

运用现代景观设计手法，在"石元素"基础上进行空间营造。发挥其自然造景功能的同时表现精神文化属性。

在这里，历史肌理与未来建设自然连接，传统石文化与街区新活力交相辉映，物质与非物质文化遗产延续生长……

风雨栖宵——基于阳泉大村村窑洞建筑的修复与改造

邹明霏　李朋威　徐赫
鲁迅美术学院

本次项目以"石"为营造贯穿设计全程，在历史建筑基础上我们运用了"壳"这一概念，用矿区的矿石半包裹原有建筑不仅应用了现代材料，还可以展示出具有历史年代感的砖墙。将"壳"充分结合到园区项目规划中，保留原建筑特色以及北方传统文化特色，从而吸引周边人群，以促进旅游。因此，我们以当地的矿石作为基础材料对窑洞进行修复改造，即为其加装具有装饰和保护双重意义的"壳"。

垒石为山，水穿石行
——半山植物园景观设计

邹欣辰　王柳涵
湖南理工学院

在大自然中，山水相依，互为阴阳。而"垒石为山，水穿石行"则是中国传统筑园造景最为常见的手法。基于此，本项目半山植物园依山而建，顺势而成，生于斯而长于斯。设计以石为基本设计元素，构筑景观主体物中错落有致的观景石龛，组合演绎成"山"之外形。山刚水柔，阴阳相生。空中栈道似水非水，既像空中蓝色飘带，又似天上之水游离在山冈之中，柔美的曲线与山体的刚毅相呼应。山水之间相依相存，体现了中华民族传统美学思想。

石材重塑——空间再生

鲍晓寒　何向　陈艺樟
集美大学美术与设计学院

此设计在水头镇废弃石材再利用和可持续发展理念下，以废弃石材结合绿植打造一个能够了解废弃石材、休闲疗愈的商业空间。该空间包含绿植零售店、植栽展示空间、植栽组装体验空间，附加餐饮服务的新零售商业项目。通过植物装置、石材与绿植的组合布置、造型百变的石材等设计模糊室内外界限，创造场景、自然化的空间。消费者在其中能够直观地感受到石材废料的循环利用，促进消费者参与绿色消费，提高消费者对石材再利用、可持续发展的认知。

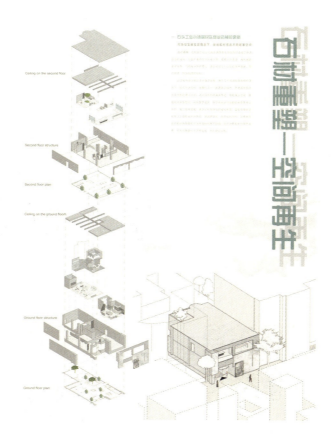

十五念·文人风骨成套茶席

蔡万涯
厦门万仟堂艺术品有限公司

1. 《拾伍念·文人风骨成套茶席》套以石为器眼的茶器

石，在文人审美中，品格最高，茶席风骨遒劲，致敬文人风骨。经过概括与凝练的太湖石，小中见大，一石则山峰千寻，一器则高山仰止。

2. 茶壶

壶身柔美曲线与石元素之刚硬对比，高古黑土与壶钮、手柄古银色对比，使茶器刚柔并济，拥有张力。高古拙石，暗藏意趣玄机，唤起茶席间的妙想。壶钮卧石，似一隐士高卧山中。手柄探向高远，是为探石。

3. 香器

此器灵感来源于古代"香石"，古时爱石的文人，会在石中点香，石上有眼，瘦、皱、漏、透，点上香后，顿时香雾游走，荡然空山。

4. 茶洗

茶洗设计有一石，似有灵性，从水中探出头，名为窥石。泡茶时盛接余水，可观水面之美，亦可一洗多用，当作花器使用。

5. 材质＋工艺

茶器以高古黑土，纯手工制作，质感细腻，自带光泽，养久了更润。全套6处手工雕刻太湖石，活灵活现，仿佛有生命一般。

内蒙古巴林石雕展览馆

常圣杰
内蒙古师范大学国际设计艺术学院

本设计围绕"石"来打造巴林石雕展厅空间氛围。

空间大量运用了浅绿色和石灰色，主要材料有水泥自流平、灰色大理石、金色金属条镶边和氟碳喷漆。本设计运用了"玉"的概念，灰色的材质、参差不齐的体积构造以及自上而下的结构都体现了对大自然鬼斧神工的敬畏，而绿色造型的金色镶边则体现了对人类技艺的赞美。

在靠近出口的休息位，设计墙面的三角状造型摇摇欲坠，旨在警醒人们石雕技术正在逐渐消失，给人一种压迫感。

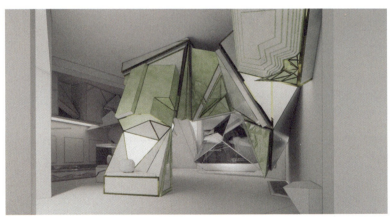

石浦渔村养老型建筑空间设计

陈柳伊　林素素　陈俊杰　谢宇挺　徐凌骏
宁波大学科学技术学院

项目选址为宁波市象山县石浦镇的一处废弃老冷冻厂，占地面积850平方米，建筑面积约525平方米，为早期渔村典型的私人二层冷库建筑，现将其拆除重建成家族成员的养老型住宅建筑。

当地渔俗和海防文化丰富，传统建筑物主要以山上盛产的青铜色泽玄武岩参建而成。项目建筑用高石墙和"藏、息、修、游"定义四个不同方向的石头院落，考虑水、光线、风向等元素的关联，打造出与环境和谐，发掘传统石构筑技艺，满足高品质适老设计生活需求的建筑。

石过"镜"迁——石头记叙事性展示空间

陈思嘉　邵钰珺　郭欣雨
福州大学厦门工艺美术学院

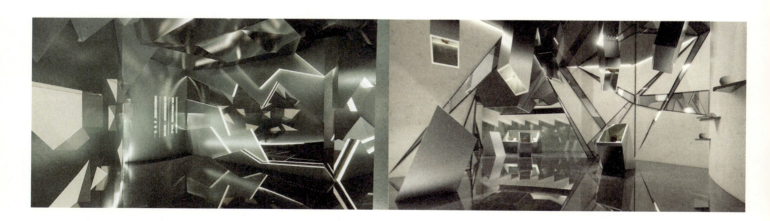

展示空间分为序厅、生物化石展厅、玉石器展厅、能源矿藏展厅、非遗文化展厅五个展厅。以石过"镜"迁为主题，材料多运用镜子、亚克力以及光泽度高的石材，为观者营造一种时空穿梭之感。整个空间设计以原创故事"石头记"为线索，展示人类历史与石头能源的关联，同时希望引起观者对人类文明进步和生态环境资源关系的反思，倡导可持续性发展与生态保护的时代主题。

原乡——古窑遗址下的知青人居空间探索

陈扬杨
广东理工学院

"原乡"是早年的台湾客家人对于大陆故乡的称呼，原意是指一个宗系之本乡，后多借指乡愁。原乡借鉴老庄哲学顺应自然的"无为自化"思想，强调在规划设计中以"无为"作为最高境界，尊重自然，尊重乡村本色，尊重自然规律，以实现自然境域下人们生活与生产的原真性，以"道法自然、天人合一"为最高境界，强调人与自然和谐发展，主张以自然为本，以乡土为本，主张保持好原住民的生活方式，尊重自然，尊重环境，尊重地域文化，通过设计唤醒文化意识。

"知青返乡"知青作为特定时代的产物，是将热血和青春挥洒在乡村的一代伟大知识分子，当年华逝去，再回故地，借当地古窑厚重的文化历史，依托原有的一些老建筑、老墙，建一所集陶瓷展示、手陶制作、将生活与制瓷结为一体的民宿。

车辚马萧，西戎绝唱
——马家塬战国墓出土车乘文化展

陈轶恺 毛坤卫 李昌峰 冯长哲
陕西正野装饰设计有限公司

马家塬战国西戎贵族墓地遗址为"中国考古百年百大发现"之一，位于甘肃省张家川县境内。展厅面积3420平方米，以文物为核心，以当代传播手段为基本媒介，以普通大众为主要传播对象，集合国际最新的展示理念和手法，全面整合信息，力求主题、形式和内容高度统一，全面展示了先秦时期华戎交汇、农牧交错、多元文明碰撞和中西文化交流聚合的历史。

"石"说时令——基于节气文化的养生餐厅＆爱心厨房设计

陈雨馨
扬州大学

方案服务于医务人员、患者、陪护者，与爱心厨房结合，形成养生餐厅与爱心厨房模式。以二十四节气为主，以物候为载体，借用园林山石的造景手法，赋予以不同的石材、色彩、形态转译。餐厅以日石暑为主题，爱心厨房以立秋为主题，表达人生大有收获的祝福。二层从立冬到立夏，表达人生从寒冬到复苏的过程。交流区针对为了照顾患病亲属脱离社会生活的陪护者，他们要在短时间内了解亲属病情，有着经济和心理的双重压力。

欢庭惬舍

戴南春
广州美术学院

经走访调研，以广州从化区良口镇良平村新塘队的独居老人叶阿伯为例，主要问题已不是温饱，而是精神上的空虚与孤独感。以此为例对叶阿伯的住宅空间进行改造设计，利用自然保护自然的设计手法，打造有地域特色与自然景观的生态建筑，吸引广大乡村游客前来驻足体验。同时通过功能空间的设计，让游客与叶阿伯产生互动来解决叶阿伯的空虚与孤独感，体现出建筑空间高利用率、低能耗的价值，同时也为叶阿伯增收，并促进社会和谐发展。

邻里之间——红砖旧有建筑改造与革新

董骏
河北建筑工程学院

　　原设计建筑为红砖结构房屋，均有 70~80 年历史，早已破旧不堪，故在原有的两栋建筑上加以修缮和加盖，并结合自身环境特点考虑使其赋予图书馆与历史博物馆功能。博物馆提供了一个让人们了解历史的场所，并且可以承包周边艺术展览。为社区居民日常提供了良好的活动休闲场所，空地夹杂儿童游乐设施，面向全年龄段人群，使原本老旧的社区焕发新的生机。让邻居之间有更好的认识交流活动条件，这便是设计的初衷。

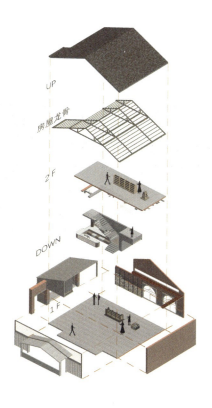

太湖山居

杜嘉颐　杨东龙
山东科技大学

　　以具有中华传统意趣的太湖石为原型，抽取其"透、漏、瘦、皱"的意向形态进行演变，以 3 米 ×3 米 ×6 米为基础空间，在不扩大占地面积的前提下进行少量的体块推拉变换，挑战极限状态下的人居住宅空间设计。

　　方案以一位女性的人生进程作为故事背景，从独居空间到情侣住宅，再到人与猫的共享生活，变换人物的生活状态，探索不同居住空间在有限条件下的丰富性。

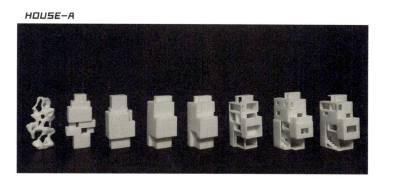
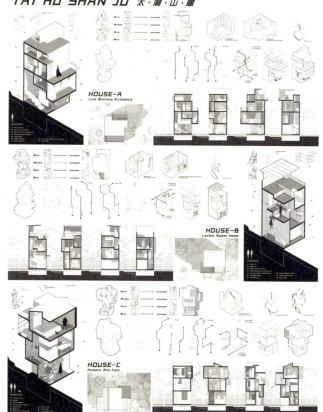

地壳元素——矿物岩石展览馆

段裕祥 宋航煜
湖南艺术职业学院

本案以"石头，矿石"为主题。石头是自然界赋予人类的天然瑰宝。地球自诞生以来，经历了45亿多年的漫长而复杂的演化历史，形成了内核、外核、地幔和岩石圈层结构。石头主要来自于岩石圈层表面，见证了人类数千年的文明史。因此，在设计时采用博物馆的设计理念与展示手法，来呈现天然石头，矿石的自然美感与独有肌理。通过纯粹又极富表现力的原始材料，简化设计的复杂性，突出本案的独特与魅力。

石韵·敦煌石窟文化艺术体验中心设计

范蒙 李旻轩 张佳瑞
内蒙古师范大学国际设计艺术学院

石韵·敦煌石窟文化艺术体验中心设计，以莫高窟内的飞天壁画为灵感，结合敦煌石窟的造型特点进行艺术化设计。整体空间色彩取自莫高窟257窟《鹿王本生》，以土黄为主色调。空间为保留敦煌文化的地域魅力，采用砂岩、花岗石、大理石等材料进行设计，造型上运用石窟惯常的覆斗顶结构、飞天飘带造型，重塑敦煌石窟的艺术之美、石韵之美。本方案以"石"为依托唤醒人们对敦煌文化的感知与记忆，在传承中保护敦煌文化，感受古人的匠心与智慧。

遁石幽居

郝卫国 侯宇 吴赢利
天津大学

遁入石中，修石之品性；幽居石林，抚尘世身心。西井峪村多山多石的地貌与稀缺的地表径流造就了干砌石技艺，村内院落的建筑外墙、院落围墙、地面铺装均取用建筑地基和水窖开挖的叠层岩干砌而成。本作品庭院景观设计中对西井峪村特有的干砌石进行形式提取，室内和建筑立面局部运用干砌石技艺，做到"地尽其力、物尽其用、旧石新语"，使西井峪传统景观风貌在新民宿中得以继承与发展。

出砖入石——泉州南站室内设计

何凡 罗浩
湖北美术学院

总建筑面积 30000 平方米的泉州南站，建筑及室内设计均借鉴闽南红砖建筑"出砖入石"的营造理念。材料及色彩的变化将独特的砌墙方式运用到室内墙面装饰设计语言中，泉州是海上丝绸之路的起点，室内顶部设计将船帆形象简化抽象，山墙则沿用闽南红砖厝"规尾"造型用作装饰，凸显浓烈地域属性的海洋文化、妈祖文化。同时采用客家传统营造手法，将藻井造型、雀替等构件融入室内装饰设计，将地域特色元素巧妙地融入室内空间。

石·触——大足石刻主题文创坊

洪秀玲　林涧　陈斯斯
四川美术学院

　　该方案以大足石刻为主题，充分发挥石刻景观资源、文化、传统优势，打造一个寓教、寓趣、寓商的文创坊。以内容之美开发叙事性石窟佛教空间，以意境之美打造石窟数字体验展览，以精神之美开设艺术研学课程，以体验之美创建石雕体验工坊，通过创意活化实现遗传活化，以此达到社会美育的作用。

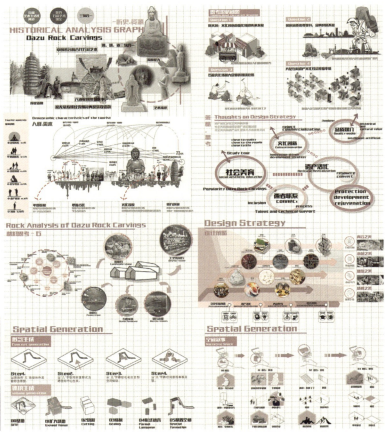

品·石光

黄彩雁　李裕鹏
广州美术学院城市学院

　　品——细味生活，态度追求，品质要求，思考感知。石光——元素演变，虚实之间共生共融，让传统变得不同，过去的不能重复，积极面向未来未知的时间。以石的形态、质感，通过剪纸工艺中传统的铜凿剪纸制作手法，重组石材天然结构与环境之间的物理变化，于光影之间穿梭，共同发生更微妙的化学变化，让人文在每一秒中，既是定格也是变化中，让传承的理念在新生的时代下不断延续发生。本质结构发生的物理变化、融合共生、质感的碰撞，衍生出视觉与触觉间的碰撞。

二次重生的"水泥筒"——富平·美原水泥工厂空间再生

孔楚楚　田孟宸
陕西服装工程学院

设计对象处于富平县美原镇团结村口。北侧为金粟山，其余三面皆为平原地带，东侧为葡萄采摘园区，西南方向均为农业用地，种植小麦。

本次设计方案将厂区原址上的"水泥筒"作为探索空间表达的载体进行创作改造。用地形整理、基础开挖的石料加上白水泥与木料建造一个集民宿与红酒工作坊为一体的空间，是从材料物质性开始的在地性可持续实践探索，且以金粟山的大地史和人类史背景为线索，让我们感受到时间对空间的修复和连接润物无声。

青云书院文创馆空间创意

李建勇　李晓亭　张建勇
西安美术学院

石为介，随物赋形，传统与现代互为因借。

东方推崇风雅与韵味，朴质原始而近乎本质的设计手法和元素来诠释一个交流空间，恰是一种繁华之后归于平淡，对于本质的表达。巧于因借，精在体宜，借"山"筑屋，互相借资，极目所致，尽为景致，斯所谓"巧而得体"者也。小筑可为茶席，可为乐席，为茶席则静逸，为乐席则只闻其声不见其人，余音绕梁。

"寻石愈天"沉浸式体验空间设计

李金 罗云仪 张文雅 单绍峰
首都师范大学

本设计聚焦于中华传统文化，取材于中国上古神话——女娲补天。相传远古时代，天塌地陷，世界陷入巨大灾难，女娲不忍生灵受灾，于是炼五色石补好天空，折神鳌之足撑四极，平洪水杀猛兽，通阴阳除逆气，万灵始得以安居。其中五彩石来自于五岳名山，而五座山分别对应五行金、木、水、火、土。并以此为蓝本进行剧情内容续写，串联起各空间。设计将五岳山石与五行作为主要的元素和主题，以"石"探古今，诠释传统、现代与未来相结合的沉浸式体验场所。

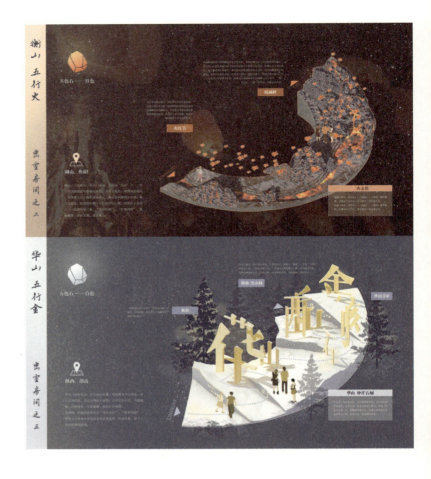

"石"面埋伏
——乡村振兴背景下的福建农产品展销空间设计

李晶涛 肖海兵 陈诺 黄境怡
湖北大学艺术学院

方案以乡村振兴为背景，立足福建省，为本省乡村生产的优质"农产品"和"农制品"在当代都市空间中提供一个现代化的展销空间，集展示、销售、体验、品鉴、文化展览为一体的展陈场所，基地拟定为厦门市某两层商业街门面，面积总计500平方米。设计选用福建特产的花岗石和木材，采用"轻"介入的设计手法，大量保留室内原有墙体和结构，力争视野的通透性和身体观游经验的丰富性，追求与"农"文化相匹配的"空间性"和"物质性"。

叠石·叠时

李屹 赵若愚
四川美术学院

本项目是基于乡村文旅融合空间设计项目《夹江县大千寓居组团民居设计》下的新建民宿综合体空间设计。设计以"叠石而上·叠时共生"为主题概念，意在从原场地民居生态中汲取灵感，以当地特有的红砂岩为主要设计元素，分析原始建筑与山地空间的营建关系，提出"始于山－基于石－石生竹－竹化纸－纸传文－文述艺"的设计基本逻辑，以此重新阐述自然与人文之间的关系，从中提炼出具体的空间设计手法，展现山石精神与空间设计的联系。

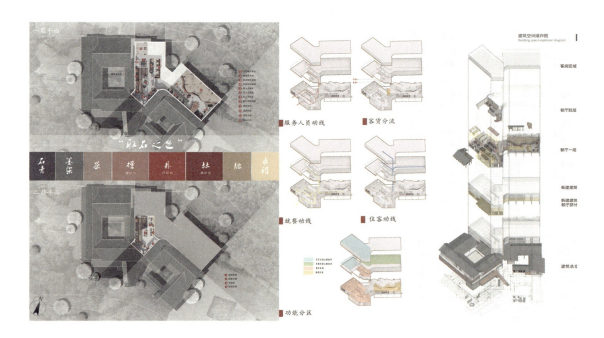

镜石——石乡

李禹辉
山东艺术学院

该设计为石艺术展馆，位于北石峡村，村落依山傍水石材众多，故建筑多以石材作为主要材料，同时长期的环境影响致使建筑大的形体和排列序列与石的特点同出一脉。因此，在这样一个村子里建设一个"以石为材，以石为魂"的石艺术展览馆具有天然的优势。

除去客观因素外，该村落的特色石艺和制镜工艺在展馆的设计中结合，以镜辅石，虚实结合，带给游客多样的赏石体验。虚虚实实的手法将石艺术的禅意尽可能地展现给人们。

一剑临尘

林祥鹏　胡语涵　杨琴琛
广州美术学院

穿越时空置地于此，
每个人都化身为侠，
在石与剑的相互营造中游历，
在寻"剑"的旅途中寻觅侠义的真谛。

以一段奇缘，将交互体验、商业业态与龙泉宝剑文化相互融合，激发龙泉文化新活力，打造一场快意恩仇的侠客之旅。在空间内追溯文化，体验侠义人生。

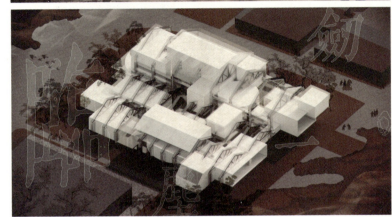

新景石韵

林志明
厦门大也建筑设计有限公司

该案例为新景地大厦的大堂设计，以建筑的"莫基石"作为大堂的主要设计源泉，去构建整个设计方案的主旋律。

一入大堂，一座气势磅礴的石材矿山就矗立在眼前，给人以极其震撼的视觉冲击力，为达到效果，每块石材都尽量采用整块大板。转角交接边都进行无缝式处理，以达到整石的效果并将整石做进退处理，有的石块相互依偎，有的又相互间隔，加之石材表面的不同肌理处理，最终达到了设计之初的想法。

大地之石
——艺术家乡村驻地计划项目设计

刘蔓　李蕾
四川美术学院

这个项目的前身为一处废旧的传统民居，改造后将成为驻地乡村艺术家们举办展览、交流活动、居住及创作的栖息地。项目响应艺术介入乡村的号召，鼓励并支持艺术家的在地艺术实践。

"大地之石"意为"立于大地之上，游于山石之间"，在建造领域中，石是一种坚固耐用的建筑材料，但在技术发达的今天，石逐渐脱离了这一身份，它从艺术人文的角度带来了更多关于人与自然的关系以及石的空间美学思考。本项目设计从"以石为基""以石为阶""以石为景"三个方面探讨石在空间中的运用和表达。

石头记·忆——那时那石生活器物展

刘正法　杨杰　许李军　王永健　刘志达
上海道合文化传播有限公司

展览设计通过十二生肖把旧时生活器物串联起来，让观众在物品面前，想起生活故事，感受生命温度，引发内心触动，亲近自然、淡泊名利，这也是石头的品格。石，"聚天地之精气，化日月之光华"，虽一拳之多，则通灵性；虽一铢之大，则解人意。整个展厅的建筑造型像一个山洞，人们置身内部仿佛穿梭在时光隧道，回看过往，把握现在，发现自我，走向未来。那些年成了一种时尚，成了一种心理需求，甚至成为一种文化，那些年是我们的怀旧情结。

岩石星球

罗子安
广州美术学院

本项目为珠宝公司打造一个集展览、选品、直播以及品牌宣传为一体的室内概念方案。设计围绕强目的、高辨识、强话题等品牌需求，结合银饰展品的颜色与质地，提炼出"岩石星球"的设计概念。整体空间划分如星轨般环绕，黑色的岩石与白银产生强烈的视觉对比，利用金属展示道具赋予空间科技感，增强空间的沉浸体验与传播力。

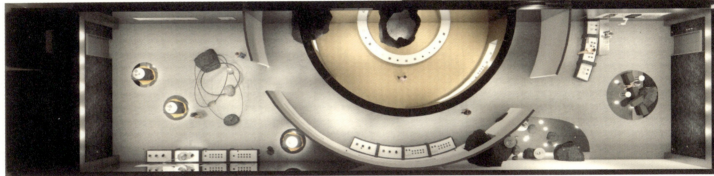

新疆石文化岩画馆

马霞虹　赵晟旭　倪啸
新疆师范大学

岩画是人类最早利用自然界"石头"展现精神寄托的石文化。新疆的华夏祖先们以石器作为工具，记录了他们丰富的生产方式与生活内容。新疆岩画是远古游牧部族社会生产的印记，新疆岩画有三大系列，分别为阿尔泰山系、天山系、昆仑山系。以此为背景，运用石头和生土材料，设计了能观赏到新疆三大岩画系列的"新疆石文化"岩画馆，让人们可以了解新疆岩画的相关信息。

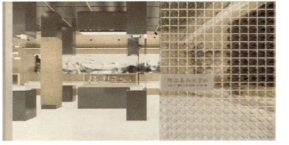

益闲——建筑综合体设计

毛咏飞
山东艺术学院

建筑灵感来源于群山。由于周边围绕黄山，所以延续山的形态，将建筑横排重复变形组合。运用线性、点状表现方式，烘托不同部位的形态起伏感，赋予建筑丰富的层次及细节之美。建筑材质采取的是传统的青瓦白墙，墙面由白色砖石堆砌而成，石材的质感舒适而明快，契合了周围山石的环境。

石融匠心——福建非遗寿山石雕文化博物馆展陈交互空间设计

潘吟之　魏必航
福州大学厦门工艺美术学院

寿山石雕是福建著名的非物质文化遗产，本项目以全新的数字化技术融入寿山石雕的历史展览设计，空间造型以寿山石雕灵活多变的曲线为主形，集创新科技、多感互动体验于一体的参观模式。数字化技术以更为多元化、立体化、艺术化的形式传递展现文化信息，活化非遗文化空间，以更完整的展览展陈体系创新，给予寿山石雕发展历史的全景化艺术展示。

石非石——音从何来先秦石磬器物展

彭一名　郑斌
湖南理工学院

设计从"石"的声音方向入手进行创作，以殷商时期的"石磬"作为室内展陈的对象。围绕石磬提炼出两个问题与四个关系，即声音是什么？声音何来何去？石与人的关系、石与声音的关系、声音与未知的关系、人与未知的关系。设计在此基础上进行空间营造与解法。

展陈设计手段以观众互动体验感为先导，通过故事性、空间视觉与尺度松紧来逐步引导观众获得基于展品内涵的文化意向。

禅意石观

任孝臣
山东艺术学院

该设计方案为室内空间设计，名称为"禅意石观"，采用重色彰显石营造主题，家具多采用低矮型，室内多利用下沉和升降展现禅意主题，客厅、主卧等房间内背景墙均采用石块营造空间氛围。

石营造
——新疆林基路烈士纪念馆设计

盛新娅
新疆艺术学院

石头作为建筑最基本的元素石头作为中国古代艺术体验及生命体验的一个显著代表，它是术家回归人与自然的本质有机结合，将艺术创作融于生命精神探索 中的一个重要标识，也在艺术体验中，艺术家们将无生命的物理形态转换为有生命的有机形态，并进而呈现人格、精神品质的一种最为有益的创造。在人类历史发展进程中，石头一直与人们相伴而行，在不同时期，它都以其独特的魅力发挥出巨大的作用。

藏窑

王海亮　白雪婷　王蓉　刘波　魏静
内蒙古师范大学

开州窑子村，一个由走西口文化留下的村落，尘封着许多历史的痕迹。村子的名称里有个窑，却少见窑的踪迹。曾经极具特点的土石窑，随着时代的发展，藏在了屋里，藏在了人们心里。本案应当地文旅发展，解决空置、振兴乡村的需求，深挖乡土文化，以藏窑为切入，就地取材，把藏窑的时代之美找出来，推出去。

正向艺术空间改造设计

王俊磊　黄迪
浙江工业大学　中国美术学院

设计源于对中国历史街区的思考。通过置入不同尺度和形貌各异的空间体量，反映形式、理念和文化观念的表达，并借此探讨传统与现代的继承和发展。场地中的每个空间都被赋予不同的建筑形象，如景观阁、城市街角、广场和凉亭，以满足不同功能所需。通体白色的材料，则是强化空间和突出形象的具体表现。置身其中，会有一种步入街区的体验。我们希望在这样的表现形式中，既折射出旧的含义，也表现出新的含义。

归去来兮辞——长白山文化精品度假酒店

王鹏　田惠中
内蒙古师范大学

《归去来兮辞》是文学家陶渊明创作的抒情小赋。描述了作者在辞官后回家路上看到的自然之美，表达了作者对自然之美的膜拜和对大自然的赞美。本次设计采用对当地自然的山水、奇石、村落文化等提炼塑造一种层次丰富、绚丽多彩的环境。将目的地的传统特性与舒适需求完美融合，在自然与文化中寻找平衡点，打造有理念、有质感的酒店设计。

无界·商业空间设计

王婷玉
内蒙古师范大学

无界这个词语是没有边线、没有界限的意思，正如我在空间中的设计，大量的曲线贯穿整个有限空间，使空间具有一种无限的延伸感。软与硬的结合，大量的石材与曲线造型，使整个空间既有张力又不缺沉稳，同时也打破了以往石材在空间运用的固有印象。空间中冷淡的灰色中凸显出鲜艳的红色，使整个秩序性的空间又增加了几分活力。

传奇都会——新佛山博物馆历史文化陈列展

王永斌　郭梓豪　王培锦　张丽珠　吴诗艳　陈冬怡　李涛　林娴满

对于本案"石营造"主题思考时，在自然与人文相互结合的探索背景下，将佛山新博物馆与岭南园林相互结合。选取佛山具有历史底蕴的"佛山祖庙""梁园"等岭南园林古典建筑作为主题意向。深挖其特有元素，如岭南"满洲窗""雕柱"等传统符号，将其解构重组提取新的视觉符号。采用园林常用石材种类，作为主要空间材料融会贯通于整个展厅空间中。以当代艺术结合现代展示设计的创作手法，再现佛山历史发展的前世今生。

海纳百川——豫园站

吴旻 黄凯 熊星 金妍 陈佳维
上海市隧道工程轨道交通设计研究院

海纳百川是上海的城市精神，黄浦江是上海的母亲河，上海天然和水字息息相关。本站连接浦东，头顶上正式黄浦江水，豫园的装饰风格离不开水字。有了以上的主要设计思想，结合对在地文化的深度思考，通过对黄浦江的水流形态获得灵感，将天花的曲线线条，像江水一样自然拍打到柱体上，形成有韵律感的脉动。用水的形式语言，通过水流状的铝片吊顶、暗藏的条形灯带、流线形的 GRG 柱体造型塑造出古典、东方、现代的空间体验。

他山之石——景德镇创作中心空间设计

吴宁
湖北美术学院

景德镇创作中心力图打造一个汇聚交流的平台，融合、借鉴、创新需要借外来"他山石"碰撞迸发出新的火花，也需要结合景德镇的陶瓷特色创作表达属于自我的作品。正如"他山之石"的含义——别处的贤才可为本地所用。

设计期于让所有空间都凸显包容度、灵活性。特别在入口空间设计中，整墙挂装采用模印结合手塑成型并施以景德镇传统宋代影青釉的我院英文名称字母缩写的装置。即是回应景德镇在地特性，也是结合"他山"的思考表达自我。

谧·石

吴思菲 张书雨
上海大学上海美术学院

　　天然石材与工业钢材并置的空间设计。利用石的特点营造一个沉稳、高级、静谧的空间。以石为载体，包含太极文化，以清醒睿智的哲思指导人类活动顺应自然规律，最终达到一种无所不容的宁静和谐的精神境界。石代表历史的沉淀和沉稳的思想，钢代表现在的生活和对未来的设想。石与钢相互穿插组合的空间设计，旨在营造和谐、平衡、精致、微妙的环境气氛，给人制造出一种凝望过去、静心思考当下和未来的阅读氛围。

大足石刻新游客中心室内设计

夏青 邹建 唐金贵 王洪 陈瑶
重庆大学　重庆设计集团港庆建设有限公司

　　大足石刻位于重庆大足县，1999 年列入《世界遗产名录》。新游客中心是景区参观线路的起点，于 2022 年 7 月 20 日投入使用。
　　本项目大面积使用由固体废弃石料制作的墙板，既环保又可塑，再现铁器凿石的历史痕迹，局部原石形态蕴含"自然之石自身载道"的设计理念。
　　核心空间由石墙和 LED 屏围合成三角形文化体验区，暗合"佛、儒、道三教合一"的大足文化特征。
　　影院由倾斜的墙体与石材质感还原崖壁的视觉感受，游客在这将观看两部有关大足石刻的电影。

石·反转·器

许慧欣　王妙孖　常晓庚
北京石油化工学院

本系列产品，为大学社恐舍友而作。以中国古典青绿山水绘画的色彩为搭配，结合当代极简主义设计语境，对山石、祥云进行重构。

材质及工艺依托3D打印技术，采用线上与线下两种模式构建交互体验。线上推出例如：以《千里江山图》为基的治愈产品，选拔"青绿之士"，获得线下交流体验名额及专属定制产品。

"山石开新雨，春与青溪长。"心怀中华民族伟大复兴的理想，邀虚心友石之士，共举这青绿之杯，追求卓越的青春。

温度——石材在民宿空间中的运用

薛宇
内蒙古工业大学建筑学院环境艺术设计系

石头像一座连接过去和现在的桥梁，在时间长河的冲刷下，它承载着历史，也见证了人类认识的世界。

本方案设计更多地考虑石材的温度感、舒适性，将现代材料、文化、技术与自然石材的艺术化结合，突出表现自然与人为设计共存的包容性。

方案以视频的方式呈现，从一个空间穿越到另外一个空间。建筑的设计采用中国传统的徽派建筑形式，对建筑周围的景观环境进行的设计，室内设计方面在不同的空间大胆地使用了各种样式的石材，增加空间材质丰富性的同时，更多的是设计师对石材本身的一种温度的理解，希望带给人们心灵上的独特享受。

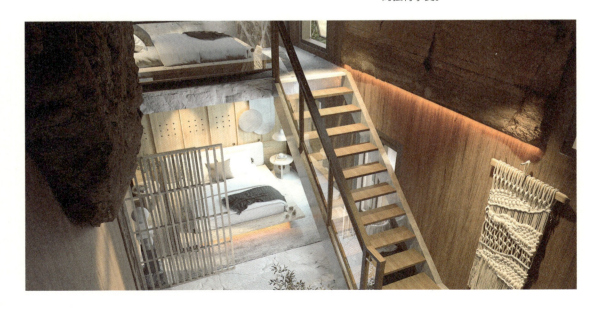

石城人海——以"石"为鉴，城市反思主题展览馆

杨蕙如　梁嘉钰　李祥天　徐昀博
福州大学

　　许多城市在城市化进程中受到了巨大的影响，城市固有的风貌与特色几乎消失殆尽，新城的同质化现象尤为明显，无论是建筑、公共空间还是人们的日常生活，都让人难以感受到与老城区的密切关联。

　　我们把整个城市看作一块巨大的有生命的石头，从空间设计手法和共情原则出发，借助展览空间表现形式阐述"石头—城市—人"的关系，通过此展馆呼吁并提供给人类更多的设计思路和参考价值，搭建多样的具有特色的城市文明。

"焕新"
——英格苏驼奶旗舰店设计

杨舒羽
内蒙古师范大学

　　"万物各得其和以生，各得其养以成。"自然界孕育纯粹且原始的能量，使生命在地球中得以焕新。设计灵感围绕"阴山岩画""戈壁""骆驼"等关键词展开，以"探寻一段焕新生命之旅"为情感纽带，将自然、地域文明和精神内涵内化于空间之中，分别对应展示大厅、体验区、宣教区三个功能分区，形成"生命之光—生命转化—思想传递"的空间叙事脉络，增加空间的地域性和故事感，勾勒出取之于自然高于自然的产品零售空间。

石之独白

叶隽洁
华东师范大学

"石之独白"展览于砂石博物馆内。展览从"石与时间""石与人""石与文明"和"石与想象"四个主题出发,将石头作为展览主角,叙述石和人从传统到现代融合发展的故事。砂石博物馆的室内空间呈有机的"石"形,展览设计多采用镜面元素,依据不同石展品的特性,衬托、对比或营造石的气质氛围。展览选择的展品涉及中西古今,旨在体现人运用石改造环境,与环境和谐发展的主题。

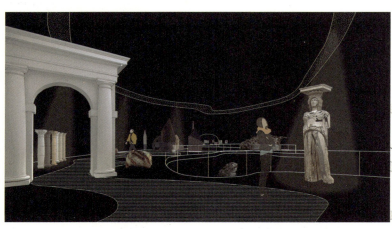

石韬玉而山辉

于博　胡书灵　冯佳依　宗子晓　张静丹　孙梦阳
鲁迅美术学院

石比书老,混沌里孕育着盘古,石比书淳朴,述而不作,信而好古,天理自在其中。设计将石融入景观,混合着缕缕书香、淡淡石味,酿成阅读的芬芳。

一块玉石要千雕万琢才能成为一件艺术品,一个人亦需千锤百炼方能玉润天成。不断阅读是一个不断由内而外修养以达到自我充实的过程,书房亦是能使人突破时间和空间的束缚走进历史、走向远方,与万里之外产生共鸣感通到作者之诚意的地方,诚意正心、修身养志的修养环环相扣、一脉相承。

"共同生活"老年社区空间设计

于林
云南大学

目前,我国的人口老龄化程度位居世界前列。老龄化程度的不断加深,给我国的养老产业提出了新的挑战。社区养老在一定程度上为老年人群营造了良好的生活环境和精神寄托。

基于此,本方案从多个角度研究老年社区空间的相关设计策略,并运用装配式建筑的相关理论,在宏观层面进行建筑的外观设计后,对建筑空间的室内环境进行微观层面的设计与表达。运用共同生活这一概念,描绘一个相互照顾与扶持的,具有浓郁生活气息的社区养老照顾图景。

秀丨怀石料理

张健 刘利剑 周海涛 高家骥 曲纪慧
大连工业大学

本方案空间以"'石'营造"为主题,结合怀石料理构建空间风格,着重体现空间气质的三个方向:境、景、精。境为境界,景为景观,精为精致。空间中散落着的体块、蜿蜒着的景致、不规则的视角,疏密有致。呈现视觉的高级感,多变的视觉纬度形成别样的日式禅境。

包房内部空间,配合外部景观呈现出"一屋一景"的视觉体验。

空间建构中的盒子不时出现特意留出的空隙,利用空隙搭建微型花园,形成私人包间的入口。蜿蜒曲折,柳暗花明,别有一番禅意韵味。

浮游石阶——第二届"三重阶"中国当代手工艺学术提名展展陈空间设计

张雯　李恩锡

中国美术学院　中国美术学院风景建筑设计研究总院有限公司

　　本案为第二届"三重阶"展的展陈空间设计，以中国美术学院民艺博物馆拾阶而上的空间结构为出发点，结合"三重阶"展高峰之上又高峰的展览主题，以中国传统石文化和游园为设计要素，提出"浮游石阶"的空间设计概念。

　　展台设计成可适应各种坡度具有"生长性"的"模数化"单元，通过叠砌形成错落有致、重叠曲折的"之"字形展陈空间，丰富观展体验，打造工艺展的浮游石阶、民艺之山。展台亦可供未来其他展览重复使用，体现可持续性设计理念。

山川故鲤·泉州宴

庄焕阳

厦门焕境室内设计有限公司

　　泉州，别名鲤城。此餐厅主打泉州菜，餐厅坐落于侨乡泉州。

　　闽南匠人在建造房屋时很注重因地制宜、就地取材，围护结构以红砖、花岗石为主。闽南地区制砖历史悠久，工艺高超，可以组砌成各种砖花，构成鲜明的红砖文化；丰富的花岗岩资源可作成上等建房材料及石雕饰物，形成显著的石文化。在餐厅装饰材料设计使用上，大量采用泉州白花岗岩装饰、闽南红砖花格、惠安石雕、石茶台、枯山石景观等一系列石元素来营造整个餐厅空间。

汴梁艮岳梦——艮园

胡亦菲 张宁 黄思颖
天津美术学院

艮园方案从假山石的自然外形中提取出设计轮廓，提取出假山石的"露、皱、瘦"几个特点，同时参考古画的韵味，将古典传统园林进行现代化表达，将古画中的山林画境带入现代的空间，叠石成山，形成独特的景观。古今结合，用现代的设计手法表达古画的韵味，既传承了宋代浓厚的文人气质，又用现代的设计方式去解释传统，实现古为今用的设计表达，使游客来到这里能够体现不一样的山石主题的园林韵味。

禅石椅

张胜杰
南京林业大学

石与木都受明清文人青睐，除了单独作为观赏摆件之外，文人们还把赏石与家具相结合，使其成为古典家具的一种重要装饰元素。而禅椅在古代不仅是佛教僧侣打坐禅修的特定坐具，随着禅宗的发展还被文人士大夫阶层所喜爱。进入现代社会，禅椅因其素雅简洁、虚无空灵的设计语言仍然深受现代人的钟爱，并常被放置在书房、茶室等现代家居空间，供人供静坐参禅、修身养性同时对室内空间还起到了极佳的装饰作用。

五色石

李慧珍　徐泽鹏
曲美家居集团

作品灵感源于"女娲补天"的神话传说:"女娲神炼五色石以补苍天"是先民由寻洞而居发展到用石自建屋而居的有效说明,其蕴含了先民对实用与美观孜孜不倦的追求与坚持。人类造物史是人对材料认知、改造并合理运用的历史。

《五色石》以榫卯结构把五种质地的石材有机的联结成一个环形座椅,是对先民造物艰辛探索的致敬,是对中华文明在现代社会以新的姿态呈现于世界的一种企盼,更是对美好生活的向往……

碑镜石鸣

毕亚鹏　王珏琪　陆体卫　樊婉怡
广西艺术学院

作品以"石"为主要设计元素,运用异质结合的表现形式,石头、石碑与不锈钢结合,表达了从古至今社会历史发展的精神文明。石,在中华民族的历史长河中,被人们赋予了深刻的精神内涵:石碑以石形态记载着中国古代历史发展的脉络;而石的一面采用不锈钢的材质,如镜子映射生活。当人走进作品时,纯净的不锈钢材质石面折射出人影从而促使人们对本质的思考。石头有神,石碑有意凝聚着民族独特的精神气质,记录历史,刻画现在,凝聚未来。

逐梦系列

陈坚坚
广西艺术学院

野口勇、达尼·卡拉万、迈克尔·海泽等艺术家在创作景观雕塑时，致力于以雕塑的手法塑造整个环境空间，这种创作方式给作者的空间表现研究课题具有借鉴意义，通过雕刻环境空间的方式，得到一个具有雕塑感的空间场域，使观者改变了以往从雕塑外部看雕塑形体的观看方式。当整个环境空间成为雕塑时，观众需要进入场域内部，观看和体验场域的内部空间，以及在场域内部观看场域外部周围环境的一个视觉体验。创作中数字技术的运用也为景观雕塑空间表现的营造和呈现方式增添了无限的可能性。

四十非石

丛龙
鲁东大学

四十非石，似石非石，这一大地艺术借用谐音，用砖这种似石非石的建筑材料比喻40岁左右的中年人，他们以自己脆弱的身躯守护着自己的家庭。被打磨掉了棱角的砖层层叠起，就像各景区路旁用以祈福的石塔，砖代替了不善言辞的中年人，在闹市区小心的诉说着自己的愿望。本作品展示时有点类似于禅宗园林中的枯山水，但核心思想却恰恰相反，大隐于市，车水马龙的街头耀目鲜红的砖（中年人），这才是红尘俗世最常见的样子。

川剧主题展览概念设计

戴千惠　程茜
四川美术学院

　　戏说蜀地川剧展览馆概念设计方案的目的在于让川剧这类本是贴近大众生活的戏剧，由于新媒体技术的流行和对于传统文化的片面了解让戏剧的舞台离我们的生活越来越远。通过尝试让川剧传统文化以一种更易被现代人群所接受的形式回到大众视野来达到重新传播川剧文化的目的。

　　我们的设计策划是合作项目，在确定选题后我们进行了对于川剧的调研，首先是现场的川剧表演所展现的元素：各类的角色行当、表演时角色所使用的特技、表演时的背景音乐和角色唱的曲这一类的音乐元素等，这一类都是展厅内部必须展现出来的最重点的元素。而关于川剧作为非物质文化遗产，蕴藏的文化内涵将是另一重点展示的元素，其中需要进行分析和展示的内容有川剧的历史发展、川剧的传承、川剧的经典剧目。

石·文明

戴怡雯　胡沁怡
上海大学

　　石头具有自然的野性之美，本方案意在结合工艺技术与不同造型的石材。以石头作为搭建自然与文明的桥梁，在文明与工艺的对撞下激发出石块的独有的特性，探索石头背后所蕴含的自然与文明之美。

石光隧道

单思琦　傅文淇　许的芝
上海大学

二十四节气包含天人合一的哲学内涵，同时也是视觉制度与文化体系的综合体。

我们运用石营造的手法，以石缝、石柱、石座作为设计元素，结合映入其上的光影变化特点，分别隐喻了自然时间的规律性、自在性与永恒性。人们的体验以及二十四节气中每节气光照的变幻，能够体现出石光与时光的融合是一种"天人合一"。

节气不断更迭，光阴缓缓流逝。

落没"石"光——水下古村石牌坊遗址展示体验空间设计

段菁菁　章隽闻　陈歆　程映熠
福州大学

"过去"如果被消解，"现实"是否可以重新存在于"未来"的场景之中。

本设计旨在对狮城水下遗存充分保护和尊重的同时为其赋予新的语境，渴望对古村及石牌坊的认识进行复现和强调，以叙事性的方式重构展示体验空间，打造出耳目一新的水下古村及石牌坊遗址展示体验空间。

通过与现代科技手段及沉浸式展览体验空间结合，更好地保护水下文化遗产，使人们了解狮城古村落历史文化、石牌坊文化，同时体会狮城人民深刻的情绪价值。

她·石

戈楚灵　黄萧熠　何颖　徐扬
上海大学上海美术学院

将石头赋予女性气质，通过材质、造型的柔化，饰品的点缀，通过意象强调"她"融入自然理念，完美地与"石"融合，一种富有的女性化的风格，表明石与她的共通性，女性气质也正在打破传统的界限。四季更迭，万物流转，以石为语言，石与她经岁月打磨，都将越加光彩夺目。

一石一乾坤

洪文静
浦江职业技术学校

本设计灵感来源于中国传统中以炉鼎冶炼丹石创造新物质的炼丹术，探索全新意义上的"石"。近几年中国芯片行业的飞速增长，在国防、人工智能、自动驾驶汽车等未来技术方面发挥着巨大作用，承载着国家发展的希望。小芯片，大乾坤。本设计回收大量废弃的电脑元件和晶体芯片，以导电的正二十面金属体为基础体量，表面吸附各种芯片，同时上下装置利用电磁悬浮技术，使"芯片陨石"漂浮于半空，宛如丹炉中诞生的新世界。

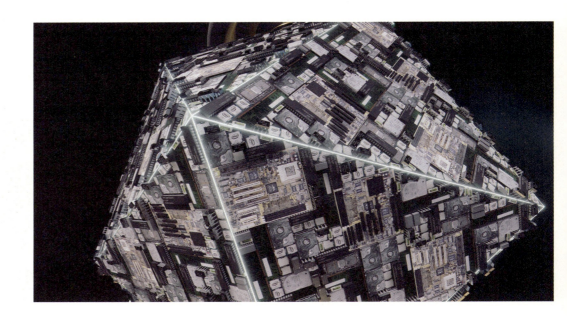

Bleeding

胡力文
四川美术学院

作者自幼成长在重庆,对江边怀揣着特殊的情感。那里总有着不计其数、形态各异的鹅卵石,都是因流水和沙土长年累月积淀而成。但 2022 年盛夏,极端的气候状态频频地导致江水断流。

在此般环境下,将红色毛线掺入江边的石缝,来影射大自然所形成的伤口,仿佛江河流水化为固态的血液在石缝间流淌。用坚实紧致的石头,结合柔软蓬松的毛线,在沿岸形成了别样的景致。大自然不会诉说伤痛,但终以令人痛心的姿态,将伤口外化为难以挽回的生态环境。

空

胡余　张宇航
四川电影电视学院

在一座新型的城市中,往往出现一些最原始、最拙气的事物,是对整个环境的一种升华。基于以上的前调,让我想起最原始的事物是石材,石材本身的艺术特性就决定了作品带有极强的厚重感以及对时间的认知感。当石材与不锈钢这种现代化材料间的相遇,它们发生的化学反应是极其有意思的。它反映出人们自我思想最真实的碰撞,同时也是现代化、科技化城市的一种进程。

米芾拜石

黄雨欣
上海大学

作品是以米芾拜石为主题的公共艺术装置，理念便是人人是米芾，皆赏石。希望在公共艺术装置放置于城市之中时，路过的人会为之驻足，会对石内涵敬畏赞赏。从前是米芾一人拜石，现在人人皆是米芾，希望将传统石文化带入大众视野，更多人可以了解欣赏石文化。设计灵感来自于中国古老的语言甲骨文的演变过程，发现文字的演变是去其糟粕，取其精华。运用空洞与实体的对比，虚实相济的表现手法，将数字媒体与环境融合，镂空之"虚"用全息投影打造，与环境相容，也朝着元宇宙的概念前进，形成未与古的碰撞融合。

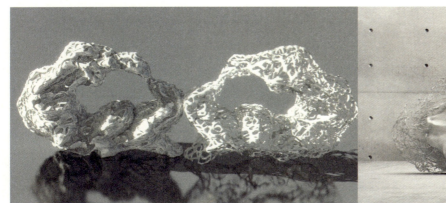

园林 1 号——自然之心

纪明亮
山东美术馆

作品从生态自然角度，反思当前抛光石材在现实中的过度和滥用带来的冰冷生硬之感。作品融合苏州古典园林元素，以置石叠山和开窗借景手法，形成立方体与山的组合体。石材取自具有代表性的石材，如泰山石、太湖石等。立方体与山为同一石材，经过抛光后，石材干挂在金属框架上。人透过圆洞与山、周围环境形成多维度的观看视角，人也可坐着休憩。作品有了在地性和互动性。以此引起生活在钢筋混凝土建筑中的人们对生活、自然再次审视和反思，回归自然，珍爱自然。

石门残影

蒋许可　史博文　陈雨馨　李凌云
扬州大学江阳路南校区

在中国传统园林、建筑中，形态各异的石砌拱门、门洞较为盛行，在借景、透景、框景和对景等造园手法中，石砌拱门成为不可缺少的视觉符号，丰富着观者的游览体验。然而，此类传统建筑文化被打上了"传统"的烙印，在当代环境设计中缺少文化土壤，呈现颓势。

本方案以"石拱门"为元素，运用解构重组的设计手法，营造具有传统文化底蕴的当代景观设计，在互动穿行中，以唤醒国民对传统文化的追忆。

以"石"为基——劳模主题公园景观设计

金常江　朱大帆　胡晓华　那艺凡　赵晓宇
鲁迅美术学院

劳模主题公园中的主要景观劳模墙共有二十块，由入口处的十一块雕塑墙和劳模园的九块雕塑墙组成。劳模墙分别讲述了一个英雄辈出、劳模荟萃的光荣城市的艰辛历程与先进劳模同志。主雕塑以坚实的石头为灵感，做了几何切割，形成了规整的富有美感的工业模数的形式，使得形式更加现代简洁。傍晚每条切割线都会有柔和的溢光，代表了优秀劳模的点点星光，汇聚成漫天繁星。

镜石

郎郭彬　姜可欣　吕成昊　顾佳瑜
上海大学

设计灵感来自于中国传统园林景观中的重要组成部分太湖石，所谓"无石无园"，它"瘦、皱、漏、透"的特殊形态，给人无限的联想与审美想象，是古代文人雅士审美情趣的物质体现。本方案提取太湖石的审美要素，试图在现代空间环境特征下用现代造型语言重构太湖石审美和精神特征。

本方案以同一形状、同一色彩的亚克力插片为载体在三维轴向上通过不同的方向拼合，依靠其本身形状构成方中带圆、实中带虚、密中带漏的特殊形态，进行一场现代科技理性与传统自然感性的对话。同时，在装置外形的思考上，本方案将太湖石本身的艺术造型与漏景、借景等园林造园空间手法相结合。方案加入可变外形的设计理念，通过构建各种形态的造型，和太湖石自然形成的形态有异曲同工之处，构建出属于每个人心中不同的太湖石，也可以适用不同的空间尺度和环境。

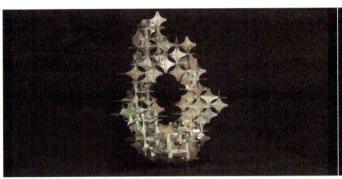

朱文鉴今
——朱子文化城市景观小品设计

李安飞
福州大学厦门工艺美术学院

本项目从朱子相关文字、朱子理一分殊哲学思想为出发点，融合了武夷山摩崖石刻的文人文化，旨在展现朱子文化的哲学思想，展现出朱子文化的源远流长。"朱文鉴今"景观小品中，石所表现的是摩崖石刻文化要素，字从石上流向像水一般的镜面金属，汇集成文字"方塘"。镜面金属的反射效果使得诸多文字就像朱子文化所在"万川"中留下的月影。

天地幕 山石媒，共自然

李万曦　廖丹
四川美术学院

设计目的地为重庆市沙坪坝区气象局高空探测站一自然溶洞，以"天地幕 山石媒，共自然"为题，表达设计以石为媒、寓教于景；以石为界，注艺筑峒；以石为趣，共赴石约。总体布局分为一循环：碥磴；三区：磡台、箐峒、碕岸为主。
一循环：蹑碥磴、观巉岩矾碑；立于峒上，鸟瞰石穴全貌，"高峰下临深谷，幽潭傍依天柱"，蹑碥磴，以观巉岩矾碑。
三区：矗磡台，顾碨垒石垒；倚箐峒、望硱磳磈碅；立碹拱，赏碕岸碆磳。

塑石之化

梁炳林　孙志恒　樊宇辰
集美大学美术与设计学院

赏石，赏其之化。
在信息爆炸的时代，每日眼花缭乱，新奇与创新充斥生活，就是看石头，匆匆一眼便也像看尽了万年时光，事实却难以感受万年的变化。
希望人们多停一停，把眼光放到这块需要很长时间才能塑出成果的石头上，稍微付出点汗水，放在那些视乎看不到成果的地方，以水塑石，没有太多欲望的人、没有太多意义的选择、没有太多变化的石头，在这之中感受水滴石穿，才去想起自然花了上万年所塑之石的美与韵。

石记——城市工业太湖石

林庚荣
广州画院美育青创中心

把代表工业化时代的机械配件融入到自然为美的太湖石中，两种很难联系的元素通过这样结合一起，一种矛盾，一种碰撞，工业化进程在进一步侵入自然环境，让人们在观看之余，引发对自然环境与工业化的思考。

"浪"出"石"间——厦门市高集海堤铁路遗址设计

林涵瑜
福建农林大学

该设计位于高集海堤铁路遗址上，所以主要以厦门海堤建造历史为主题，运用该地原有的具有历史性、故事性的海堤石，并融合礁石、海浪、火车、渔船等元素，基于场地上原有的铁轨遗址进行景观设计。在平面上，由海浪和火车车轮的形状构成；在空间中，通过模拟当时环境来使人们有一种身临建设场景的感觉，给人一种别样的体验。整个设计将元素具象化，直观讲述该地的故事，并使这个地方成为一个融合城市记忆、居民休闲场所的空间。

迹·忆

刘皎洁 郭盼 孙民泽 徐冰缘
绍兴文理学院

作品寓意"轨迹、事迹、遗迹""回忆、忆想、追忆",形成谐音"记忆",意寓发生、记录、思考,旨在表达"石"作为地球形成、变化,生命萌发、消失,万物发展轨迹的第一见证者。它似地球的时钟,反映着天地的演变,记录人类文明的进程,可唤起现代人们对生命和环境的深度思考,树立与天地精神往来的文化自信。它是一个结合计算机技术的具有交互性的公共艺术装置。外在:自然、素朴、原始的石质"卵"形——象征生命的起源。内在:人造、壮观、科技的立方序列变化——象征万物的规则。内部单元素为大小不同的立方体块,形成阵列关系。音乐模式:随着音乐节奏内壁的立方体做规律性的起伏动作。互动模式:中心的立方锥部分可通过人面识别播放视频影像;立面墙体的一圈触摸式显示屏可供观赏者产生视、听、触的感官交互。

楼兰驿站

刘卫平 赵俊 齐笑
新疆五方天成装饰工程设计有限公司

楼兰古国是一个既神秘又向往的地方,因为近代古遗址被发现以来,人们对楼兰的猜测与向往,牵动着无数人对楼兰古国的探索与追求。作为新疆土生土长的一名艺术家,因为对楼兰魂牵梦绕的缘故,让我有机会在新疆巴州地区实现了对楼兰古国的创作及复原工作,先从历史的文献中找资料,一一对位后,再到博物馆寻找楼兰当时的出土文物及生活物品,再次研究楼兰古国建国 800 年的历史当中,楼兰人的生活习俗、宗教信仰以及他们居住的生活环境、居住材料的使用,最终用两年时间设计制作完成了《楼兰驿站》,实现了我的梦想。

石语

刘哲

深圳市公共文化艺术创作中心（深圳画院）

深圳东湖水库

深圳东湖水库绿道

洪荒有其石，生命初始赖于石，现代文明发展亦离不开石。

"石语"，以石为载体，运用特殊工艺和科技等不同手段，演绎石的万千变化和其独有的艺术魅力。

本项目设在大湾区供深港饮水之源的深圳东湖之畔，作品以石为媒介，分为多个系列，共108件，以空间装置的形式表达，贯穿于30公里长的环湖绿道中。每件作品，如石而卧在天、地、人之间。

山岚、水碧，石语、花香……

作品希望通过对石的艺术再现，演绎人与自然的和谐关系，从而更好地造福人类，启迪心灵，感悟生命。

深圳水库——现场效果示意图

裂缝：破与生——重庆渝北矿山公园大地艺术设计

裴国栋　杨灿　谭林丰　黄文康

四川美术学院

大地艺术选址于铜锣山矿山遗址公园，以矿山、碎石与帆布为材进行"裂缝：破与生"主题创作，占地14700平方米，高70米。

创意源自人类传统"大石文化崇拜"，以巨石为生活和发展动力为出发点。工业化破坏自然平衡，使得巨大矿山宛如地球伤痕。

方案从玛尼石祈福文化出发，以帆布象征经幡，又象征大地之母柔情抚慰，给予地球伤痕重生力量。

方案最大特点是可持续性参与。人们进入其中，继续运用当地矿山废料绘制并堆叠祈福，寻找和大地的共鸣。

风的轨迹

钱程
内蒙古师范大学

石质在固有印象里往往被赋予厚重沉稳之感，作品意在打破传统观念，赋予石头轻盈飘逸之感，如同一阵风将落叶从地面吹起的感觉，这与中国传统水墨画中想要传达的"画外之象"与"味外之旨"的意境是一致的。

作品的材质也是选择了鼓浪屿当地的石英岩材质，传统石质与现代材质不锈钢的巧妙结合，赋予了作品更多的观赏性与现代感，也发掘了传统文化与当代生活融合与发展的多种可能，让人们能更好地参与到作品当中。

玉出于山

宋刚
悬亮子环境艺术工程有限公司

"玉出于山"装置整体以起源于春秋时代的中国传统玉器工艺"金镶玉"为形，意在金玉满堂，和谐美满。璞玉出于青山，玉环中横亘的流畅山水以佛山南海名山"西樵山"风光为形，是地域特征与玉文化的结合。同时，玉环四周喷射的雾气模拟山中氤氲；玉山与倒影之间坠落的潺潺流水模拟瀑布；利用声光水电技术带来触及多重感官的享受，激发人与装置的互动。

大地时钟

唐方 马鑫 余深宏
北京工业大学 北京清尚建筑装饰工程有限公司

作品为北京首个"碳中和"主题公园的公共艺术装置，设计构思秉承中国"天人合一"的宇宙观和自然观，表达在天成象、在地成形的传统文化内涵。艺术装置以大地之石为载体，以光为时针巧妙地诠释了十二个碳中和紧密相关的节日（3月21日为世界森林日、3月23日为世界气象日、4月22日为世界地球日等节日）。大地时钟采用传统方式记录了地球的节日，展现了在实现碳中和宏伟目标过程的中国智慧和中国力量。

黛云

王志勇
武汉易盛和设计有限责任公司

黛乃石之色，云为石之形。这方灵璧石的题名，让人联想到唐代诗人王维《崔濮阳兄季重前山兴》，诗中描绘的是诗人隐居的陕西蓝田辋川一带的风光："秋色有佳兴，况君池上闲。悠悠西林下，自识门前山。千里横黛色，数峰出云间。嵯峨对秦国，合沓藏荆关。残雨斜日照，夕岚飞鸟还。故人今尚尔，叹息此颓颜。"诗中所营造出的一种画境，其实也应该是我们在欣赏奇石精品时能够引发的联想。巧合的是，此诗"千里横黛色，数峰出云间"之句中的"黛云"两字，恰好是此方赏石的铭题，移用于此石，也是最贴切不过了。

石相众生

王卓　吕海岐　李永康　王春娇
上海御麟甲艺术工程中心（有限合伙）

　　石相众生——公共艺术装置，以"石"为公共艺术装置的客观物质载体，中国博大精深的汉字文化为文化切入点，采用当代艺术的表现手法语言，石文解字，将文字解构、重组，于石之上计白当黑，置陈布势，营造随石入观，俯仰自得的艺术场域。通过三组不同空间场景的应用，公众沉浸其文化场域中，三组场景也分别代表人生的三个不同阶段"初芒、怒放、归尘"，指引公众感受传统文化，感知生命。

石与世

吴祉珞　魏颖臻　廖嘉敏
集美大学美术与设计学院

　　石头孕育生命，正如基础设施支撑着一座城市的发展。人与自然如何相处？从古代的石与水的结合，柔与刚的对立但吻合，看如今自然带给我们的经济增长与生态城市，找准冲突和融合间微妙的平衡点，是如今城市发展的支柱。该设计从石头出发，成环状围绕着镜子，从最外圈较大的石头到内部细碎的石头，石头摆放模拟火焰形状成放射状，黑色石块代表着文明的开始，代表着人类发展的逐步精细化，到最为精致的镜子，映射出现代工业化的繁荣。

林壑石吟

杨童禹　张斯容　贺芯玥　缪灿　周一凡
天津大学

涛卷海门石，云横天极山。我们的建构聚焦中国传统以及当代物质以及非物质文化，由"灵璧石"转译而来，灵璧石石表起伏跌宕，沟壑交错，其造型粗犷峥嵘、气韵雅致，纹理交相异构，颇富韵律，有中国书法的墨韵感。涛卷壑石，砌石成体，多方向切割形成凹凸有序的石般表面，使作品既有硬朗的线条又表达着形态多变的空间。该作品注重人与环境的和谐发展，让人在空间中感受传统山水的自然意趣，促进传统文化与当代生活融合发展。

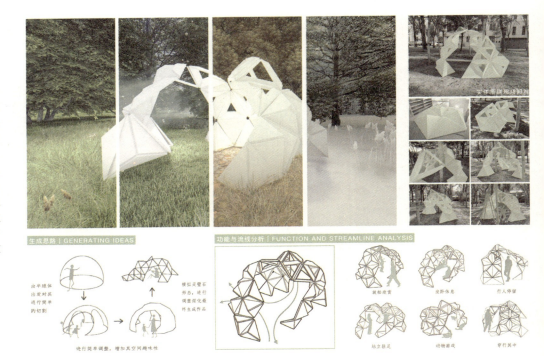

垠没

张宸龙
山东艺术学院

垠的本意是指边际、尽头，引申义是岸，水边的陆地。作品以反映荒漠化为主题，意为如果人们不注重环境问题，在漫漫荒漠之中，人们赖以生存的环境将被吞没、消逝。

作品以泰山为创作灵感，泰山一向寓意着稳重、雄伟。而将伟岸的泰山置于荒漠之中，亦能体现出人类的渺小和治理环境问题迫在眉睫的形势。制作材料为镜面不锈钢，镜面的反射更能凸显主题，引人深思。

笙磬同音——建一座山地间的"乐器"

张苏洋 肖非雨 彭昊南
首都师范大学

"空间不会回应你的视线，但是会反应你的声音"。运用灵璧石"声"的特性，与自然的环境相结合，营造独特的"石"空间。石也为磬，空间以声音为蓝本，结合场地风声、鸟鸣、叶片声、水滴灵璧石，设计一处半闭合闭合安静且能为人提供休息、演奏、音疗空间。以表现声音美为主，纹理美为次，便于人与"石"的互动。灵璧石在运用上可体现古朴与现代、粗糙与精细、坚硬之石与柔弱之水、屋顶光影与置石的时间相对，形成丰富的情感空间以及透空漏的光影空间。将五感与石结合，放大声音，以达到放情丘壑之感。灵璧石的三奇五怪渗透到场地之中，让自然乐器与建筑一起生长。

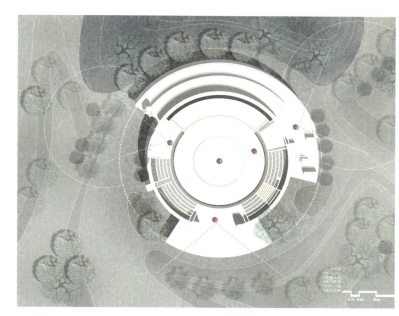

筑福

周铭楷 刘霁萱
鲁迅美术学院

作品以"为中国而设计"为理念，以环境艺术的"石"营造为出发点进行创作，提醒我们在物质高速发展的同时注重中国传统文化的传承与弘扬。作品造型采用"中国结"元素，利用水中倒影呈现完整"中国结"造型。脚手架与石头呈现出作品正在完成之态，同时也寓意着中国传统文化越来越好的明天。作品周围设置汀步，使人们参与到作品与环境中，促进人与环境的和谐发展，进一步构筑中国人的美好生活图景。

[入选论文]

黔南布依族民居的石作工艺探析

尹婷玥　李瑞君*
北京服装学院艺术设计学院

摘要：本文以贵州省黔南地区布依族石板房为研究对象，基于实地调研对贵州黔南传统村落民居建造中石作工艺进行实例研究，分析石作工艺在部位样式、结构构造、材料运用上的特点和变化，展示其传承过程并总结传承特点，从多个维度出发探讨黔南布依族传统建筑和石作工艺的历时性更新，并对其当代转化进行了一定的思考。

关键词：黔南布依族石板房；石作工艺；历时性更新；当代转化

　　石材在中国传统建筑的营造中有着漫长的使用历史，最早的石材建筑构件可追溯至商殷都城王宫的鹅卵石柱础，但受石立于木而多用于阴宅的中原汉族传统观念影响，石材在墓穴、石窟、造像、佛塔、牌坊等场合作为主要建材，在宫廷或民间的建筑营造中一直是打造屋基、柱础的辅助材料，直到清代疆域拓展，远离中原汉文化核心区的住民迫于物产、防御、气候等原因才开始在建造活动中广泛启用石材。

　　石作技艺的成熟和发展主要集中在隋唐时期，从隋代赵州桥及其周边大量的出土文物的分析不难看出，这缘于冶铁技术的不断发展和工匠制度的日益完善。唐代张嘉贞的《石桥铭序》中所列举的当时工人们常用的石作加工手法，有楞平（即扁棱）、磨砻、锤斲等，同时还说明了石块与石块相接处的处理关系，如"叉插骈毕……仍糊灰墨，腰铁栓蟹"等。这里面很多技术是汉代画像石遗物中所未见到的，这也为研究中国古代石作工艺提供了可考之处。宋代《营造法式》中记载的石料加工与雕镂工艺，主要为石灰岩这类石性较柔的石料加工工艺。直到1993年，刘大可的《中国古建筑瓦石营法》及系列论文《清官式建筑石作技术》的出现，开采、搬运、切割、加工、雕刻和砌筑这一整套石作工艺流程才被补充完整，建筑墙体石活的做法也得到系统论述，成为官式石作工艺的可循资料。

　　就贵州的少数民族民居石作工艺研究而言，最初由1983年同济大学戴复东博士的《"挖""取""填"体系——山区建屋的一大法宝》与罗德启老师的《石头、建筑、人：从贵州石建筑探讨山地建筑风格》提出山地环境中采用石材建房的基本思路，将研究目光引向贵州的石材民居，其后掀起一股对于黔中屯堡与布依族石板房的探访热潮，但均未说明石作的具体做法，也未对贵州省内各地的民居石作工艺进行对比。直到《云贵地区乡土民居建筑表皮的生态性研究》（白一凡，2011）、《黔中岩石民居地域性与建造技艺研巧》（黄丹，2012）等文章的发表，学术界才开始将关注点从外部形态向工艺技术及其产生原因等方面转移。

一、布依族石板房

　　布依族石板建筑，均系石山簇拥，峰峦巍巍，怪石峥峥，山清水秀，风光旖旎，是依山傍水的围山围水建筑。一般寨后是石山，寨前是田园，寨右是河流，寨左是山川，寨边竹影婆娑，寨中古树参天。有的寨子周围用大墩子石砌成牢固的围墙，建有圆形石拱门或长方形石拱门供寨人进入。布依族房屋多用石头构建，除柱、梁、横檩、楼板用木材外，其余全用石料。墙用方块石、条石或毛石砌筑而成，房顶用石板瓦铺设，因此被称为"石板房"（图1）。布依族石板建筑主要分布在黔中、黔南及黔西的安顺、镇宁地区，贵阳的花溪、白云等地也有分布，当地甚至有些村寨因此得名石头寨。《镇宁县志》载："城中及附近房屋，十九为石房石墙，因城郊产石丰富，厚薄俱全。薄者代瓦，厚者代砖，

图1 布依族石板建筑
（来源：网络）

且价廉耐久也。"

　　布依族石头建筑造价低廉，其所在境地为华南喀斯特区的中心部位，重峦叠嶂，石料遍野，只花劳力开采，不费分文即可得到。加之石头房的建筑工匠古往今来都是在这一特殊环境中成长的布依族男子，人人都会石匠活，而且技术高超，工艺精湛。石作手艺代代相传，一家砌房，全寨相帮，不用花很多钱，就可以把房屋建起来。石板房独特的建筑形式多数是"以木为架，石头为墙，石片为瓦"，除必要的柱、梁、檩、枋、枕、椽和门框、门板以外，从基脚到盖房用的材料基本都是石材，门做窄户，开窗极小（图2、图3）。石板房多为干栏式楼房或半边楼式楼房（正面是楼，背面看是平房），这种石屋建筑不但坚固经久，而且宽敞舒适，冬暖夏凉，隔音性强。随着历史的发展和社会的进步，布依族石头建筑和石作技艺将会被保留和传承，在时代的洪流中更新演变，在西南喀斯特地貌留下美丽的印记。

二、石板房的石作工艺

　　《北史》早有记载，僚人"依树积木，以居其上，名曰干栏"。由于多沿水居住，湿气较重，古时布依族的干栏建筑常为二三层，底层完全敞空，既可升高房屋，又可减少潮气，二三层则可住人。至宋代，布依族先民将底层围住，"上以自处，下居鸡豚。""人栖其上，牛羊犬豕畜其下。"直至明朝，汉族移民与原住民杂处，布依族建筑开始有所改变，平顶楼房逐渐增多。堂屋作为布依族人主要的生活场所，在建筑的中心位置，堂屋包括二楼大门到神龛的这部分空间，由四根大穿枋构

图 2 石板房外部（塘边镇抵卡新寨）

图 3 石板房内部（荔波县尧古布依寨）

图 4 布依族神龛
（塘边镇新街村湾子组）

图 5 布依族堂屋空间
（塘边镇新街村湾子组）

图 6 神龛后男性长者卧室
（荔波县尧古布依寨）

图 7 厨房（塘边镇新街村湾子组）

图 8 侧开间卧室（荔波县尧古布依寨）　　图 9 侧边开间烤火取暖的房间
（塘边镇新街村湾子组）

成承载构架，堂屋正对大门的墙面搭设神龛，以供奉家神祖先（图4、图5）。神龛后面的房间多为家中辈分最高的男长者的卧室，堂屋的两侧各分两室。在布依族房屋布局中，右侧的开间后半间多用作厨房，前半间为子女卧室，但已婚儿子不能以此为卧室。左开间里间为父母卧室，外间为子女卧室，人少的家庭则改为冬天供家人烤火取暖的房间（图6~图9）。

基于贵州黔南布依族传统村落民居建造的实际状况，分析当地石板房石作工艺需要剖析不同部位的构件在形态、尺寸、用材、装饰等细节上的异同，在其祖源原型的基础上探究布依族石板建筑发展至今的变体样式，并思考其现当代转译。根据实地调研的记录，本文将从石作台基、石作墙体和石板屋顶三个石作部位，分别从形态、尺寸、材料、装饰四要素对各个部位进行深入分析。

1. 石作台基

现今在少数布依族村寨存留的干栏式建筑大都是民国时期建成的。通过走访相关布依族村寨发现，典型的干栏式建筑保留较少，只在黔西南州的兴义市、册亨县、望谟县、贞丰县及黔南州荔波县、平塘县等少数村寨还存留这种建筑。由于年久失修，很多干栏建筑已成危房，便也不再有人居住。有村民反映这种建筑对自然灾害的抵御能力较弱且卫生条件较差，同时因木材资源的紧缺新建的民居不再采用传统石板屋的建造方式。基于建筑材料的性能和强度不断降低，原有的干栏式建筑出现变异，出现了现在俗称"吊脚楼"的改造型干栏建筑（表1）。这种建筑模式在黔西南州及黔南州的布依族村寨广泛保留，房屋的地基分两级，通常前低后高，两级地基相差一个楼层。台基的材料有纯夯土、夯土包砖石、纯砖、纯石等种类，其形态、尺寸、装饰也对应不同的基地条件做出调整，大致可分为缓坡两台式（高进低进）、平地台基两种类型。房屋建造前先将前半部的地基整平，再用石头将四周垒砌到第二级地基的高度，后用枕木搭建，铺上木板，与第二级地基一起作为整栋楼房的地基，缓坡两台式台基多高于两尺，外部是规整的条石与石板封包，并在石块上打凿细条纹作为装饰。台基对民居的平整地面、防潮防水、提升耐久、加强稳固有重要意义，同时兼具烘托主要建筑、彰显屋主身份等功能，因此台基自古便是民居的重要组成部分，也是石板房营建过程中石作工艺的重点部位。

表1 黔南支系改造型干栏式建筑

（注：图片拍摄于黔南荔波县尧古布依寨、塘边镇抵卡新寨，表格作者自绘）

图10 抵卡新寨布依人家民宿

以塘边镇抵卡新寨平地台基为例（图10、图11），该民居平常只有两位老人生活居住并将空闲下来的房间作为民宿经营，儿辈孙辈逢年过节才会回家居住。房屋整体为半围合式，正屋台基比侧房高30cm，侧房进出口在整栋房子的后侧方，目前无人居住。进入室内，堂屋两侧前面布置的是老人卧室和冬天烤火的小客厅，后面两间为闲置卧室，通过堂屋两侧的楼梯进入二楼，老人说子女们不回来的时候会作为民宿出租，室内重新装修过。一层左厢房布置为麻将室，右厢房分隔为两间，靠近大门的一间为厨房，另一间为储藏间。与其他传统木构石基民居一样，抵卡新寨建筑的柱脚也基本都以石块铺垫以防潮防腐，增强其安全性与耐久度（图12）。民宿庭院为石板硬质铺装，绿化及景观设计偏少且偏现代，与缓坡两台式台基多修建在高差较大的建造环境上不同，平地台基结合调整坡地高差的平地楼而建，高度根据地形灵活调整，并在房前或屋后留出供人通行的道路。道路通常由厚两尺以上的砌筑石墙、石墙和悬崖之间填塞层以及薄石板的地平基面三部分组成，朴素大方，没有刻意的装饰，有时仅用薄石板在面层拼花处理。

2. 石作墙体

布依族石板房的墙体一般使用木、石、土等材料，黔南地区的民居以石材墙体为最常见的形式，按照所处位置也可分为檐墙、山墙、隔墙等。清代时期木材产量大大减少，布依族村寨的建造便开始从全木结构向木石结构过渡，石墙与木柱之间大都采用两种结合方式：一是石头墙体半含木柱，木柱外露；二是石块将木柱包围在中间，木柱不外露。

石板房的石材外墙砌筑方式有两种，分别为块石砌筑和片石叠砌。块石砌筑通常以节点形式建造在平台上的开放连接中，在每一个连接点内填充水泥砂浆来粘结加固，在机械力学角度和使用功能方面都与众不同。对质量要求高的建筑，也采用料石咬口法（石块交接面均凿平）砌筑。石料面层加工多采取凿"梅花点"和"飞毛雨"（斜纹）的手法。块石作为墙身材料，从外墙叠砌方式上来划分，分为乱毛石、平毛石、方整石墙数种，外貌朴实多变，浑然天成。根据对布依村寨民居的实地调研来看，建筑石墙的样式与其所处位置和是否具有承重功能有直接的关系。

在荔波县尧古布依寨，当地的民居基本形制是以坡屋顶吞口式汉民

图 11 平地台基剖面图

图 13 非承重的石作山墙

图 12 柱脚石墩

图 14 承重的石作山墙

居演变而来，上尧古村与下尧古村房屋建造的纵横墙开窗就有些许不同，再者布依族建筑历经木框架结构体系、墙体结构体系、混合结构体系三个发展过程，墙体承重状况也与现实地块环境有所不同。根据屋尖的有无将尧古布依寨建筑分为两类，具体来说：无屋尖且在整体上非承重的石作山墙出现在坡顶木框架结构民居中（图 13），石作部分与檐口齐平，屋尖部分为木板或夯土，开窗极小或无窗；有屋尖且在整体上有承重功能的石作山墙出现在木框架与石结构民居中（图 14），山墙与内部框架结构一同起承重作用，墙体不开窗或开小窗，厚度是非承重石作山墙的两倍以上，肌理丰富多样且不拘泥于整洁的卡缝石状、五面石状、条石状。建筑内屋墙负责围合室内空间且部分需开窗开门和承重，砌体精美有序，砌块相对规则；院墙围栏限制院落空间，无需开洞与承重，所以砌筑粗犷随性，石材大小不一；内墙多为结合木框架建造的木板壁或竹壁，或是与山墙基本一致的石墙、轻质的空心砖墙。

3. 石作屋顶

布依族覆盖屋顶的板瓦通常长五寸左右、宽四寸左右，有一定的弧度。房顶的"椽皮"则是由达到一定长度、粗细的木棍以一定的密度铺排而成的，只有这样"椽皮"才能托举得起屋顶的石板瓦，历久弥坚。近代有些人家的老房子是用牛粪和泥巴按照一定比例掺合后涂抹在竹墙的墙胎上，据当地人说，这些东西不仅取材方便、价格低廉，而且利于通气防虫。屋顶为"人"字形，均为双坡排水，坡度约为 1：1.8~1：2.0。工匠将 20~30mm 厚的页岩石板置于缠绕草绳的木椽之上，上下、左右彼此搭接 5mm 左右。

布依族石板民居将石板当瓦片的屋顶设计，用整齐的菱形石板层层铺叠，形成鱼鳞纹样的屋顶，现代构成感极强。它集中体现了贵州布依族人的民族习俗和文化特征，这就是布依族传统石板民居建筑符号和美学价值所在。摆忙乡布依族村寨石头寨民居的建造，就非常注重建筑的外观修饰，在石头房的整体造型中，设计创造出独特简洁的几何图形构造。整个村落建在一整片石头山坡上，房屋内部与外部结构设计上运用了大小不同石料的组合，有规则的长方形、菱形、三角形及多边形的石块，还有椭圆形和不规则形的石头，形成一种特殊的肌理美；另外，石头寨房屋的墙面、石质榫头上均雕刻动物或是花卉植物的图案，风格各异，形成一种石刻图案的装饰美。荔波县布甲良镇四花村者吕古寨距今已有 600 多年的历史，整个寨子均用石板铺就石梯，石块垒砌屋基，整个寨子的中央恰似巨龙骤然高昂的龙头，腾空的龙体傍山如悬空一般。寨内布依族建筑群保存完好，石墩堆砌的墙基层层叠叠，石板步道错落有致，斑驳的屋群历经风雨，见证了布依族人的沧桑。

三、石作工艺的历时性更新

贵州喀斯特地貌大部分地区的地表只有一层薄薄的土质，因此不适合开发大型黏土砖，此外地理环境和相对封闭的交通条件使布依族人民难以获得从其他地方运输进来建筑材料。但是勤劳的布依族人民不甘于接受自然条件的制约，充分利用当地盛产的页岩石材来改善自己的生存和生活环境。石材作为最具有生物亲和性的材料之一，经久耐用，当地环境生态循环系统的负担并不会因为石材坚硬的外壳而增加。作为传统石材之一，页岩石材不仅具有石材的共同优势，其物理特性也使其具有更多独特的发展空间。

页岩的使用历史源远流长，优点多但只能适用于页岩房屋最原始的建筑模式。这种材料的抗压强度和抗拉强度都很低，不能形成用来支撑房屋结构的大块石板，所以作为墙壁使用时只能采用狭窄的窗户或舍弃窗户，这样就导致石板房内部光线昏暗。另外，页岩容易风化，石材的更换频率和使用效率基本成正比。近年来，两层椽子之间经常出现夹着竹竿或刨花板的做法，这样做是为了防止灰尘脱落，能更有效地防止雨水渗透和热量传导。另外，为了改善室内采光环境，有时会在屋顶椽子间安装玻璃板，四角用螺丝固定后，最后用页岩牢牢地压住玻璃四周。

在可持续发展的背景下，这些传统建筑材料如何在现代社会转化为更广泛、更实用、模块化、新型的环保建筑材料？建筑材料的使用和更新与乡村乡土建筑的形象密切相关，在重构界面时不仅要注意其开放性和时代性，还要注意界面文化特色的保留与呈现。布依族传统民居色彩斑驳的木板墙、古老苍然石墙等建筑形象是对过去、现在和未来布依族村寨居民生存环境的表现，是布依族传统民居对时间流逝的见证。进行界面材质更新时不应该一味地修旧如旧，而应是与时俱进的有机更新。在对界面材料进行有机更新之前，首先要搞清楚传统材料如何转化融入现代建筑体系，正确理解材料的应用逻辑和构筑方法。在石板房更新改造的过程中，要充分考量布依族传统居民改造后所包含的自身地域文化信息，同时地域性和乡土文化的自我表现必须适应当前的社会发展和生活趋势。在改造中，应充分尊重被改造的布依族传统民居其自身所携带的地域文化信息，使地域文化信息得到保护，同时也应结合时代发展的需求，根据当前的建筑发展趋势对地域文化进行时代性表达，也即对地域文化进行充分的保护、传承与发展。

四、结语

作为一项重要的贵州布依族民居建筑技术，石作工艺技术文化价值的保护和传承是一个系统性工作，必须通过对特定区域的自然环境、社会习俗、民居进行建设性保护，还要将山峦和石林的凋落与繁荣、寨民日常生活方式的转变、产业的发展、观念习俗的演化、文化价值的提高都充分融合进来。通过研究后不难发现，在布依族传统民居改造的乡村文化建筑界面材质更新设计和实践中，既不可拙劣地模仿和运用传统材料，也不可一味地追求高新材料的自我表现，而应该追求一种新与旧之间的平衡，选取一种适宜的中间道路。材质的运用应从整体的材质调性中去考虑，在充分尊重历史文化性的基础上，关注材质在新技术条件下的更多可能性与拓展性，无论是考虑融合统一还是强化对比，其最终所反映的效果都应该与村落环境特征相符合，同时也要与石板房的建筑个性相适应。

参考文献：

[1] 李晓晖，李新建. 贵州镇山村石板民居屋面营造技艺——以班氏民居为例 [J]. 建筑与文化, 2019（6）:227-228.

[2] 黎玉洁，何琐，吴迪. 贵州布依族村寨空间形态解析——以花溪镇山村为例 [J]. 贵州民族研究, 2017, 38（6）:83-86.

[3] 白一凡，吕爱民. 贵州布依族石板房的生态性分析 [J]. 华中建筑, 2009（11）:150-152.

[4] 黄文. 贵州西部传统村落民居建造演变中石作工艺的传承研究 [D]. 广州：华南理工大学, 2018.

[5] 熊然. 布依族传统建筑空间的当代转换设计研究 [D]. 天津：天津大学, 2017.

[6] 邹涵博. 建筑石材工艺研究 [D]. 北京：清华大学, 2007.

[7] 张涛. 消解的边缘 [D]. 北京：中央民族大学, 2006.

非遗语境下的文化空间数字化展示研究
——以福建寿山石雕博物馆空间设计为例

潘吟之　高宇珊

福州大学厦门工艺美术学院

摘要： 近年来，在非物质文化遗产空间设计中，营造富有文化语境的数字化展示空间展现出了非凡的应用意义和发展活力。时代快速发展，信息多元化，传统的展示形式失去活力，迫切地需要转变，数字化技术为文化空间展示提供了一种实现"以物为本"向"以人为本"转变的新形式。集交互参与、多感体验、动静结合、沉浸空间多种优越特性为一体的数字化展示，有助于形成更符合当代人观展需求的博物馆文化空间，以更生动有趣、活态化的手段推广非遗工艺文化信息。寿山石雕是福建著名的非物质文化遗产，本研究将其历史背景、工艺特征与多元化数字技术手段相结合，探索非遗工艺在信息化时代新的展陈形式。

关键词： 非遗语境；文化空间；数字化展示

一、非遗语境下的文化空间

非物质文化遗产，是21世纪后才逐渐进入大众视野的，是指一种通过口传心授、世代绵延的无形的、活态传承的、流变的文化遗产[1]。非物质文化遗产，是藏于物质载体背后深层的工艺技艺、精神内涵和独有的民族文化，无法脱离人或者工艺品而独立存在，在快速发展的今天，虚无缥缈的工艺形态和现代工艺美术的文化传承之间存在危如累卵的关系，面对严峻的挑战，文化空间在传承和保护非物质文化遗产中发挥了至关重要的作用。

文化空间最早在法国学者列斐伏尔的著作《空间的生产》[2]中作为重要的空间类型而出现。20世纪90年代，联合国教科文组织将文化空间设定为非物质文化遗产的一个类型，并做出论述"文化空间可确定为民间或传统文化活动的集中地域，但也可确定为具有周期性或事件性的特定时间；这种具有时间和实体的空间之所以能存在，是因为它是文化表现活动的传统表现场所"[3]。2005年我国国务院制定的《国家级非物质文化遗产代表作申报评定暂行办法》将文化空间定义为"定期举行传统文化活动或集中展现传统文化表现形式的场所，兼具空间性和时间性"[4]。这些关于文化空间的主流定义，都将文化空间和非物质文化遗产紧紧联系在一起，共同探索新时代的文化传承和保护的形式。

本文阐述寿山石雕博物馆文化空间，以其历史发展脉络为路径（图1），选择具有时代性的寿山石雕刻家作为空间主题，提取其寿山石雕作品元素，作为空间设计的灵感来源。空间造型主要以寿山石雕灵活多变的曲线为主体，串联起各个展厅，按照不同空间的物理性质，设计了不同的艺术装置，丰富空间，并引入数字媒体技术，形成多感体验和互动参观模式。

清代诗人朱彝尊用"天遗瑰宝生闽中"来称颂寿山石的精雕细琢。进入21世纪，寿山石文化体系越发丰富，西方美术理念开始影响传统石雕技艺，大胆创新，雕塑、绘画理念冲破了寿山石雕多年不变的技艺局限，发现新的生命活力，寿山石雕跟随时代的脚步起起伏伏，迸发着自己的独特魅力，在非遗语境下，探索新的可能性。随着文化传播性的降低、文化和时代的脱离，寿山石雕也面临着挑战，文化空间可以用更多元的形式展示寿山石雕多方面的美轮美奂。传统的文化空间，以展品为主体，以处理观者和展品之间的关系为主要设计手法，所营造的情景模式中规中矩，设计的展览路线虽然简洁，但终归只是静态化的展品呈现，观者往往在走马观花一般的体验后，无法产生发掘深层文化内容的

图1 寿山石雕文化脉络梳理

欲望。此外，传统的文化空间经过多年的探索，逐渐展现出了创造力不足的疲态，文化空间的设计者也意识到传统展陈手段的局限性，多仅聚焦于可形式化的物质文化，却忽略了文化空间的另一个主体——人。而随着时代的快速发展，文化空间所面向的群体见闻丰厚，对文化空间的需求不再停留在传统的展陈方式，期待更为多元化的互动体验，这都迫切需要文化空间探索新的展陈形式。

二、数字化介入文化空间的探索

现代化科技不断发展，多维度的信息从不同渠道而来，人们在琳琅满目的信息中筛选自己的关注点，文化空间需要在众多的信息中脱颖而出，必须适应当代的信息传播模式，改善自身的展示手段，满足人们对于获得文化信息的便利性需求和参与文化活动的互动性需求（图 2）。数字化技术的快速发展也为非遗文化传播提供了新的可能性，推动文化空间从“以物为本”向“以人为本”转变。交互性是现代展陈设计的必然趋势，丰富的非遗文化信息通过人与物、人与文化空间之间的互动传播其深厚的文化内涵，在互动体验中潜移默化地使观者接受信息并产生特有记忆。越来越多的新兴展陈手段可供文化空间选择，营造更为多姿多彩的展览空间，拉近与参观者的距离，形成更为有效的文化信息传播手段（图 3）。

图 2 文化博物馆与观者的交互分析

区域主题	楼层	企划意图	展示内容	设计想法	展示方式	关键词
序厅：将艺术“融”入寿山石	一楼	概念介绍 了解来源	01寿山石雕概述，原始岩石粗糙感，空间形态不规则	选取特定岩石形态大面积铺装	艺术装置	交融
			02寿山石艺术与原石的融合体现	将艺术画面融合粗糙的岩石造型	艺术装置	
			03寿山石简介	将艺术造型中置入寿山石雕简介视频	互动多媒体	
			04悬挂夸张文字，奠定展厅主题	从艺术树立文字装置	艺术装置	
清前期：雍容华贵的圆雕艺术	一楼	展现寿山石艺术高峰 两大名手的艺术对比	01视觉中心曲线3d互动装置	巨大的曲线艺术装置奠定展厅主题	艺术装置	流畅
			02杨玉璇为范式的作品，烘托氛围的艺术装置	01以流畅的线条感 02轻盈体态渲染空间 03细致珠宝的点缀（互动）	互动多媒体 实物展示	
			03周尚均代表作品，使用色彩营造沉重感	01空间沉重感的营造 02古朴气息 03重拙与精细碰撞	互动多媒体 实物展示	
			04旋转楼梯展现流动曲线	旋转楼梯连接两个展厅	硬装	
清末民初：融入寿山石上的国画山水	二楼	东西门派的对比 林清卿对薄意的巨大贡献	01两个门派的作品对比	饱满与留白的形体的对比	艺术装置 展台	淡逸
			02林清卿作品中国画韵味的体现	笔墨纸晕的渲染	声光电多媒体	
			03晕色的利用	晕色的利用	多媒体装置	
20世纪中后期：石雕艺术的两种走向	二楼	传统技法的继承与发展 新兴技法的探索 时代的两种走向	01以传统圆雕为中心的丰富扩大，展示具体人物的雕刻作品	使用中心代表圆雕表示传统记忆，扩散区域划分摆放作品，展示传统技艺的精进。	裸眼3D 展台	发散
			02雕刻技法的新发展，流动感表示技艺的发展，展示人物作品	流动展示台面：展示新兴技术，新的技术不断发展完善	多媒体装置 展台	
			03两种发展方式各具特色，有并步齐驱，推动时代的发展	两种展示方式独立，又有互动	声光电多媒体	
新世纪：中西文化的双重交融	二楼	多元化的艺术走向 分区展现各个代表人物的特点	01黄宝庆：雕塑理论的引入	雕塑感的展台设计	多媒体装置 展台	共存
			02林飞：西方美学引入寿山石雕刻工艺	西方曲线艺术的应用	多媒体装置 展台	
			03陈礼忠·继石论的放弃，荷叶意象的运用	巧用瑕疵：互动（点石成物）	艺术装置 互动装置	
			04其他雕刻作品的陈列	大量作品的共存展现时代的多样性	多媒体装置 展台	
现在与未来	一层	个展场地（可租赁）	为新兴雕刻家提供个展场地	更加自由的场地	声光电多媒体 艺术装置 互动装置	自由

图 3 寿山石雕文化博物馆展陈列表以及数字化技术罗列

（一）丰富视觉效果

视觉是人类最重要的感觉，80%~90% 的外界信息是经过视觉传入大脑的。[5] 文化空间的展陈设计主要是对视觉的美学创造活动，筛选特定的文化信息，使用展览文字、图像、艺术装置、灯光辅助主要展品呈现和文化信息传递，帮助观者更好地获取展览文化内涵。

1.3D 建模手段

3D 建模手段采集展品的三维数据，通过建模软件渲染近乎真实的数字化三维造型（图 4、图 5）。

寿山石雕展品，多因年代久远，对保存条件的苛刻要求，便约束了其展陈形式，传统博物馆多以特殊的展台展柜保存，再辅以标签、照片、模型、来源故事等附加信息向观者传递展品信息，另外寿山石雕作品多为印纽、摆件等体积较小的物件，雕刻纹理等艺术形态更是见之甚微，静态统一的文物展示，无法突出展品其自身特点，无法吸引到观者注意。

3D 建模手段，可以通过对寿山石雕作品大量的前期采样，读取石雕本身的文化信息，再将石雕虚拟化、数字化，更为直观地将展品展现在观者面前，冲破实体展台的限制，连续动态的展品呈现，还可以按照观者需求，放大寿山石雕上的文化信息，拓宽了观者视觉阈值，生动的多媒体展陈画面，将寿山石雕的艺术细节充分展现，增加了吸引力。

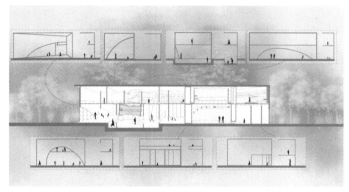

3D建模手段			
数字化技术	内容	场所	作用
裸眼3D技术	流动播放20世纪时期的寿山石雕作品	20世纪后半期	丰富空间，渲染氛围 更为细致地了解作品细节
裸眼3D技术	展示临时展览的寿山石雕作品	个人展厅	突出主题，释放主要元素

图 4 3D 建模技术使用统计

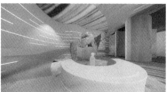

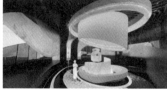

图 5 三维石雕虚拟投影与观者之间的关系

2. 可视化设计

数据可视化，即“运用计算机图形学和图像处理技术，以图表、地图、标签云、动画或任何使内容更容易理解的图形方式来呈现数据，使通过数据表达的内容更容易被理解”[6, 7]。数据可视化是数据内在价值的最终呈现手段，它利用各类图表将杂乱的数据以简明的逻辑展现出来，这一内在逻辑与展览设计高度吻合。（图 6）

在非遗语境下，寿山石雕在 1500 年的发展下形成纷乱复杂的文化信息体系，需要文化空间的设计者，从中选择关键信息，通过可视化设计，将其凝练成图表、动画、时间轴或者多样化的图形方式，将作为简要移动的文化信息送至观者眼前，使之能快速获得所需的文化信息，这也符合当代人对于快速信息获取的需求。寿山石雕文化体系丰富，浩如烟海，不可计数，而观者的参观时间有限，设计者可以将其文化特点总结为简要文字，如发展历程转化为清晰的时间轴线，融入整体的展示内容，方便观者快速了解；将历史信息提炼，浓缩于版面，辅之以多媒体技术，引导观者深入了解特定的文化信息。

3. 多媒体技术

多媒体技术包括声光电技术、大屏幕投影、地面互动投影、多媒体投影沙盘等一系列的多媒体技术，通过数字化技术，丰富展陈形式，增强视觉效果，丰富空间体验。

文化空间的整体营造需要追求情境化，来辅助文化空间信息的转译。

图6 寿山石雕可视化展面设计与应用

图8 沉浸式空间营造

文化空间的展陈不应该紧紧围绕着实物展品而发散设计,空间情境也烘托整体氛围,多媒体技术可以从多层面辅助展现展品的历史来源故事,非遗文化氛围,向观众表述非遗文化的深层意义(图7)。

如在寿山石雕文化博物馆"20世纪后半期·石雕技艺的两种走向"的展厅里,为表现寿山石雕文化在该时代不断发散的历史脚步,采用弯曲前进的曲线艺术装置,奠定空间的整体基调,半透明的透光黄色纹理材质,暗含寿山石雕的天然纹理,却又不喧宾夺主,顶面和地面使用大型多媒体装置,放映发散前进态的艺术视频,体现该时期寿山石雕螺旋上升的历史走向,辅之以墙面的流动曲线灯带,使整个展厅动起来,多方面营造发扬主题的情景化氛围。

(二)强化参与体验

互动体验是指以文化休闲项目为载体,通过与观众视觉、听觉、触觉上的交流,进一步展示展览主题,丰富观众参ากุ体验的活动。[8] 随着时代的发展,互动性逐渐成为文化空间设计中不可避免的话题,视觉上丰富元素设计只是文化空间向观众的单向信息输出,而互动性强的交互

数字化技术	场所	内容	作用
多媒体电子屏	序厅	播放寿山石雕介绍视频	传递寿山石雕文化信息
多媒体电子屏	清前期展厅	播放该时期寿山石雕作品	辅助实物展台输出信息
声光电多媒体	清末民初展厅	播放整体水墨视频	渲染展厅氛围,烘托主题
声光电多媒体	20世纪后半期	播放向前发散粒子视频	渲染发散氛围,指引观者前进
多媒体电子屏	新世纪	播放该时期寿山石雕作品	传递不同小展厅的文化信息
声光电多媒体	新世纪	播放流动粒子视频	活化空间形态
声光电多媒体	个人展厅	播放流动粒子视频	活化空间形态
多媒体电子屏	个人展厅	播放临展寿山石雕作品	传递临展的文化信息

图7 计算机网络技术统计

体验,真正将观者带入了非遗文化的世界,成为文化空间的参与者,自由选择和空间、展品、非遗文化产生交互,从而实现文化信息的双重交流,提高观者的文化信息获取量。

1. 营造沉浸式环境

现代的展陈方式从简单的视觉观看,转向引入听觉、触觉等全方面的多感官体验,突破观者获取文化信息的渠道,沉浸式环境无形中丰富了多感体验。沉浸式的文化空间,弱化空间的固定感,使观者走进非遗氛围浓厚的文化空间,无形中就已经帮助观者去接受文化信息,如在寿山石雕"清末民初——融入是寿山石的国画山水"展厅(图8),在顶面置入大型山水帷幕装置,辅以全范围的中国画样式的流动氛围视频。

2. 交互体验

数字化互动技术可以满足不同形式的互动需求,转变传统单一的信息传递方式,让观者自行寻找和获得暗藏在交互系统里的文化信息,接近了解空间造型以及展示设计背后蕴含的文化内涵。在寿山石雕文化博物馆里,不仅存在大量展品交互系统,观者可自由选择需要了解的器物、历史、形态、工匠等基础信息,还可以轻松获得虚拟3D寿山石雕模型,放大文化信息,拓宽信息的获取渠道,另辅以空间中的多媒体系统,数字化技术快速捕捉观者的浏览趋势,模糊分析,反应以声、光、画面等多维元素信息,加强观者对于展厅特定信息的获取。

交互体验真正将观者作为展厅主角,站在观者的角度,选择文化信息的获取方式,大量的多媒体技术,体验性项目,甚至许多虚拟的影像画面被置入实体空间,虚实结合,弱化空间边境感,给观者更多的想象空间,这给文化空间的艺术展览带来了更多的发展契机,以满足新时代的人对文化信息的快速传播需求,活化非遗文化,以活态和静态相结合的方式,在实物展品的厚重上"再现"其历史发展的流动感。

(三)数字化与传统展示兼容

数字化展示手段应是对传统文化空间展陈设计的优化或者说是补充,以更多元化的形式丰富观者的参展体验,多样的信息获取方案以供观者选择,激发出传统文化空间更多的可能性,非遗文化天生具有历史文化氛围,具有一代又一代传承人传递积攒下来的时间能量,这些虚无缥缈的文化内涵始终无法凝聚在科技感十足的数字化技术中,所以精彩绝伦的非遗数字化展厅仍旧需要传统的展品让其沉稳下来,去展示非遗技艺的历史重量和文化厚度。所以,数字化的展示手段应与传统展示相兼容,成为辅助历史展品和文化内容的最佳推手,放大文化信息,活化非遗文化。(图9、图10)

1. 数字化技术辅助传统展示

传统展品传扬文化内涵,但是信息传递上难免不足或者冗余而不易接受,容易使观者产生信息获取上的残编裂简,此时借助数字化的多媒体设备、互动信息查询设备等,置于传统展台周边,补充文化信息,提供文化信息的选择性,减轻受众理解上的困难。

2. 提升文化空间展览流线的节奏感

展览文化空间如故事陈述一般,起承转合,富有变化才会在各个展厅都扣人心弦。寿山石雕文化博物馆中,以历史发展阶段作为关键点形成展厅划分,将寿山石雕三个发展高峰作为展厅节奏高点,其他展厅压低节奏突出重点区域,全展厅都以不同的数字化技术置入,通过不同的展厅需求,增强或者抑制空间表达能力,区分展览流线节奏。寿山石雕

图9 电子屏幕补充实物展品信息

数字化技术	场所	内容	作用
多媒体互动屏幕	入口	囊括展览所需文化信息	查询展览相关信息
多媒体电子屏	清前期展厅	播放该时期寿山石雕作品	辅助实物展台输出文化信息
多媒体电子屏	清末民初展厅	该时期寿山石雕作品详细信息	滑动获取寿山石雕作品信息
按钮互动加电子屏	20世纪前半期	不同艺术家的特点和雕刻技艺	选择性地获取文化信息
裸眼3D技术	20世纪后半期	流动播放20世纪时期的寿山石雕作品	放大作品细节,突破视觉阈值
裸眼3D技术	20世纪后半期	展示临时展览的寿山石雕作品	放大作品细节,突破视觉阈值
多媒体电子屏	新世纪	播放该时期寿山石雕作品	传递不同小展厅的文化信息

图10 数字化技术辅助实物展现

有三个发展高峰，展陈节奏也将在清前期、清末民初、20 世纪中后期三个展厅中达到高潮，所以在多媒体画面的选择上，以更为强烈的画面流动感、表现力，加强该展厅的节奏，而在序厅和新世纪展厅中，多媒体画面色彩偏暗，压稳展厅节奏，个人展厅明暗交接，独立于主展线以外，流动舒畅的互动声光电装置，撑起整个空间的节奏感，以便观者体验不同节奏的展览流线。（图 11）

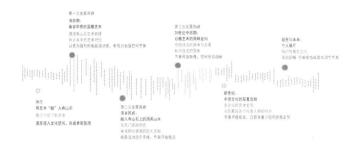

图 11 展厅节奏规划

三、结语

文化空间以特定的形式传递非遗文化信息，数字化的契合融入，为非物质文化遗产提供了新的文化信息传播渠道。现代展陈设计追求文化信息传递的同时创造良好的体验，使文化空间的设计不仅仅局限于阐述文化信息，而是将视野聚焦于文化空间的参观人群，丰富主观上的文化体验，展陈手法从"以物为本"转化为"以人为本"，将观者从"浏览者"转化为"主体人"，转变传统展览手段的信息单向输出，促进观者与文化空间的双重交流。结合福建寿山石雕博物馆空间的整体设计，展现数字化技术以更为多元化、立体化、艺术化的形式传递文化信息，活化文化空间，提升数字化技术与文化空间的黏性，以更完整的文化展览体系提供给观者更为强烈的文化艺术体验。

参考文献：

[1] 王文章. 非物质文化遗产保护研究 [M]. 北京：文化艺术出版社, 2013.

[2]（法）亨利·列斐伏尔. 空间的生产 [M] 刘怀玉, 等, 译. 北京：商务印书馆, 2013.

[3] 联合国教科文组织. 人类口头和非物质遗产代表作申报书编写指南 [Z].

[4]《国务院办公厅关于加强我国非物质文化遗产保护工作的意见·附件 1. 国家级非物质文化遗产代表作申报评定暂行办法》, 国办发〔2005〕18 号, 2005 年 3 月 26 日。

[5] 寿天德. 视觉信息处理的脑机制 [M]. 上海：上海科技教育出版社, 1997.

[6] 涂聪. 大数据时代背景下的数据可视化应用研究 [J]. 电子制作, 2013(5):118.

[7] 张茈坤, 张立红. 博物馆数据可视化平台初探——以南京博物院特展为例 [J]. 东南文化, 2020(4):170-176.

[8] 吴荔. 视觉流与节奏感在典籍类展览中的应用——以国家典籍博物馆为例 [J]. 图书馆研究与工作, 2022(3):23-28.

记忆与乡愁：万松里石磨纪景观营造

曹文译

长江师范学院

摘要：石磨纪景观营造的目的是使石磨充分展示过往历史与人文，使一切石景艺术都与石磨故事相关，都被石磨文化包围。因而，对设计布局采用了片区概念、故事概念、传承与发展概念和互动概念四个模块进行分类打造。在园区的建造中，除了考虑缅怀场地的过去和记忆之外，还力求实现生产与闲适、传统与现代以及生态与文明之间的闭合。进而，将其演化为一个涵盖生产和游历的乡村聚落，促进农耕历史文明与本土乡风文明的融合。

关键词：乡愁记忆；石磨纪；景观营造

石磨，20世纪的农耕家庭中最常见的粮食加工工具，其发明、变迁，经历了数千年历史。随着工业化文明与现代化社会进程的发展，那些和农耕生活息息相关的石器，已逐渐淡出人们的视野。但在重庆市涪陵区蔺市镇万松村的万松里却陈列着300000座石磨，这些石磨已形成万松里独具特色的石景艺术，它也是一个不折不扣的石磨文化博物馆。

石磨纪占地面积500余亩，这里的一切都与石磨有关，石磨层叠堆放，随处可见，连路边的花坛都是用石磨精心堆砌而成。其景观营造得如世外桃源，沉淀了千年历史文化。在前往万松里的路上，能看到道路两旁用石磨、石槽堆砌成的路墙十分抢眼，它们是万松里的"金字招牌"。据说这里的村民用十多年的时间到全国各地收集农家已经废弃的老石磨、石槽、石缸等石器，以及犁耙、风车等农具，然后以树为柱，石磨为路，石磨、石缸、石槽为墙，石风车为装饰，使这里逐步营造成了当地一道靓丽的风景线。同时他们还采用各式各样的石磨装点院落，石磨可以成为花盆、水渠，用来栽花养鱼，亦可成为装饰品，以所见之景皆带农耕时代的记忆，勾起无限乡愁与怀念。

一、概况

万松村是位于重庆市涪陵区蔺市镇的一个行政村，附近有涪陵武陵山国家森林公园、武陵山大裂谷、重庆涪陵大木花谷·林下花园景区、白鹤梁水下博物馆、沙溪温泉等旅游景点，2019年12月31日，万松村荣登第二批国家森林乡村名单榜。但勇，万松村人，石磨纪文旅发展集团有限公司法定代表人，早年在外打拼，于2014年返乡创业。他和他的合伙人本着靠山吃山、靠水吃水的初衷，鼓励周边四个乡村的村民利用本地资源优势，一起打造乡村文化旅游。在经过团队的深思熟虑和反复论证后，其团队将淡出乡土生活中的"石磨"作为主题文化特色进行景观打造，他说自己有石磨情节，对儿时的生活有着浓浓的怀念之情，相信很多的70后、80后都和他一样既怀揣着梦想又思念着家乡的味道，于是力图将其打造为国内少见的具有乡愁文化情怀的石磨文化园。

在石磨纪主题文化园确定后，但勇团队用时三年多，派专人跑了全国二十多个省份，将各种各样的石磨带回了万松村，积累了打造石磨文化园的必备条件。他们一边在全国各地"海选"石磨，一边做石磨园区的规划，随着石磨数量的增多，他们打造石磨文化园的信心越来越足。

二、策划

乡村作为城市化的重要阵地，不仅被纳入地产和休闲消费生产的循环，而且乡村的人文与自然景观亦作为消费对象向都市人展示。[1]基于消费性空间生产的惯性考量，将万松村打造为以石磨文化为主题的特色乡愁文化园，周边林场、农庄、果园则作为配套的主题式观赏和体验区域。

其规划布局在原有村庄基础上复合型地引入石磨文化、农具展示、民宿和原汁原味的农庄体验，创造性地还原乡土记忆和缅怀，之后便开始设计和谋划。

石磨纪的核心元素便是石磨，并以石槽、石缸和其他石器为扩充元素。设计之初首先考虑的是打造一个长约数公里的石磨文化博物馆，此处的博物馆是由一条条公路组成的（图1、图2），公路两边采用石磨、石槽堆砌成路墙景观（图3、图4），直通石磨纪的各个功能片区。

图1 石磨纪公路一　　　图2 石磨纪公路二

图3 石磨纪路墙景观一　　　图4 石磨纪路墙景观二

传统石磨历经沧桑，每一个石磨都有一段经典故事。设计的目的是使石磨充分展示过往历史与人文，园区的一切景观都与石磨故事相关，都被石磨文化包围，人们置身其中犹如在时空穿越，能够感受和体悟乡土生活。基于此，对石磨纪景观的设计与布局采用片区概念、故事概念、传承与发展和互动概念四个模块进行分类打造。

片区概念：是以秦岭淮河为界限，分片区展示大江南北的石磨。一是展示石磨的起源、变迁、发展、现状与传承，采用以时间为轴线，实现一磨一故事的叙述方式。二是展示南北石磨的形制、作用及文化上的差异，让人们了解南北石磨文化的异同。三是展示石磨的具体功能，依据石磨的功能分类进行打造景观打造，如磨豆花的"磨"的功能景观打造、磨米粉的"磨"的功能景观打造、磨油的"磨"的功能景观打造。同时展示劳动教育，将其纳入园区景观塑造，结合中共中央、国务院发布的《深化新时代教育评价改革总体方案》中提出的大中小学要明确不同学段、不同年级劳动教育的目标要求，引导学生崇尚劳动、尊重劳动。[2]

故事概念：是将一些有历史、有故事的石磨分类介绍给大家。譬如，有些石磨是专为古时帝王所用，有些则是战争时期为军事所用，又有一些则是和民间传说故事相关。如在中国古代神话故事里，传说鲁班发明并打造了石磨，他把石料凿成两个大圆盘，又在每个圆盘的一面凿出一道道槽，在其中的一个圆盘中安上木把，由此形成石磨的样子。还有与石磨本身有关的故事与意义，在石磨上有两个小孔，其中一个被称为"磨眼"。石磨为两扇，上扇为阳为天为男，上扇的眼也被称为"天眼"，意为老天睁开了"天眼"，就会关照民间疾苦，"磨眼"中不断流淌的粮食，可使人们享用着吃不完的食物，让人们过上美好的生活。下扇为阴为地为女，意为女性生儿育女。中国传统习俗中将石磨荣尊为"白虎"，因此不可随意安放石磨，人们应对石磨常怀敬畏之情。

传承与发展：石磨的使用，使古代人类的饮食方式有了革命性的进步。有了面粉，人们创造了各种各样的面食方法，食面逐渐成为中原地区乃至广大北方地区的饮食习惯。今天，物质生活日益富足，人们对饮食质量的提高，精神生活的返璞归真，使传统石磨的传承之路有了曙光。对传承与发展片区的打造理念体现在：一是石磨的劳动教育价值，石磨在农耕文明时期有着社会功用与巨大贡献；二是引入科学饮食观，石磨是传统的粮食加工工具，用人力、畜力或者水力作为动力，磨出的面粉温度一般在20～30度，面筋多，粮食中的香味和维生素大多得以保留；三是拓展生态游、研学游，将其与新乡贤、乡风文明融合，以促进石磨文化的传承和发展。

互动概念：即互动体验区域的打造。当今人们向往返璞归真、崇尚健康生活理念，体验区的打造是为实现一个健康生活体验闭环系统，目的是让游客体验农耕生活，体验亲自上阵自制无污染健康食品的生活乐趣。体验区首先是打造生态种植园，园内有果蔬豆类产品的种植、培养、灌溉、采摘等，由此形成一个绿色无污染种植体验区。其次是打造粮食加工体验区，或叫石磨体验区，分为初加工和再加工两个区域。初加工就是将地里收割的粮食进行装袋收藏，再加工就是将粮食磨成粉或汁进行烹饪。整个石磨体验区也分为驴子推磨区、牛推磨区和人力推磨区。互动体验区有助于构建绿色、营养、健康、文明的体验，使游客在体验农耕生活过程中感受到推磨的乐趣，也使石磨再次实现自身价值。

三、重塑

我们对自然和人为的物理环境有何看法？我们如何看待、构筑和评估它？我们过去及现在的环境理想是什么？[3]

面对石磨纪500亩的林地与民房，我们亟须思考文化园景观将以一种怎样的态度和技术手段塑造眼前的物、景与时空。重塑的目的不是复兴古典风景园林，它是一个场地的物性与地域性的重新定义，是地方人文、自然环境与田野之间互动关系的塑造。在园区的规划与建造中，除了考虑缅怀场地的过去和记忆之外，还应考虑生产与闲适、传统与现代、生态与文明之间的闭合。设计团队力图将上述复杂场地和历史要素进行重构，寻找合理的解决方案，以装载设想当中的石磨文化聚落。经过几轮的辩证和摸索，设计方案逐步停留在了"圆"与"学"的理念上。"圆"为"园"、为"研"，也同于石磨的外形，外圆内方，肩负起生产生活的重任。"圆"的构建则是要演化为一个涵盖生产和游历的乡村聚落，即乡村文化民宿村，也即石磨文化村。"学"则是游客在石磨纪的所学、收获与体悟。

"圆"与"学"并非如当代造园中具体的"有用"空间或环境景观，它们显得"弥漫"而"无所用"。它们更像村落中的亭廊或村口的大树之下，是场地、生产以及生活的基础设施，是游客对石磨纪风景的游赏、生产生活的交互与休憩场域，也正是这些情感和行动塑造了这里的人文和乡风。

在石磨纪文化园中除了还原场地记忆和怀念，还应创建一种属于当下的景观地理学——缅怀乡愁，重建故里，延续农耕文明生产生活的传统，并勾勒出彼岸的景色。因此，石磨纪景观设计的任务并非建造"如画"风景，也非建造一个观赏"如画"风景的建筑。石磨承载着太多的童年记忆和历史记忆，过往生产生活线索及园区空间文化展示等诸多议题都需要通过空间重构得以实现。石磨纪与乡土文化回归显然需要重建这些有机部分之间的关联，并以此为契机重新整合万松村空置民房的空间功能与活动。空间复兴首先建立在对过往生产生活保留的基础上进行的改造，这意味着石磨纪文化园的打造要保护和强化原汁原味农耕特色的主体性、景观的原生性同石磨之间的有机关联，并让这种关联在场地营造中能被使用者和来访者深刻体会。

在景观营造与地景设计中，石磨纪谨慎地选择了"石""农具"与"竹"这几种与传统乡土生活息息相关的事物，且"石"在中国传统造园中有着悠久的历史。唐宋以后的景观多以奇异孤石或孤山造型的景石堆叠为主。[4]在石磨纪石景的设计中大多以石磨元素作为空间营造的点睛之笔，如石磨院墙（图5）、花盆（图6）、鱼池等，部分地方也采用奇异的孤石或几块孤石堆叠而成，形成园区独立的景观（图7、图8）。"农具"是乡土生活中必不可少的生产工具，石磨纪也将废弃的石风车充分用到极致，创意性地将石风车融入院墙的景观设计，以及道路的景观标识系统中（图9）。"竹"在中国传统造园史上也是一种重要的素材，常以自然景观、房屋建造材料或生活用品的形式出现在人们生活中。在对石磨纪景观的打造中，没有将"石"与"竹"这两种传统人文景物按照传统造园方式进行古典园林的布局，而是在探索一种新的建造和表现范式。珠算是中国传统农耕时期的计算工具，也是老一代人过往生活的回忆，设计团队将石磨加以改造成珠算的样式（图10），直接立于景观场地之上。当人们穿越新的风景"界面"，获得更多的游历视角和观看体验，总会有另一种意想不到的效果。

此外，还有诸多的石器被打造成艺术品，或加工成茶桌、座椅等。

图5 石磨院墙景观　　　　图6 石磨花盆

图7 石磨景观　　　　图8 孤石景观

图9 石风车景观　　　　图10 石珠算景观

如此一来既充分利用了它们的实用价值，又利用了它们环境装饰的作用，石艺术品成为石磨纪的一大亮点。

这里的民宿则是由当地村民的原住房改造而成的，多处使用了原始的木屋竹楼结构。木屋竹楼是当地居民住房的基本样式，在这里同石磨、农具一同构建了传统乡村聚落的生活范式。往外延伸还有民宿文化庄园，庄园里种植了多种蔬菜、水果，还有象征爱情的双生树，它们共同演绎了石磨纪的如画风景，述说着农耕文明。

四、结语

石磨纪对于每个远道而来的游客来说可能都是一个传说。农耕文明的点点滴滴，总有自己的历史和故事，用时光打磨出来的痕迹，抹不掉对过去的思念，就像这里的每块石磨，每一个都在诉说着一段过往历史。石磨纪以石磨、石槽、石缸为主要景观设计元素，力图搭建农耕历史文明与本土乡风文明的融合，这既是一次创新，又是一次尝试。

石磨纪，从蛮荒至亘古，传递千年生活脉络，每一磨都是一段绵延隽美；让人回归童真自然，和蜜蜂蝴蝶为伴为友。从石磨纪向外看去，云蒸霞蔚似仙境，使人们无法错过和石磨纪相遇。石磨纪不仅有自然生态和美景，还有阳春白雪和书香卷气，在石磨纪可以看风景，也能够赏人文，体味人间烟火气。

参考文献：

[1] 何健翔. 积石为台，立竿为亭——一个老茶工厂的风景营造 [J]. 建筑学报,2021(5):51-53.

[2] 周世祥, 杨飒. 劳动教育如何才能有趣有用 [N]. 光明日报,2020-11-08(4).

[3]TUAN Y F. Topophilia: A Study of Environmental Perception,Attitudes, and Values[M]. New York: Columbia University Press,Morningside Edition, 1999: 137.

[4] 汉宝德. 物象与心境：中国的园林 [M]. 北京：生活·读书·新知三联书店,2014: 169.

公共石雕的"环境美感"营造——以谢林"美感直观"为讨论视角

郑志刚

河南省书画院

摘要：作为环境艺术设计视阈中的重要构件，石质雕塑在公共空间"环境美感"的营造方面发挥着不容小觑的作用。而德国哲学家谢林的"美感直观"理论，强调某种在艺术赏会场域超越主、客体之上的物我两忘境界，与由公共石雕领衔营造的"环境美感"有共通之处。基于如上认识，以中西方若干有代表性的实例为据，从"雕塑家与公共石雕"和"公共石雕与设置环境"两条路径，展开对三者之间美感体验情状的剖析，并简要指出了公共石雕在环境艺术营造中的美育价值。

关键词：公共石雕；环境艺术设计；美感直观；环境美感；营造

一、宛自天开：全息体验与设计至境

公共雕塑是环境艺术的宠儿，而石质雕塑又在公共雕塑领域占有重要份额。所以，在环境艺术设计中加大对公共石雕的关注力度，全方位挖掘其"设计美感"，充分彰显其独特的人文景观价值，无疑有着不容漠视的现实意义。"虽由人作，宛自天开"——斯乃明代造园家计成在其专著《园冶》[1]中所推崇的园林设计至高境界。客观来看，这与今天被视作环境设计专业理论支撑的生态学、"深生态学"和当代环境美学的核心观点并无二致，应当"成为环境设计专业从业者共同的价值观认同。"[2]

环境艺术设计视阈内的公共石雕营造，可以有传统、现代、具象、意象、抽象等多种风格选择，但首先要强调作品与环境的混融与协调。一个鲜明的例子是《信仰》《伟业》《攻坚》和《追梦》这四组大型圆雕，矗立于"中国共产党历史展览馆"广场之上，用583块汉白玉成功塑造了276位人物形象。如是煌煌巨作，以其崇高的象征、宏大的气度、精湛的技艺、深邃的内蕴和强烈的感染力，激发出万千观众无上的民族自豪感和家国自信心。同时，这四组磅礴而又生动的公共石雕，与方正端庄的主体建筑、简洁开阔的广场格局、色彩绚丽的《旗帜》雕塑以及28根高大的圆形廊柱，形成了很好的呼应。徐徐铺展的环境"设计美感"，令每一双善感的眼睛久久留驻、念念不忘。

石雕材质品类众多，主要分为火成岩（岩浆岩）、沉积岩（水成岩）和变质岩三大类，其中花岗岩、大理岩、石英岩、玄武岩、安山岩、辉长岩、页岩、砂岩、石灰岩、白云岩等使用频率相对较高。石材在点、线、面、色彩、纹路、肌理等方面姿态百出、繁富奇异，经雕塑家之妙手成为艺术作品后，再由环境设计师匠心巧置，便能够取得与周边景观洽无间、相得益彰的良好效果。比如，西安美术学院校园内的大量民间古石雕拴马桩，因与西北高原艺术学府的浑朴苍厚气质有较高吻合度，从而形成了一道独特的人文风景线。

作为最具亲和力和启发性的立体艺术形式之一，石质雕塑拥有坚毅、朴素、简静、沉厚、慈悯、含忍、高古、豁达等文化内蕴和视觉特征。对比公共石雕介入前后的具体环境空间，不难发现无论是布局、格调、氛围、内涵还是给予观者的视觉、听觉、嗅觉和触觉，都已经发生了较大幅度的改变。可以说，这种以追求"设计美感"为鹄的环境空间改造是全息、多维的。事实上，新时代环境艺术设计的对象，正处于"从人的视觉领域向其他领域扩展的阶段。在这个阶段，人的眼、耳、鼻、舌、身、意将作为一个整体来体验设计成果。"[3]此种更具涵盖力的设计体验观，势必要求石雕与环境之间达到水乳交融、物我两忘的境界。也就是说，不仅石雕应当是环境的一部分，环境也应当是石雕的一部分。在这个角度上展开讨论，恰可与德国哲学家谢林的"艺术直观（美感直观）"一说达成默契。

二、美感直观：雕塑家与公共石雕

弗里德里希·威廉姆·约瑟夫·谢林是19世纪德国著名的哲学家和美学家，他在哲学研究上的创造性观点是"绝对同一性"。依谢林之见，在主体（自我）与客体（非我）之上，高悬着一个超越两者的"绝对同一的东西"。哲学须首先对其加以确定，然后再由之出发，推演出主、客体以及两者之间的相互关系。这个"绝对同一"，又称"绝对理性"，是一种主、客体绝对无差别的原始状态，亦可形象地理解为"一种沉睡着的宇宙精神"。一旦此种精神逐渐清醒，便即刻有了区别和规定，进而"孵"出客体和主体、物质和精神、自然和人。[4]而欲要抵达主、客体"无差别的同一性"，则有赖于一个核心概念——"艺术直观（美感直观）"。在谢氏看来，人创造并忘情于自己的艺术作品（客观对象）时，便达到了某种物我交融、主客不分、相看两不厌的境界。当此之际，有意识与无意识、直观者与被直观者、有限与无限，完全合一，浑沦无间[5]。

据上述"美感直观"的说法，雕塑家与其创作的公共石雕之间，首先应当努力追觅某种"直观者与被直观者"绝去町畦、相与耽溺、主客不分的境界。并且唯有如此，石雕才能超越客观具体的"实相"，喷薄出"无限"大美。从这层意义上看，当代著名雕塑家钱绍武创作花岗岩巨雕《李大钊纪念像》的过程，洵为经典范例。这座落成在河北省唐山市大钊公园的肖像石雕，肩宽7.5米，总重量逾百吨，"仅颜面部分一薄片，采石就达12吨。"[6]从接到创作任务开始，钱绍武便迅速投入对李大钊的"咀嚼灵魂"式研究之中。近三年间，沉浸艰辛、陶醉孤寂，几至废寝忘食。最终把准了"大钊同志就像一座在中华大地上拔地而起、不可动摇的泰山，他方正、刚直、沉稳、开阔，重、拙、大"[7]的创作脉搏，在形象具象的基础上对人物的精神意象进行夸张表达，从而使这件巨制毫无争议地跻身于当代纪念碑雕塑巅峰之作的行列。

此外，苏格兰诗人伊恩·汉密尔顿·芬利，也是一位擅长与自己的石雕作品互通款曲的雕塑家和风景建筑师。他设计的"小斯巴达"花园，是对18世纪园林景观主题的一种现代反思，被誉为苏格兰最宏大、最具野心的永久性装置作品。芬利擅长园林设计，喜欢将风景与雕塑结合起来进行创作，并在其间腾糅文学、政治意味。譬如，用于深思与冥想的"小斯巴达"花园里，就放置有影射战争与暴力的微型石头战舰、航空母舰等雕塑。同时，还有完成于1974年、高1.05米的石雕《核帆》。[8]

这件抽象作品选用均匀致密、坚硬平整的板岩为材质,远远望去,犹似"风正一帆悬"。单就其光洁而优雅的外形来看,伫立于一片幽静水泊之畔的《核帆》满溢着诗意。或许还会有人认为芬利在创作中受到了英国女雕塑家芭芭拉·赫普沃斯《单一形式》的影响,但其实此作的暗喻对象却是苏格兰圣湖军事基地的核潜艇指挥塔。

对雕塑艺术,谢林有着特别的重视和持久的关注。在他看来,艺术可分造型艺术和语言艺术两大类,其中前者包括音乐、绘画和雕塑,后者则细分为抒情诗、叙事诗和戏剧诗。并且,各体裁之间还存在相互对应的深层关系:抒情诗对应音乐,叙事诗对应绘画,戏剧诗对应雕塑。但无论如何切分与互联,就整体而言,它们都在"更高层次上表现了绝对",亦即"无差别的同一性"。换言之,从"有限的形式"中表现出来的"无限",便是所谓的"美"。[9] 拿戏剧诗的场景结构方式和冲突、对比手法来观照雕塑,或许意在强调后者的实体三维特性。谢林认为,存在于三维空间中的雕塑,终极目的是要表现"本质和形式的最高不可区分体",但须借助于"种种现实的、具体形的对象",来"既表现事物的本质,又展示其理念范畴"。[10]

落成于城市广场或公园的公共石雕,多具纪念碑性,大致可分写实和写意两大类。米开朗琪罗表现民族英雄形象的大理石作品《大卫像》与《摩西像》,分别设置于意大利佛罗伦萨的市政厅广场和罗马的梵蒂冈雕刻馆,均为写实类杰作。文学家朱自清参观了《摩西像》之后,觉得"大勇大智"正从这位头生双角的犹太伟者"眉目上、胡须上、胳膊上、手上、腿上"涌溢而出。[11] 足见米开朗琪罗对创作的倾情以及与作品之间的"美感直观"程度。中国当代公共石雕中,《南京雨花台烈士纪念碑群像》《八女投江》等使用了写实手法,而为纪念南京解放 30 周年设立的《渡江胜利纪念碑》(花岗石刻制,碑呈帆船形,由绛紫色船体和白色双帆组成)等则显然属于写意类。此外,糅冶具象、写意手法于一炉,另有潘鹤的呕心之作《无名烈士像》(1999 年,半身石像,上海龙华烈士陵园)。兹作塑造了一位体魄强健、横卧就义的勇士形象。他背对着观众,乱发髼髼的头颅无力地下垂,右臂与右腿已沉埋入地,显得独异、悲壮而深邃。然而,那条左臂却如粗壮强固的灯塔昂然高擎,迸发出一种挽狂澜于既倒般的精神牵引力。

三、物我两忘:公共石雕与设置环境

广义的雕塑,被谢林分为建筑、浮雕和雕塑三类,分别与音乐、绘画和雕塑相对应。从"表现形式和本质(理念)的不可区分"这个层面上考量,谢氏认为,雕塑超越于音乐、绘画之上,可谓两者的综合。[12] 也就是说,相较于音乐与绘画,雕塑更能够轻松达到"不可区分(无差别)"的"美感直观"状态。既然如此,可以想象,当公共石雕被置入经过精心设计过的环境(场域)之中时,便容易与之产生"无功利感性"互动,进而偕同奔向更高层次的"绝对同一性"。

明代书画家文征明的曾孙文震亨,曾在其所著《长物志》[13] 中主张,营造园林挑选石材之时,要在质、态、色、声等方面加以留意。事实上,对公共石雕所处空间环境的设计,同样应当讲究方略。首先,景观设计师要有将公共石雕凸显为"视觉中心"的强烈意识。通常而言,"人的视觉中心位于平面构图自下而上 5/8 的区域,这是人体视知觉和其他感官感觉较为舒适的位置。"[14] 视觉中心确定之后,须进一步排除其紧邻的周边景物所形成的视觉干扰,处理好主景与衬景的聚散、虚实关系,从而使石雕愈加鲜明;其次,树立环境空间设计的整体观念。尽管公共石雕处于视觉中心的强势位置,但设计师也要尽可能实现与雕塑家的充分沟通,提醒其在创作过程中兼顾到特定的自然和人文条件,随时对包括占地面积、内容取舍、体面关系、石材颜色、基座形制等在内的诸多元素进行全局观照和细节调控,以便雕塑落成之后与整体环境之间没有违和感。

在石雕作品充分融入公共空间方面,有法国雕塑巨匠康斯坦丁·布朗库西的《沉默桌》和瑞士籍雕塑家、建筑师马克斯·比尔的《无名政治受难者纪念碑》。前者完成于 1938 年,由 12 只细腰鼓形的石凳将一张磨盘状的圆形石桌团团围定,露天设置于布朗库西故乡的特尔古日乌小镇,旨在纪念那些为捍卫领土而阵亡的罗马尼亚士兵。[15] 在草坪、绿树等营造的简洁、安谧的周边环境中,《沉默桌》虽然是优秀的艺术作品,但却并不拒绝自身家具性能的日常实现;后者落成于 20 世纪 50 年代初,同时使用了黑色花岗岩和白色大理石。这件由三个空心立方体连续放置组构而成的石雕,依人体尺度将内径定为 1.89 米,恰可容纳一个身材高大者进入,从而使雕塑兼具建筑性。[16] 石质立方体表黑里白的色彩设计,不仅彰显了比尔作品冷峻严肃的固有特性,也使其与近处的树丛、远景的冈峦形成有层次的对比呼应关系。

衡量一件公共石雕艺术水准的重要标尺,便是其与设置环境之间的相处是否真正实现了融冶和欢洽。兹以中国雕塑家杨明的《蚀》为例稍加分析。这件作品由一块重达 15 吨的"济南青"石料创作而成,曾获"93 中国威海国际石刻艺术大赛"最佳作品奖,嗣后被永久设置于威海的国际雕塑公园。"济南青"属于辉长岩,产于山东济南市华山镇。杨明的这块"济南青"质地疏松,雕凿时有崩损,他巧妙利用了此种缺憾,将一条厚重敦朴的长条石椅上消融流淌的人形表现得颇为充分。在现场创作过程中,杨明有着较强的环境设计意识,将石雕的日常实用价值以公园长椅的形式加以体现,借此与普通民众的坐卧倚靠发生密切关联,对作品的艺术品属性进行特别提示,从而使作品在"关于存在、关于时间、关于历史"等哲思式命题上获得了超越与升华。[17]

另一个例子是四川的女雕塑家赵莉。她永久设置在意大利某地一片松林深处的石雕《石在聆听》,特为纪念汶川地震而作。这组作品由四块白色立方体大理石构成,其中三块形貌近似,镌有作品汉字标题的另一块则脱群而出。在小径蜿蜒、草坪修洁、青松凑密的整体环境中,棱角斩截、气象肃穆、光滑与粗粝兼见的石质组雕,愈加透发出某种克制下的震恸。相比之下,同为四川女雕塑家的范文的两件汉白玉作品《友谊》与《和平》,则以简洁、抽象、朗畅、俊雅的艺术形象,使得所处的城市公共空间平添了欣悦与希冀。

四、余论

计成《园冶》有云:"古式何裁,时宜得致。"对于环境艺术设计中的公共石雕营造如何进一步汲古出新的话题,这实际上给出了一个较为中肯的答案——当下业界理念多维、样貌纷呈的全新发展态势,要靠雕塑家和设计师积极主动地扩拓视野、矫正偏见、从善如流来把握。

景观设计师素来奉"视觉和谐"为作业圭臬。在公共石雕领衔的视觉环境中,从材质搭配、色彩协调到物态规划,都是构成视觉信息内容的要件。处理好这一切,方可"加快感知速度",提升石雕的"环境审美情趣"。[18] 而伴随着"环境美感"的实现,谢林哲学中的"美感直观"亦将同步抵达。事实上,这也是当代美育所冀求的至高境界。蔡元培认为,在培育"完整强健人格"的过程中,"感情的陶养"远比"知识的灌输"更加重要,而这种陶养必赖于美育的实施。作为当代环境艺术设计重要作业对象的公共石雕,正是因为持久葆有作者、作品、环境三位一体("无差别的同一性")的审美理想并为之展开不懈追寻,才逐步在实践中构铸了自己的美育价值。可以预见的是,随着城市形态的全面提升、人文环境的持续改善以及创作理念的不断推进,公共石雕的环境艺术营造必将有更大的美育作为。

参考文献:

[1](明) 计成 . 园冶全释 [M]. 张家骥 , 注释 . 太原 : 山西人民出版社 ,1993.

[2] 宋立民 . 环境设计的"双栖"特征与学科专业建设 [J]. 设计 ,2020(13):94.

[3] 王国彬 , 唐方 . 从主题叙事到设计革命——新时代设计助力幸福生活的策略方法研究 [J]. 中国艺术 ,2022(3):57.

[4] 邓晓芒 , 赵林 . 西方哲学史 [M]. 北京 : 高等教育出版社 ,2014:239.

[5] 谢林 . 先验唯心论体系 [M]. 梁志学 , 石泉 , 译 . 北京 : 商务印书

馆,1979:15.

[6] 钱绍武. 李大钊同志纪念像创作体会[J]. 美术,1990(4):41.

[7] 钱绍武. 李大钊同志纪念像创作体会[J]. 美术,1990(4):42.

[8](英)安德鲁·考西,西方当代雕塑[M]. 易英,译. 上海：上海人民出版社,2014:203-207.

[9] 谢林. 先验唯心论体系[M]. 梁志学,石泉,译. 北京：商务印书馆,1979:270.

[10] 谢林. 艺术哲学[M]. 北京：中国社会科学出版社,1996:240.

[11] 王子云. 从长安到雅典——中外美术考古游记[M]. 西安：陕西人民美术出版社,1992:378.

[12] 凌继尧. 谢林的艺术学理论[J]. 东南大学学报（哲学社会科学版）,2009,11(6):64.

[13](明)文震亨. 长物志校注[M]. 陈植,校注. 南京：江苏科学技术出版社,1984.

[14] 江昼,王娜娜. 格式塔视知觉理论与城市雕塑环境空间的设计原则[J]. 华中建筑,2007(5):7.

[15](英)安德鲁·考西. 西方当代雕塑[M]. 易英,译. 上海：上海人民出版社,2014:25.

[16](英)安德鲁·考西. 西方当代雕塑[M]. 易英,译. 上海：上海人民出版社,2014:49-50.

[17] 孙振华. 中国当代雕塑史[M]. 北京：中国青年出版社,2018:99.

[18] 江昼,王娜娜. 格式塔视知觉理论与城市雕塑环境空间的设计原则[J]. 华中建筑,2007(5):7.

堆石成塔——韩国环境艺术中的石营造

丁凡

天津美术学院

摘要： 人类在文明的发展进程中不断进步与创造，形成了不同的地域文化与景观特色。韩国的石塔文化受萨满教的"堆石"祭祀文化与佛教的"佛塔"文化双重影响，结合风水裨补理念形成了鲜明特征、石塔文化形式。本文通过对于韩国石塔的来源介绍，结合现有文献研究现状说明石塔的主要类型及特征；并且选择有代表性的石塔传承与延续案例，以传统乡村石塔和寺庙石塔、民间石塔艺术以及石塔形式内涵的传承、转化，对当代艺术的影响作为切入点，阐述作为地域文化特性的"石"文化表现形式其背后强大的生命力及影响力。

关键词： 石塔；韩国；研究现状；传承及延续；艺术表现

一、引言

石头源于自然，具有坚韧不拔、永恒向上的品质。自古以来，人类不仅用石，而且赏石、爱石。从文学著作到园林造景，从日常生活到精神雅趣均对"石"体现出了独特的情感。文学中多以石比人，将石头的品质、特点与人的品格及处境相比喻。如诗人韩愈笔下的"石"意向多奇与怪，折射主体的孤独与压抑；李贺笔下的石则是奇中有幻，增添了一层缥渺与梦幻之感。环境设计中的石，以园林造景为主，力求彰显师法自然与天人合一的价值取向。中韩两国文化交融，对石的运用中亦体现出了相似之处。在韩国，"堆石成塔"的石塔文化景观成为一道独特的地域景观特色。在乡村入口、寺庙附近、山路旁以及海边，随处可见由石头累积而成的石塔，其背后蕴含着的是人对于美好生活的期盼与向往。

二、韩国石塔的历史背景及特点

（一）关于石塔的定义

韩国石塔，由韩文"돌탑"直译而来，与寺庙中的石塔相似但包含内容更加广泛。除了佛教石塔形式，民间风水信仰下的石堆也称之为石塔。根据地区不同还有"造山（조산）、造塔（조탑）、做塔（도탑）"等名称变化，在忠清道、济州岛等地区则有"鹅毛台（거욱대）、防邪塔（방사탑）等"名称出现。韩国民俗大百科字典中，将石塔划分为乡村信仰范畴，并将其定义为："在村口由杂石堆砌而成的精巧的圆锥形塔，是村子里认为可以阻挡厄运进村以及招揽福气的信仰对象物。"而维基百科对其解释为"石塔，是利用大自然岩石或石头建造的塔。"

（二）石塔的由来

关于韩国"石塔"的来源，主要分为三方面，一是源于人类对于自然山川永恒伟大特性而产生的岩石崇拜。韩国古代文化是由北方游牧文化与南方海洋文化相融合形成的，与蒙古"鄂博"（又称敖包）具有相似性，并受到了"萨满教"文化的影响。蒙古早期信仰萨满教，而萨满教将宇宙万物皆视为具有神灵的存在，长期生活在游牧状态的蒙古人民受到敬畏神灵的影响，对山石河川等事物进行崇拜。受萨满教"先祖有灵"影响，将祖先神看作山神祭祀。从早期祭祀所在地的高山，发展到将高山形态转化为石头堆成"山形"的敖包作为祭坛象征进行祭奠活动。

二是受到佛教中"佛塔"的影响。在韩国每建立一座寺庙，都会一起建造塔。中国《周书》《隋书》中称百济为"寺塔甚多的国家"；朝鲜古书《三国遗事》记载"寺如夜空之星，塔如雁之列"。佛教中，"塔"是象征佛陀教诲的建筑物，其面向天空的垂直性与村中的石塔、长生柱、立石、立木、城隍庙等构造物一起，成为一种联通天地宇宙之意。佛塔由一层层的石头堆叠而成，层数为基数，平面角为偶数，代表着天地，向天的层数为正数，向地的面是负数，以达到阴阳相协调，同时通过石塔向上的造型代表佛法的高深。早期记载的韩国与印度绕塔一样，人们通过对于佛塔的"砖塔"仪式，精华提升内心，通过环绕塔达到对神秘宇宙的敬拜，绕一圈如同一轮满月，寓意祈求富足和生命力。每逢十五满月，燃灯与绕塔活动相结合，是韩国具有特色的传统宗教庆典。

三是在乡村中的石塔，风水地理文化的影响为主要形成原因。通过安放石塔，弥补地形于地势上的缺失，形成"山"形与势的意象，作为裨补风水的体现。石塔与长生柱、立石、立木四种象征物被划分为韩国代表性民间信仰对象物，被规定为民俗景观（Folk Landscape）。韩国文化中，认为以石头堆叠而成的石塔具有除"邪"（辟邪）与裨补功能。常设置在村口及气息不足处，防止厄运、疾病、虎患以及火灾等不利事物的发生。石塔对于地形上的缺失，如在低洼、盆地以及狭小处等进行的风水弥补。风水中讲究"气"的聚散，石头堆成的石塔象征着山，矗立在村庄出入口处，成为一道阻挡负面能量的保护物。同时将村口收紧，聚拢村中"气"，从而改善小气候形成风水地形上的裨补作用。通过村落"形势地理"进行的裨补风水"石塔"，如韩国金山地区一例乡村，村后山形似"卧牛形"地势，因而在村中石塔内部为裨补风水，将牛饲料"豆子"供奉于石塔之内，从而形成风水格局。"水口、洞口裨补，形局裨补，火气裨补"等分为常见的风水裨补形式。

象征意义基础上，石塔同地方信仰祭祀相结合，形成风格各异、具有地域文化特色的乡村共同祭祀活动。以济州岛地区为例，以捕鱼为主的生产方式受自然影响大，当地乡村为祈求平安顺利，进行了多种多样的民间祭祀活动。用"儒教仪式""跳大神""石塔祭祀"等多种参与方式，为求从多方面祭祀过程中得到保护与眷顾，展现了防御保护、裨补风水、祈福美好生活相结合的独特文化内容。

关于"石塔"虽没有明确的起源说，但综合现研究，大多倾向于石塔以民间风水信仰为主要基础，起到辟邪、改善环境、祈求平安的作用，发现的造塔功能以裨补风水功能为主，裨补与信仰结合为辅，另外受到佛教的影响，融入了对宇宙敬仰之意，也具有将自己生活的空间视为世界中心宇宙观的意义。通过石头的堆叠，形成了不同空间中韩国人对于世间事物认识的体现，形成了韩国地域文化景观中对于"石"的不同表现形式与艺术手法。

（三）石塔的造型与分布

石塔在韩国根据地域差异以及当地特点与情况，通过人民共同进行搭建创造，无固定规制。通过梳理已发现的石塔形制可发现，石塔分别由基座部分、积石部分、头石部分、供奉物品、祭坛及塔中的内藏物等组成，其中大部分以积石与头石相结合组成。石塔的主体部分即塔身主要由圆锥形、圆柱形、半圆形或半球形以及梯形组成。少有石塔成"佛塔"形，设置神龛等情况出现。特殊形式如灾庆尚南道的部分岛屿与海岸地区，由于当地水稻为主要作物，为了祈求丰收，当地石塔会放置大米在其中结合祭祀仪式，将石塔装水稻做成"饭坟"形式，从而进行祈祷丰收的祭祀活动。

与此同时，根据不同的地域特点，石塔因地制宜发生变化。公元4世纪中国山东地区东夷族部落鸟图腾文化传入高句丽甚至日本，产生了吉祥鸟与太阳徽记图案的崇拜，以至于到今为止韩国大量的设计内容中以鸟形象作为崇拜图案以及形式出现。另外，在遭受鼠患严重的村庄中，出现了由"猫"形石头作为石塔头石的情况。究其原因，村中人相信猫为老鼠天敌，使用猫形石头可以有助于村庄鼠患早日去除，祈求猫神石塔的祭祀可以帮助村庄度过灾难、逢凶化吉。

韩国其分布特点以山区为主、岛屿沿海地区也少有出现。大量的石塔以白头大干地区在内的内陆山区村庄为主，即忠清南道、忠清北道、全罗北道、江原道、庆尚南道，其他地区如济州岛、庆尚南道岛屿与海岸、平原也有所发现，石塔的形式与特点大致相同但根据地区习俗特点环境有所变化，如济州岛地区火山岩为主，石塔由当地火山岩石组成等。主要的风水裨补功能基本一致，驱邪与祈福根据乡村需要结合乡村祭祀仪式活动相进行。

三、韩国石塔的相关研究

韩国学术研究信息系统（RISS）中，关于"돌탑（石塔）"的内容进行分类整理，其中相关信息共831件，学术论文47篇、学位论文25篇、单行本755本以及研究报告书4篇。关于"조탑（造塔）"共有结果281件，其中学术论文96篇，学位论文30篇、单行本150本以及研究报告书5篇。综合整理后发现，对于石塔与造塔名称在学界并没有统一称谓，相对混淆的叫法中包含佛教石塔与乡村石塔两方面内容。同时在其特性上可以从宗教性与风水特性两方面进行理解。关于石塔研究也因乡村石塔与佛教石塔相区分，乡村石塔早期研究集中于对石塔特性的描述与介绍，针对地方石塔分布与文化表现形式的阐述。

近十年，研究以石塔代表的乡村文化、民俗信仰的角度出发，主张强调对于文化传承的保护与延续。佛教石塔研究早期以介绍案例与佛教史料文献相结合介绍，通过对于石塔及其周边的考察，分析石塔蕴含的内在历史价值与佛教内涵为主要研究内容。如金海的婆娑石塔分析研究，探寻发现石塔来源并非韩国本土，其造型特点对当时社会背景与条件的反应内容等。

四、韩国石塔文化传承及延续

（一）玉泉石塔村石塔祭祀

乡村中的石塔以裨补风水、祈福平安为主要功能，不同地区的石塔结合相关文化活动进行延续。乡村中的石塔祭祀作为一种独具特色的民间传统文化形式，不仅祈求丰收、平安健康，更成为一种推动乡村交流，增强村民凝聚力、团结性的重要渠道。忠清南道的玉泉郡玉泉石塔村的村庄信仰通过进行石塔祭祀仪式，每年正月十五，都会例行进行石塔祭祀活动。从而祈愿共同体的安宁和富饶，距今已有16代的传承，推测历史超过500年。为了挖掘和延续非物质文化遗产，韩国政府文化遗产厅将玉泉列为非遗主要项目，2022~2023年两年间给予1亿4000万韩元作为支持。同时在2023年开始运营学术大会以及文化传承学校，2024年运营石塔祭祀公开活动及堆砌石头体验项目。

（二）寺庙石塔的传承

马耳山塔寺位于韩国全罗北道镇安郡，朝鲜太宗时期由于其两座山峰形似马耳形状而命名，新罗时期称为西茶山、高丽时期为龙出山以及朝鲜初期为速金山。相传是朝鲜后期住在附近的李甲龙在1885年入山，住在银水寺修道时候，梦中得到神的启示，开始建造石塔，10年间建造了120多座形状各异的石塔。塔的尺寸规格不尽相同，从1米高到15米高，多种多样。其建造是分昼夜进行，白天从远处白云石头，晚上在此筑塔。运用天地阴阳和八进制图法，将每块石头堆起来并保证均衡性不会坍塌。

（三）景观设计中的石塔文化

2018年营建的韩国京畿道平泽市古德面新月路的郊游公园中有两座许愿石塔，石塔根据津渭川的背景故事而来。相传，有一对恩爱的夫妻靠出船谋生，一次丈夫出船后遇到事故，久久未归。妻子一天天地期盼着丈夫能安全回来，但迟迟不见踪迹。一天，一位僧人路过村中，得知缘由后指点说"可以用堆石的方法许愿，每次堆放一块石头，等堆放100块时候就能愿望成真。"妻子照做，每天虔诚许愿堆石，果然100块石头堆成后愿望成真，丈夫安然无恙地回来了。从此故事流传开来，成了一段祈求爱情的甜美佳话。许愿祈福作用的石塔，也成为韩国人心中神圣纯洁充满力量的象征，从母子亲情、夫妻感情到家族祈福等多方均有体现。

（四）民间堆石文化的延续

韩国石塔文化不仅停留在信仰、祭祀、风水裨补等传统内容下，随着时代的发展与变迁，逐渐作为一种心灵寄托与抒发情感的艺术表现方式存在。韩国顺天乐安邑城附近的乐安石塔公园，是石塔艺术家崔秉洙的个人庭院。超过20年的岁月积累里，公园内石塔艺术作品已成规模。园中艺术作品通过石头进行表现，不局限于传统石塔的圆锥造型，将韩国的传统建筑南大门、法国的埃菲尔铁塔、美国的自由女神像等多样艺术作品，通过一块块石头的垒放，将传统艺术形式与创意艺术表现相结合。据崔秉洙介绍，他将石头看作"金子"般重要，为修养心灵而积累的作品不知不觉中已超过百个。

韩国庆尚南道昌原市马山会原区风岩洞，有一座海拔328米的八龙山。相传古代从天而降八条龙而得名，原名盘龙山。居住在八龙山临近阳德洞居民李三龙（音译）等两名居民从1993年3月23发生山体泥石流后，对山体进行维修的同时开始堆积建造石塔，至今以建成大大小小900余座石塔，以祈祷统一和修缮的心态，目前仍在不断建造新石塔。

（五）现代艺术的发展——"堆积"向上的精神

上文提到，韩国石塔与韩国人"向上的精神"有内在的联系，源于对于天地之间相连通的宇宙观与人生观。在具有世界影响力的韩国当代艺术作品中，以"爱"为作品出发点，以旧物材料运用及艺术性活化而著名的装置艺术家崔贞花（Choi jeonghwa）是其中的代表之一。他认为"在人类历史和文化中很容易找到堆积与积累的痕迹。如在登山路上经常可以看到人们搭建的石塔。人们向堆满石块的山神许愿是萨满教的习俗，在蒙古以及中国西藏地区也是一种民间信仰。在佛教影响下修建的佛塔、圣经中的巴比伦塔到为来世而建造的金字塔都是堆积方式产生

① 图为玉泉郡青马塔神祭　来源：忠清今日新闻
② 图为马耳山塔寺　来源：津安郡官方网站
③ 图为乐安石塔公园　来源：韩国观光公社
④ 图为八龙山石塔　来源：韩国观光公社
⑤ 图为凤源石塔　来源：作者自摄

图1 石塔的仪式及相关图片（来源：网络及作者拍摄）

的。"他认为积累是一种记忆方式，鞋子、锅以及塑料等材料都代表着时间的痕迹，把他们组合堆积起来，形成一种隐喻表现。

①为作品《民土来》局部，CHOIJOENGHWA_Blooming Matrixm, MMCA, 2018
②为作品《民土来》全貌，CHOIJOENGHWA_Blooming Matrixm, MMCA, 2018
③为2016年芬兰赫尔辛基音乐节艺术作品 Helsinki Festival, Finland, 2016
④为作品'꼽字집宙'프로젝트, 은평역사한옥박물관+은평한옥마을, 2017
⑤为作品'꼽字집宙'프로젝트, 은평역사한옥박물관+은평한옥마을, 2017

图 2 韩国艺术家崔贞花（Choi jeonghwa）相关作品
（来源：崔贞花个人网站）

五、结语

石作为自然界的重要组成部分，既可坚硬无比，又可温润如玉，关键在于如何去使用。韩国石塔由石构成，无论是乡村信仰的石塔还是寺庙、个人祈福石塔，均讲究"因地制宜与就地取材"。从石塔堆积过程来看，都是"积少成多"并且在乡村中以全体群民为参与对象，更加体现出其"团结一致"的巨大凝聚力。通过石塔，反映出团结的力量。一块块石头的堆积过程，也是个人"静心养神"的生化过程，可以通过堆积过程让人放慢节奏，感受生活的美好与回忆的宝贵。石塔作为一种文化的象征，不仅在空间中扮演着重要的角色，同时体现着人类对于美好生活的向往与期盼，类似的文化景观延续与传承是未来发展及提升文化自信的重要途径之一。

参考文献：

[1] 李胜. 论韩愈与李贺诗中的"石"意象 [J]. 文学教育（上）,2017(2):27-29.

[2] 돌탑 – 표제어 – 한국민속신앙사전 – 한국민속대백과사전（石塔 - 标题 - 韩国民俗信仰词典 - 韩国民俗大百科词典）[EB/OL].https://folkency.nfm.go.kr/kr/topic/detail/1992.

[3] Byungmin A N. 亚洲主题和韩国神话中固有的韩国身份：狼、蛇和鸟 [J]. 韩国研究回顾 ,2021, 24(2):147-171.

[4] 谢亚权, 郑庆和. 浅析蒙古族祭祀建筑——敖包 [J]. 城市地理 ,2015(16):151.

[5] Gu mirae. 石塔和莲花的宗教和民俗意义 [J]. 佛教文学研究 ,2015:195-224.

[6] Yew N K, Fazamimah N. 理解风水原理在住宅景观设计中的应用 [J]. 环境生物学进展 , 2015, 9(27): 478-483.

[7] Kwon seonjeong. 裨补风水和民间信仰 [J]. 国土地理学会杂志 ,2003: 427-441.

[8] Lee changun，Yang jongryeul. 岛区石塔遗址现状与保护 [J]. 东亚人文 ,2016: 273-300.

[9] Pyo inju. 永山江沿岸村庄的宗教雕塑特征——以长承、立石、长杆、造塔为中心 [J]. 湖南文化研究 ,2009:349-382.

[10] Kim euisook. 江原道的石塔信仰 [J]. 江原民俗学 1992,9:5-20.

[11] Gu mirae. 月精寺塔多里的民间传说和继承计划 [J]. 韩国宣学 ,2014: 208-245.

[12] 国家级非物质文化遗产中心. 塔信仰 [M]. 全罗北道：国家非物质文化遗产中心 ,2015.

[13] Kim joomi.. 韩国 古代 日象文的成立背景 [J]. 白山学报 , 2008: 5-49.

[14] Pyo inju. 社区信仰与个性化研究 [M]. 首尔：集文堂 ,1996 .

[15] Pyo inju. 关于全南的立石和塔的考察 [J]. 比较民俗学 ,1995:395-414.

[16] Jeon jihye. 对金海塔石形的原形考察 [J]. 诊断学报 ,2019: 1-34.

乡土景观中"石"意匠设计与意象创作探究

潘园飞 吴昊
西安外事学院 陕西服装工程学院

摘要："石"是自然环境中客观存在的物质，以石为载体的生活器具、民居与建筑到艺术品、文化景观，彰显着"石"的应用价值与艺术价值。乡土景观中的石材是体现乡土特色的重要元素，乡土石文化景观独具魅力。以陕西省榆林市绥德县的乡土人文为背景，对绥德的汉画像石、石雕文化等内容进行挖掘，以"石"为载体，以绥德石魂广场设计实践为例从意匠、意象到意境三个方面来探究设计构思理念与方法、形态与内涵、体会与感悟、论述与归结。

关键词：乡土景观；石狮；意匠；意象；意境

一、引言

随着我国经济快速发展和城镇化进程的加快，农村、乡镇长期积淀下来的乡土文化受到城市文化和外来文化的强烈影响，自身拥有的乡土文化特色即将不复存在，乡土景观受到极大的冲击和破坏，农村乡镇呈现出城市景观的特点，水泥砖、花岗岩、透水砖、防腐木、玻璃、不锈钢等材料被大量使用，几乎完全抛弃乡土材料、乡土工艺做法，导致优秀工匠和独特工艺即将失传，具有乡土特色的文化景观设计表达理念与方法亟须我们去保护与研究。

二、乡土景观与石文化

（一）乡土景观

乡土景观是在原有土地上融入当地的传统文化，利用当地的材料，由当地人共同参与完成。乡土景观是时间的见证、可见的历史，本质上是一种文化景观。乡土景观承载着当地人的生活记忆、风俗习惯、生存经验、精神寄托，是人类"生存的艺术"[1]。

（二）乡土材料——石材

乡土材料是最生活化、最方便可取的资源，各地由于地质特点，气候特征不同，进而形成各自不同的资源特点，同时也使不同地区的景观更具个性，更能反映出地域特色[2]。乡土材料一般指在当地自然条件下形成的，比如石材、木材等，石材在乡土景观中应用较为广泛，一般运用在地面铺装、设施小品、民居建筑、构筑物、装饰艺术等方面，也是表达和体现乡土特色、乡土文化很重要的载体。

（三）石文化

石文化在我国具有悠久的历史，应用广泛、类型丰富，中华石文化与中华文明起源基本同步，人类从古至今对于石有着特殊的情感。在远古时代人类就对自然中的奇石和图腾产生崇拜之心，在新石器时期石器作为日常的生产、生活工具。早期人类将石材与动物灵魂、降雨气象联系在一起，西周时期以石材作为祭祀的对象，秦时出现石鼓文及一系列石刻作品，汉代以后墓葬建筑大量使用石材，同时也出现了汉画像石艺术。距今四千年左右的陕北石峁遗址用大量石材垒砌城墙，并且也有石雕出土[3]。"石"除了具有生产生活器具方面的功能使用性文化、奇石和图腾方面的石崇拜文化，还有以玉石、文化用石、赏石等方面的石精神象征。

以石为载体的乡土文化景观形式多样，有石器具和石建筑为主的生产和生活方面，有巨石、奇石、灵石等自然崇拜方面，还有通过图案审美、以石寄情和以石比德等文化认知方面的石文化景观[4]。这些石文化景观在不同的乡土环境下呈现出独有的特色和魅力，具有极强的文化景观价值。

三、绥德与石艺

（一）榆林绥德

绥德县位于陕西省北部、榆林市南部，地处黄河中游，黄土高原腹地，梁峁交错，沟壑纵横，境内流经黄河一级支流无定河、三级支流大理河和淮宁河。本县历史悠久，龙山文化遗址发掘表明四五千年前的新石器时期，人类已在此繁衍生息；本县人文荟萃，曾被国家文化部命名为石雕之乡、民歌之乡、剪纸之乡、唢呐之乡、秧歌之乡[5]。

（二）绥德汉画像石

绥德汉画像石在陕北地区出土最多，全县境内共出土画像石500余件，分别收藏在中国历史博物馆、西安碑林博物馆、绥德县博物馆。绥德汉画像石是以本地盛产的页岩为材料，采用阴刻、墨线勾勒、敷色（朱、绿、赭、白等）绘制而成[6]。绥德画像石以石墓建筑构件（图1）为创作的载体，以表现农业生产方面和世俗生活方面的题材比较多，还有战争狩猎题材、祈福护佑题材、生殖崇拜题材、追求仙境题材等，民间工匠通过高度概括、动势捕捉和形象夸张表现手法（图2），真实传神地再现了当时人们的生产生活状态、当地居民的精神追求。

图1 石墓建筑结构　　图2 汉画像石概况、夸张雕刻手法

（三）绥德石艺

绥德的石雕石刻艺术历史悠久，石匠的雕刻技艺精湛。石刻方面有大量的碑碣，其中书法石刻多在寺庙、石壁、桥梁、楼房等处，如"天下明州""一步岩""无定河桥""龙洞清流"等。石雕方面有石人、石马、石羊、石狮、石佛、石牌坊、石壁、石窑洞等，其中石狮是绥德石雕艺术的精品。根据石狮的空间位置属性来划分，有镇山石狮、照庄石狮、护院石狮、炕头石狮、装饰石狮等（图3），其中县城北无定河上的千狮大桥，桥上雕刻大大小小千余只石狮，形态各异，极其传神，尽显石雕的魅力。绥德的石雕石刻艺术充分展现了当地的民俗文化，在长期雕刻石头的过程中，潜移默化地形成"绥德汉"品格和意志。正如

北京电影学院美术学院霍廷霄教授所说，石头造就了"绥德汉"质朴、正直、勇敢、坚强、敢为天下先的品格，众多的能工巧匠用自己的智慧和双手创造了丰厚的陕北民间文化。

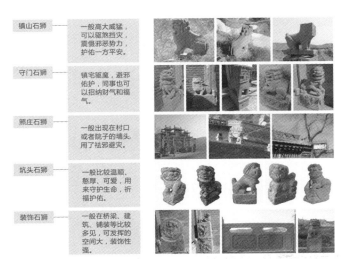

图 3 石狮类型

（四）绥德石魂广场

1. 项目背景

绥德黄土文化风情园石魂广场位于无定河畔，绥德县城东北部新店村的石人渠，与绥德老县城隔河相望，距离约 1.5 公里（图 4）。石魂广场背靠绥德的龙湾山脉，面向无定河，北高南低，地形较为复杂，山石层次多且不规则（图 5）。

图 4 项目区位

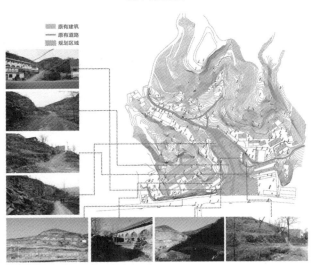

图 5 场地现状

2. 设计创意

石魂广场以当地自然之石为载体，以石雕文化为背景，以石狮艺术为特色，以"狮全石美、惊天石魂"为设计理念（图 6），以"事事物物皆乡土"为宗旨，以"绥德汉"质朴、坚强、敢为天下先的品格为贯穿，以承载人们"祈福护佑行为容器"为福祉，以打造"陕北石雕石刻艺术博览园"为目标，历时六年，十万余工时，随山就势，因势赋形，将石的意匠设计观念、意象创作形式、意境营造内涵及传递出的感悟和体会融会贯通，营建出"天下第一狮"——石狮博物馆、狮柱磴道、石魂照壁、石狮图腾柱、五鼓（谷）丰登、石城楼、石窑洞、九狮壁、狮崖、龙柱、石城墙等石文化景观（图 7）。

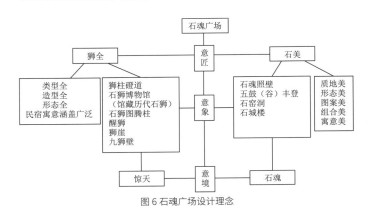

图 6 石魂广场设计理念

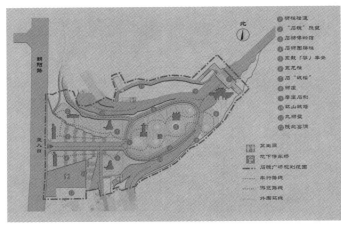

图 7 石魂广场平面图

四、石之意匠设计

"意匠"是指绘画和设计创作时精心、巧妙的构思创意。古人也多用"意匠"来表示自己的构思想法，如陆游在《题严州王秀才山水枕屏》中写道："壮君落笔写岷嶓，意匠自到非身过。伟哉千仞天相摩，谷里人家藏绿萝。"杜甫曾有诗云"诏谓将军拂绢素，意匠惨淡经营中。"意匠之于石，可以理解为从哲学、建筑、生存、审美方面的设计理念和方法原则来指导石魂广场中"石"的意匠设计。

（一）哲学思想——天人合一

1. 人与自然和谐统一

老子在《道德经》中所说"人法地，地法天，天法道，道法自然"，在设计时要从自然中获取灵感，从自然中取材，将大自然中的生动形象运用到设计中[7]。石魂广场乡土景观设计依山就势，就地取材，仿佛从自然中生长出来一般，广场从地面到立面都雕刻有自然中的动植物纹样，如龙凤、石狮、牡丹、石榴、蝙蝠等，石雕建筑与构筑物也都呈现出自然流畅的线条、高低起伏的节奏和韵律，映射出天人合一的哲学思想。

2. 人与石（狮）融为一体

人创造石，石塑造人，同时也为人带来心灵上的慰藉。正如绥德县人大常委会主任张少生在写"天下第一狮"感悟中所说，"天生万物以养人，人需用心报天德。"大自然中的万事万物相互渗透、相互影响，石匠们雕刻、神化石狮，将石狮融入到寻常百姓的普通生活里，石狮也为百姓纳福。"绥德汉"在石头上宣泄情感，通过石狮传递出"绥德汉"的喜怒哀乐，这种天人合一的思想观念、艺术体验呈现出绥德人的宇宙观、世界观和生命观。

（二）建筑构想

整个石魂广场（图8）就是一个集自然、人文、建筑、雕刻为一体的大型石雕石刻艺术博览园，有入口迎宾的门厅空间、多种类型的展览空间、后勤服务空间、完整流畅的游览参观路线。石狮博物馆、石城楼、石窑洞设计来源于仿生建筑、古建筑、窑洞民居建筑，石鼓、狮柱、图腾柱、石照壁、狮崖的设计来源于民间建筑构件的柱础、立柱、照壁、墙体等。整体建筑形式多样，结构精巧，寓意深远。

图8 石魂广场全景图

（三）生存观念——祈福护佑

1. 石狮崇拜

狮崇拜是重要的民间信仰，而陕西炕头石狮正是民众信仰的物化形态，是源于远古的灵物崇拜[8]。绥德人更是对石狮有着特殊的情感需求——崇拜、敬畏、祈福，他们在雕刻石狮的同时石（狮）灵魂已深深地嵌入其精神世界。不同类型、各种形态、功能各异的石狮所传达的基本观念和信仰是护佑生命，比如在天下第一雄雌巨狮（图9）蹲坐在石魂广场上，见证着绥德的稳步发展，守护着绥德人民平安、幸福与吉祥。石狮图腾柱四面雕刻历代石狮的造型，表达了陕北人对石狮图腾的崇拜。绥德炕头石狮被当地人视为护佑孩童长命百岁、纳福吉祥的神兽。

2. 吉祥寓意

石魂广场上的石雕石刻艺术传达出深厚的吉祥寓意。其中有对美好生活的祈盼，比如雄狮脚踩绣球寓意财源滚滚，广场中央的五个石鼓寓意五谷丰登、来年好兆头，石魂照壁（图10）雕刻的龙凤呈祥图案寓意吉祥富贵，狮柱磴道柱头石狮寓意护佑平安幸福。还有多子多福、子孙绵延的期许，比如雌狮脚踩小石狮寓意子孙绵延，中心石鼓上方的环绕五只走狮寓意五世同堂、家族兴旺。还有对生命、生存的渴望与敬畏，比如巨大的雌狮脚踩两只嬉戏玩耍的小石狮寓意生命的周而复始、炕头石狮祈求神灵护佑、呵护生命。

3. 数理文化

中国传统的数理文化在石魂广场中也有较多的运用。比如石狮博物馆高达19.5米，寓意着九五之尊，高大恢弘，护佑平安。石狮博物馆内部（图11）珍藏有来自民间历代石狮365只，大小不一、形态各异、种类繁多，狮中有狮寓意着生命不止、生生不息。广场上五个石鼓组合寓意"五鼓（谷）丰登"（图12），鼓身分别雕刻有八只蹲狮和四匹骏马，寓意"八狮报喜""驷马奋蹄"，中心石鼓上方环绕的五只走狮寓意着五世同堂、家族兴旺，最大石鼓四周有二十四节气地刻图案，寓意着一年四季都有好光景。石狮图腾柱四面雕刻有48幅石狮浮雕，48在易经中是吉祥数字，"德智兼备，威望荣达"。狮柱上的34尊石狮与两尊巨狮，一共36尊，36暗指36天罡之意，天罡是降妖伏魔、守护天宫的神将，这里的36尊石狮同样具有镇守一方、平安万家的寓意[9]。

（四）审美意识——民俗艺术

图11 石狮博物馆室内

图12 五鼓（谷）丰登及中心石鼓

石魂广场上的石雕石刻艺术品在创作过程中融入了设计者和石匠的审美意识，以及当地民间美术、民俗艺术的审美标准和情趣。设计者在设计创作时对当地的乡土文化、民俗艺术、民居建筑等进行充分的考察调研，收集大量的图片和文字资料，先对石雕石刻民俗艺术审美规律进行总结归纳，鼓励当地人参与其中，还与民间石匠深入沟通，只有对绥德乡土民俗艺术的审美意识观念有全方位的认知，才能创作出符合当地人审美观念、满足当地人信仰需求的石雕石刻艺术作品。

五、石之意象创作

"意象"是指设计创作者通过自己的认知和情感将客观存在的物体创作出一种新的艺术形象。《周易·系辞》中提到"圣人立象以尽意"，表明"象"与"意"之间的关系，通过具体外化的形象来表达某种思想和情感。在乡土环境下设计者和石匠们受当地历史人文、民俗观念、个人情感等影响，将"石"在形态上体现出石狮、民俗和空间的意象特征。

图9 天下第一石狮　　　　图10 石魂照壁

（一）石狮意象

石狮的形态是东西方文化交流与融合的产物，狮子以其威猛的形象被人们赋予了神力，逐步成为人类地域的神秘象征，并在中国文化的改铸下，使狮子成为一种瑞兽和吉祥的象征[8]。陕北人将石与狮结合，将神兽"狮"的灵魂注入坚硬、坚固的石头中，产生震天撼地的巨大能量。镇山、护院石狮较为凶猛，可以镇得住山头沟壑的危险，护佑百姓平安。炕头石狮较为可爱呆萌，陕北人自创的生命呵护之神，祈求神灵护佑。石魂广场中石狮的外化形式也是多种多样，有石狮博物馆、狮柱、狮壁、石狮图腾柱（图13）、狮崖（图14、15）、石狮纹样图案等形式。

图13 石狮图腾柱及石狮图腾纹样

图14 狮崖东（总规划师吴昊题写"天佑善者"）

图15 狮崖西

（二）民俗意象

民间美术本身就是民俗，包括建筑、绘画以及各种工艺品。其中有一部分是与人们的心灵和精神世界相关的[10]。民俗历来都是物质文化和精神文化相结合的产物，在精神生活中，民俗的信仰心理占有十分重要的地位，而信仰的物化表现则多种多样。他们怀着虔诚的心理，并通过一定的仪式，祈求神灵保佑，满足某种愿望，求得心理平衡[11]。石魂广场石雕石刻景观通过"外师造化，中得心源"将自然界万物的意象纳入到石的设计中，有石雕石刻艺术品、建筑形态、纹样图案、书法等。整个石魂广场就是一个石雕石刻艺术品的容器，其中"天下第一狮"——石狮博物馆属于史诗级石雕仿生建筑，重檐歇山顶仿古石城楼建筑从梁、檩、柱到斗栱、吻兽、瓦当等均由石材雕建而成。石刻纹样图案有人物、花鸟、建筑、生活场景、历代石狮的造型内容，石刻书法"天佑善者"传达出当地人以心报德的信仰。

（三）空间意象

石魂广场上各种形态的石建筑和石构筑物在场地中形成外化的室外环境空间形态，布局有序、高低变化、错落有致，形成自由丰富的乡土景观空间结构。石本身也可以内化形成室内空间形态，石狮博物馆由一千余块石头雕刻而成，在石狮腹内空间由楼梯连接贯穿上下四层，大厅内部由三根雕有历代石狮图案的石柱支撑，主要展厅四面墙壁上凿有窑洞形状的小龛，摆放陈列着形式多样的小石狮。除此之外，还有石城楼（图16）、石窑洞（图17）所形成的不同功能性质的空间形态。

图16 石城楼

图17 石窑洞

六、石之意境营造

"意境"指文艺作品中描绘的场景与表达的思想情感融为一体所产生的艺术境界，从"立象尽意"到"境生于象外"，作品的背后所蕴含的思想情感、所达到的艺术意境。乡土景观中的"石"经过精心设计创造，从外化的形态基础上表达出灵韵、共生、精神意境。

（一）灵韵意境

"自然本天成，万物皆有灵"。石魂广场上的每一件石雕艺术作品所传递出的石雕语言，汇聚成一首慷慨激昂的交响乐，石狮在高歌吟唱，石鼓在击鼓伴奏，狮柱上的石狮图腾在美妙和声，石狮博物馆内历代石狮在娓娓道来，整个广场回荡着铿锵有力的歌声，可谓余音绕梁、石破天惊，生动传神的场面展现石魂气韵，仿佛在这里人们的祈盼、福愿、寄托都能灵验。

（二）共生意境

石之坚硬与狮之强大魂魄合二为一，再加之绥德汉坚强、坚毅的精神品格的嵌入，共同释放出强大的能量和生命力，这种"汲取天道，滋生元气"的做法，使得人文、自然相得益彰，营造出"天人共生"的意境。石魂广场上展示的"有形"石雕景观，与创作者、观赏者的"无形"思想情感、体会感悟产生共鸣，虚实相辅相成，渲染烘托出"景为心生"的意境。狮中有狮的仿生石狮博物馆实体的形态与虚体的内部空间，互为"有无"，产生"虚实相生"的意境。

（三）精神意境

石魂广场集自然、人文、民俗、建筑、窑洞、石雕、石狮文化为一体，承载观赏体验、集会活动、展览展示、学习交流等乡村公共艺术展园，呈现出博大恢宏的气势、撼动人心的艺术感染力，散发出"绥德汉"刚正、坚强、勇敢、敢为人先的品格精神，将绥德的石文化推向新的高度，创造出不朽的石雕艺术价值，充实民俗文化内涵，传递民族精神和文化价值，突显绥德人民的聪明智慧、石雕技艺，营造出博大精深、丰富厚重的艺术意境和精神境界。

七、结语

在营造乡土石文化景观时，以乡土石材为载体，对当地的乡土环境、人文、民俗等进行充分的挖掘整理，设计者要尊重自然规律和民俗传统，鼓励当地人来参与，发挥当地石匠的石雕技艺，通过意匠设计（哲学思想、建筑构想、生存观念、审美意识）、意象创作（石狮、民俗、空间）、意境营造（灵韵、共生、精神）等方面来完成石文化景观的创作。本文从意匠设计的构思理念与方法、意象创作的形态与内涵、意境营造的体会与感悟这三方面来总结归纳设计创作的亮点与高度。

参考文献：

[1] 陈义勇，俞孔坚. 美国乡土景观研究理论与实践——《发现乡土景观》导读 [J]. 人文地理，2013（1）:155-160.

[2] 孙新旺，王浩，李娴. 乡土与园林——乡土景观元素在园林中的运用 [J]. 中国园林，2008（8）:37-40.

[3] 崔建华. 秦人石文化的特殊性及其汉代影响 [J]. 咸阳师范学院学报，2022（1）:1-8.

[4] 傅方煜."地方性"视角下的西江流域石文化景观研究 [D]. 武汉：华中科技大学，2017.

[5] 中共绥德县委史志编纂委员会. 绥德县志 [M]. 西安：三秦出版社，2003.

[6] 绥德汉画像石展览馆. 绥德汉代画像石 [M]. 西安：陕西人民美术出版社，2001.

[7] 姚健. 意匠、意象与意境——明式家具的造物观研究 [D]. 北京：中央美术学院，2014.

[8] 朱烬辉. 陕西炕头石狮艺术研究 [D]. 西安：西安美术学院，2007.

[9] 张璟. 破石惊天——从石魂广场看绥德石雕艺术 [M]. 西安：陕西人民美术出版社，2022.

[10] 张敢. 根深叶茂话民艺——钟敬文先生访谈 [J] 美术观察，1997（2）.

[11] 钟敬文. 民俗学概论 [M]. 上海：上海文艺出版社，1998.

"石"说新语——蓟州乡村文化景观中的东方审美观

郝卫国 杨云歌

天津大学建筑学院

摘要：在营建技法趋同于西方的时代，探求东方审美观指导下的设计思路是我国传统价值保护的内在需求，也是在地乡村文化景观的最佳活化方式。基于"形""象""感""神"四种审美因素，阐述天津市蓟州区典型村落更新中的"石"营造手法，在此基础上梳理创构者在设计过程中所渗透的东方审美观之内在逻辑，以探寻我国传统乡村文化景观与时代、环境、艺术、技艺等因素碰撞间的心境相印之道。

关键词：东方审美观；哲学背景；石；蓟州

相对西方文明指导的空间治理，基于东方审美观对乡村文化景观的更新改造显得弥足珍贵。中国传统文化具有自我融合与生长的一贯发展特性[1]，东方审美观作为东方设计理念的源头，是保护、修缮传统乡村文化景观遗产的重要指导观，内含审美主体与客体，共同作用于文化景观。因而，文化景观有"美不自美，因人而彰"的特点，体现着景观所象征的文化含义与审美主体的认知逻辑。东方审美观受到东方哲学所构建的美学价值影响，同西方审美观产生了颠覆式的区别：西方审美主体强调"人权与自由"的理性个人主义，而东方崇尚天、地、人的整体与关联性[2]，因此更为注重人与自然"无扰"的和谐内在关系。

如今大量超然于乡土性与朴素性的营建工程挤压了乡村文脉特色，而乡村景观遗产是乡村文化景观历史沿袭的物质体现，与开放空间和自然保护区被认定是不仅是一种单纯的自然现象，也是可以顺遂时代发展被重新利用的社会产品[3]，充斥着强大的文化"倾诉力"。2017年第19届ICOMOS大会将"乡村文化遗产"定义为乡村地区的物质及非物质文化遗产[4]，提及重视景观的文化本质。2022年，"文化和自然遗产日"的口号为"乡村振兴 非遗同行"[5]，强调文化遗产与审美主体的联系。乡村文化景观传承视角应因此基于东方审美观成就乡村文化景观的传承、重视审美主体的认知背景，既是我国审美价值保护的内在需求，也是在乡村地文化的最佳活化方式。

山以为"石"，与水构成了阴阳，寄托着东方传统的审美观。由于石材通常易获于在地环境且布局灵活，成为乡村文化景观元素的典型代表。如广东省江门市蓬江区棠下镇石头村、福建省福州市平潭县北港村、天津市蓟州区渔阳镇西井峪村等，营建过程中蕴含着传统东方审美观的整体性与涌现性。本文以东方审美观的认识视角，总结天津市蓟州区典型村落乡村文化景观的"石"营造，为我国乡村振兴背景下传统材料的可持续发展之道提供思路，并探求乡村传统文化景观与现代理念融合过程中的东方美学平衡。

一、东方审美观的厘定判识

景观环境是拥有万物恒常秩序的虚实综合体，是哲学意蕴的情景渲染。东方审美观是东方哲学的集大成者，充满智慧的东方人将哲学中恬静淡泊、平和、中庸的思想融入其中，因此审美特征有着巨大的范围，没有严格的内涵与外延，如虚实相结、气韵、饱含文化意蕴的诗化意境等都属于东方审美观的范畴（图1）。许晓青等人在研究审美价值识别框架问题时，将中国传统的文化景观审美概念分为"道、德、术、意、心、性、情、思、神、气、悟"十一个主体属性，又将客体属性归纳为"理、象、形"三种，认为审美是各种元素互相作用的结果[6]。周艳梅等人将"感知"与"认知"机制对比，探究乡村景观的不和谐审美因素[7]。重视东方审美观对于景观营造的作用机制，是乡村审美保护的必要环节。

（一）"形"与"象"

《周易》中的"在天成象，在地成形"，将实体的"形"与虚体的"象"相分。如庄子的《知北游》云："万物以形相生"，诗学中的"神以形显"[8]表明精神世界"以形为载"。"形"是二维、三维物质空间最单纯、最直观的构成要素，是物体本质肌理特征的体现，可以将其概括为三种，即"生物之形""有机之形"与"偶然之形"。"生物之形"指的是一切动植物的外形与结构，昭示着生命体的自然生长规律；"有机之形"所指为历经风、水等自然力量侵蚀的山川等有机形态；"偶然之形"喻为在自然随机变化中在非刻意状态下的痕迹。"象"是具体物的象，其可以分为"物象、意象与心象"三个层次[9]，是"意"的寄托物。三个维度层层递进，直至超出自然与现实存在。沈洁认为"象"即为"意境"[10]，体现在景观中对于审美客体人工与自然浑然一体的氛围营造。

（二）"感"

"感"分为两种层面，第一种是心理学所述的外在审美表征[11]，认为人类熟悉世界的伊始是"感"，即通过观、声、闻、味、触的多感官共同作用予以产生通感。感觉是其他衍生心理感知的最初体验，佛教中的"五根"也类似于此感的描述。第二种为心性或理性的内在"感"[12]，张载哲学中"感"作为重要范畴，《乐记》中记载"感于物而动"的先秦时期儒家美学思想。"感"实之物，是对自身主观意识与天之感，强调审美主体思维超出于生命，达到与自然的天人合一境界。

（三）"神"

"以神遇而不以目视，官知止而神欲行。"（庄子《养生主》）凸显了东方审美观中充满的诗性智慧。庄子所言的"神"则为其言"道"也，是超然于"形、象、感"的抽象境界，是经过审美主体的意动倾向后的系统整合产物，是表意体系的最高层次。与"感"的第二种层次不同，"神"的体悟已经超越形体外感本身，不需要从物出发，直接透升为审美主体的个人品格与情感寄托。也正因有此，相同文化背景的景观表达才得以形成理想意识的集体性表达。

二、从"形"至"神"：蓟州乡村文化景观的探索

（一）纯粹于"形"

天津市蓟州区拥有中上元古界国家地质公园，拥有不计其数的"石"资源。异质的石材反映着自然的多样性，经归纳主要有以下九种，如表1所示。这些"石"展示了8亿年间海水潮涨潮落与风雨剥蚀的时光痕迹，也为乡村文化景观的营建活动提供了天然装饰（表1）。

"摒弃原物"是与东方审美观相违背的，中国传统思维讲求与自然的均衡、和谐，提倡挖掘事物原本之美。于乡村文化景观而言，则强调为运用乡村朴素主义的设计方式，即尽量保护原有乡村自然元素的形态

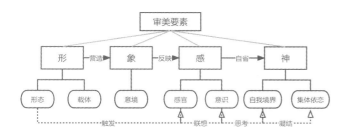

图 1 审美四要素逻辑关系示意图

表 1 天津市蓟州区"石"元素提炼

名称	特质	干扰程度	典型表现地	"形"
叠层石(总)	藻类生命活动过程中，镁碳酸盐侵袭其碎屑颗粒与钙沉淀形成	自然	渔阳镇西井峪村	纹层状、球状、半球状、柱状、锥状及枝状等
页岩	黏土脱水胶结而成的岩石	自然	渔阳镇白马泉与西井峪村	天然大理石肌理、肌理破碎
白云岩	由白云石组成，一种沉积碳酸盐岩	自然	蓟州石溶洞	石花、石柱
丹青石（蝴蚪石、蝤米石）	中上元古界叠层石的一种	半干扰	罗庄子镇都庄村	黑如墨、白如宜
砖石	北齐长城营建材料	干扰	北齐长城	方正统一
"将军石"	体型庞大的天然石	半干扰	下营镇赤霞峪村	"形"似将军石
麦饭石	硅酸盐类矿物，属火山岩类	自然	许家台乡小米庄村	灰底白斑点缀
紫砂矿石	丰富黏土矿	自然	下营镇、小池乡	细腻质朴
花岗岩	结构细密、抗压强度比较高	自然	盘山风景区	细、中、粗粒、斑状、似斑状

肌理。利用物之"形"与自然的高度关联性，体现"石"的本土形态多元化与原真性。蓟州区最为突出的"石"是被誉为最古老化石的叠层石[13]，因其具有纹层状、球状、半球状、柱状、锥状及枝状等独有纹理，在景观传承中应得到最大程度的保留。位于穿芳峪镇的东井峪村，保留了山体叠层石之奇景，将波纹状的叠层石直观地裸露在外，展示中上元古界几亿年地球古地质的变化（图 2）。坐落于渔阳镇的桃花园村，在保留了叠层石逆掩断层的基础上，将早起形成的岩层覆盖在新地层之上，形成了飞来峰之"形"（图 3）。通过人类活动的参与，构成了"有机之形"与"偶然之形"两种"形"态的和谐统一。

（二）观"象"于"境"

"象"的意境感的最终目标，是达到人与自然浑然一体的境界，需要中国古代所理解的"混沌"思想的过程指导。"混沌"是中国古代对自然宇宙原始状态的重要认识，老子在《道德经》中所云："有物混成、先天地生"，讲的是宇宙归一前所有事物熔于一炉但又界限模糊的状态[14]，表明了事物表象随机性下的隐性规律。2010 年被评为第五批"中国历史文化名村"的西井峪村[15]依然始终保持着原始的古风旧貌，"石"元素得以较好地保留（图 4），直观地散发着村落发展历史、文化气息

图 2 东井峪村叠层石奇观

图 3 桃花园村飞来峰（来源：徐波 摄）

与精神，达到了传统石材与现代建筑碰撞后的"混沌"感。乡村文化景观"石"氛围的统一感，背后同样遵守着沿袭下来的某种客观规律。

干砌石的技艺则是蓟州传统村落探究传承"石"之建筑形式的背后深藏规律。干砌石工艺是一种传统的施工方式，因其不需要任何粘合剂，仅依靠表面的不均匀摩擦和石材本身的重力来保持建筑结构的稳定性而被广泛使用。2018 年，砌石技艺进入了蓟州第二批非物质文化遗产名录。这项技术是对石匠技能的考验，施工时有较严格的规范，需要将石材的表面进行修饰和清理，去除尖角不平或脆性的部分。经过地面的平整迁移、测量找平、挂线几个环节后才允许开始砌筑。使用这种技术建造的墙壁形成了稳定的可持续天然石材结构（图 5）。然而，由于传统干砌石技术的随机性和累叠方式缺失的紧密性，村落房屋随着时间的流逝而被侵蚀，建筑结构遭到了破坏。由此，设计师探索了一条活化的技艺发展途径。

东方审美观引导下的更新营建活动，儒家的"中庸"思想诠释其中。《中庸章句》云："不偏之谓中，不易之谓庸"。天下之道为"中"，天下定理为"庸"，其意为不对事物过分变革，反之过度追求事物变更的个性化则达"过而犹不及"的局面。因此，改良传统干砌石技艺基于其本质，对建筑功能采取分类讨论的处理方式。传统民居院落防风外墙，在干砌石墙大尺度单体之间的裂隙中穿插碎石捣实，增加墙体紧密性的同时留出了少量缝隙以减少横向袭来的风荷载压力（图 6）。在此基础上，建筑外墙以层砌的手法并填充石灰砂浆，以秸秆与黄泥夯实，保留传统

图 4 "石"的巷道整体氛围

图 5 传统干砌石墙（来源：赵润梓 摄）

民居搭建技法的同时可御寒风侵袭。在民宿产业兴盛的影响下，蓟州兴起了一系列营建活动，从而产出了大量具有装饰作用的景观墙体，郭家沟村出现了砌石与水泥砂浆混合砌筑的技法（图 7）。

观"象"于"境"，境指景所带来的动人心弦的意兴、氛围[16]，物我两忘的境界是东方审美观之终极目的。随机拿取砌石墙上的原石单体，穿插微弱的灯光照明系统是设计师对"物境融合"彻悟的具象做法（图8）。将城镇建设所用到的现代建造元素，融于原始质感，以小筑得以见大观。

（三）感通归一

感官将人类的各种体验汇集在一起，形成对环境的印象[17]。感官体验是达到感通归一的重要手段之一，其中视觉与触觉又是最易获得的感知方式。西井峪村"半山之间"的更新改造项目，将石板铺路、石砖砌墙的手法搬移至室内空间，打破了原石于室外环境的限定。真正的自然

图 6 干砌石的更新工艺　　图 7 郭家沟村砌石工艺的活化形态
（来源：吴皇 摄）

图 9 "石"的感官多重应用（来源：百家号　壹壹肆乡村旅游攻略）

图 8 "石"与照明系统的浑然一体（来源 网络）

图 10 以"石"为用的"景观沙发"　　图 11 艾淑红建筑改造完成图
（来源：吴赢利 摄）

引入空间构成，盥洗池后裸露的石面铺装将观者静置石境其中，厅里装"石"画的不规则界面也是生机的体现，外立面利用玻璃材质的通透属性，获得了室外石墙的直观视觉体验，形成内外空间的相互呼应，此乃"此景存在"与"此景所在"之"感"的契合（图 9）。放置于乡村公共活动广场东侧的"景观沙发"采用了多样化石材，对沙发的形制进行简化与抽象（图 10），以"石"的硬度、温度与摩擦触感给予体验者更加细腻的质朴感，更易于唤醒体验者被包裹于自然万物的意识与认知。

天人感应的思想是"感"的根源所在，将景观意象从创构者的意识层面渗透到审美主体的感知层面是整体归一的方法之一。改造后艾淑红民宿的建筑立面采用干砌石技艺，地面以石块通铺缀以绿化，在饰面石头的考究上选取了四种石材，形成"石"境的整体效果（图 11）。

（四）寄情升"神"

"神"的意识形态形成于审美个体，但个体所反应的意识只是一种较弱的个性表达。当群体认知达成共识，这种思想便聚以为众"神"，具有强烈的群体认同与表达意向，在乡村主体的表现上则反应为群体的乡愁与地方依恋情感。"石"不仅是蓟州因地制宜的自然材料，同时对"石"所营造的文化景观也反映了当地审美主体的心理所趋。据《盘山志》记载，魏武帝曹操开始，便有历代帝王与名人游离于此，留下了题字、题诗和镌文的摩崖石刻 240 处，更有后人以人物形象为题进行雕塑创作（图 12）。

图 12 盘山人物主题石刻群（来源：俗眼途 摄）

"神"作为审美过程中的主观行为，不仅主导了景观创造的文化意象，其向内的思考反馈过程也体现了深层的理性意识。蓟州的石材丰富，丹青石的墨白与叠层石的纹理等极具观赏价值的特性为石雕发展起到了巨大的奠基作用。如今人们将本土石刻的依恋情感幻化于石雕的艺术形式中，以农耕劳作、红色历史、传统建筑为主旨完成心理"神"的表达（图 13）。这种集体依恋行为所传达出的内在逻辑可归纳为"神"与"感"之间的供给关系：一方面，通过物之"形"激发了"感"之省，继发和

图 13 农民丰收主题石雕作品（来源：马平 摄）

创发了"神"的意识形态；另一方面，将"神"的思想涌入全新的创构物之中，进一步丰富了物质群体，二者的循环性与关联性也在传递过程中更加紧密。

三、结语

"形""象""感""神"四种审美要素在景观营建过程中形成虚实相结合的先后作用关系：纯粹于"形"，反映乡村最朴素的美；观"象"于"境"，从客观实体的基础上掌握环境烘托的氛围之感；感通归一，从多感官入手堆砌人与自然的互动行为，激发观者回归天人合一之态；寄情升"神"，营建活动中的产物寄托造物者的情感，而观者又能通过"感"而升华为自我的意识理解，并作用于新产生的事物之上。蓟州"石"的营建方式中，蕴含着国人的集体智慧与地方依恋情感，是中华文脉延续与现代进步磨合的产物。乡村文化景观的更新更应注重在地性与原真性的展示，植根于中国传统哲学思想内涵的解读，寻根溯源乡村文化景观设计的指导思想，此举有益于梳理设计过程中所渗透的东方审美观的内在逻辑，探寻我国传统乡村文化景观与时代、环境、艺术、技艺等因素碰撞间的相处之道。

参考文献：

[1] 李莎. 从中国哲学美学看传统园林艺术思想 [J]. 中国园林, 2015,31(11):116-120.

[2] 王露. 村落文化景观的东西方审美认知差异 [J]. 中国名城, 2015(8):61-65.

[3] Haaren C V. Landscape planning facing the challenge of the development of cultural landscapes[J]. 2002, 60(2):1-80.

[4] 任伟, 韩锋, 杨晨. 英国乡村景观遗产可持续发展模式——以英国查尔斯顿庄园为例 [J]. 中国园林, 2018,34(11):15-19.

[5] 文化和自然遗产日 [J]. 中外文化交流, 2022(6):2+1.

[6] 许晓青, 杨锐, 庄优波. 中国名山风景区审美价值识别框架研究 [J]. 中国园林, 2016,32(9):63-70.

[7] 周艳梅, 唐雪琼, 曾莉, 等. 乡村景观的审美分异：感知与认知路径的对比研究 [J]. 中国园林, 2021,37(11):92-97.

[8] 谭真谛. "形"：早期艺术观念中人神对话的语言基础 [J]. 四川师范大学学报（社会科学版）,2020,47(6):41-47.

[9] 戴代新, 袁满. 象的意义：景观符号学非言语范式探析 [J]. 中国园林, 2016,32(2):31-36.

[10] 沈洁. 从哲学美学看中西方传统园林美的差异 [J]. 中国园林, 2014,30(3):80-85.

[11] 张蕾. 景观意象理论研究 [D]. 哈尔滨：哈尔滨工业大学, 2014.

[12] 黄玉顺. 论儒家哲学的"超越"与"感通"问题——与蔡祥元教授商榷 [J]. 社会科学研究, 2022(1):150-159.

[13] 温志峰, 钟建华, 李勇, 等. 叠层石成因和形成条件的研究综述 [J]. 高校地质学报, 2004(3):418-428.

[14] 李志, 尹言, 冯天成. 非线性建筑的东方审美观 [J]. 艺术教育, 2014(8):32.

[15] 郑文俊. 旅游视角下乡村景观价值认知与功能重构——基于国内外研究文献的梳理 [J]. 地域研究与开发, 2013,32(1):102-106.

[16] 赵光辉. 论道《园冶》——《园冶》传统哲学思想浅析 [J]. 中国园林, 2013,29(6):82-86.

[17] 李璇. 论景观意象的知觉感知 [J]. 中南大学学报（社会科学版）,2019（3）:156-163.

石间与时间：环境设计的"断片"话语

陈珏
广东财经大学

摘要： 当代环境设计，特别是在室内设计领域，片段化、碎片化或者奇观化的室内设计现象值得关注。石质材料是室内设计最为常用的材料之一，石材坚固但易于断裂，持久耐候却又种类繁多、变化多样。从石材窥视室内设计的整体，发现其隐藏在形式与材料背后的意义，有助于对碎片化、奇观化设计现象进一步认识和理解。

关键词： 断片建筑；时间性；石；当代室内设计；斯卡帕

一、研究背景

我们正身处由数字化媒介推动的"读图的时代"，数字化媒介通过对日常生活碎片化景观的再加工，使得设计变得越来越扁平化。肖恩·库比特将20世纪初以来，由数字媒体催生的，基于视觉特性发展起来的美学命名为"片段美学（An Aesthetic of Fragmentation）"[1]。片段美学的产生和发展与齐美尔所谓"日常生活的物化和碎片化"[2]的现代性社会特征直接相关。在各种生活碎片的交杂与混合中，现代生活图景"不再是有序的整体，而是断片的镶拼组合，是零落无序的碎片组合"[3]。碎片式"瞬间图像"及"快照"式现代社会景观，展现和暗示了个体对现代社会生活的心灵体验和内在反应。面对碎片性景观，由现代性碎片来实现审美社会总体成为齐美尔现代性审美路径，从现代性的碎片景观中窥视社会总体性，从"从生活的每一细枝末节中发现其意义总体性的可能性"[4]是齐美尔认为的通向整体认识的途径。

在通向整体认识的途径上，本雅明搜集碎片并从中挖新的意义。其"拱廊街计划"通过对物理空间的观察，在细小和琐碎的细节中挖掘现代生活的本质，从而上升到理解现实及阐释现代性。肖恩·库比特从数字遥感地图中窥视到"零散的、不完整的整体世界的重写本"[5]。在其《数字美学》一书中，他将巴洛克穹顶天花与虚拟现实沉浸式系统中的空间类比，认为它们都被奇观化（Spectacularization）。当代环境设计，特别是在室内设计领域，"奇观化"无时无刻不在上演，片段化、碎片化或者奇观化的室内设计现象值得关注。石质材料是室内设计最为常用的材料之一，石材坚固但易于断裂，性能稳定却又品类多变。从石材窥视室内设计的整体，发现其隐藏在形式与材料背后的意义，有助于对碎片化、奇观化设计现象的进一步认识和理解。

二、建筑的断片话语

"断片"一词常出现于文学作品中，诸如"记忆断片"等关于心理记忆的描绘。而"断片"作为概念在建筑中被提出，还要从马可·弗拉斯卡里（Marco Frascari）和曼费雷多·塔夫里（Manfredo Tafuri）对斯卡帕建筑的研究说起，他们认为：斯卡帕的建筑有一种断片性（Fragmentary）[6]。对于斯卡帕建筑的断片性，建筑史学家弗兰姆普顿认为："斯卡帕的建筑首先是对时间的思考，它必须同时面对物体的持久性与脆弱性……因此，他创造了一种断裂式的叙事建筑"[6]，时间与断裂式叙事，是弗兰姆普顿对斯卡帕建筑断片性的概括。斯卡帕建筑与古典建筑强调空间连续性、线性叙事不同，他的建筑空间是以片断的方式存在，是通过时间性的加工合成一体。塔夫里揭露斯卡帕建筑与时间之间的联系，认为："时间是斯卡帕设计建筑断片的后台运作"[6]。斯卡帕不是通过显露的物理时间路径将建筑空间串联，实现空间的连续性和叙事性，而是通过后台隐蔽的时间运用，将断裂缝隙"缝合"，从而创造出一种断裂式的叙事建筑。塔夫里对斯卡帕建筑的作品评述中涉及多种时间，如"暂停的时间"（Suspended in Its Own Specific Time）[7]、"多重尺度的时间"（Multiple Time-scales）[7]、加速的时间（The Time of Acceleration）[7] 没有逻辑顺序的时间（Not present Time and Space in Logical Sequence）[7] 等，塔夫里认为斯卡帕通过其建筑形式和材料的操作，加强其瞬时性，放慢了阅读（观看）的时间速度，目的是对可测量的时间与空间的捕获 (Arrest of the Nihilistic Succession of "Measurable" Time and Space)[7]。在现象学中，可测量的时间被认为是客观时间（物理时间），客观时间不是现象学所关注的时间，胡塞尔提出了"对客观时间排斥"的议题。他用空间与时间进行类比来说明这一问题，他认为人在空间中的视觉感知具有双重、连续和复杂性，通过感知可在空间中发现"各种相互并列、相互叠加、相互蕴含的关系。"[8]。他认为时间也具有相类似的特征，但这种特征不属于客观时间，而是属于感知的时间范畴，也就是主观（心理）时间。主观（心理）时间不可量度，具有片断性，这与客观时间的可测量且具连续性截然不同。基于片断性，主观时间呈现堆叠（如多重梦境）、非连续性（前后倒置）、悬置（暂停）等特征。这些特征通过设计形式语言的操作，反作用于建筑，形成建筑的"断片"话语。

三、斯卡帕建筑中石质材料形成的断片话语

建筑师卡洛·斯卡帕（Carlo Scarpa）出生于意大利，从威尼斯美术学院毕业后从事玻璃工艺设计工作近二十年，第二次世界大战后斯卡帕始其建筑设计工作。斯卡帕建筑中石质材料形成的断片话语，对应断片时间性的"堆叠""断裂非连续""悬置"特征。

（一）堆叠

常见的堆叠特征是将不同文化、不同历史时间的建筑符号堆叠在建筑中，创造类似梦境中不同画面层叠的效果。斯卡帕在维罗纳城堡博物馆改造项目中，将12世纪的城墙、14世纪的城门、19世纪的营房整合在"坎格兰德空间"之中，使人"能够感受到从古罗马到20世纪60年代各种历史片段的共存，交错的交通流线灵活穿插，以及各种材料与结构体系的共同作用。"[9]在奥利维蒂（Olivetti）项目中，堆叠的手法是将多种材料对比、叠加，并通过对光线有效利用的方式进行。一种在石灰中混入大理石颗粒、颜料、粘合剂及亚麻油的威尼斯传统抹灰工艺发挥了作用，创造出具有大理石或漆器表面的效果。在奥利维蒂展厅的入口立面空间中，浓缩了不同历史与文化的建筑符号片断，如古典建筑石柱、拱券，方形、圆形线角，现代建筑的金属窗，创造"各样尺度、形态、关系都各不相同的'缝隙'"[8] 缝隙具有时间的意义，是一种时间性的串联，通过对历史时间片断的"缝合"，化解了空间建筑片断符号堆叠的冲突。灰面材料在施工过程中是逐层叠加，耗时漫长，不同配比的骨

图1 奥利维蒂展厅外立面

图2 古典石制建筑的雕饰

图3 锯齿形叠级设计语言，断裂暗喻生与死

图4 维罗纳人民银行入口立面石材节点

图5 Carlo Scarpa-奥利维蒂展厅室内墙面

料与光线产生作用，在透明、反射的作用下发出柔和微光，设计师模拟不同石材表面肌理，既有大理石的平滑也有花岗岩的粗粝，既有人工的雕饰也有天然的浑浊。光线通过不同肌理的表面时，散发微光，留下阴影，制造时间的印迹（图1）。

（二）断裂非连续

断裂是斯卡帕最具代表性的空间语言，锯齿状的叠级线条在建筑中营造空间形式的断裂。叠级的线条设计在古典时期的石制建筑中很常见，作为古典建筑的装饰形式，强调尺度的对比、直角与弧角组合的变化（图2）。斯卡帕将这种形式语言进行简化，受混凝土材料的限制，统一的叠级比例及简单的直角更便于施工。石材一直被认为是一种体现永恒主题的建筑材料，抗压强，紧固耐用，能够在经历长时间的日晒雨淋而保持强度的稳定。石材的另一种材料特性是抗剪力弱，易于断裂，因此石材在建筑中的形象，通常表现为多变线条、肌理及雕饰配以浑厚粗壮的结构主体，以此形成石材建筑话语。斯卡帕利用的正是石材这一建筑语言，通过对混凝土的精细加工，创造出石材般的混厚、坚实效果。但在形式上，增加了对石材断裂和碎片化特性的表现，通过制造矛盾冲突形成画面统一（图3）。在维罗纳人民银行项目中，对石材的处理方式便是强化石材的断裂特性，而不是以整体性呈现。石材分割为不同尺度的块状，每一块石材的表面处理不尽相同，视觉中心的石材雕刻了斯卡帕代表性的锯齿线条语言，并将此块石板有意识地与上下石板错位，显现断裂的隐喻（图4）。在奥利维蒂商店的室内墙面石材的处理方式上，则是直接采用锁扣链条的形式，将两块石材的边界以锁链的方式借位裁切拼接，齿状咬合面底部以金属材质填充，既强调了石材断裂的特征，又极富艺术形式美（图5）。

（三）悬置

塔夫里对斯卡帕建筑的时间性分析中，借用其在佛罗伦萨伍菲兹美术馆的空间设计来表明其时间悬置的特征："艺术品微妙却也坚定地与周遭分离，悬置于属于自己的特别时间中，从时间与空间的不确定性中剥离。"[6]悬置的设计手法具有哲学的形而上学意义，较隐晦，不易理解。可以通过维罗纳古堡博物馆（Castelvecchio Verona）项目来进一步理解悬置的空间内涵。在维罗纳古堡博物馆的主要展厅室内空间，每一个塑像的位置都是精心被设计，看似随意的摆设，实际上都与光线、空间、墙体边界产生关系，每一件作品都有其特殊的氛围，在这样的空间氛围中，观众与作品有了亲密的对等接触，观众与作品在设计师精心构思的空间中与周遭分离，个体时间随之被剥离并悬置起来（图6）。斯卡帕对于石材细节的表达暗示时间悬置。在威尼斯的奥利维蒂展厅入口门厅墙面上，一块表面粗粝的石材嵌合在平滑的灰石块墙面中，与金属材质的方形内嵌壁灯组成三个层级的关系，具有现象透明的特征[10]（图7）。石材自然之物与壁灯人工之物制造出冲突，行成了强烈对比，暗示了两种不同时间的差异：一边是缓慢粗略的时间精度，另一边是速度细致的时间精度。作为视觉的焦点，观众在阅读的过程中，完全忽略了背景墙面所体现的时间变化，正是塔夫里所谓的"悬置于属于自己的特别时间中"。简单地从形式分析，悬置的时间性特征表现材质之间一种戏剧化结合方式。图8是斯卡帕经典的节点处理手法：水磨石板的一角，嵌入切割好的石材块体，采用一种类似木榫卯结构的方式将质地和色彩迥异的两块材料嵌合。从时间的意义而言，水磨石、混凝土块作为人工物，在石材所蕴含的千百万年时间厚度下，完全作为背景而被忽略。

四、断片建筑话语对国内室内设计的影响

斯卡帕被认为是"没有追随者的大师"，去世后很长一段时间，鲜有关于其建筑的书籍出版，直到20世纪80年代中期，对其作品研究的书籍陆续出版，建筑界开始对斯卡帕建筑展开研究。进入21世纪，在我国，对斯卡帕建筑的关注保持持续热度，尤其在室内设计领域，"致敬"斯卡帕的声音开始出现[11]，一些设计师通过设计作品融入斯卡帕建筑的形式语言。例如"如恩设计研究室"在上海素凯泰酒店项目中，大堂楼梯与斯卡帕奥利维蒂商店中的楼梯有异曲同工之妙，大堂楼梯旁的

图6 每一件作品都与空间、墙体边界产生关系，有其特殊的氛围

图7 奥利维蒂展厅入口门厅墙面　　图8 镶嵌石材的踏步节点

图9 上海素凯泰酒店大堂楼梯　　图10 奥利维蒂商店楼梯

图11 上海素凯泰酒店大堂楼梯旁的水景　　图12 斯坦普利亚基金会的水景

图13 深圳中国杯帆船会所餐厅水景设计　　图14 斯卡帕布里昂家族墓园小教堂墙面装饰

图15 "管宅"楼梯处细节设计　　图16 维罗纳城堡博物馆"坎格兰德空间"

水景设计也融入斯坦普利亚基金会（Querini-Stampalia Foundation）景观水景的叠级处理手法。片状楼梯不规则的层叠组合、水池的叠级，特别是出水口的设计，都能在斯卡帕的建筑中找到形式上的关联（图9～图12）；相似的做法在设计师琚宾的作品"深圳中国杯帆船会所餐厅"中也有所体现：室内的一处水景中，锯齿状凹凸造型内嵌于墙体，与斯卡帕布里昂家族墓园（Brion Family Cemetery）小教堂的室外墙面的做法和语言相似，出水口形式也与墓园水渠出水口做法类似，细长的水柱还从视觉上与教堂墙面的装饰线条形成镜向对照（图13、图14）。而设计师赵睿在其作品"管宅"中选择与"维罗纳城堡博物馆"（Castelvecchio Museum Verona）进行跨时空对话，住宅楼梯的悬空部位被设计成悬挑架空构件，其上安放一尊现代雕塑。无论是空间还是形式，都与城堡博物馆悬挑件上的坎德兰德二世骑马铜像有异曲同工之感，很容易将观众带入对斯卡帕这一经典建筑的联想当中（图15、图16）。从国内室内设计师作品中可以看到，肢解的形式、局部空间处理手法的挪移，是设计碎片化的具体表现。

五、思考与讨论

石材是古老而又常见的室内装饰材料，石材品种多样，可加工为多种形式，色泽肌理丰富，特别适宜在奇观化的室内设计中运用。通过对斯卡帕空间断片时间性特征分析，进一步了解隐藏于形式背后的断片话语及其意义。从几个案例中可以发现，国内室内设计师通过对形式语言的借鉴，将斯卡帕建筑空间语言挪移至当代室内设计中。面对碎片化、奇观化设计现象，当代室内设计需要警惕陷入形式及图像的泥沼之中。有几个问题值得思考：

（一）断片美学不是指向片段，而是指向整体

关于断片美学，塔夫里认为"始终指向一个无法弥补的失去的整体……换句话说，它自身是一种'哀悼事件'"[8]对于片段的热衷，可能源于"完整"和"完美"追求，激发了每个个体对断裂弥补的欲望，从而增加了整体的丰富性和对阅读的兴趣。这与中国古典园林赏石中推崇"瘦皱漏透"有异曲同工之妙。"瘦皱漏透"的审美是在残缺中获得虚实相生、亦真亦幻的审美想象，瘦中见奇、通透玲珑、曲折多变、纵横贯通，每个独立的部分可以作为形式法则描述，但"瘦皱漏透"指向的是整体而不是局部，重在把握整体的个性，而非对于局部形式的迷恋（图17）。

（二）断片话语不仅是空间形式，更重要的是时间意义

关于室内空间中的"堆叠""断裂非连续""悬置"的时间性特征，其形式具有普遍性，并非只是在石质材料中才会出现。石材坚固却易于断裂，持久耐候却又种类繁多、变化多样的特点，加上石材蕴藏千百万年的自然时间演化的痕迹，特别适宜表达冲突与对抗。石材相比其他人造材料，更具有真实性。在奇观化的设计中，石材的这种真实性与奇观幻象的虚拟性形成强烈反差，其隐藏在空间形式背后的时间意义，才是引发我们对奇观偏好更为重要的原因（图18）。

（三）断片话语的重心不在于石，而在于间

图17 豫园玉玲珑，残缺的审美

图18 缙云石宕，石材隐藏的时间意义

断片话语的重心不在于石材本身，而是在于材料相间而产生的关系。这与哲学中的主体间性问题类似，在不同"质料"之间的关系，才是断片话语的重心。以"如恩设计研究室"在上海南外滩的水舍精品酒店室内设计为例，空间营造新与旧的强烈对比，保留了原建筑沧桑裸露的表皮肌理，与新建筑结构和家具形成强烈的冲击，形成时间的错乱感；前台上方开有客房窗户，房客可直接从房间直视前台公共大厅，打破传统酒店空间的行为与空间功能逻辑，"通过将公共空间与私密空间进行倒置并模糊二者之间的界限，制造了一种空间的迷失感"[12]，其空间"关系是并置性的，它们之间既没有时间上的连续关系，事件之间也没有因果关联……它们共同表达一个'主题'"[13]。这种"主题并置叙事"的空间叙事方式，利用的正是断片时间话语，通过将不同空间非线性连接，实现矛盾冲突的"奇观"效果（图19）。

参考文献：

[1] 肖恩·库比特. 数字美学 [M]. 北京：商务印书馆, 2007:83.
[2] 杨向荣. 碎片化审美印象与解剖路径——齐美尔现代性碎片思想的审美解剖 [J]. 阅江学刊, 2016, 8(4):96.
[3] 杨向荣. 现代性碎片的解剖与审美——从齐美尔到法兰克福学派的碎片思想谱系解读 [J]. 文艺理论研究, 2017(4):53.
[4] Simmel, Georg 1978[1907], The Philosophy of Money, translated by Tom Bottomore, David Frisby and Kaethe Mengelberg, London: Routledge.50.
[5] 肖恩·库比特. 数字美学 [M]. 北京：商务印书馆, 2007:97.
[6] (美) 肯尼思·弗兰姆普敦. 建构文化研究 [M]. 王骏阳, 译. 北京：中国建筑工业出版社, 2007:338. Fragment 同时可翻译为片段、碎片，为与国内相关研究统一，将其译为"断片"，作者注。
[7] Carlo Scarpa and Italian Architecture.Tafuri,Francesco Dal Co,Giuseppe Mazzariol. Carlo Scarpa:The Complete Works. 1986:79.
[8] (德) 埃德蒙德·胡塞尔. 内时间意识现象学 [M]. 倪梁康, 译. 北京：商务印书馆, 2009:36.
[9] 青锋. 经由希腊来到威尼斯的拜占庭人——卡洛·斯卡帕与维罗纳古堡博物馆 [J]. 装饰, 2018（8）:24.
[10] 陈珏, 陶郅. 当代室内设计的透明性解读——以雅布&普歇尔伯格作品为例 [J]. 装饰, 2015（6）:101.
[11] 刁炜. 向卡洛·斯卡帕致敬 [J]. 室内设计与装修, 2008（6）; 文格视界. 致敬卡洛·斯卡帕 [EB/OL].
[12] 郭锡恩, 胡如珊. 南外滩水舍精品酒店 [J]. 世界建筑, 2019(1):34.
[13] 龙迪勇. 空间叙事研究 [M]. 北京：生活·读书·新知三联书店, 2014:44.

图19 水舍精品酒店前台空间

石之礼、石之异、石之美——"石营造"为特色的乡村景观形式美

冯越峰

台州学院

摘要：中国历史的发展不断蕴生出契合自身文明的礼式，在"礼"为重要社会共识的传统生活空间，石担当了重要角色。石以礼为根、因礼而异、因异而美，造就了多样化的万千乡村形式之美。在轰轰烈烈的乡村振兴浪潮中，美丽乡村、生态家园的建设过程中，石营造无疑是设计师们重点关照的对象。其所缔造的石营造形式美包含了厚重美、纹理美、色泽美、工巧美等多种样态。在传统乡村聚落空间石营造中，西塘古镇中多样的石桥、个性化的石皮弄，凸显石营造在古村镇形成和演进过程中的重要作用，而鲁中的牛记庵则成功阐释了美丽乡村石营造形式美的当代构建。

关键词：石营造；乡村景观；因礼而异；因异而美；形式美

一、缘起

"乐者为同，礼者为异"，"礼者，天地之序也。"（语出《礼记·乐记》）在中国传统美学思想中影响深远。以儒家思想为核心的社会伦理观念是支配传统社会中社会关系、行为方式乃至聚落选址、空间布局的主导力量。[1]《论语·泰伯篇》记载："子曰：兴于《诗》，立于礼，成于乐。"一个人要立身于学礼，学成于精通乐理。这里的礼不仅仅是礼仪，它包含了人世间林林总总的社会伦理，它可以区分不同人各自的身份、地位、价值等，从而达到了"分"的目的。[2] 在"礼治"的导向之下，人们的一切行为习惯，衣食住行，都需要用"礼"来规范，在"礼"的思想导向下，中国传统建筑处处蕴含礼式，从而生成千万种样式，每一种样式都表征不同的意义。仅常见的建筑屋顶形式就有庑殿、歇山、攒尖、卷棚、硬山、悬山等若干种，在建筑上的一砖一瓦、装饰、图案等，虽然说是法无定法，但都要合乎礼，包括建筑材料的大小、数量、颜色等，都要非常讲究。什么样身份的主人的住所门口的大小，台阶的数量，大门的颜色、样式都必须合乎身份，否则就会遭到非议，甚至招致杀身之祸。在同一个民居院内，有主房、厢房、耳房、罩房，其大小、方位、高矮，以及台阶样式等都要具备相应的礼式。在"礼"的规范下，中国传统建筑形成多元化的样式差异以应对不同身份、地位、喜好的使用者。同时又按照礼对其进行规范化处理，使之形成不同的风格、样式，支持了中国建筑的异化的和合形式之美。

总之，在传统文化中，"礼"是指道理、说法，以及行为规范和美学范式。在乡村聚落空间，礼是乡村形式美学的精神根基和理论渊源。

二、石因礼而异，因异而美的形式美逻辑

自古以来，"石营造"是缔造形式美的重要手段之一。较之于木、铁、土等最为常见的原材料，石料最受设计师的青睐，石在各类环境设计中都会从不同角度展示出其诗一般的韵味。

（一）石营造中的因礼而异

在"礼"为重要社会共识的传统生活空间，石担当了重要角色。石质坚硬耐磨，恒久不易腐蚀变质，作为建筑物的主要构件，具有严肃、高冷的典型特质。又因塑造难度大、重量大、不易搬运等特点，自然提升了石质构建的"贵族身份"，往往使用在重要位置和突出部位。

中国传统文化中的"礼"，如与西方传统文化中的"理"，都是形式美的理论渊源。由于"礼"的存在，造就了多样的差异美，形成了传统形式美的万般姿态。中国过去都讲究"门当户对"，这一"礼"式在民居建筑中被很好地阐释出来。婺源民居门前往往摆放一对石鼓，除了具有装饰等作用之外，还以谐音的形式隐喻"户对"（图1）。中国因"礼"而异，因"礼"而造就了多样的形式美。而西方的形式美学由"数理形式"至"理式""先验形式"，都是基于某种规律、规则、价值观等而生成的各种形式美。石鼓的因礼而异，造就了独特的形式美，这只是环境艺术中众多传统石营造构建的一例。在乡村传统民居中各家门口的石阶梯造型、阶数，包括大户人家门口的石狮造型，甚至石狮头上的卷发数量，都有明确的要求。我们在观赏、解码其中的意蕴时，自然会产生审美感受，这是石营造在人们日常生活中符号化的表征作用。可见，从礼到异，再到美这是一种具有深刻内涵的审美意蕴推演。

图1 婺源民居门前的石鼓造型

（二）乡村民居中的石营造形式美

根据大量园林景观和以石材料为主构建的民居研究发现，以石营造为特点的乡村景观，其形式美意蕴可归纳为以下几种类型：

1. 厚重美

石料较之于与其他主要乡村民居的建筑与装饰材料（如木料、土质、砖瓦、混凝土等），具有稳固、坚实、防风、防火、耐久等特点。从审美角度分析，具有较强的厚重美特征，其厚重美主要体现在视觉上的体感分量。正因如此，在人类长河的长期农耕文明发展过程中，石器具有

非常重要的作用。如图 2 所示，先民运用了磨石、石犁、石磨等坚实厚重的石质器具，极大地推动了人类社会的发展。石料还常常被用作塑型的重要原材料，凸显其敦实、厚重、肃穆的优良特征（如图 2 所示，图中上左、上右属台州博物馆藏品，下左是青州博物馆藏品，下右是淄博周村古商城博物馆展品）。

图 2 石器在长期农耕文明中发挥着重要作用

2. 纹理美

石材结构本身自有的纹理所给人的触视感觉是其他材料无法比拟的，如常用的花岗石、大理石、砂岩、页岩等，其触视感觉浑厚、刚劲、粗犷，可不经打磨直接运用在建筑外墙、室外庭园及池岸边，将保持其自然的纹理和粗犷的视感，具有较强的视觉冲击力。加工后的石材质地光滑细密、纹理有致，适用于室内或近视距的景观和功能性结构造型。石墙的纹理走向和墙缝的式样构成线条的多样性审美价值，如图 3 所示，水平线轻巧舒展；垂直线高直富有张力；规则的线条庄重；随形横竖线往往具有强烈的动势和生命力；曲折线条则给人以轻盈、欢快的感受。

3. 色泽美

不同色彩的石质结构墙体和建筑构建给人的视觉心理感受也是不同的，有浓淡、冷暖、和谐、冲突等诸多形态。由于夜间光线较弱，甚至还可以辅之以发光材料，突出其视觉效果。卵砾类的石料往往具有强烈的色彩明暗对比，可按对称、均衡、重复、随形等形式美法则砌筑成景（图 4）。

图 3 石营造纹理走向和墙缝形式美式样

图 4 石营造色泽对比形式美式样

4. 工巧美

石料是一种可加工、可塑造的材料，因其质地坚硬、敦实厚重，在进行加工塑造时难度极大，这更使得石营造具有较高的使用价值和审美价值。在传统民居结构中，门口两侧、台阶、窗台等部位的整块大石料，都是经过石匠精心打制、雕刻而成，具有较强的观赏价值。

在美丽乡村建设过程中，石墙往往给人留下很深的印象。经过巧妙构思，设计一段具有花纹、图案、色彩、浮雕等有机组合、富有形式美的景观石墙，使墙成为乡村的一个巨型雕塑，既可远观赏景，又能近观细品，往往成为乡村聚落空间一张靓丽的名片。比如有些乡村把废弃的旧自行车、缝纫机、收音机等嵌入墙体，使石墙顿时焕发生机，给观赏者留下很深的印象。景观石墙经过设计，可以制造虚实、高低、深浅等形式，形成具有较强空间层次感的视觉效果，还可以与竹篱墙等绿植结构形成虚实搭配，强化层次感、凸显石墙的硬朗和冷峻。

三、传统乡村聚落空间石营造典范

在诸多乡村聚落中，西塘古镇的石营造形式美元素给世人留下了很深的印象。西塘河流纵横交错、绿波荡漾，连接着当地民众的生产、生活，绵延至今。在西塘，有很多具有较深历史记忆的石桥坐落在这些河流之上，白墙瓦黛，移步异景，心随景移，石桥与水、水与民居浑然演绎出一幅美妙绝伦的江南水乡画面。在西塘，人们对桥富有极深的情感，对于水和桥总是赋予了更多的生命力。

西塘地势平坦，9 条河道将整个镇区分割为 8 个板块，24 座石桥将古镇的五块地区连接成一片，这些古桥大都为单孔石柱木梁桥，至今保护完整。每座桥形态各异，有方有圆、顺势而建，既具有较强的使用功能，又具有丰厚的审美意蕴，是西塘古镇乡村美中的重要元素，饱含着极丰富的传统礼式。站在长满苔藓的石桥之上，观赏河边古色古韵的青黛民居，幽深的石板路与连绵的青砖在烟雾缭绕中渐渐消失在视野之中。偶有乌篷蓑衣或隐或现，宁谧富有诗意。

在众多的石桥中，西塘最有名的要数卧龙桥了。卧龙桥是西塘最大的一座石桥，它活像一只巨龙横跨在西塘北端，引桥外头回望，恰似龙头，在上桥处有两个圆孔被视作龙眼，每一石阶上都凿有片状的龙鳞，顶端还刻意制作了一块圆形大青石作为龙肚脐的表征。桥体创造性地使用了非对称均衡造型（东侧有 32 级石阶，外加引桥 9 级，西侧只有 30 级），以契合龙身特征。整座桥独具匠心、以形寓意，充分展现了造桥人的精湛工艺和巧妙创意。

西塘人在造桥时特别追求创新和多样化、形式美的缔造，有独眼半圆形石拱桥（如环秀桥、卧龙桥、望仙桥、安境桥、神秀桥）；有方形独空石桥（如五福桥、永宁桥、狮子桥、戊寅桥、吴家桥）；有多空圆形石拱桥（如安善桥、神秀桥）；有方形多空桥（如万安桥、来凤桥）；也有多边形独空桥（如安泰桥），样式风格皆有所差异，不拘一格。但无论哪一种造型，都遵循了方与圆的两个基本形（图 5）。在中国传统美学中，圆代指天，方代指地，故有天圆地方之说。方与圆相互照应、和谐共生，更体现了传统文化之"礼"。

西塘的"石皮弄一线天"是极具形式美感的重要民居建筑群样式。这个成为石皮弄的弄堂，两侧是高达 10 米的宅第，长达 68 米，但特别狭窄，最窄处仅有 0.8 米。人行其中，抬头仅能看到狭长的一线天空，

图 5 西塘石桥多样化的结构造型

给人以独特的神秘感，故此弄堂有"一线天"之说。石皮弄的形式美感不仅如此，之所以叫石皮弄，是因为这个弄堂是由 216 块石铺成，是西塘最长的弄堂。弄面平整，下为下水道。这条青石板铺砌的石皮弄路，弄深而窄，石薄如皮，清晨抑或夕阳下，走过这长长的弄堂，伴着清脆的脚步声，幽深的视域引领着情思，让人恍惚间体会到"庭院深深深几许"的诗句。

四、石营造乡村景观当代构建

当今轰轰烈烈的老屋改造、美丽乡村建设等乡村振兴过程中，以"石营造"为特色的规划与重建发挥着重要作用。

鲁中山区是我国北方景色最为秀美的山群之一。长期以来，人们在特殊的自然环境和地域文化影响下，营造出极具北方特色的石营造乡村聚落空间。在鲁中地区存在的大量石砌民居，可分为硬山石头房、平顶石头房、囤顶土石房，其形态与村落选址、建筑材料、内部结构息息相关。[3] 随着社会发展和现代化建设的需要，如今大量青壮年走出山村，鲁中山区的大多村落已经逐步呈现"空巢化"趋向，很多民居倒塌，传统村落在减少。乡村振兴、美丽乡村、新农村建设等催生了大量的乡村文旅项目。由于石料为主的民居相对较为坚固，且自身的纹理美、色泽美、工巧美等优势吸引了新乡贤、农创客等创新、创业团队的目光，诸多以石营造为特色的乡村景观应运而生，如济南的石口子村、淄川的牛记庵、博山的蝴蝶峪等，各具特色，充分利用了历史的积淀和人与自然的和谐共生，创造出符合鲁中特点的乡村形式美篇章。

淄博市淄川区的牛记庵村，是一个具有近四百年历史的深山传统村落，有"天上的村落"之称。该村人口最多时有 470 多人，村内山峦叠嶂、植被丰茂，是一个难得的养生宝地。现在牛记庵村在保留原生态的基础上规划完成了牛记庵旅游度假村，由淄博某旅游开发有限公司负责开发，主要资金来源于 2018 年财政专项扶贫资金，项目所有人是昆仑镇刘瓦村、张李村、大范村等 35 个村。

此度假村最大的特点就是"石营造"。项目共修复了 30 余套石板屋、石造小院，修复了 9 米高的汉白玉大理石观音像、自然石渠水系及人工湖等，最终打造成集观光旅游、休闲度假、养生种植为一体的田园综合体。此项目最大的亮点在于它的石头房民宿，每到旅游旺季供不应求。

牛记庵民宿的石屋改造项目尽量保留原民居的原址、原貌，房屋外观、风格和房屋基本造型结构礼式。对房屋的屋架、檩条、屋顶进行加固和置换，原屋顶面麦秸覆盖层全改成青瓦结构，门、窗、雨罩等全置换为深色的金属与玻璃组合，与灰色的石墙墙面形成极具现代感的灰黑色系，再用鲜艳的门贴、灯笼等点缀，既协调又有韵味。原石墙面的纹饰和石工痕迹清晰可见，印证了石屋的历史记忆，给人以沧桑感又不失现代元素，是传统和现代的有机融合。

设计师在保持房屋基本结构的基础上极大地增强了房屋的美感，既展现了北方民居粗犷率直的礼式，又恰如其分地融入了诸多现代元素，特色鲜明。将石屋内空间全部打通，按照当代风格布置室内环境，简洁而富有时代气息；室外院内添加短墙石照壁、休闲茶歇台、游泳池等构建；保留了石磨、地下储藏室、石炉等原生活设施和空间，并进行了现代化改造；对道路进行了优化处理；对水电系统进行重新规划布置。别样的牛记庵民宿不失为当代北方最优秀的石营造乡村设计之一（图 6）。

五、结语

在上万年的人类历史长河中，石营造一直伴随着文明的嬗变，并不断推动着社会历史的发展。中国历史的发展不断蕴生出契合自身文明的礼式，各种礼式推进演化出万千多样化的形式美，石营造在其中扮演了重要的角色。在轰轰烈烈的乡村振兴浪潮中，美丽乡村、生态家园的建设过程中，石营造无疑是设计师们重点关照的对象。中国式乡村建设，石是最基本的元素，既具有实用功能，又具有较强的审美功能。石以礼为根、因礼而异、因异而美，造就了多样化的万千乡村形式之美。

参考文献：

[1] 朱力. 中国传统村落实证研究——高椅村 [M] 长沙：中南大学出版社, 2019:68.

[2] 冯越峰. 中国乡村聚落和合之美研究 [D] 长沙：中南大学, 2020,12.

[3] 尹航，赵鸣. 鲁中山地村落石砌民居形态与结构特征研究 [J]. 古建园林技术, 2019(4):45-50.

图 6 牛记庵石营造民宿

中西方石营造的发展嬗变与秉性刍议

崔仕锦 范天宸
上海大学 中信建筑设计研究总院

摘要：人类寻觅遮蔽物的伊始便踏上了用石造物的征程。在历经巢居和穴居后，质地坚实、取材便利的石材，在新石器时期便被人类用于开凿洞穴和筑造。随着历史车轮的流转，石材在解决了人类遮风避雨、躲避天灾的基本需求后，被用于更为广袤的范畴，如夯土砌墙以防御外敌、碎石铺路以通畅贸易、砾石沉基以修筑河床等，绚烂的石营造技艺在人居环境发展历程中绽放璀璨。当下通过对中西方石营造历史脉络的探赜溯源，探寻衍变的载体形构，解析背后的文化意蕴，提出石营造的发展潜势，以回应"为中国而设计"的环境艺术设计营造愿景。

关键词：石营造；历史脉络；材形探循；文化意蕴；发展潜势

一、探赜溯源，石营造的历史脉络

回望世界范畴的营造历程，东西方建造启蒙阶段的用料均以木材和石料为主。循着两条不同的脉络线索，可以窥探出其中的必然性与偶然性，东方以木建构为主、石营造辅佐，西方则在石建造突围，两者共同演绎出石营造的嬗变回响。

中国早在五千多年前新石器时代的营造实例中，如湖南彭头山遗址和西安半坡遗址，就用石材筑构祭坛、修葺墙垣和建造屋舍。彼时的石质建造物被称为"石作"，通常被视为木构和砖砌建筑的补充物料，以达装饰、加固和衬托之效能。据《礼记·曲礼》载，石工在殷商时期便已专业化，商代雕刻工艺蓬勃发展，至周代已在小件器物制作上卓有建树。战国进入铁器冶炼时代，且随着营造需求对生产工具要求有所提升，至东汉后期，铁器工具真正意义上驾驭了石材，此后石料营建便在中华大地普及绽放，以河南嵩山太室、少室、启母三阙和汉朝"南武阳阙"等为典型代表。汉代阴刻线划与阳刻浮雕频繁用于画像石的雕琢；南北朝因崇尚佛教进而修筑大型石窟、石塔；唐宋时期黑火药的研发促进了采石冶炼的大幅进阶，城门横眉广泛运用了砖石拱券，石作平整技术提升，造作工序范式落定。宋元时期石营造已达较高水准，并以《营造法式》对建造的规定规范予以详载，此时兴建了众多卓具代表的砖石塔、石拱桥和石构筑物，如杭州灵隐寺塔、开封繁塔和泉州洛阳桥等。进入明清后，石作加工更为细腻精致，普遍使用铁器勾连石材，中国石营造逐步走向成熟与辉煌。

中国古代以石料为主的建造主体大致可分为单体建筑和附属建造制品两大类，包括城墙、塔楼、祠寺、亭桥、陵墓和宅舍等。不少精妙卓越的石营造建筑遗存被后人叹为观止，如始于秦代以毛石和黏土修筑工程浩大、长度惊人的万里长城，汉代修建的现存最早的石筑石刻房屋建筑孝山堂郭氏墓石祠，隋代建成结构独创、跨度最大的单孔坦弧敞肩石拱桥——安济桥，宋代改筑仿楼阁式木塔结构的开元寺双塔，明清兴建木骨架搭砌石外衣的贵州石板房等。进而，古人还为我们留下诸如雀阁、碑碣、牌坊、华表、石幢等众多石营造装饰制品和附属构筑物，如渤海兴隆寺石灯幢、赵县陀罗尼经幢和长陵石牌坊等。除此之外，中国匠人将石营造技法传承迭代，留下了众多具有地域传统特色的石作砌筑施工工艺和雕琢装饰手法，是中国非物质文化遗产的璀璨瑰宝。

回到西方世界的营造沿革，可谓一部华彩的石营造发展史。崇尚君权的统治者们希冀于自身权利与石材一样不朽，在宗教的孕育下，开始用石筑固供人膜拜祭祀的墓葬和神庙。作为人类最伟大的纪念碑的埃及金字塔和斯芬克斯狮身人面像，以及埃及陵墓中粗壮的石柱林，历经五千年之风雨洗礼伫立于当下。汉谟拉比统一两河流域建立巴比伦王国，中央集权的奴隶制国家在《汉谟拉比法典》施行后，筑就雄伟的石构城垣建筑，开启了巴比伦文明。[1]古典时期的古希腊逐渐形成石营造的建筑形制和结构构件，雅典卫城的纯澈朗和三柱式的构图精良，奠定了石构庙宇的初步面貌与基本几何秩序。古罗马时期继承了古典柱式，并在此基础上结合混凝土发展了石构筑的梁柱、穹顶和拱券。此外，罗马人创设出混凝土筑造技术，结合花岗岩砌筑手法，建设出石质引水道和角斗场这类超大体量的公共建筑。古希腊古罗马的石营造影响了后续拜占庭建筑，并在中世纪哥特时期达到巅峰，尤以结构技术和施工水平闻名遐迩。骨架券、飞扶壁和尖拱券，令彼时的教堂建筑，忘却了石的敦厚与重力，挺拔向上、直冲云霄，展现出人类对天国世界的无限向往。后续文艺复兴时期的石营造，在高度上发展的同时解放立面开窗面积，沿循着匀称形体、光影对比与古典构图，促发着室内外空间氛围的和谐统一。此外，西方阿拉伯国家的伊斯兰石建筑，亦以尖穹隆顶和尖拱券为营造代表，诉说着伊斯兰文脉的古老与浪漫。

随着19世纪新艺术运动的迸发和工业革命的迭起，西方石营造实践重新反思传统材料，并专注于建造结构和构建方式的真实表达，在与旧有古典形制割裂的同时，立足石材自身属性的精神转译，吹起了折中主义的新风。而西方现代主义萌发后，建造者们更为关注建筑功能材料的真实表达，以钢结构或混凝土柱网结构为主，将粗琢石材的质朴与典雅予以鲜明对比。如密斯·凡·德·罗（Ludwig Mies Van der Rohe）的巴塞罗那国际博览会德国馆，善用典雅石材与光亮钢构件的空间划分和质感对比。此时的石材，仍饱受跨度局限的壁垒和向更高层拓展的不足，更多的是秉持对历史和环境的虔诚姿态，以装饰面料转译着人类对于历史的追思和情感。

二、载体形构，石营造的材形探循

超两千余载波澜壮阔的石营造史，是人类建造技艺的隽秀传承。一方面，石料本身具备的坚实厚重的物理属性与耐潮抗腐的化学特征，奠定了东西方造物者用于营建遮蔽风霜的庇护所，进而修筑桥梁水利、城垣楼雀等大型工程；另一方面，石头所传达出坚韧、宏伟的材质语言，符合神明祭奠和宗教仪式的特殊氛围，进而发展成中国以墓葬陵园为主、西方以教堂祭祀为主的一系列营造形制，暗喻着文脉沿循和精神内生为特征的发展沿革。

中国石营造虽未能如木建构自成体系，却也独树一帜地形成了石墓及地上建筑、建筑小品和附属构件的三类形制。首先，中国自古传承"视死如归"的厚葬理念，加之对陵墓耐久性的客观考量，砖石墓取代了木椁墓且持续发展。据山西发掘的墓室考据，墓葬石营造多为砖结构或砖石混筑结构，也存在砂石垒砌的仿木结构，无论包含门楣、门柱和门槛的石券门设置，还是仿木形制的斗拱做法，均布局细致且制作工整。随着宗教崇拜和皇权鼎盛，留存时限更为持久的石塔也逐渐发展起来，石塔高度单层到十余层不等，形制以密檐式、楼阁式、宫殿式、亭阁式和经幢式居多。[2] 石屋和石桥的构筑依仗于铁质工具的普及，宋元时期拱券技术和叠涩结构，使得石屋空间跨度大幅提升，加之国力高涨和人力蓬勃，两者得以壮大，并兼具实用美观和规模形制。其次，包含石阙、牌坊、照壁、华表和经幢等形制在内的石作建筑小品也不断孕育，且充斥着彰显政绩、官爵战功、宗教信仰和神仙传说等题材的种种石刻。最后，附属构件在中国石营造中也具有重要作用，如营造长谈的"十三石"及用于构筑物踏步、台基和基座的众多形制，兼具受力构件和非受力装饰的双重效用。此外，佛教随印度东传至我国，加上统治者对艺术文化发展的重视，石窟建筑亦随之展开了本土化衍变，形成具有中国传统美学和文化造诣的石窟艺术。

相较之，西方石营造载体形构的不断演变，既囊括石料本身的坚固抗力和压力荷载，又不乏结构构件筑造后给予建造者施展造型塑刻的自由想象。西方古希腊所开创的古典柱式传统，发展出多立克、爱奥尼克和科林斯三种样式，梁头檐壁雕刻精美，构图比例美观考究。[3] 大型庙宇营造采取围廊式，注重对柱身、额枋和檐廊的艺术刻画，实现了石质庙宇建造的目的性与美感。古罗马继承发展了古希腊的柱式要领及结构嫁接，以碎石作骨料混合火山灰，实现混凝土浇筑技法，突破柱梁技术上限，使得超大跨度的石建造成为可能。直径达43.3米的万神庙穹顶世界纪录，直至1960年才被罗马所建体育宫圆顶所打破。[4] 随着罗马帝国的扩展，统治者在国域版图内兴修水利设施和大型公建，大型石质引水道在无数建设者巧思下得以规划呈现，由花岗岩砌筑，尤以塞尔维亚水道最为卓越。此外，石材还可包裹面层，形成混凝土外饰面，现如今斗兽场的表皮肌理，就充满建造时候大理石饰面固定结构锚点的无数孔洞。西方石作巅峰无疑是中世纪哥特时期高耸入云的教堂建筑，其结构造诣和施工措施至今仍令人赞叹不止，最具代表性的科隆大教堂，达157.3米高，虽目前暂居世界第三高的教堂，但在1880年前一直为世界最高建筑物。以骨架券作承重从而降低拱顶厚度，使之清透向上；以独立飞券凌驾于侧廊上空，中厅以十字拱起脚抵挡其侧推力，使之框架了然；使用尖拱尖券以减少石材侧推的重力，使之结构减降。此外，与前人将石材柱式浮雕装饰在混凝土浇筑的拱券上不同的是，文艺复兴时期石营造弱化了柱式背后的承重结构，将石雕用于立面构图的组合，既注重古典构图和匀称体例，又在穹顶对此前的飞扶壁和肋架拱顶予以观照，佛罗伦萨大教堂和圣彼得大教堂便是此期间的佳作。即便属于石作巅峰的哥特式，也不免存在由石材真实反映结构体系到后期繁缛的过度表现的现象。

西方人进入新艺术运动后便暂停了此前的古典步伐，转向探索石材自然属性与人文情怀的互通。西班牙建筑师安东尼奥·高迪（Antonio Gaudi）以浪漫主义手法和自然主义姿态重塑石建筑的载体边界。法国建筑师亨利·拉布鲁斯特（Henri Labrouste）深耕希腊神庙的建造精髓，注重石材与钢铁的耦合关系，坚持结构第一且全部装饰围绕建筑衍生，发展了石营造的结构古典主义。当下营造结构关系的转向，石材抗压抗弯强度差的力学弊短已被逐渐淡化，成为围护构件之一存在于钢结构和混凝土结构的众多现代建筑物之中。如弗兰克·劳埃德·赖特（Frank Lloyd Wright）的流水别墅，注重石材的肌理色彩，体现回归质朴的装饰语境。贝律铭（Ieoh Ming Pei）的美国国家艺术馆东馆，采取旧有建筑材料用于营造，以回应对场所的虔诚与尊重。诸如此类建造者抱着对石材的怀古幽思，巧思和谐创新形材的石营造案例，不胜枚举。

三、跨融共生，石营造的文化意蕴

不同文化视域、不同社会发展阶段中，人们会择取相应的材料用于建造，正如中国自周以来形成木构造和夯土结合的主流建筑风格，后发展为砖木结构，石料则多用于东方世界的墓穴殡葬范畴。西方建立的刀耕火种与奴隶制度令石材的大规模开采成为可能，而城邦的形成也促进着石营造的迅猛发展，一方面，石料的质坚、持久等特性，成为统治者权力象征及巩固宗教信仰的重要工具；另一方面，随着御敌、纪念、交通和娱乐等多重用途，石造物也阐发出诸如金字塔、市政厅、教堂庙宇、斗兽场和公共浴室等多重形制。顺应时代发展脉络求索石营造的中西方文化意蕴，不难看出人类历经了存亡迁徙、宗教互融和技法迭代的三重境遇。

《易·系辞》有云"上古穴居而野处"，后世发掘出旧石器时代原始人寄居的岩石洞穴便是中国早期人类的栖息场所。[5] 到魏晋南北朝时期，中国南方少数民族则出现跨越纵横沟壑、立于峥嵘怪石、凿崖穴居的生存方式，并随着朝代更迭，形成文僧遁隐、佛道修身、强蛮扎寨的"新文化现象"。北美印第安传统部落为躲避外来部族侵袭，举族迁徙，跨越崎岖险峻，终在科罗拉州西南部的岩石地区开山垒砌，修筑悬崖石室，转为峭壁居民。人类为存亡迁徙或嵌于岩缝，或附着裂罅，或蜗缩腰峰，因势而布、恃险而居，且仍修筑了完备的公共庭院和其他构筑物，展现出人面对自然"高者百仞，栖以猿穴"的顽强气概。

倘若人类的生存需求是石营造产生的初始原因，那么宗教信仰的流传便是石建造迭代发展的重要因素。石，本作为人类生存和生活的需要，后被作为彰显财富地位、对话神明的象征。在中西方世界，出于对未知自然的恐惧以及统治者对权力的崇拜，宗教应运而生，规模宏大、布局精巧的祭祀性巨石建筑被人们所修建。中国汉传佛教石窟盛行于5~8世纪，作为僧侣集会场所，中国石窟营造融合了印度犍陀罗佛教艺术与中国传统美学精粹，匠人在石壁凿佛像，雕刻佛塔佛龛，为世界遗留下弥足珍贵的石营造艺术宝库。西方统治者宣扬基督教以顺应民心、巩固政权，从象征王权、保护城邦的神庙殿宇，到昭示神权、归应民心的礼拜教堂，将拱券穹顶、结构柱式、石刻雕琢和玫瑰窗花等众多匠艺技法施展得淋漓尽致，以营造体量之宏大和建筑高度之雄浑，展示人对王权和神权的无限崇拜。

21世纪的全球经济一体化趋势接棒20世纪初工业革命的浪潮，社会需求导向发生了颠覆性转变，亦促发着营造的全新革命，大型交通枢纽、博物馆文旅空间、超高住宅及办公楼逐渐取代着既往的神殿庙宇和亭台楼阁。可以说这一切的改变，是社会发展的底层逻辑的重构。以钢铁、混凝土和玻璃为代表的新型建造材料，以及现代主义运动倡导的无装饰美学，借着工业化批量生产和快速建造的势头，逐渐掀起营造领域的革命，意味着全球普遍的营造价值观对以古典主义为代表的传统审美发出了巨大挑战。现代对于石营造的态度，更多是建立在人类感性经验和文化隐喻层面的抒情表达，思辨石营造的标尺便是思索人、自然和社会三者间的耦合关系，从文化视角窥探时间与空间的意义交互，从而寻觅艺术与技法的集汇切口。

四、守正突围，石营造的发展潜势

石料的优劣不言而喻，中西方营造先贤历经二十多个世纪的钻研，已然通过纤细墙身、横梁拱顶、飞扶壁及尖塔弥合着石料重力的弊短，不断扩大石营造空间的深度和维度，促进构筑物之间经济效益和结构美学的平衡。望向城市化飞速发展轨迹中的中西方世界，高楼林立的城市格局正在逐渐摒弃着石作营造的工艺技法，醇厚质朴的乡村石营造遗存亦在城乡一体化格局中消弭遁离。近现代社会发展石营造技法，需要攻克的首道难题便是石材的承重荷载分摊和精细加工技术，从而避免石材在横向高负荷压力下伴随岁月风霜所产生的裂痕，并持续探索全新的结构样态和营造手法。站在历史石营造巨人的肩膀上，不禁引人追问遐思：古老的智慧如何适应当今乃至未来的需求？精密计算和数字智造悄然给予石营造创新发展的无限可能，而 3D 打印技术的蓬勃亦降低着复杂结构和装配体系的制造成本。

对于石营造的发展潜势，可谓守正突围、相携共生。石营造技法浩如烟海，"守正"意味着对前人拱顶技法和材料预制的深刻继承，明晰砖石结构的质地与潜势，深谙古典营造范式的秉性与异同，发展石料处理方式的肌理与效能。"突围"则代表沿循古代殿堂庙宇石构的优雅手法，深耕多种石质材料的研究分析，契合整体营造的装配逻辑，运用图解力学计算衍生设计，善用装配式技法和模块化程式，简化繁缛施工工序，减少非必要的切割打磨程序，创造全新营造形式、工艺手段和力导结构。而针对石料压力体系的自身不足，通过大量前期数字化模型推导和跨学科数字分析，建构附加的外化张力。

鉴于此，对于石营造技艺的挖掘和传承，需要国家层面统筹城乡土地规划和产业布局的可持续发展，立足新时代发展背景，将石营造优势特色融入城市更新建设和乡村振兴战略，展开城乡协调与石作营建的功能重置，进而从市场调配、产业细化、技术开发和企业培植中实施相关石营造传承的保障机制。作为新时代的建设者，我们更应挖掘根植于中国传统的文化基因，明晰石作的造物品格，聚焦当下与未来的社会视角，深耕石营造中传统与当代的融合、创新与继承的并行，以"守正"的思维创作、建造和发扬"突围"的石营造实践。

石，曾为人工营造之骨骼，是屹立于历史车轮废墟中的坚韧守卫。作为建造者关于永恒意蕴的遐思，石被创制为多种形态的复杂组合，渗透着古朴的诗意与情愫。从远古的神庙殿宇到当下的摩天商厦，从西方高耸的尖顶教堂到东方国度的宫殿雀替，石作为阴阳之核，"蕴神毓异，无所不见"，见证着人类文脉的兴衰与求索，直觉着多元文化的荟萃与参差。中国环境艺术设计视域下的石营造，是中华传统文化与自然环境互融耦合下的相携共生，亦是对人类精神积淀和文化内涵的上下求索。

一砂一世界，一石一乾坤。环境艺术设计的石营造，以石比德、托石寄情，以石诉说人文底蕴，通过对石营造的历史脉络的探赜溯源，探寻载体形构，思索文化内蕴，指引我们不断挖掘这种古老材质的潜势与禀赋，探索石料在多元数字时代的载体与秉性，唤醒中国设计取法天地的文化自觉，树立与天地精神往来的文化自信，实现中国设计技艺浑成、心境相印的文化自强。

参考文献：
[1] 王凯. 四大文明古国——人类文明遥相呼应的旗帜 [J]. 科学与文化,2006(8):22.
[2] 田林, 林秀珍. 河北辽代古塔建筑艺术初探 [J]. 文物春秋,2003(6):42-47.
[3] 范庆华. 西方古典建筑中的材料表现探讨 [J]. 中国建材科技,2015,24(6):75-76.
[4] 杨文俊.Puerta de Toledo 图书馆筒形空间的策略分析——与万神庙的比较阅读 [J]. 城市建筑,2009(7):121-123.
[5] 王世瑛, 朱德明. 中国古代建筑文化 [M]. 北京：旅游教育出版社,2005:57.

当代大地艺术中的山石重塑之探析

冯亚星 牟宏毅

中央美术学院

摘要：文章试图通过分析山石在大地艺术创作中的固有属性，进一步探究艺术家如何将山石作为创作思想的源起。文章结合国内外相关设计案例阐述了环境艺术设计与大地艺术的山石物质、思想属性的关联性，大地艺术中的山石元素为当代建筑及环境艺术设计提供了创作思想和设计手段。

关键词：大地艺术；山石；艺术思想；建筑；环境艺术设计

当代艺术家对于艺术创作的探索不再归囿于架上，从20世纪60年代开始大自然就成为艺术家的试验场，随着艺术家审美维度的扩展，艺术家更是在自然中利用土地、石头、水以及其他自然物质的建构来思考艺术与社会问题，其中包括罗伯特·史密森、迈克尔·黑泽、野口勇、理查德·朗等艺术家都尝试利用山石材质将具有雕塑形式的艺术作品介入景观大地，使得大地艺术与环境设计及营造的界限越发模糊，从大地艺术到环境设计都赋予山石以自然的纪念性和设计的使命感。

一、大地艺术的自然属性

大地艺术最初作为一种艺术家利用大自然的原始形态和材料让艺术的边界不断外延，以自然环境为场所、自然物质为媒介的创作语言，这也为艺术家创作的形式、思想和观念提供了前所未有的素材，沙漠、滩涂、山体、海洋等脱离人类文化环境的原生自然成为早期大地艺术诞生的场所。艺术家借助人工和机械改变自然形态形成这种临时性的造型状态，这种远离都市文明的创作场所也是艺术家试图让作品达到视觉之外的精神纯净的理想。

（一）自然场所

场所的选择是大地艺术家创作的先决条件，大地艺术呈现突破了传统美术馆等殿堂式场所，从而走向自然场所来弥补人类已缺失的与自然一体的感应。大地艺术家是对架上艺术的反叛，他们主张在自然场所中打开另一种艺术的可能，从而改变艺术与自然的对峙关系，亦即毕加索所谓的"艺术就是自然所没有的"传统观念，从而将艺术创作和欣赏都置于广阔的天地之间[1]。自然场所赋予艺术家"天人合一"的创境，也是艺术家寻找时间化空间的结果，使艺术融入自然之后重新纳入人的视野，让人在作品中重新认识自然，这时的场所正是大地艺术家们试图建立生发自身意义的场所。因此，大地艺术的自然场所是赋予文化意义的自然，而非人类未触及的第一自然。

（二）自然材料

大地艺术的自然属性使得"美术馆"的展览边界无限延伸，更是将艺术创作的材料不断拓展至天然材料的直接应用，从而丰富了艺术形式的定义。这也是艺术家迈克尔·海泽所反复强调的："大地是最有潜力的材料，因为她是所有材料的源泉。"大地艺术中的材料建立起人与自然的互照关系，这种关系反映在艺术家对材料原始的物理特征塑造中，即自然材质的密度、体积、质量给予观者的听觉、触觉、嗅觉。在对自然材料的使用中，艺术家并非绝对的天然，这种自然也带有人类文明制造后的状态，艺术家深入挖掘出材料的自然形态、自然色彩、自然线条等属性融入大地艺术，获得一种全新的视觉景象。大地材料的运用也折射出艺术家的生态思想，这种创作思想迎合了当代工业文明背景下设计从业者的焦虑，为当代建筑景观设计师提供了对于自然与生态观念的转变和危机意识的唤醒[2]。

（三）自然审美

大地艺术的场所和材料的自然属性首先带来的是人们自然审美的生成，这种审美源于大地艺术改变了传统艺术中以人造为主体现象，也并非是人造物的过程，强调的是天、地、人皆处于和谐的关系，以及三者的共同创造。在大地艺术家看来，人类与自然间具有一种天然的亲缘性关系。一方面，人类文化史是自然的一部分；而另一方面，自然又是文化中的自然。自然的美学便是人类文化史上一次结晶，它促使艺术家路易斯·内维逊将自然或环境作为一种人类学意义上的审视。大地艺术所具备的独特的"自然美学"观念突破了传统艺术所再现或表现的那种乌托邦式的或现实的自然，产生一种模糊了天然与人工、自然与文明间界限的新的艺术审美类型。

二、山石作为大地艺术的源泉

大地艺术家在自然中探索新的形式、类型和概念，因此创作场址、材料以及思想的异质性都变成一种可能性，大地艺术拓展了艺术创作中场址和材料的运用，大地艺术以自然为材料与媒介，将人与自然关系的探讨视为开辟艺术家思想的本质。在这种自然关系中，山石作为最为常见的场址、材料激发了艺术家创作的思想，罗伯特·史密森、麦克尔·海泽、理查德·朗以及林璎都先后在创作中将山石作为自身创作的源起，山石既是他们的创作场址也是基本物质材料。其中，我们熟悉的艺术家野口勇和克里斯托则分别从材料和场址出发来激活山石的灵性，激发创作思想。

（一）山石作为场址

大地艺术对于场址的依赖绝非简单的物理（空间中的一个位置）或地理（带有边界的一片土地）概念，场址本体就是艺术的一个维度的体现，山石作为大地艺术创作最为典型的空间形态。

评论家罗萨琳·克劳斯在其《扩展域中的雕塑》中阐述了大地艺术作品对于场址的依赖性，我们从克里斯托夫妇20世纪60~70年代创作的《包裹的海岸》《峡谷垂帘》（图1）中可以体会到他对于山石场址的依赖，改变了人们对山石坚硬的视觉感官，让嶙峋的山谷峭壁和海岸拥有了柔软的视觉美感。理查德·朗更是始终行走在山石自然之间，他以行走的线作为创作母题，从20世纪70年代到现在，他选择了喜马拉雅山、富士山、埃尔斯沃思山脉的遗产保护区等自然场址来完成他的石线系列（图2）。麦克尔·海泽则是受父亲的影响，将传统雕塑语言引入内华达沙漠峡谷地带，又将场址中的沙砾、巨石作为传统雕塑作品置于博物馆展览（图3）。

（二）山石作为材料

艺术家对于创作材料的包容让山石与大地艺术的诞生分不开。大地

图 1 克里斯托大地艺术作品

图 4 螺旋形的防波堤（1970 年）

图 5 长江与石线（2010 年）

图 2 南极之圆（2012 年）

图 3 薯片（钢板、花岗岩）（2015 年）

图 6 漂浮的巨石（2012 年）

艺术的先驱者罗伯特·史密森的成名之作《螺旋形防波堤》（图 4）用石块、带有腐殖质的水等纯天然材料作颜料和画笔，利用推土机等现代化工具，在美国犹他州的大盐湖边一个荒凉的沙滩上建造了一个巨大的防波堤形构造物。理查德·朗的《行走》系列更是以石线作为创作语言，将山石材质用直线的形式陈列于草原、江河、山地等自然环境之中，2010 年朗用"长江石线，中国"（图 5）记录了他在中国长江的旅程，过程中他沿着长江用附近捡到的石头摆成了一条线，同时他还进行了著名的行为作品"扔进长江的 1000 块石头"。朗以这种极其简单的行为结合简单的山石材质行走出一个西方人对东方文化的追问。

迈克尔·海泽以作品的巨大尺度和创新材料而闻名，其中他对山石、沙漠、岩土等山石材质的利用，以及对内华达山脉的挖掘并移除 24 万吨的砂岩和流纹岩，构成了他艺术创作的核心美学。他最著名的作品"Levitated Mass"（图 6）是采石场中选择了一块重达 340 吨的巨石，并耗费半个月的时间将它搬运到洛杉矶艺术博物馆，并采用特殊的结构使其"悬浮"于通道之上。尺度惊人的巨石令行人短暂地忘却了周边的环境，进入海泽创造的超自然领域，在恐惧和安全感的博弈中领略自然材质的"重量"。

（三）山石作为思想

"乐山乐水，天人合一"，是中国传统园林对山石造景特殊的思想轨迹，这种带有传统文人赋予的内涵也是给予山石生命的延续。这条思想轨迹是否与大地艺术创作的思想一致我们不得而知，但他们都是通过转换环境而让山石转化为承载人类精神的艺术载体。无论是传统东方山石造景还是大地艺术中的山石重塑都具备了依托于山石来构筑一个容纳人类身心和谐的家园意识。在家园找寻的途中，山石的场址和材质是艺术与自然沟通的最佳媒介；在这个艺术作品与自然割裂的时代，大地艺术家找到了山石这种元素，带有与中国文人相似的思想重塑与自然对话的心理家园。

当然，与中国园林的山石造景不同，大地艺术中的山石更多的以极简化的处理表现深奥的思想，表现出一定的抽象性特点。大地艺术家特有的思想共性源于哲学家荣格的"集体无意识"和"原型"理论，抽象几何化的语言是艺术家希望观者通过无意识进行阅读，这种抽象的无意识性正是诸如矿山、采石场、沙漠、岩石等山石的物理环境作为创作对象所提供的灵感，也为后来矿山生态景观设计、旅游规划及石构建筑设计创造了思想源泉，并成为当代建筑及环境艺术设计的有效手段之一，使得当代设计的内涵和手段更加多元。

三、山石重塑：从大地艺术到环境设计的思考

大地艺术对场址环境及自然材料艺术化的处理手法被建筑师和设计家所借鉴，为他们改造环境和营构空间提供了新的设计手段、形式语言和艺术思想。其中，以野口勇、林璎等极具创见的先行者十分善于从大地艺术中汲取经验，将山石材料和山石场址进行艺术化的设计和营造，大地艺术无疑为建筑及景观设计师提供了可借鉴的艺术思想、形式语言和设计思路[3]，对重塑中国当代山石建筑及环境艺术形态也产生了重要的借鉴意义。

（一）重塑山石的自然生态性

对于自然环境的危机意识也是唤醒大地艺术家创作的动力之一，他们用作品探索对自然的修复，艺术家扮演一种自然生态、社会现实问题的关注者。罗伯特·史密森的大地艺术创作便是源于美国当时工业化进程中制造出大量废弃的采石场和被污染的河流和湖泊而产生，他试图利用山石构筑螺旋防波堤来协调生态学者和工厂主，让山石材质的艺术美化矿场环境，又让艺术揭露矿山环境破坏的事实。类似通过大地艺术来协调矿地环境的还有麦克尔·海泽通过利用排土场和矸石堆的地形起伏塑造的名为"Effigy Tumuli Sculpture"（古冢象征雕塑）。

大地艺术家对于山石的重构思想带有生态意义的思考，这也为当代中国建筑及环境设计开拓了设计思维、转变了设计观念，尤其是在矿山废弃地生态恢复、山地建筑设计、石头古村落保护设计等方面有着积极的意义。朱育帆教授主持设计的上海辰山植物园的矿坑花园是对曾作为开采建筑石材的场地进行生态恢复性设计。他采用最小干预、极简的设计方法在生态修复与文化重塑的策略基础上，让一处危险、不可达的矿山废弃地转变成了使人们亲近自然山水、体验采石工业文化、充满吸引力的游览胜地，重塑了山石所赋予的视觉价值和自然生态价值。另外，何葳教授设计的石窝剧场、徐甜甜团队设计的缙云石宕、崔愷院士主持设计的南京汤山矿坑公园等都通过艺术化的设计思维将废弃矿山（采石场）重塑为具有生态价值且具有经济实用效应的景观环境空间（图 7）。

图7 国内矿山建筑及环境设计案例
(1) 石窝剧场
(2) 缙云石宕
(3) 上海辰山植物园矿坑公园
(4) 汤山矿坑公园

图8 南京大屠杀纪念馆广场景观

图9 耶鲁大学珍本图书馆下沉庭院

（二）重塑山石的精神纪念性

千百年来，人类始终要通过山石的重构来塑造自己的精神空间和纪念性，方尖碑、金字塔、石窟、神庙等，都是关于巨石的崇拜和信仰，山石的精神纪念性似乎成为现代大地艺术中与生俱来的特征。大地艺术中将山石通过极简主义手法、对"原型"形态的运用、巨大尺度、英雄主义和神秘主义要素的加持，使其与纪念性环境空间产生形式上的共性，也为当代中国建筑及环境艺术的纪念性营造产生了较大的影响[4]。

在国内，纪念性环境艺术设计中，南京大屠杀遇难同胞纪念馆外部景观设计（图8）最为突出，以地景艺术的理念显现纪念性景观空间的"自然性"，以山石的废墟感、永恒性来营造纪念馆的文化历史脉络及人们的精神寄托。其中，黑色花岗岩的纪念碑庄严肃穆地刻着遇难人数，广场上铺设的无数颗层层叠叠的灰白色鹅卵石代表无数的生命，它们是历史见证者，山石用其无声的语言让人们在参观的过程中感知场所精神，从而使人们对事件的认知更具触动性[5]。

（三）重塑山石的人文思想性

大地艺术中山石的概念在当代艺术语境下被不断转化，艺术家和设计师通过当下丰富的手段和观念进行重新诠释，山石在环境艺术设计中不断呈现出人文思想性，给观者以新的启示。

早在大地艺术产生之前，野口勇的艺术实践中就开始了艺术化地形的探索，从创作思想上来说他是大地艺术的先驱性人物。他试图通过纯粹的山石艺术创作来探索雕塑与景观相结合的可能性，从材料上来看石头是他最具表现力和精神性的标志，从艺术角度开辟了景观艺术的新形式，其中曼哈顿银行广场下沉式庭院和耶鲁大学珍藏书图书馆下沉庭院都是通过单一的石头材质进行塑造的景观，但风格大相径庭。曼哈顿银行广场下沉庭院是根据日本枯山水的内涵而设计，他将七块大石头放置于白色花岗岩材质建造的波浪形地床上，用白色花岗岩铺成环形花纹和波浪曲线象征枯山水中被耙过的沙石。这个新版本的枯山水体现出野口勇对于东方人文思想的眷恋，野口勇也将其称之为"我的龙安寺"——龙安寺庭院是日本最著名的枯山水庭院。耶鲁大学珍本图书馆的下沉庭院（图9）从观看视角来说和曼哈顿银行广场下沉庭院一样，但这里野口勇采用了西方现代主义艺术的极简手法将白色大理石进行塑造，无论

(1) 深圳湾文化广场设计方案

(2) 大地艺术《镜山水月》

(3) 承德山谷音乐厅

图 10 山石观念影响下的建筑艺术设计

参考文献：
[1] AprilK ingsley"Critique and Foresee", Art News.1971,3.
[2] 周玉明 . 大地艺术与景观设计 [J]. 装饰 ,2005(3).
[3] 华晓宁 . 从大地艺术到大地建筑 [J]. 艺术评论 ,2010(5).
[4] 张健 . 大地艺术研究 [M]. 北京 : 人民出版社 ,2012.
[5] 刘洁 . 纪念性空间的景观生成艺术研究 [D]. 大连 : 大连工业大学 ,2015.

是庭院地面还是地面之上的三件雕塑都是光滑的白色大理石，浑然一体，完全体现出他设计思想深受西方现代主义艺术的浸染。

无论是野口勇的雕塑还是景观，他用山石重新塑造来探究传统与现代的设计形式、西方与东方的精神内涵传达，他的艺术是将日本文化精髓与西方现代主义融合的典范，一切源于他以山石重塑人文精神的理想。野口勇的探索也为今天的艺术家和建筑师赋予山石创作新的时代含义开辟了道路，使得大地艺术的创作从物理的山石升华到观念的山石。例如马岩松团队设计的深圳湾文化广场、拟像派代表作《镜山水月》、Open 建筑事务所的山谷音乐厅等（图 10），都是基于人文主义思想的当代山石艺术观念性表达。

四、结语

大地艺术的思想观念和创作手法，对于中国当代城市、建筑和景观的设计与营造产生了深远的影响。大地艺术中的山石已经超越了材质的属性，它更多地成为创作灵感的源泉和思想表达的载体，也是生态学意义下的自然选择。大地艺术让我们对山石的理解超越了物理学意义的范畴，也让我们拥有更加包容的态度将山石思想和观念融入到设计实践中，为未来中国环境艺术设计拓展更加广阔的思维与方法。

东方魅影古石新韵——大足石刻与吴哥窟历史回顾、比较与展望

李子璇 孙奎利* 龚立君

天津美术学院

摘要： 重庆大足石刻与柬埔寨吴哥窟都是当今世界现存最具有代表性的宗教石刻艺术，虽身处异国，但其相近的营建时间、相称的艺术表现形式以及相似的历史地位，将两者密切联系起来。本文以大足石刻和吴哥窟为例，从出世、根脉、宝藏、展望四个层面对其进行分类梳理。首先对大足石刻和吴哥窟进行综述研究；其次通过对两者造像艺术及文化内涵差异的分析，从艺术内涵、技法表现、装饰手法三个方面进行系统阐述；三是从"高明远识和创造智慧"两个方面讨论大足石刻与吴哥窟的文化价值之异同；最后延伸至当下，提出大足石刻遗产在造型、技术、文化三方面差异化的活化与传播策略，期望对繁荣传统石刻雕塑艺术起到积极的传播价值和意义。

关键词： 重庆大足石刻；柬埔寨吴哥窟；成因溯源；艺术及文化内涵；价值及传播路径

一、引言

石刻艺术以石为纸，是一部由世界各个时期的石上雕刻层积累叠加而形成的长篇艺术史诗。重庆大足石刻与柬埔寨吴哥窟作为其中的重要章节，皆以宏伟的规模、神秘的起源、精妙绝伦的雕刻名震四方。作为同一时期的世界两大建筑奇观，在相同的时代背景、不同的空间背景下，大足石刻与吴哥窟各自都有哪些造型特点、技法表现以及艺术内涵？所蕴含的文化价值又有哪些异同？对此进行比较分析无疑是颇有意义的事。本文试图站在世界的角度，以史料为基础，从石刻本身出发，将重庆大足石刻与柬埔寨吴哥窟联系起来横向比较，并借此探索我国悠久的石刻文化如何在现代语境中焕发新的生机和活力。

二、出世：重庆大足石刻与柬埔寨吴哥窟成因溯源

（一）重庆大足石刻之意

大足石刻位于中国西南重庆市郊的大足县，人文历史深厚，167平方千米的占地内，有多达75处石窟，5万多座造像，10万余字铭文，其规模之宏伟，雕刻之精美，举世闻名。其中又以宝顶山、北山、石篆山、南山以及石门山五座山崖的造像最具特色、最为著名，而它们的统称，即为大足石刻。

大足石刻被称作"世界石窟艺术史上最后的丰碑"，又被称作"中国的吴哥窟"，是中国晚期石窟艺术的代表，与敦煌莫高窟、龙门石窟、云冈石窟、麦积山石窟齐名。大足石刻最早可追溯至唐高宗永徽年间，经历晚唐、五代，在两宋时期达到巅峰，后跨越千年，延续至今依然保存完好。石刻造像分布于县内各处，造像内容以佛教为主，也有道教、儒家造像，是唯一的"三教合一"石刻遗址，以区别于以往石窟造像的世俗化、生活化、民族化等特色，在中国石窟艺术史上也是独树一帜。

1999年，大足石刻被联合国教科文组织列为世界文化遗产。历经千年岁月的大足石刻，自驻守大足的唐将领韦君靖，在北山石岩上初雕佛像，再到宋代高僧赵智凤主持开凿宝顶山，倾千人之力，历经风雨磨难，终于在现代重新显露光芒，进入了《世界遗产名录》的辉煌殿堂，令世界都为之震撼。

（二）柬埔寨吴哥窟之韵

吴哥是公元9世纪~15世纪高棉王国的都城，1431年因战乱和自然原因而被遗弃荒废，逐渐被世人遗忘。直至19世纪中期，为寻找珍稀的热带动植物，法国生物学家进入柬埔寨热带丛林中探秘，由此，吴哥窟这一人类历史上最伟大的创作之一才得以重见天日。吴哥城占地面积庞大，远超现代巴黎的占地面积，内部包含600多座王宫遗址和寺庙群遗址，用于建造的石块数目比之埃及金字塔都有过而无不及。在这座神秘都城中央，昔日真腊王朝的最高杰作，被信仰者视为连接神界与人界的中心点——吴哥窟借此重新回归大众视野。吴哥窟又被称作"吴哥寺"或"小吴哥"，占地1.626平方千米，是世界上规模最大的宗教建筑。吴哥窟自建造至完成历时近30年，其建筑气势宏伟、雕刻精美绝伦，与中国长城、印度泰姬陵以及印度尼西亚的婆罗浮屠并称东方四大奇迹，也是世界七大奇迹之一。1992年联合国教科文组织将它列为世界文化遗产。

三、根脉：大足石刻与吴哥窟造像艺术及文化内涵之异

（一）寻人文历史深致——不同的艺术内涵

"一种艺术样式的形成，其背后蕴藏的往往是当时国家或社会所产生的民族心理。"[1] 每一件艺术品的诞生都脱离不了当时的历史背景以及审美思潮，大足石刻与吴哥窟也不例外。

李泽厚在《美的历程》中写道："在宗教雕塑中，随着时代的变迁，有各种不同的审美标准和美的理想，大体上可划为三种：魏、唐、宋。魏以理想胜，宋以现实胜，唐以二者结合胜。"[2] 唐代之后，宋代将艺术世俗化发展到极致，宋代艺术比以往任何一个朝代都更加贴近大众生活。这源于宋代重文轻武，儒教礼义盛行、道教异军突起而佛教式微，绘画艺术盛行而雕刻艺术不受重视的背景下传播大众都可以接受的佛法，非世俗化不可通行。因此，这一时期的宝顶山石刻将世俗化发展到了巅峰，将日常生活和宗教义理融会贯通，解释教义直接用刻画宋代真实生活和人物形象的方式，充分反映人民的愿景以及审美。比如大足宝顶山第15号《父母恩重经变相》（图1左），展现的是父母含辛茹苦养育子女的场景，11组碑文造像中有6组都以母亲对孩子的爱为主题：母亲吃粗茶淡饭，却用甘甜的乳汁哺育孩子；母亲将美味食物给孩子，自己却吃掉难吃的食物；孩子夜间尿床，母亲将孩子移到干爽的被褥上，自己却睡在湿处……这些母亲养育子女的场景，全部通过仿真人的造像来表达，带有浓厚的生活气息，失去了神与人的界限，令观者能直接而深刻地了解到其中宣扬的"孝道"文化。另有大足宝顶山第20号《地狱变相》，是对道家"十八层地狱"的描摹，本是恐怖的场景，却也包含《养鸡女》（图1中）这样勤劳朴实的宋代普通妇女形象，尽管在石刻一旁有"养鸡者入地狱"的戒律碑文，但观者更多的还是被农家生活情趣和田园气息所打动，同时不难看出背后雕刻者们的思想观念，他们

未必认同宗教中养鸡人会下地狱的义理，因为这样的场景在他们的生活中比比皆是，这就是他们的生活。当然，《地狱变相》中也不全是养鸡女这样令人会心一笑的石刻造像，更多的是如"刀山""拔舌""锯解""截膝"（图1右）等二十多种阴森恐怖的道家地狱场景造像。像《父母恩重经变相》《养鸡女》这些与其说是具有深奥佛教义理的石刻造像，倒不如说是雕刻者们用写实的手法直接描绘的现实生活，而《地狱变相》则是道家世界观中的犯罪后果，足以反映出当时的社会现象与地方特色。

比起中国的大足石刻，柬埔寨吴哥窟秉承了印度教、大乘佛教以及

图1 大足宝顶山《父母恩重经变相》《养鸡女》《地狱变相》
（来源：王庆瑜《大足石刻艺术》）

神王崇拜的宗教文化形态，具有恢宏、威严的特点。吴哥窟内部供奉有印度教神话中地位最高的神明毗湿奴，他挽救世界的神话故事被雕刻在吴哥窟的回廊中，除此之外还有大量真腊国征战场景与平民百姓的生活场景，整条石刻浮雕回廊长达800米，造型风格离不开印度人文背景的影响。当时的吴哥王朝类似于中国秦朝的中央集权，神王崇拜盛行，并且不仅是对于神的崇拜更是对于国王的崇拜，国王会在石壁上雕刻颂扬自己的铭文，甚至将自己的脸孔数以百计地雕刻在石壁上，希望达到一种国王至高无上的境界。吴哥窟回廊也同样不仅是在传播传统神话，更是在塑造国王的光辉形象，这种潜移默化的手段使得民众相信国王是与神明相通的，神就是王，侍奉神王是每个吴哥人与生俱来的责任，以此达到教化民众的目的。比如回廊中的石刻《苏利耶跋摩二世行军图》（图2左），描绘的是当时国王出征时的宏大场面，画面分为上下两层，下层是数量庞大的军队，上层是军师将领协战的场景，而国王则高高在上，坐在华丽的椅子上，身形比例刻画比旁人大许多，身后层层华盖，即使是一旁骑着伽鲁达的毗湿奴造像，尺寸也远小于国王的造像，面对这种直观的信息传达，即使不识字的民众也能对王权与神权有清晰的认知。毗邻《苏利耶跋摩二世行军图》的是《天堂地狱图》石刻（图2右），这段石刻与大足石刻《地狱变相》想要传达的内涵极为相似，但在手法上更讲究对比和冲突，雕刻者将整个画面一分为三，分别讲述天堂与地狱的故事，上面两层是道德高尚的人坐着轿子前往天堂并在天堂中过上了美好生活，最底层则是犯下罪孽的恶人被送往地狱，并在地狱中接受各种残酷的审判和刑罚，两处场景形成鲜明的对比，使观者如身临其境，不禁心生畏惧、规诫自身并产生对天堂的美好向往。

总体上看，大足石刻与吴哥窟两者虽然都以宗教题材为蓝本，但吴哥窟石刻中的神性光芒是人性无可比拟的，它旨在表现仙界降临人间，同时包含一些征战场景的再现，是一座神权与王权的结合体，服务于国王和少数统治阶级。而大足石刻将神性放低，更多地体现人性，带有浓重的世俗化色彩，通过雕刻造像，展现出一幅幅普通人的日常生活，用这种通俗易懂的方式去释经明义，专供普通信徒修行学道。

（二）赏人迹刀锋千转——不同的技法表现

在技法表现上，大足石刻堪称是匠人们"炫技"的舞台，无论是圆雕、透雕、高浮雕还是浅浮雕，都能在大足石刻找到对应手法的造像，也正是因为如此多的技法表现，大足石刻才能呈现出令人目不暇接的华丽场面。其中，工匠智慧发挥至极致的造像是北山石刻第130号《摩利支天女龛》（图3左），它描绘的是印度教战神摩利支天女。这座造像集所有技法于一体，形体块面分明、刀锋利落，给人大气磅礴之感，但同时又加入了中国本土艺术中特有的"线"，使得整个画面更添一抹柔美的韵味。这种"线"可以是天女身上细密繁琐的衣纹和璎珞，可以是天边的藤蔓和云朵，也可以是天女辗转着流光的眉眼，线条的走向流畅如同水纹流淌，随着人物的身体结构自然起伏转折，刻画手法极其细腻，在厚重坚硬的石材上表现出了轻盈布料与平滑肌肤的质感，与唐代吴道子画作《八十七神仙卷》（图3右）中的线条表现如出一辙，吴带当风，令人一时无法分清雕刻与绘画的界限。

吴哥窟使用的技法主要是圆雕和浮雕，圆雕包括印度教三大主神像、

图3 大足北山《摩利支天女龛》、
吴道子《八十七神仙卷》局部
（来源：汇图网）

国王像、佛陀造像以及大象、猴子等动物雕像，浮雕包括装饰性花纹、天女浮雕以及回廊上的叙事性浮雕。吴哥窟的圆雕并不出色，圆雕神像沉重呆板，而浮雕却精致无比。匠人们在砂石上刺绣般雕琢出各种镂空和穿插，浮雕上有圆雕，圆雕中有镂空，镂空中又有浮雕，如同万花镜般层层递进，精妙无比。其中艺术成就最高的就是吴哥窟第一回廊中的浮雕（图4），浮雕规模比之从前更大，细节刻画更加完善，几乎达到毫发毕现的程度，匠人们娴熟精炼，运用叠压的技法，增加雕刻的层次感。祝重寿先生在《东方壁画史纲》[3]中写道："小吴哥寺浮雕场面大，人物多，生动传神，写实精致，富有装饰性，生活气息浓，民族特点强，堪称世界上一流的浮雕壁画。"

（三）品人情异域之美——不同的造型特点

众所周知佛教自印度传入我国，而它并非是一成不变的，自汉到宋的几百年间，印度佛教逐渐本土化、民族化，这些变化具象地体现在雕刻艺术中。大足石刻中的佛教造像就完全是一种中国式风格，一改印度佛教造像中高鼻深目的形象，大足石刻的造像有着中国人的面孔，面容温和慈爱，仪态端庄，穿着也是时下最流行、最华贵的服装饰品，无论是佛陀、菩萨还是罗汉、金刚都充满了富足而写实的世俗风情。石门山第9号的《诃利谛母龛》（图5左），源自印度佛教中的诃利谛母，本是高高在上的女神，大足石刻的匠人们却将她刻画成一位端坐于正厅中

图2
吴哥窟《苏利耶跋摩二世行军图》《天堂地狱图》
（来源：李元君《寻谜吴哥窟 图说柬埔寨文明》）

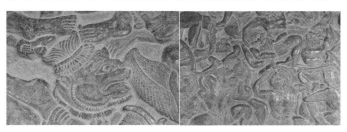

图4 吴哥窟第一回廊浮雕局部
（来源：李元君《寻谜吴哥窟 图说柬埔寨文明》）

的宋代贵妇形象，左右两侧还搭配侍女和乳母像。北山第5号《毗沙门天王龛》（图5右），刻画的是来自印度的护法天王毗沙门，却穿着中国唐代武将的战袍。这些足以体现当时的艺术水平十分发达，社会风气轻松自在，即使面对的是严肃的宗教，艺术创作也空前自由。

受印度教和婆罗门教"灵肉双美"思想的影响，吴哥窟造像和大足石刻造像风格迥异。大足石刻中的造像，服装厚重繁复，很难通过外表辩明佛陀或菩萨的性别，但吴哥窟的佛教造像性别特征明显，男神胸膛宽阔、体态稳健，女神身姿轻盈、仪态婀娜，面孔虽然刻画略微粗糙，但均为方脸厚唇阔鼻、面露微笑的典型高棉人特征，热情与活力跃然石上。吴哥窟随处可见的阿普沙拉浮雕造像（图6左），女神袒露肚脐，着印度古典服饰，做出夸张的舞蹈动作，无不体现女性的身体之美，形成灵肉双美、神秘浪漫的造像风格。而大足石刻受时代的束缚，故意模糊造像的性别，因此更加注重于人物面部的经营雕琢，但这不代表雕刻家们就没有办法展现女性身体之美，北山第125号《数珠手观音龛》（图6右），被称作"媚态观音"，她面容姣好，唇边带笑，双手自然交握，一条佛珠自指尖垂下，风吹拂周身飘带，也吹动了柔软裙角。这是一幅菩萨飞天像，工匠们将她最美的一刻定格在了北山石壁上。与其说是和人有着跨不开壁垒的神仙形象，倒不如说是邻家娇憨的少女，她的微笑

图5 大足石门山《诃利谛母龛》、大足北山《毗沙门天王龛》
（来源：王庆瑜《大足石刻艺术》）

图6
吴哥窟阿普沙拉浮雕造像、大足北山《数珠手观音龛》
（来源：汇图网）

腼腆，充满了人性的光辉，生动而亲切。

（四）悟人本形神气蕴——不同的装饰手法

主流宗教自古以来都有着至高无上的地位，工匠们使出浑身解数，用最华丽的手法对宗教雕刻进行装饰，给信众们视觉上的冲击以达到他们心目中"神"该有的面貌。

大足石刻的装饰手法受绘画艺术影响深远，不仅在于雕刻线条，还在于装饰元素。牡丹花曾被称为中国国花，"唯有牡丹真国色，花开时节动京城。"唐宋画作中常能看到头簪牡丹的仕女形象，牡丹花作为装饰品，深受唐宋妇女老少的喜爱。不仅是牡丹花，宋人佩花的种类从真花延伸到人造花，如宋代特产象生花（图7左），镶金嵌银，精致华贵。工匠们正是从这些画和日常生活构思出一个个神明形象，他们认为簪花是美丽的，作为神明应该享有世间所有的美丽，因此，花卉作为装饰元素出现在了菩萨的宝冠上（图7右），配以最珍稀的金银玉石镶嵌绞丝，除此之外还有璎珞款式、珍珠耳坠等，可以说人间流行什么，工匠们便刻什么，放眼望去看到的不单单是宗教造像，也能看到当时富足的世俗生活，很难分辨究竟哪里是人间，哪里是神界。

吴哥窟的装饰手法是繁复的，但在繁复中还保持着节奏与平衡，或疏或密，或紧或松。装饰内容充满了热带丛林的异域风情，奇珍异兽浮雕枚不胜数，除了普通的狮子、猴子、大象等形象，工匠们还雕刻了诸如七头蛇神娜迦的神明形象，七个蛇头共同扬起，威风凛凛；门楣上各式的几何图案以及窗户装饰瑰丽精致。吴哥窟的装饰不同于大足石刻的华丽典雅，更多的是神秘感与浪漫感兼具的高棉风格。

图7《宋仁宗皇后坐像》局部侍女头戴象生花冠、北山转轮经藏窟内菩萨
（来源：汇图网）

四、宝藏：大足石刻与吴哥窟文化价值之异同

历史上城市的结构与功能一直在转变，它们经历一次又一次覆灭与新生，达到顶峰又再次走向灭亡，文明消逝如白云苍狗，而真正的美，无论历史如何变迁，时代如何更迭，都能经受住考验，在浩浩汤汤的历史长河中，始终散发着耀眼的光芒。而这些跨越千年的美，都有一个共同的生命源泉——"文化"。"文化"是灵魂，艺术是载体，只有艺术与文化结合才是灵与肉的统一，才能创造出深远的价值。

（一）高明远识——立意当下着眼未来的时空观

大足石刻与吴哥窟虽然都具有宗教性质，但它们留存的价值已经超越了宗教文化本身。大足石刻与吴哥窟之所以能够千年不衰，且越来越彰显超凡的价值，创造者功不可没。他们立意在当下，着眼于未来，通过智慧和敏锐的艺术感创造出了属于本土、能够经受时间考验的艺术作品。

大足石刻最弥足珍贵的是，以往宗教性质的石刻都作为个人家族的供养像出现，背后有强大的资金支持，甚至有皇室推手，而大足石刻却是完全的"公共艺术品"，它不属于任何一个家族，只要是信众就可以对它进行参拜，行走于大足山间就能受到教义的感召。这源于创造者的高明远识、敬天爱民、立志广传佛法，救百姓于困苦之中，在山壁上建造了独具民族特色的石刻艺术，同时发展了光辉璀璨的中国文化，集绘画、雕刻、文学于一体的艺术精粹，无论是具象的雕刻布局、构造、形象，还是蕴含其中的"天人合一"理念，均为中国人自古以来自我情感超越的宇宙哲思，最终跨越千年行至当下，成为经久不灭的奇观。

（二）创造智慧——技术与艺术结合的创作观

大足石刻与吴哥窟的地理位置、气候、地形等各不相同，创作者们虽没有系统学过西方的理论，但凭借丰富的经验，因地制宜，在创作时不仅考虑到采光、防水、透视等，还将"艺与技""美与力"巧妙结合起来。

大足石刻中的大型文殊菩萨造像（图8），整尊造像头大身小，身体前倾，重心不落地，双手间更是高托一座石质实心的七层宝塔，看起来摇摇欲坠，却于近十米高的山壁上悬置了近千年，如同一个建筑奇迹。那么，这究竟是如何做到的？这来自于古人的智慧，中国有一种传统木

文化三方面进行的遗产活化策略（图9）。

（一）以造型之美，旅游衍生文创产品设计开发

2020年，我国将文化产业提到了新的高度，未来文化产业势必成为国家战略性支柱产业。[6] 传统文化想要永葆活力就必须走上创新之路，其中一条就是打造具有鲜明地域文化特色的文创产品，配合营销推广手段，令自身得到更多的宣传，从而吸引大量外来游客，带动地域经济发展，增加经济收入。在文创产品的设计开发上，大足石刻可以凭借自身独树一帜的"造型之美"，取石刻之形、石刻之色、石刻之文进一步设计（图10）。在石刻之形方面，可以利用现有元素符号，如大足石刻中的菩萨、佛陀、仙女、千手观音、六道轮回等形象，进行提炼概括，在保留原始形态的基础上再创作，使古典元素与现代设计接轨，与现代人的审美观念相结合，在传承与弘扬的基础上创新发展，打造出既古香古色又有现代文化个性的产品。除石刻之形，还可以取石刻之色进行设计应用。大足石刻中的色彩搭配极具美感，多用红橘、蓝绿等饱和度较高的颜色，对比强烈、色彩醇厚，同时又给人细腻典雅之感，运用这些色彩进行二次创作，无疑是给审美疲劳的大众一场视觉盛宴。中国自古以来文学底蕴深厚，取石刻之文，与具体的产品结合，如敦煌印有诗词的纸扇、故宫印有文字的书签、日历等。当然不管是取形还是取色，文创设计始终

图8 大足石刻文殊菩萨造像
（来源：王庆瑜《大足石刻艺术》）

建筑构件，名为撑拱，位于宽大屋檐下，支撑屋檐并和屋檐呈三角形稳定结构，大足石刻工匠们正是巧妙地将这一原理运用在文殊菩萨造像中：交叠伸出的手臂和宝塔就是屋檐，自然垂至脚面的宽大衣袖就是撑拱，它们形成了一个稳定的三角形，使得造像虽悬于山崖仍稳如泰山。

吴哥窟身处热带丛林，气候炎热潮湿，地形多沼泽红树林，匠人们为了巩固吴哥窟的地基，全靠人力将旧土挖走填以细沙、石子，这样的地基在雨水降落后会更加紧实，保证吴哥窟屹立不倒，而在雨季洪涝时，真腊人又通过挖掘护城河，形成一座人工蓄水池，巧妙解决了地下水位涨落对地基破坏的可能。

五、展望：大足石刻遗产活化与传播之路

喻学才在《遗产活化论》中写到，遗产活化就是"如何把遗产资源转化成旅游产品而又不影响遗产的保护传承"[4]；龙茂兴认为遗产活化是让静态的遗产生动化，借助于"有声有形、有神有韵"的文化产品来展现遗产所蕴含的传统文化特色[5]。不管是大足石刻还是吴哥窟，它们的独特性都是无可取代的，如何去活化这些遗产资源是当今人类需要思考并实践的重点。笔者通过对前三节的内容研究，初步构思出从造型、技术、

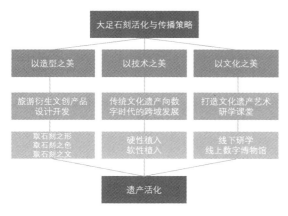

图9 大足石刻活化与传播策略

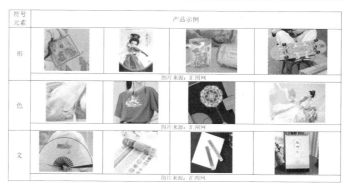

图10 其他文化遗产文创示例

要紧扣更深层次的文化内涵，赋予产品历史厚重感与文化属性。

（二）以技术之美，传统文化遗产向数字时代的跨域拓展

近现代以来，传统文化遗产注入影视作品中的案例层出不穷，比如敦煌莫高窟，经常能在影视剧、游戏甚至各类手机APP中看到它的身影，比如张艺谋的电影《英雄》就是在敦煌取景；为了贴近年轻人的市场，敦煌常与游戏进行合作；逢年过节时亲友之间传送的微信红包封面也有敦煌的身影。通过这些与网络、媒体接轨的方式展现敦煌的景观人文，起到了极大的宣传作用。大足石刻可以借鉴这种方式（图11）：首先是在形式上硬性植入，以影视作品为载体呈现、传播大足石刻文化，并根据各年龄段喜好调整方向，比如针对成年人推出高质量纪录片、综艺真人秀，针对儿童推出动画片，寓教于乐，逐步的打造大足石刻影视IP。另外是在内涵上的软性植入，围绕具体的题材内容进行创作，注重大足石刻的人文情怀以及民族精神，从而激发民众的民族认同感、对民族文化的支持与重视。比如，河南卫视推出的"端午奇妙游"中的水下"敦煌飞天舞"，一经播出就登上热搜榜，人们在感叹舞蹈之美的同时也被多姿多彩的中华文化深深打动。无论是硬性植入还是软性植入，都是为了获得一定的传播效果，从而带动人们的出游意愿，最终达成场地营销的目的。

（三）以文化之美，打造文化遗产艺术研学课堂

国家近些年对美育格外看重，美育对于个人审美力的培养是十分重要的，应当贯穿青少年的日常生活。大足石刻可根据现实情况推出线下美术研学和线上数字博物馆的活动。线下艺术研学是一种很好的在课堂之外培养审美的方式，它打破了学校与社会在概念和空间上的界限，带领学生走出校园，脱离平面的书本，进入三维的文化遗产地，切身去感受文化遗产的美丽，并在这个过程中对其内涵产生更加深刻的认知。大

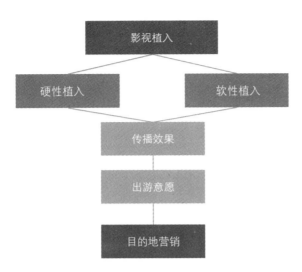

图 11 影视植入与目的地营销的关系

参考文献：
[1] 朱连城. 霍去病墓雕的美学意义 [J]. 南方文坛,2010(3).
[2] 李泽厚. 美的历程 [J]. 杭州金融研修学院学报,2018(3).
[3] 祝重寿. 东方壁画史纲 [M]. 北京：文物出版社,2005.
[4] 喻学才. 遗产活化论 [J]. 旅游学刊,2010(4).
[5] 龙茂兴,龙珍付. 旅游开发中历史文化遗产活化问题研究——以大唐芙蓉园为例 [J]. 旅游纵览,2013(6).
[6] 张诗卉. 以六朝艺术为元素的文创设计方法初探 [J]. 美术大观,2021(1).

基金项目：2020 年天津市高校教学改革重点项目《设计学科创新型、复合型、应用型人才培养模式改革与实践》（A201007301）阶段性成果。

足石刻具备充分的开设艺术研学课堂的条件，它的石刻造像亲切拟人，生动有趣，题材内容也并不晦涩，取自我们熟知的儒家经典、佛教教义，比如《父母恩重经变相》中描绘的孝道，通过一个个感人的画面潜移默化地引导学生去敬爱父母、感恩父母、知晓父母的不易，同时又给学生雕刻之美的体验，在原朴的大自然中受教，一如古代孔子在林间设置学堂，不止使这段记忆深刻，更能激发学生的艺术潜能。而线上数字博物馆打破了空间上的束缚，让人足不出户也能游览文化遗产，让文化遗产在展示自身魅力的同时和科技相结合，激发人们探究的兴趣，从而吸引更多观赏者，带来可观的经济效益。目前大足石刻研究院的数字博物馆（图 12）只有部分石刻对外数字化展示，笔者认为有很大提升空间，各个山崖石刻的经典造像、铭文、石窟都可以数字化展示，强化文化遗产的开发、利用。

六、结语

大足石刻与吴哥窟属同时代的宗教石刻雕塑艺术，因其所在国家不同、文化不同，各自对宗教教义做出了不同的诠释，表现出了迥异的艺术风格，但存在差异性的同时，它们又是互为影响、相互融合。它们都是古代创造者留给当下宝贵的艺术财富，是悠长历史文化的见证者，至今仍影响着后人的艺术创作理论与实践，具有深远的积极意义。时至今日，我们作为这些优秀石刻艺术的观赏者、守护者，有责任更有义务继

图 12 大足石刻线上数字化博物馆 （来源：大足石刻研究院）

续去探索发现、继承发扬，让它们一代代传承下去。

石窟艺术对建筑空间设计创新研究——以山西云冈石窟为例

韩雨琦 龚立君

天津美术学院环境与建筑艺术学院

摘要：云冈石窟具有悠久的历史文化和丰富的艺术特点，石雕和壁画保留完整度高，吸引了大量研究者前往考察研究。云冈石窟作为以佛教文化为背景进行建造的洞窟、壁画、石雕艺术群在设计上融合了当时的文化特点和政治影响，并以当时人们的审美观念对传统佛教形象进行了一定的设计创新为后人呈现出无可比拟的洞窟艺术形象。因此，将石窟艺术元素本身所具有的文化内涵，通过恰当的设计创新表现手法呈现在大众面前，此类设计作品可以帮助公众形成正确的价值观，提升对石窟艺术的认知与保护。故针对石窟艺术在艺术设计中的传承与实践，将石窟内具象、冰冷的石刻艺术加入情感温度，进行设计呈现是很有必要的。

关键词：云冈石窟；石窟艺术；建筑空间

一、引言

云冈石窟位于中国山西省大同市武州（周）山南麓，石窟依山势而造，东西绵延约1公里。郦道元在《水经注·㶟水》中对云冈石窟的记述为："其水又东转径灵岩南，凿石开山，因岩结构，真容巨壮，世法所希，山堂水殿，烟寺相望，林渊锦镜，缀目新眺。"云冈石窟洞窟包含了大量完整的窟龛、石雕、壁画，为后世研究者提供了充足的研究素材。石窟是北魏时期，从兴安二年（453年）动议与设计并开凿，工程于正光五年（524年）完成，共历时71年。其现存大小窟龛254个，主要洞窟45个，石雕造像5.9万于尊。

云冈石窟是以佛教文化为背景结合了汉民族文化后对传统佛教形象做出了一定的改动，并创新地提出了新的佛教形象设计。云冈石窟是古人智慧、哲学及审美认知的体现。作为一部佛教文化设计教科书，对于云冈石窟在设计艺术学方面的研究应从政治、经济、科技多个方面进行分析讨论。

二、云冈石窟设计特色概述

作为西来像法在中华大地绽放出来的第一朵奇葩，云冈石窟一改葱岭以东石窟寺泥塑、壁画、木雕为主的艺术形式，直接比照印度的大型石窟建筑，在东方首次营造出气势磅礴的佛教石窟群。云冈石窟开凿大致可分为三个阶段。早期文成帝时昙曜五窟的开凿，其造像形成了朴素大方的风格；中期为献文帝、冯太后、孝文帝时皇家营造的大窟大像，其造像着重以样式、色彩以及题材为主，尽可能展现丰富的表达形式，形成了富丽华贵的风格；晚期以迁都洛阳后民间补刻的窟龛为主，其造像集中在小窟、中窟，使得造像技术与手法得以完善，形成了淡雅自然的风格。这三个时期的风格承上启下，形成脉络。

（一）初期造像艺术风格

云冈石窟的早期石窟雕刻设计思路主要来源于龟兹和天竺地区佛教的形象设计，其艺术风格与犍陀罗艺术和笈多艺术有关。以早期著名的"昙曜五窟"（第16~20号窟）为例，其造型大多凝重自信。昙曜选择最先在武州山开凿石窟，一定是云冈微地貌最佳之处。"云冈石窟开凿在侏罗纪的厚层砂岩中，该砂岩为黄褐色并夹有紫色砂质页岩。岩石的主要成分为长石和石英，胶结物多含钙质和泥质，岩体交错层里发育岩性纵横不一。云冈石窟的岩层厚约40米，东西两段逐渐减薄。岩性变化规律大致是：上部石英含量多，东段长石含量多，因此这层砂岩上部比较坚硬，下部比较疏松；中西段比较坚硬，东段比较疏松。"从云冈石窟造像的现状看，昙曜选择开凿石窟的地点，是武州山山体岩石最好的地方，同时也是武州川前道路最开阔的地方。

其中，第20号窟大佛是云冈石窟的标志。第20号窟中的雕像姿态端庄，鼻梁高直，双耳下垂，眉清目秀，口大唇薄，表情慈祥静穆。在石窟空间上，第20号窟前面的墙壁全部坍塌，导致大佛裸露在外，使得许多人误以为大佛窟原本如此（图1）。

其实，以"昙曜五窟"为代表的窟龛平面为椭圆形，上部有穹窿顶，外观有一门一窗。人们在窟外只能在门窗处隐约看见大佛，等到踏进大佛窟时，抬头一看，高山仰止。而在古代，椭圆的计算对于石窟的开凿

图1 云冈石窟第20号窟造型

雕刻有着巨大的挑战，如第18号窟大佛（图2）。而第19号窟有一尊典型的湿衣佛，也受到了笈多风格的影响。云冈石窟早期的造像主要在于对北魏政权的巩固，将北魏鲜卑氏马背上骑兵那种质朴雄伟的造型进行呈现，工匠更多的是客观质朴地展现佛教形象。

（二）中期造像艺术风格

云冈石窟的中期建设，正处于一个继往开来的蓬勃发展阶段。一方面是西来之风不断，占据着主导地位；另一方面是中华传统的兴起，汉

图 2 云冈石窟第 18 窟仰视视角

式建筑、服饰、雕刻技艺和审美情趣逐渐显露。

与早期造像相比，中期造像健硕、美丽，但逐渐丧失了内在的刚毅与个性，雕刻如同拓制泥塑一样程式化。大像、主像和主要造像的雕琢是精细的普通型造像，略显草率，工匠洗练的刀法仿佛于漫不经心间流淌出来，反而给人以自由、活泼、奔放的感觉。大量的动植物纹样被运用于洞窟装饰中，推陈出新，中西结合。部分佛像开始变得清秀，面相适中；佛衣除了袒右肩式、通肩式袈裟之外出现了"褒衣博带"样式。菩萨的衣饰也发生了变化，除头戴宝冠外，又流行起花蔓冠；身佩璎珞，斜披络腋转变为身披帔帛。这些佛装有向着汉族衣冠服饰转化的倾向。由此填补了我国南北朝佛教艺术从"胡貌梵相"到"改梵为夏"演变过程的空白，如第 11~13 号窟（图3）。

图 3 云冈石窟第 11 窟

在色彩上，云冈石窟运用了传统的黄、红、蓝色彩搭配，展现出皇家的壮丽气派。中期的云冈石窟与早期相比技法上更加细致，雕像面部刻画生动传神，整体雕刻华美、图案富丽。

（三）晚期造像艺术风格

在孝文帝迁都洛阳后，平城依然为北都，云冈的皇家工程基本结束，一些雕刻匠人也随着迁都离开了，但民间盛行的开窟造像之风尤烈。塔窟、四壁三龛及重龛式洞窟，是这一时期流行的窟式。造像的内容题材趋于模式化、简单化。雕像在衣着上更显得大众化，佛像面容消瘦，细颈削肩，神情显得缥缈虚无；菩萨身材修长，表情孤傲。给人以清秀俊逸、超凡脱俗的感觉，显然符合中国人心目中对神仙形象的理解。

三、云冈石窟的空间设计探索

云冈石窟是石窟艺术中国化的典型代表，是保存较完整的珍贵历史雕刻资料，是反映北魏时期人们崇尚精神艺术生活的真实写照。作为宗教建筑，石窟的空间及其功能寓意与民间传说相关。笔者认为，在云冈石窟的文化输出点上，可以从功能、寓意的角度切入进行设计创新。

早期石窟的洞窟平面皆作马蹄形、穹隆顶，整个建筑空间呈现出鲜卑人传统居室毡帐穹庐的形貌。中期石窟大多是平面呈方形，窟顶出现平棊顶、平棊藻井顶壁画多横向重层布局，实为模拟中国样式仿木构的石雕建筑，建筑空间已改为模拟人间帝王的殿堂，更准确地说是中国汉式殿堂的布局，显示着与早期石窟空间结构明显不同。（图4、图5）

图 4 云冈石窟外部空间

图 5 坐落在武州山的云冈石窟全貌

作为宗教建筑和宗教艺术，石窟寺的雕塑与绘画的首要功能就是为了宣扬佛教教义，是为了配合变文讲法，为了庄严整个石窟道场。为了广大民众观佛、礼佛，云冈石窟开凿过程中观佛、拜佛、礼佛，一直是设计者坚定不移的追求。石窟寺也为了虔诚的信徒禅定、修行、做功德。早期石窟的建筑形式，主尊之外的洞窟里并没有更多的空间，也没有宣传教义的更多图像，巨像之下更适合五体投地的朝拜，这种建筑空间的气势，让人无法长时间停留于此，洞窟空间也无法容纳更多的人。当狂热的崇拜不能全面满足人们心灵上的需要时，随着佛教传播的深入，人们就想拥有能满足、了解更多佛教内容的空间，能有更多顺畅旋绕的和谐空间，就像追求一种更多的能够进入禅定的修行状态，能够进入一种达到心灵与神灵对话的境界。因此，对建筑空间的要求就成了中期石窟开发的重要追求目标。

对石窟空间的追求，从牧帐似的空间到近似殿堂般的空间，也是一个游牧民族从不定居所到汉居建筑的追求，这是社会发展的表现。从早期造像威严、神权、高不可攀的单一偶像崇拜，到营造图像空间里创造空间神化的追求，这是人类思维更复杂、精神更进步的表现。

建筑是人类文化的结晶。建筑空间的追求正是人类文化不断进步的表现。云冈石窟对建筑形制上的考虑，对建筑空间的追求，使人们思想认识上有了更高的追求。随着佛教传播的升温，对佛教空间的追求，更加激发了中国人无限的想象力。

四、云冈石窟艺术对艺术设计创新的启示

云冈石窟的设计特色和艺术风格代表着北魏时期人们的思想观和审美观，通过对云冈石窟艺术进行研究将为艺术设计的创作和创新提供一定的思路。

（一）石窟艺术对未来建筑空间的影响

云冈石窟将从空间结构、色彩、造型三个方面给建筑空间带来引导和启示，使艺术创作者从事物本真的不断探索中提升自己的创作能力和技艺。在建筑空中，可以将云冈石窟中布局饱满的艺术表现手法进行沿用，使得空间利用不再空洞、枯燥地对事物进行呈现。在色彩上，可以对云冈石窟中期石窟色彩的表达方式进行借鉴，通过运用色彩对比以及明显的色彩层次区分使艺术设计在创作过程中更加丰富。在造型上，可以通过对云冈石窟后期典雅、自然的佛像造型领会对细节自然的刻画，从中期石窟飞天造型中的人体姿态美中获得审美观的提升，能够使现代艺术在创作过程中敢于打破传统造型和审美规律，将现代艺术进行创新。

（二）加强石窟艺术设计作品的创新力度

在各国设计表现手法相互影响、共同发展的今天，设计师可以针对石窟的文化内涵，选择运用设计创新的表现手法，将受众多重感官体验带动起来，呈现出多感官、多维度的设计，从而增加艺术的娱乐性与体验感。例如，数字化呈现与旅游体验结合、微纪录片与 MG 动画结合的手法。

科技的发展带动了设计作品传播的方式与速度，传统设计作品可以唤起大众的情绪价值，这是电子作品不可取代的，而其产生的功用效益是不可估量的。面对资源日益匮乏的社会环境，我们逐渐意识到尊重与保护自然、可持续发展的重要性。因此，在设计石窟文化为题材的作品时，需甄选有功能的寓意，运用符合当前信息传播与接收特点，同时符合大众审美需求的传播方式，站在设计作品的生命周期角度，考虑将两种方式结合实现多方受益。设计环节中材质的选择也要深入思考，环保、可再生材料的使用应符合绿色设计理念与中华民族节俭美德，利于培养石窟艺术设计作品的良好市场影响力，提升大众对石窟艺术设计作品的接受度。

五、结语

综上所述，云冈石窟群是古人智慧的结晶和精湛技艺的诠释，通过对云冈石窟艺术特点与建筑空间的分析将为艺术设计提供新的思路，使艺术创作者不再拘泥于传统和规律。通过对事物本质更加深入的观察以及将自身技艺的灵活呈现将使得艺术创作展现出更加广阔的空间。

参考文献：

[1] 杨希. 云冈石窟的建筑空间研究 [J]. 文化产业,2022(18):125-127.

[2] 刘天歌, 杭侃. 云冈不同时期的景观与云冈堡的修建 [J]. 文物季刊,2022(2):52-58.

[3] 黄园园. 浅谈北魏石窟造像艺术——以云冈石窟为例 [J]. 文物鉴定与鉴赏,2022(9):122-125.

[4] 荣蓉. 地域文化背景下云冈石窟博物馆展陈空间设计研究 [D]. 郑州: 中原工学院,2022.

[5] 杨文璐, 陈紫业, 武敏. 石窟艺术在现代设计中的传承与实践——以云冈石窟设计探索为例 [J]. 艺术品鉴,2022(5):1-3.

[6] 贾罂. 云冈石窟造像的美学特征及其对现代设计的影响 [J]. 美术教育研究,2022(2):38-39.

[7] 陈纪昌, 吴瑶. 新媒体时代云冈文化传播方式研究 [J]. 中国传媒科技,2022(3):113-116.

天如惟则禅学思想中的狮子林假山

王珏

安徽信息工程学院

摘要：狮子林作为禅宗园林的典范，其造景意境体现了元末临济宗兼具活泼、劲健等宗风，可如今狮子林的禅门临济血脉在历史发展中逐渐削弱，古今气质迥然。因此，本文聚焦于元末天如惟则时期的狮子林假山，借助史料文本解读、图像分析、宗教学研究的通行研究方法，建立从"园主人"到"园"内在的联系，以探寻狮子林的初心。

关键词：狮子林假山；禅宗美学；天如惟则

禅宗也叫"心宗"，相信外部世界是内部世界的派生，"境界"本是佛教用语，用于描述思想觉悟和精神修为，先有心之"境界"，才会有园之"意境"。因此，分析禅宗园林不可略过对园主人自身境界的分析。狮子林是中国现存少有的禅宗园林，建成于元末这一禅宗史及园林史走向的转折点，对禅宗美学如何作用在园林这一研究课题有重要意义。但是，狮子林几经易主、面目全非，滚滚红尘将禅宗精神意趣消磨殆尽，如何才能领略狮子林的禅意呢？首先必须回到对狮子林主人的研究中去。

海德格尔曾表明，真正的艺术品具有揭示存在真理的功能，"艺术的本质或许就是：存在者的真理自行设置入作品。"[1] 在狮子林中，惟则禅师信仰的真谛与禅理，是隐蔽的，同时也是自我展开的。

一、狮子林假山历史变迁概述

童寯先生在所著的《江南园林志》评价道："狮林亭台久废，叠山虽存，亦残缺垂危……除大部分假山外，殆皆新建。不特证之倪图，景物全非，即徐贲图中，亦仅一二相似而己。"[2] 其实考证下来，元明之间有长达200年的历史空白，可能早已面目全非了。

历史上狮子林经历了四个建造及重建高峰时期，可归纳为：惟则如海—狮子林、明性—狮子林圣恩寺、黄氏乾隆—涉园、贝氏狮子林。随着主人更易、性质改变，经历了加建伽蓝、寺园一体、寺园二分、寺毁园存等变动后，狮子林从禅居之所渐成民宅，逐渐人工化、世俗化。

狮子林始建于至正二年（1402年），据元末欧阳玄"其地本前代贵家别业"，相传乃北宋代枢密章琫之子章綜宅[3]。惟则隐居其中直至圆寂，之后将狮子林交付于卓峰与如海两代住持。在如海禅师组织下，狮子林一度成为吴门文人雅集赋诗作画之胜地，就在这一时期狮子林十二景大致形成，分别为：狮子峰、含晖峰、吐月峰、禅窝（栖凤亭）、竹谷、玉鉴池、飞虹桥、指柏轩、问梅阁、立雪堂、卧云室、冰壶井。受明初清理佛教政策影响，如海辞世后，僧徒四散，僧院颓垣。嘉靖以后，狮子林竟一度沦为牲畜蓄养场[4]。尽管后来由万历年间的僧人明性中兴，狮子已不再是当时模样，更何况后来成为清朝黄氏家族、民国贝氏家族的私园，禅宗血脉逐渐消失，精神面貌也迥然相反。

狮子林假山也经历了巨变。在元朝末期，土、石结合筑山已形成成熟的山水骨架，宫苑园林如琼华岛、兔儿岛便是当时的典范之作，最初的狮子林假山是修竹环绕的土包石假山，即以土为基，土间埋石、置石，整体气势为野逸、雄浑。随着假山审美风尚变迁，逐渐以石为主、叠石成山，到清朝时已经是"岩洞奥窔，玲珑透辟"的石包土假山，"如蚁穿珠通九曲"，过于追求可穿游的洞穴，"洞穴地底通，游者迷彼此"[5]，如表1所示。

且路径复杂如迷宫，让石气凌越了山气，匠意掩盖了天然意。以至

狮子林　　表1

分类	名称	建时	现在
山石	土陂	有	无
	狮子峰	有	无
	含晖峰	有	无
	吐月峰	有	无
	立玉峰	有	无
	昂霄峰	有	无
	叠石洞穴假山	无	新建
	九狮峰、牛吃蟹、狮子绣球等	无	新建
备注	变化较大，元朝为筑土置石假山，清朝变为叠石洞穴式假山		

于清朝的沈复（1763~1832年）在《浮生六记》中对狮子林假山如此评价："虽曰云林手笔，且石质玲珑，中多古木；然以大势观之，竟同乱堆煤渣，积以苔藓，全无山林气势。以余管窥所及，不知其妙。"[6]

二、狮子林主人天如惟则的禅宗思想与园林观

（一）狮子林主人探究

学界不乏探讨狮子林禅意的论述，但是往往以当今狮子林为研究对象，忽视对其造园主人天如惟则及其所处时代的研究，变成后世架空史实的再阐释（表2）。这样不仅失去研究结论的客观性、真实性，还会泛化、误读禅宗意涵。因此园主人的在场，即对园主人自身的生平经历与禅学

狮子林记载一览表　　表2

序号	题名	年代	时间	作者	出处
1	狮子林诗序	元	1350年	李祁（?-1368）	狮子林纪胜集
2	狮子林菩提正宗寺记	元	1354年	欧阳玄（1283-1358）	狮子林纪胜集
3	师子林图序	元	1363年	朱德润（1294-1365）	狮子林纪胜集
4	师子林记	元	1365年后	危素（1303-1372）	狮子林纪胜集
5	狮子林十二咏序	明	1372年	高启（1336-1374）	狮子林纪胜集
6	游师子林记	明	1372年	王彝（?-1374）	狮子林纪胜集

思想进行解读是尤为必要的。

狮子林由谁而建是一个首先需要被澄明的问题，欧阳玄（1283~1358年）称狮子林为"惟则之门人为其师创造"，危素（1303~1372年）说是"无门之问学于师者"买地、筑室奉惟则禅师；张丑（1577~1643年）在《清河书画舫》有："时名公冯海粟、倪云林躬为担瓦弄石"；钱泳（1759~1844年）的《履园丛话》有："僧天如维则延朱德润、赵善长、倪元镇、徐幼文共商叠成"。自明朝张丑以来，倪瓒造狮子林的观点一

度兴起，直至乾隆（1711~1799 年）误以为狮子林为倪瓒的私园，"一溪与一峰，位置倪翁手。"[7] 后来才澄清错讹"狮林原佛字，以讹传讹，遂成倪迂别业，误矣。"；在袁学澜（1804~1879 年）《游狮子林记》中，"其徒维则买前代贵家别业，修筑以居其师，运太湖石入城，延朱德润、赵元善、倪元镇、徐幼文辈共商叠成假山……"则出现更多细节的不实信息。总之明清以来提及狮子林主人，视线常常聚焦文人倪瓒而非禅僧惟则，狮子林主人众说纷纭，直至今日，有论文研究狮子林者，大都略过主人这一重要题眼不谈。

实际上，天如惟则既是主人，又是造园的"能主之人"。狮子林曾是宋朝贵家旧宅废墟，现成有古梅古柏、竹林和石头，惟则的门人"相率出资，买地结屋，以居其师"[8]。初期的狮子林实在简陋，后来在惟则十二年里陆续增构营建下，直至圆寂前才成一定规模，是一方胜境，这些线索隐藏在小师惟善编著的《天如惟则禅师语录》中。

其中，惟则书信《答别流藏主》有："今吴群东河有地数畒。古树竹石如山中幽僻可爱。遂以众施之力得之。就树下作小屋数间。正月作二月成三月入居。"可见建筑完成之仓促，是以满足惟则的生活起居为当务之急。后期庭园的营建实际是由惟则长期添置操办的，可见于惟则书信《答可庭藏主》，其中惟则和可庭谈到自己庆赞新佛后受取微薄施后，便着手修整庭院的具体事宜：先是在门外桧行岛两侧作矮砖墙，又是向东西圃开二小门，以蛮石叠在玉鉴池四岸，又绕池的石栏外围作小街道，在池南新种竹数箇，又撤去池北的旧篱。收拾好腾蛟柏树荫下的空地，列瓦鼓为数客坐处。做完这些事后，惟则幸福地感慨"禅余饭罢尽有负暄散步之所矣。"惟则又补充自己为何与可庭分享修造庭园的"琐琐微事"，原来"盖足下尝同经始，一木一石皆知来历，故今日琐琐工役亦必具报云尔"，可庭是狮子林建成的重要见证者和参与者。在书信《答仲温副使病中疑问》中，惟则坦诚道："勳业方兴，乃缩缩退避以究吾宗别传之学。每语人曰，某之精神梦想无日不在师子林下。"在《答道场竺远和尚》中说："日与竹石辈周旋笑傲，不觉避喧求静之毒愈中愈深矣。"[9] 可见其对狮子林付出的精力与情感。

正如欧阳玄在《狮子林菩提正宗寺记》中中肯的评价："大概林之占胜，其位置虽出于天成，其经营实由乎智巧，究其所以然，亦师之愿力所成就也。"[10] 狮子林因邀惟则来栖而兴筑，因惟则长居而扬名，在惟则亲力经营下，才得以成为后来吴中世人拜谒、文人雅集的一处福地。

（二）天如惟则禅宗思想与园林观

惟则禅师推行"禅净一致"[11]，狮子林为城市山林。惟则对禅宗与净土宗的融合，正如山林与城市的兼顾，对出世法与入世法的平衡。惟则是得悟的高僧，已抵达"圆融无碍"的境界，思想在园林上顺延、外化，互为表里。因此，尽管惟则从不谈造园心得、旨意，对持造园经验"不立文字"，我们仍能结合他的修学经历、法脉、法理来分析其园林观，园林观包括他的造园动机、园林审美、园林生活。

他的审美意识由禅宗与净土宗构成，其中承继禅宗的临济宗法脉，行"看话禅"的引人方式，狮子林蕴含平淡超逸、机锋峻烈的特征；其中融合净土宗法门，倡"念佛禅"的修行方式，狮子林便有形象活泼、幽默向俗的特征。

（三）临济宗：平淡超逸、机锋峻烈

天如惟则承元初高峰原妙一系，不与投靠蒙古朝廷的北方临济宗为伍，修行的是山林禅，践行的是百丈怀海禅师以来的《百丈清规》。在名刹丛林间参访云游是宋元僧人一个重要的修学方式，在惟则师门间尤其重要，其师祖高峰原妙在天目山闭关，穴居狮子岩旁十五年，师傅中峰明本，半生闭关狮子岩，半生云游结庵。

惟则遵从师门传统，他的云游参学经历大概可分为三个阶段，一是山居时期，即 1304~1323 年，大德七年初参于海印昭如，后参谒天目山中峰明本得临济宗旨，明本圆寂后，惟则离开天目山；二是水居时期，即 1328~1340 年，在苏州幻住庵隐居三年，后就"一箇蒲团半间屋"，遁迹于"吴松江上九峰间"，前后十有二年；三是园居时期，即 1341~1354 年，至正元年（1340 年）之后，其门人购置土地，暂居苏州幻住庵一年后，于元至正二年（1342 年）三月，搬入狮子林长居，在园中养老、讲学及著书，直至圆寂。天如惟则前大半生的云游经历中领略无数自然景观，这是他造园"外师造化"的前提，在山水中觉悟，"中得心源"或许是造园的动机。

（四）净土宗：形象活泼，幽默向俗

禅宗因"大机大用"注重慧根，长久以来制约了自身发展，元朝以来禅宗禅净合流而走向世俗化、大众化为大势所趋。惟则持"禅净合一"思想，兼弘净土法门，发扬"念佛禅"等参学方法，是历史中推进禅净合流的关键人物。

狮子林有若山林，却是在城市中，惟则弘扬"净土禅"，狮子林的基址选择在城市中便于他将禅宗推向大众。惟则践行"平常心是道"，甘于枯淡，深信众生与佛本来同体，因此要"佛法世法打成一片"[12]，曾言"老僧与诸人共一条性命，生同生死同死，乐同乐苦同苦，丝毫无间隔，顷刻不相离"[13]。

在狮子林假山打坐修行的"禅窝"更像个具有启发性的装置艺术，"上肖七佛，下施禅坐，间列八镜，光相互摄，期以普利见闻者也。"[14] 在镜子的折射下，佛与人虚实互映、凡圣参交，见闻者方能明白佛我众生本是一体。从"禅窝"的布置中也能恍惚看到惟则作园的动机：为众也是为己，不隐于山林中只求个人得悟，要在城市中传法弘法。

三、狮子林假山的布局、构景与意境

天如惟则的法理为"禅净一致"，因此狮子林从总体上看蕴含平淡超逸、机锋峻烈的特征；兼有形象活泼、幽默向俗的特征。外化在狮子林假山上，表现在布局上为卷舒纵擒、大张大合；表现在构景上土构山意，石林助势，怪石增趣；表现在意境上为活泼真境、潦草超然。

（一）布局上：卷舒纵擒，大张大合

狮子林基本格局是城市山林，前院后园，以山为心，山势蜿蜒，贯串萦绕以溪涧，荫翳拥之以竹树，怪石、池、井、亭、台点缀其间。

狮子林的假山布局可见于王彝的《游狮子林记》，他以移步异景的叙事方式，在空间方位上详细地描述了以山麓为坐标中心的狮子林整体关系。王彝笔下，狮子林假山不"假"，而是以真山为原型，为一完整山系，主宾分明，山脉绵延不尽，山峦远近有序，山势起伏错落。"其地特隆然以起为丘焉"，丘北洼下为"竹谷"，丘南立壁千仞、立石为峰，以狮子峰为首，最高而居中，形象奇怪如狮子；狮子峰旁东有含晖峰，西有吐月峰。含晖峰东有翻经台、立玉峰、栖凤亭；吐月峰西有涧、飞虹桥、昂霄峰等。其余乱石在丘之南麓，或跂或蹲，或起或伏，突兀险峻，也如狮子。丘之西麓东北方向至竹谷，丘之东麓西南方向至师子峰前。溪涧位于西麓东麓之间，蜿蜒自东北流向西南。[15] 竹与石居地大半（约十余亩），竹有万个绕山三面，林木蔽翳，盛夏如秋。

狮子林假山整体上看，形态上卷舒纵擒，依照自然山脉，有连绵、曲折、缓急；空间上大张大合，崖谷高下相倾，山环水绕，奥旷分明。而正与临济宗宗风相照应，《临济录》中言自家宗风，"全机大用，棒喝交驰，剑刃上求人，电光中垂手"[16]，似"青天轰霹雳，陆地起波涛"，以雷奔电激、摧枯拉朽之势教人身心脱落、万念俱空、绝处逢生。

（二）构景上：土构山意，石林助势，怪石增趣

经考证《狮子林胜纪》中当时文人记述，狮子林采用堆土、立石这种土石相间的筑山手法。

山意主要来源于土山，而山谷、山涧、山坡、山崖等地形皆在意匠经营之内，有真山一角的体量与态势。危素有："林中坡陀而高"，"坡陀"意思为险要不平的土坡，欧阳玄有："因地之隆阜者命之曰山。因山有石而崛起者命之曰峰。"[17] "阜"，据《说文解字·卷十四》意为"大陆，山无石者。象形。"在王彝的《游狮子林记》中，记述有自南麓的狮子峰向越桥向西，又沿涧北入竹谷再委蛇东来，沿车麓折南又向西回到狮子峰这一游山路径，可见山之颠曲曲折折。可见于倪瓒的《狮子林图》，长卷再现远观之全景（图 1）。

而石头，或聚集成林，为土山增添筋骨与气势；或单独为峰，注重单个石头材质、造型、纹理的艺术性。据王彝《游狮子林记》，狮子林

图 1《狮子林图》

中的石头疏密有致,"其南麓凡丘之巅踵,自三四峰外,诸小峰又十数计,且丛列怪石,什伯为群";据危素《狮子林记》,狮子林中的石头还险峻磊魂,气势磅礴,"石峰离立,峰之奇怪而居中最高状类狮子,其前布列于两旁者,曰含晖,曰吐月,曰立玉,曰昂霄,其余乱石磊魂,或起或伏,亦若狻猊然……"[18] 并且石有"乱",有"怪",有"奇",王彝对石峰有具体描述,说丘之南麓的狮子峰"高仅有若干尺,如舞且踞。"含晖峰,"作人立"有五个透光的孔穴,吐月峰"颇峭且锐",立玉峰"其状嵌空如刀剑划作四五叶"[19]。可见于徐贲的《狮子林十二景》折页,十二景中三处为山上点景石峰:狮子峰、含晖峰、吐月峰,三处山中小景:禅窝,竹谷,飞虹桥。以近观勾勒狮子林的"边角之景""残山剩水"(图2)。

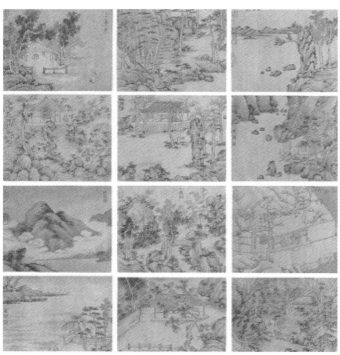

图 2《狮子林十二景》

土质与石质相互辅佐,刚柔并济,远观有雄浑有势,近观亦具备真山本质,还有峰石怪奇可细赏。

(三)意境上:活泼真境,潦草超然

有句禅语"看山是山、看山不是山、看山亦是山",是宋代大德青原行思提出参禅的三重境界。观狮子林中也有三重境界,第一重是市民百姓眼中的狮子林,惟则《狮子林即景》中记有"林下禅关日开,放人来看卧龙梅",看到的是园景植物的时节变化;第二重是参学者眼中充溢着象征的狮子林,由此产生许多佛门典故上的联想,如朱德润;第三重是惟则眼中的狮子林,"郁郁黄花无非般若,青青翠竹尽是法身",处处是禅机,事事是道场。

狮子林中最重要的象征意象正是狮子,为何是狮子,欧阳玄曾分析

不仅因石"状如狻猊",又因其狮中峰明本"倡道天目山之狮子岩"[20] 所以名"狮子林"。其实,狮子不仅是法脉传承的印记,惟则师祖高峰原妙在狮子岩下得道,《宗统编年》记载:"辛巳十八年。禅师原妙键死关西天目……天目西峰,有'狮子岩',拔地千仞,崖石林立。妙乐之,有终焉之意。"[21] 狮子还最能代表临济禅法中威风凛凛斩断一切的气质,《新纂校订隐元全集·示福济木庵首座》有:"临济正脉一派,个个如狮子王,轰轰烈烈,哮吼一声,百兽魂飞。唯金毛种草,便能返掷。"另外,狮子本是佛教故里的神灵之兽,《灯下录》中有:佛祖降生时,"一手指天,一手指地",作狮子吼:"天上地下,惟我独尊"。后"狮子吼"就指代慑服群兽诸魔的佛家法音之威德。

元泰定(1324~1328 年)中,朱德润(1294~1365 年)自京城回苏州,与惟则会晤狮子林,问惟则"狮子"是否为有意为之的隐喻,惟则道"非也。石形偶似,非假摄伏而为。"又问"狮子吼"等临济棒喝之法的效用,惟则道"非也。以声容则无此声容也。其有不言而喻者乎?"[22] 惟则对于"狮子"这一意象,并不执着,淡然视之,愿静默相对,因性相不二,万物皆为法身,何必着相、落言筌。但世道纷嚣,对于根器尚浅的众生,可能需要借"狮子"之声容形象,警群动者,破妄消欲。颇有以指月之意,见指还是见月,还看人之根器。"虽师石异质,一念在师,石皆师也;一念在石,师亦石也。" 似或不似,一念之间,自性觉明,法身尽显。或吼啸或不言,或勇猛或平淡,或狮或石,或佛或我,本一不二。臻于化境,早已物我两忘,形势俱泯。到时,"以师子还师子,以石还石,以林还林,然后佛自还佛,法自还法,菩萨自还菩萨哉。"[23]

《天如惟则禅师语录》卷二中有惟则描述开悟后的境界状态:"风行草偃,水到渠成,打开自己无尽宝藏,取之无禁,用之不竭。始信山河大地,当阳全露法王身;草木丛林,同时尽作狮子吼。"[24] 强调"山河大地""草木丛林"等自然界的一切事物,连同自己,爆发出的光芒万丈使大地平沉、虚空粉碎如同狮子吼般的无穷能量。所以,不在"狮子",而在"吼",在于个体在宇宙间迸发的能量。所以狮子林的意境,应从"形象"向"气势"上转变。狮子林中的狮子形象,像是顽石点化而成,并非刻意为之。而贝氏狮子林,以石组修补连缀模拟狮子形态,面孔身躯,徒劳形似,只见狮子形不闻狮子吼。

其实这也是当时"逸笔草草,不求形似"的审美原则在造园上的映射。在书画领域,以元四家为代表的文人群体,继承两宋遗风,将文人山水画推动至时代主流。从审美境界上抒发"逸气",进而形成"逸笔""逸品""逸格"等审美范畴。从文论思潮上,推行复古,师法董源、巨然等五代画家,提出"作画贵有古意",恢复"萧散简远"、古朴天真的格调,并主张诗书画相互渗透,相互取质。从布局结构上,摒弃自唐以来全景式山水,而推崇截景式山水,即选择边角之景和残山剩水,所谓"画一荄一石,当逸墨撒脱,有士人家风"[25](见黄公望《写山水诀》)。从笔墨造形上,反尚形写实的传统,删繁就简,不求形似,简练枯淡,追求书法笔意。

山中的竹林间有惟则参禅打坐的地方,王彝描述为"有芝一,曰禅窝",欧阳玄描述为"竹间结茅曰禅窝。即方丈也。",在徐贲画中除了禅窝其他建筑也的确过于简朴,难怪惟则说"其不甘枯淡者过吾门而不敢入也。"[26] 在惟则惟师的精神情感金润下,狮子林虽在城市,却不染浮华,拙朴草草,却是有活泼真境;虽有纷繁典故,却不滞于实相,淡然超逸,不经意处,有着自然之妙。

四、结语

在元末狮子林中,可瞥见禅宗五家之一——临济宗对狮子林假山活泼的山林之气的塑造,也能看见净土法门影响下平实、求真、通俗的特质,而这清晰真实的细节离不开天如惟则禅师的人生经历与精神世界的考察。

禅宗对中国人的思维模式与民族性格影响深刻,五家七宗各有千秋,具有深刻性与丰富性,是丰厚的宝藏。"临济痛快,沩仰谨严,曹洞细密,法眼详明,云门高古",禅意可以是淡然、适意的,也可以是劲健、痛快的;是细密、雄浑的,也可以是幽默、随机的;是谨严、现实的,也可以是

荒诞、超现实的——总之最不能忘却的是中国禅宗所饱含的活泼的生命力，重新建构本土的禅宗园林审美意识，任重而道远。

参考文献：

[1]（德）海德格尔．海德格尔文集·林中路 [M]．孙周兴，译．北京：商务印书馆，2017-23.

[2] 童寯．江南园林志 [M]．北京：中国建筑工业出版社，1984.

[3]（明）王鏊《姑苏志》，作"章家桥巷"，清同治《苏州府志》作"潘儒巷"，并注："旧名潘时用巷。在狮林寺巷北，相传宋章綜居此，故又名章家桥巷。元潘元绍又居之，宅甚广，左右皆有别业，狮子林在焉。"

[4]（明）王世贞《弇州山人四部稿》卷续 171《书文征仲补天如狮子林卷》中有："闻十余年前，狮子林尚在，而所谓十二景者，亦半可指数。今已转授民家陆氏，纵织作畜牧其中，而佛像、峰石、老梅、奇树之类，无一存者""天如一幻人，狮子林幻地，今皆已幻化，而乃欲此幻迹、了幻念耶？"。

[5]（明）释道恂．师子林纪胜集 [M].（清）徐立方，辑．扬州：广陵书社，2007.

[6]（清）沈复．浮生六记 [M]．北京：人民文学出版社，1991.

[7]（清）弘历．《高宗御制诗初集》卷 2，《题倪瓒狮子林图叠旧作韵》

[8]（明）释道恂．师子林纪胜集 [M].（清）徐立方，辑．扬州：广陵书社，2007.

[9]（元）惟则：《师子林天如和尚语录》，《卍新纂续藏经》第 70 册．

[10]（元）欧阳玄．师子林菩提正宗寺记 [M]// 释道恂．师子林纪胜集 [M]（清）徐立方，辑．扬州：广陵书社，2007.

[11] 惟则禅师倡言"禅净一致"，著有《净土或问》，是历史中推进禅教、禅净合流的关键人物。

[12]（元）惟则：《师子林天如和尚语录》卷之七，《卍新纂续藏经》第 70 册．

[13] 同上。

[14]（元）欧阳玄．师子林菩提正宗寺记 [M]// 释道恂．师子林纪胜集 [M]（清）徐立方，辑．扬州：广陵书社，2007.

[15] 高启给《师子林十二咏》作序，说"清池流其前，崇丘峙其后。"徐贲有"客来竹林下，时闻涧中琴。"洪武五年（1372 年）王彝的《游狮子林记》"吐月之西有涧，自竹谷中来，因架石为梁，曰飞虹。踰飞虹以西而下，其西麓乃北入竹谷中，委蛇东来，折以南出立玉后而上。"这是说水与山缠绕咬合的关系。

[16]（唐）慧然：临济录 [M] 郑州：中州古籍出版社，2001.

[17]（元）欧阳玄，师子林菩提正宗寺记 [M]// 释道恂．师子林纪胜集．（清）徐立方，辑．扬州：广陵书社，2007.

[18]（元）危素，师子林记 [M]// 释道恂．师子林纪胜集．（清）徐立方，辑．扬州：广陵书社，2007.

[19]（元）王彝，游狮子林记 [M]// 释道恂．师子林纪胜集．（清）徐立方，辑．扬州：广陵书社，2007.

[20]（元）欧阳玄，师子林菩提正宗寺记，释道恂．师子林纪胜集．（清）徐立方辑．扬州：广陵书社，2007.

[21]（清）纪荫：《宗统编年》卷二十六，《禅宗全书》第 23 册．

[22]（元）朱德润，狮子林记图序 [M]// 释道恂．师子林纪胜集．（清）徐立方，辑．扬州：广陵书社，2007.

[23]（元）欧阳玄，师子林菩提正宗寺记 [M]// 释道恂．师子林纪胜集．（清）徐立方，辑．扬州：广陵书社，2007.

[24]（元）惟则：《师子林天如和尚语录》，《卍新纂续藏经》第 70 册。

[25] 潘运告：元代书画论 [M]．长沙：湖南美术出版社 2002.11

[26]（元）惟则：《师子林天如和尚语录》，《卍新纂续藏经》第 70 册。

天然石材在建筑材料中的可持续性研究

李永昌　彭立

南京林业大学艺术设计学院

摘要：制造业和建筑业一直是全球一氧化碳的重要贡献者，主要由材料选择导致。最常用的两种建筑材料是混凝土和钢铁，但这两个行业都被确定为大气一氧化碳的重要来源。而天然石材是一种零碳排放材料，具有很强的物理性，能成为混凝土和钢材的可行替代品，适用于各种应用。但目前在建筑行业对石材潜在用途的研究比较少见。本研究的目的是探讨使用石材作为建筑材料在可持续性方面是否是可行的替代方案。从生态可持续性、经济可持续性以及社会可持续性三个方面对天然石材的整个生命周期进行分析评估，凸显天然石材的优势性。结果表明，在建筑环境中使用石材是建筑行业减少一氧化碳的关键因素。除此之外，"石"营造的可修复性、可回收性以及独特地方归属感，使石材成为一种多功能介质，为建筑行业考虑更广泛地使用石材提供了选择和机会，将有助于在未来实现建筑材料可持续的发展。

关键词：石材；可持续性；建筑材料；生命周期；碳排放

一、引言

混凝土和钢材作为建筑材料的广泛使用使建筑行业成为全球一氧化碳的重要贡献者[1]，并指出该行业需要考虑使用可持续产品[2]。尽管建筑行业在采用替代建筑材料方面进展缓慢，但这种替代材料已开始变得更加普遍，通常将天然材料纳入施工阶段。这些天然替代材料包括夯土、木材（竹子、纤维板等）、稻草、软木和石头。此外，一些非常规材料也开始出现，例如通常由工业和农业废弃物生产的手工替代建筑材料，或其他可再生材料[3,4]，虽然这些替代建筑材料在住宅或小规模生产中效果很好，但目前只有木材和石材被认为具有物理和生产能力，可以将它们纳入多层结构。[3] 石头本身具有零碳足迹，高度耐用，并具有巨大的再利用潜力。事实上，在全天然建筑材料中，石材已被证明是最耐用的建筑材料之一，正如我们在一些最大和最古老的历史建筑（如埃及、南美和亚洲的金字塔和古建筑，以及世界各地的教堂和大教堂）中的使用所证明的那样。尽管有这些证据表明石材的效用，但很少有研究考虑过现代大规模转向石材作为首选建筑材料进行可持续化研究。

另外，目前环境方面的考虑要求建筑技术的新发展，以弥合对环境影响较低的需求与不断提高舒适度之间的差距。这些发展通常旨在减少运营期间的能源消耗。虽然这确实是强制性的第一步，但完整的环境生命周期分析提出了新的问题。例如，对于典型的低热能耗建筑，建筑料的隐含能量现在成为环境足迹的重要组成部分。目前人们认识到许多传统的现代建筑从长远来看是不可持续的。典型的方法旨在更有效地利用能源和材料。而天然石材作为建筑材料的使用，并特别考虑了其在可持续发展中的地位。可持续性现已成为一个重要的考虑因素，并且是建筑物建设、运营、维护和退役的永久目标。建筑业是可再生和不可再生自然资源的最大开发者之一[5]，石材作为理想的可持续性材料，是实现建筑业可持续性发展的重要材料，石砌体耐用、结构坚固、美观，能够提供广泛的性能，使其成为可持续开发的理想建筑介质，尤其是其安全性、消防安全、声学、热和湿度调节特性。通过清楚地了解自然过程及其与人类需求的相互作用，设计师可以通过设计创造出令人愉悦、功能高效和再生的建筑。

二、"石"营造的可持续性

（一）可持续性概述

可持续性是指一种持续稳定的状态，环境保护是可持续发展最基本的目标之一[6]。而建筑和施工作为世界上最大的碳排放源，是实现可持续性的一个关键环节，建筑行业是全球能源消耗和环境影响的重要贡献者，该部门通常被称为"40% 部门"，因为它占全球能源使用总量的30%~40%[7,8]。除 28% 的碳排放来自于建筑能源消耗有关，如供暖、制冷、电器等，12% 来自所含的隐含碳（EC），它与材料提取、加工、使用和处置的不同阶段有关[9]。因此，可持续性建筑材料的选用是建筑业实现可持续性的重要战略，建筑施工的过程和操作在其整个建筑使用寿命周期中消耗大量材料。可持续性建筑材料的选择和使用在绿色建筑的设计和施工中发挥着重要作用，可持续性建筑材料的性能较好，且能够节约大量的能耗。能源和环境绩效的改善是相关的目标，在这一领域，生命周期评估（LCA）确立了评估能源和环境绩效的战略作用[10]，并为环境决策支持提供了适当的工具[11]。目前 LCA 已经评估了几种建筑材料和产品[12]，例如：混凝土[13]、黏土砖[14]、硬地板覆盖[15]、大理石[16]以及英国规格石料[17] 等。这些研究证实了建筑环境中使用天然石材在能源使用和温室气体减排方面的可持续性。

（二）"石"营造的生态可持续性

1. "石"营造的碳足迹

建筑环境中砖的营造需要将天然成分（黏土）放在窑中烧制，而石材作为天然材料，在自然界中浑然天成，因此相比砖块的营造，天然石材能在这一过程中节省了 85% 从开采到使用过程中产生的能源，即隐含能源（EE），但石材在建筑环境中的使用必须先开采、提取、运输，然后对其进行处理，才能得到合适尺寸的石材（图 1）。因此，天然石材大部分内含碳足迹是由于提取后石材的加工而产生。目前主要通过生命周期评估（LCA）确立天然石材的碳排放痕迹，根据 Crishna, N 等人定义的从摇篮到大门和从摇篮到现场的 LCA 的系统边界[17]。摇篮到大门的系统主要包括从开采到处理加工的过程，从摇篮到现场主要包括从开采到分配使用的整个过程（图 1），表 1 显示了生命周期中天然石材的隐含能量以及主要的碳排放量，可以看出天然石材的隐含能量和碳足迹较低，砂岩和石灰石的环境足迹较轻，证明碳含量较低，比其他建筑石材的环境影响小。

此外，与其他建筑材料相比较，石材是一种低碳建筑材料（表 2）。显然，与砖或混凝土等其他材料的生产过程相比，砂岩和花岗岩的采石和加工不是很耗能，相比于其他木材和建筑水泥，这类天然石材具有明显的生态效益，加工能耗少、环境污染小。此外，由于石材碳排放主要聚集在开采到加工的过程中，现有的研究表明有足够的空间能进一步减少当前过程中的碳排放量：Crishna 等人的研究显示了与砂岩相关的约 90%~95% 的隐含碳仅仅是由于处理导致[17]。可再生动力的加工设施可以将石材的 EE/EC 足迹降到极低的水平。

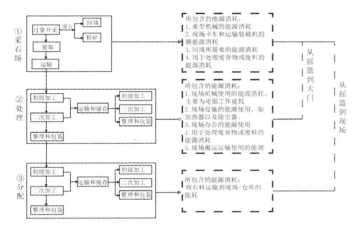

图 1 生命周期每个阶段以及隐含碳项目
（来源：改编自 Crishna, N., et al 等人的石材生命周期图）

表 1 已出版文献中所选天然石材的隐含能源以及隐含碳

类型	砂岩 (kgCO₂/t)	石灰石 (kgCO₂/t)	花岗岩 (kgCO₂/t)	板岩 (kgCO₂/t)	来源
隐含碳	60	90	70	7~63	Hammond, G.P., et al[18]
	64	—	93	232	Crishna, N., et al[17]
	—	105	62	28	The Natural Stone Council[19-21]

类型	砂岩 (MJ/t)	石灰石 (MJ/t)	花岗岩 (MJ/t)	板岩 (MJ/t)	来源
隐含能源	1000	410	4100	30~1400	Hammond, G. and C. Jones[22]
	—	964	5908	208	The Natural Stone Council[19-21]

2. "石"营造的热性能

石材作为建筑材料具有高密度、高热容量、热电阻率低的物理属性，石材材料能产生非常高的热质量，包括实心壁和空腔形式。热质量是材料吸收、储存和释放热能的能力，并且从温度波动中自我调节内部环境。热量被吸收和储存，直到表面暴露在较冷的温度下，然后热量逐渐迁移。这个周期通常发生在 24 小时期间，并且在夏季和冬季都有发生。一个普遍的未来趋势是，除了寒冷的冬天之外，还需要为炎热的气候设计建筑，高热质量结构提供的被动自我调节环境被认为是满足这一需求的关键[23]，石砌体是储能系统的理想介质，减少整个建筑运行过程中的碳排放。

（三）"石"营造的经济可持续性

"石"营造的建筑主要材料为天然石材，具有因地制宜、就地取材的优势，相比其他材料，天然石材的经济可持续性主要体现在可持续性利用上，主要包括石砌结构的可修复性以及砌体单元的可回收性。

1. 石砌结构的可修复性

传统建造的结构砌体是可修复的。传统石砌结构的建筑遗产中证实石砌结构的可修复属性。随着人们越来越重视建筑物设计使用寿命的延长和延长，例如，英国研究机构（BRE）建议 200 年更合适[24]，可维修性成为衡量建筑可持续性的重要指标。

表 2 常见建筑材料从摇篮到大门的隐含碳排放

类型	建筑石材	隐含碳 (kgCO₂/t)	来源
天然石材	砂岩	64	Crishna, N., et al[17]
	花岗岩	93	
	大理石	112	Hammond, G. and C. Jones[22]
	饰面砖	520	
	石板	232	Crishna, N., et al[17]
建筑材料	一般混凝土	130	Hammond, G. and C. Jones[22]
	水泥砂浆 水泥：石灰：沙子混合物（1:2:9）	143	
	一般黏土砖	220	
	一般建筑水泥	830	
木材	木材：软木	450	
	木材：硬木	470	
钢材	钢材：棒和杆	1710	
	钢：镀锌板	2820	

传统的结构砌体代表了对石材作为建筑材料熟练而真诚的利用，天然石材能够在较长的使用寿命内承受高负载，其结构性能为其在建筑中的使用提供了优点。例如，石灰石的密度为 2.711 t/m³ 而其抗压强度为 115 N/mm² 或 11726.74 t/m²，这种强度意味着在基础块倒塌之前可以达到的柱子高度为 4.3 公里[25]。只要其几何形状保持不变并且其组成材料不会衰变，它就可以完全继续在叠砌结构中工作。一种直截了当的表达方式是，对材料特性的利用越真诚，结构就会越稳定。另外，建筑石材会因岩石风化的自然模式而发生腐烂，从而影响其结构完整性、外部织物和内部环境，但石砌结构在其寿命期间仅仅需要非常低的维护[26]。

2. 石砌体单元的可回收性

"石"营造的建筑采用可再生、可降解的天然石材，实现了建筑的可循环性。不同于钢筋混凝土等现代建筑材料在建筑拆除后成为建筑垃圾，将现代建筑材料拆除项目中的大多数现代砖块都进入垃圾填埋场[27]，导致所采用的高强度水泥基砂浆排除了有效的再利用。天然石材在"选材—营造—使用—废弃—拆除"这一完整的建筑生命过程中能够随时进入再利用的循环体系。并且这种自然循环均在当地完成，既减少了对外界环境的影响，又节省了营造和拆除过程中的运输成本。

目前，现代砖砌体的生产越来越强调穿孔，以最大限度地减少材料体积，提高烧制过程的效率并改善热性能[28]；穿孔进一步排除了有效的再熔解。正如 BRE 的绿色指南[24] 所认可的那样，一种新兴的可持续性衡量标准是，结构的设计应该在使用寿命结束时进行解构和再利用。传统的石灰砂浆满足了这种要求，石块和砖块在重复利用上具有时间的持续性。

3. "石"营造的社会学可持续性

天然石材在建筑中的可持续性不仅仅局限于严格的环境方面，更难以衡量地方感以及社会学方面的好处也是显而易见的。人们体验建筑环境的方式是复杂的[29]。与建筑物的亲情联系与个性和独特性有关，比功能性提供了更深层次的属性。地方感被广泛认为是充实环境的核。地方感远远超出了功利功能。石砌遗产的突出耐力可以在不断变化的世界中提供一种连续性感[30]。石头作为建筑媒介提供的双重性支撑了这一属性。

天然石材被认为是建筑物"原型"的代名词，是"家的维度"[31]。建筑"原型"是存在于传统建筑形式中的一种保存的建筑形态或建筑构成形式，它是当地人文的凝聚以及人与自然多层次关系的理解[32]。"原型"是按需要试图使建筑的表现形式与人类的心理经验产生共鸣。而石材的某些特性和人的观念有相通之处，从地方文化和建筑形式中提取出的各种文化"原型"，能引起人心灵和情感上的共鸣。

三、讨论

建筑是低碳未来的重要组成部分。建筑物对一氧化碳影响的一个经常被忽视的组成部分是在施工阶段释放的二氧化碳，并且在很大程度上是所选建筑材料的影响[33]。"石"营造代表了一种理想的可持续性建筑形式，在环境保护方面相比于其他材料具有优势性，仅烧制过程就比砌砖有效节约85%的能源消耗，天然石材本身具有零碳足迹，高度耐用，并具有巨大的再利用潜力，在全天然建筑材料中，石材已被证明是最耐用的建筑之一。通过梳理天然石材的生态可持续性、经济可持续性以及社会可持续性，表明建造业有潜力透过策略性建筑材料选择，降低高碳排放率，提高建筑的利用效率以及在整个营造的过程中提高整个社会的凝聚力。

值得注意的是，本文叙述的石材可持续性是建立在整个世界范围内的，并未对某个国家或地区进行专项分析。例如，相关研究表明来自印度、中国和巴西等国家的石材摇篮到大门的碳足迹将低于英国足迹，中国石材从摇篮到大门组件可以减少到零，但中国的石材碳足迹主要聚集在运输方面，到现场的运输仍将超过英国生产的总和[17]。对中国和印度主要石材生产和加工地区的调查显示，从一个地区到另一个地区加工的粗糙石材，通过公路运输居多。在中国，花岗岩是从东部、中部和北部地区的27个不同地区提取的，而加工中心仅限于中国南方的两个地区[17]。因此，所覆盖的距离（以及运输的相关影响）很大，这极大地增加了石材的碳足迹。

庆幸的是，中国提出了"乡村振兴"战略，中国乡村地区的本土材料得到应用，随着当地使用的石头，产生的收入留在当地，在经济上获益。当地石材的使用有助于建筑环境的质量和独特性，从而通过旅游和休闲实现经济增长。环境受到保护，因为石头不仅是一种低影响、低碳的材料，而且最大限度地利用了资源，减少了浪费，缩短了材料的运输行程。同时，社会进步得到促进，因为采石场可以在典型的农村地区提供熟练的就业机会，防止乡村地区人口外流。

另外，气候变化影响"石"营造值得在构建过程中考虑。建筑石材会因岩石风化的自然模式而受损，从而影响其结构完整性、外部织物和内部环境，这取决于其固有特性。这些因素叠加了额外的条件和因素，包括建筑物的结构和城市气候。一旦放置在结构中，它们自然损坏的模式就会改变，受到暴露于阳光、风和雨水的影响，影响它们的干燥、加热和冷却循环[34]。所有这些结合在一起，将导致衰变过程的加速或延迟，从而影响它们随着时间的推移可以保存的程度。在当前情况下，气候变化是世界面临的最大挑战之一，现代和历史建筑的管理必须考虑这一点，以确保其长期保存，包括规划适当的干预制度。目前气候变化对建筑物的总体影响已经从应力条件的任何变化和对材料性能（如强度、耐久性和渗透性）的潜在影响的角度进行了考虑[35, 36]。

四、结论

在建筑中使用天然石材而不是混凝土和钢材具有潜在好处，特别是在生态可持续性方面考虑到碳排放，经济可持续性方面考虑到石材材料的可修复性以及可回收性，在社会可持续性方面考虑石材作为具有当地属性的材料，具有地方感以及带动当地地区的经济发展。未来的建筑设计和发展方面，应考虑到使用当地材料的范围，拓宽当地石材材料外延，发挥其生态主动性。同时，更新材料加工工艺，启用复合型本土材料。此外，还需要引入新型建筑结构体系，延续传统构造技术优势，以便在建筑行业考虑更广泛地使石材材料降低碳排放量，从而为未来提供更强大、更可持续的行业。

参考文献：

[1]Huang, B., et al., A life cycle thinking framework to mitigate the environmental impact of building materials.，2020，3(5): 564-573.

[2]Yhaya, M.F., H.A. Tajarudin, and M.I. Ahmad, Renewable and Sustainable Materials in Green Technology，2018: Springer.

[3]Kerr, J., et al., Comparative Analysis of the Global Warming Potential (GWP) of Structural Stone, Concrete and Steel Construction Materials. 2022，14(15): 9019.

[4]Valencia, A., et al., Synergies of green building retrofit strategies for improving sustainability and resilience via a building-scale food-energy-water nexus. 2022，176: 105939.

[5]Ding, G.K.J.E.-e.c. and b. materials, Life cycle assessment (LCA) of sustainable building materials: an overview，2014: 38-62.

[6] 杜群，刘晓翔，试析 . 关于环境与发展的里约宣言[J]. 武汉大学学报：人文科学版，1993(4): 66-70.

[7]Huovila, P., Buildings and climate change: status, challenges, and opportunities.，2007.

[8]De T'Serclaes, P.J.I.I.P.P., France, Financing energy efficient homes.，2007.

[9]Hussain, A. and M.A. Kamal. Energy efficient sustainable building materials: an overview. in Key Engineering Materials. 2015. Trans Tech Publ.

[10]Kotaji, S., A. Schuurmans, and S. Edwards, Life-Cycle Assessment in Building and Construction: A state-of-the-art report, 2003: Setac.

[11]Vince, F., et al., LCA tool for the environmental evaluation of potable water production，2008，220(1-3): 37-56.

[12]Woolley, T. and S. Kimmins, Green building handbook: Volume 2: A guide to building products and their impact on the environment，2003: Routledge.

[13]Björklund, T. and A.-M. Tillman, LCA of building frame structures: environmetal impact over the life cycle of wooden and concrete frames. 1997.

[14]Koroneos, C., A.J.B. Dompros, and Environment, Environmental assessment of brick production in Greece，2007, 42(5): 2114-2123.

[15]Günther, A. and H.-C.J.T.I.J.o.L.C.A. Langowski, Life cycle assessment study on resilient floor coverings. 1997，2(2): 73-80.

[16]Traverso, M., G. Rizzo, and M.J.T.i.j.o.l.c.a. Finkbeiner, Environmental performance of building materials: life cycle assessment of a typical Sicilian marble，2010, 15(1): 104-114.

[17]Crishna, N., et al., Embodied energy and CO2 in UK dimension stone，2011, 55(12): 1265-1273.

[18]Hammond, G.P. and C.I.J.P.o.t.I.o.C.E.-E. Jones, Embodied energy and carbon in construction materials，2008，161(2): 87-98.

[19]Council, N.N.S.J.U.o.T.C.o.C.P.A.i.h.w.n.o.c.f.L.R.G.L.p., Granite dimensional stone quarrying and processing: a Life-Cycle Inventory，2008.

[20]Council, N.S., Limestone Quarrying and Processing: A Life-Cycle Inventory. 2008, Natural Stone Council: Hollis, NH, Oct.

[21]Council, N.S.J.S.L.p., Sandstone Quarrying and Processing: A Life-Cycle Inventory [online] Tillgänglig: www. genuinestone. com/content/file/LCI% 20Reports，2008.

[22]Hammond, G. and C. Jones, Inventory of carbon & energy: ICE. Vol. 5. 2008: Sustainable Energy Research Team, Department of Mechanical Engineering ….

[23]Architects, B.D., et al., Heavyweight vs. lightweight construction，2005.

[24]Anderson, J. and D. Shiers, The green guide to specification. 2009: John Wiley & Sons.

[25]Hudson, J.A. and J.W. Cosgrove, Understanding Building Stones and Stone Buildings，2019: CRC Press.

[26]Hume, I.J.S. and c.i.h.b. conservation, Investigating, monitoring and load testing historic structures，2007: 64-81.

[27]Addis, B.,Building with reclaimed components and materials: a design handbook for reuse and recycling. 2012: Routledge.

[28]Torgal, F.P. and S. Jalali,Binders and Concretes, in Eco-efficient Construction and Building Materials. 2011, Springer. 75-129.

[29]Lawrence, R.J.J.E. and Behavior, What makes a house a home? 1987，19(2): 154-168.

[30]Heritage, E.J.S.E.H., Understanding place: conservation area designation, appraisal and management，2011.

[31]Hayward, D.G., Home as an environmental and psychological concept，1975.

[32] 农志启. 现代环境设计中肌理符号的地域性表达研究 [D]. 长沙：湖南大学 ,2012.

[33]Zhang, Z., Q. Zhao, and Z. Ma, Research on a Carbon Emission Calculation Model of Construction Phase, in ICCREM 2014: Smart Construction and Management in the Context of New Technology，2014：436-441.

[34]Basu, S., S.A. Orr, and Y.D.J.A. Aktas, A geological perspective on climate change and building stone deterioration in London: Implications for urban stone-built heritage research and management,2020,11(8): 788.

[35]Nathanail, J. and V.J.G.S. Banks, London, Engineering Geology Special Publications, Climate change: implications for engineering geology practice,2009,22(1): 65-82.

[36]Viles, H.A.J.G.S., London, Special Publications, Implications of future climate change for stone deterioration,2002,205(1): 407-418.

无用之用——中国传统陈设艺术中的石文化

赵囡囡

中央美术学院

摘要："石"在中国传统文化观念中具有极为重要的意义和内涵，在传统陈设艺术中也存在着大量"石"的营造意匠。本文就是在传统陈设艺术的语境下讨论石的传统，既然是讨论传统，我们必须将传统的时间和空间进行充分拓展，方能窥得传统的规律，并启发我们如何将传统与当下和未来产生关联。通过对大量实物、绘画及文献的研究，梳理和归纳出传统陈设艺术中"石"的形象与意象，拓展了陈设之"石"的内涵和外延，从象征之石和艺术之石两个层面进行阐述，提出石在传统陈设艺术中"无用之用，是为大用"的观点。文章认为传统陈设艺术的营造观念对塑造具有中国文化精神的环境艺术有着重要启示。

关键词：陈设艺术；传统；石文化；象征性；艺术性

在中国传统的文学、绘画等艺术形式中，存在着大量有关石的意匠。可以说，纵观古代中国，人们对石的喜爱一直都是有增无减。然而，如果我们将目光移至古人所生活的空间之内，不难发现一个有趣且令人困惑的现象：在传统室内空间中，对于石材的使用远不像木材那样普及与多样，而在与生活息息相关的陈设艺术中，与石有关的陈设也并不多见。为何如此呢？事实真是这样吗？

石材之用，或侧重于现实的实用层面，或侧重于虚幻的精神层面。陈设艺术中的石通常与实用无关，而是多以象征和审美的角色出现，并且发挥出其他物质所不具备的、独特的文化内涵、审美情趣。本文就以一个更加多维的视角，从象征之石和艺术之石两个方面展开，对中国传统陈设艺术中的石文化进行深入分析和阐释。

一、陈设艺术中的象征之石

众所周知，石器是人类历史初期阶段最主要的生产工具，在上百万年的石器时代中，人类对石以及石质工具的特性得以充分掌握，石的影响力也逐渐从生产扩展到生活。尤其新石器时代之后，中华文明开始渐露曙光，我们的先人不仅注重石的实用性，更拓展了石的非实用性价值。通过将石赋予更多内涵，进而发挥出它的更大能量。这种对石的非实用性运用，贯穿整个中华文明的进程。

距今约4000年的陕西神木石峁遗址，是我国史前时期规模最大的城址，被称作为中国文明的前夜，巨大的城址聚落都是用石砌而成。通过此考古发现可以看出，在中华文明形成的初期阶段，我们的先人与石就发生着极为紧密且复杂的关系。石峁遗址的伟大之处在于它不仅利用

图1 石峁遗址大台基南护墙11号石雕

图2 石峁遗址皇城台出土玉钺

了石的实用性筑起了规模宏大的皇城，更充分运用了石的非实用性，对石赋予了丰富内涵。石峁遗址中有许多被考古学家称之为"石破天惊"的重大发现，例如：遗址中发现了大量大型人像石雕（图1），以及更令人惊奇的城墙中夹杂的数量庞大的大型玉器等（图2）。显然它们存在的意义都是非实用性的，而且均表现出强烈的象征意味。尤其是玉器，其象征性在此后数千年不断发展演化，直至今日。

玉，石之美也。事实上，中国先民很早就发现了玉的与众不同，对于玉的加工创造可以追溯到八千年前。随着社会的发展，大致经历了神玉、礼玉、世俗玉的发展过程。在中国文化中，玉的象征性主要体现在两个方面，一个是权力象征，另一个是品德象征，并且在传统陈设艺术中均有体现。

首先看权力象征。与普通的石材相比，对玉的加工显然更加困难，所占用的人力、物力、财力等社会资源远超普通石器。因此，作为特殊石头的玉，自然被赋予了特殊内涵。"石和铁都是用来制作实用器的'恶'材，而玉和铜则是服务于礼制艺术的'美'材。"[1] 尽管早期许多玉器仍然是铲、锛、斧、刀等形态，但它们却不再是生产工具，而是有效控制社会的工具。作为一种特殊的礼仪陈设，将等级秩序形象化、视觉化，并且在生产力低下的上古社会存在强大的约束力。《周礼·春官·大宗伯》中载："以玉做六器，以礼天地四方。以苍璧礼天，以黄琮礼地，以青圭礼东方，以赤璋礼南方，以白琥礼西方，以玄璜礼北方。"[2] 在《尚书·顾命》中又载："越玉五重，陈宝，赤刀、大训、弘璧、琬琰、在西序。大玉、夷玉、天球、河图，在东序。"[3] 可见在周代，玉就已经是室内最高等级的权力和礼仪陈设。此后历朝历代的玉玺，便是最生动的权力象征。

随着社会的发展，室内陈设的丰富性大大增强，更多的陈设类型和

图 3 《是一是二图》（清乾隆，故宫博物院藏）

图 4 青玉大禹治水图山子（清乾隆，故宫博物院藏）

组合参与到了权力与礼仪的象征序列。同时，由于玉器陈设体量较小的缘故，在室内陈设中呈散点式分布，但其权力的象征性却在古代中国一直发挥着无法取代的作用。在清代人所绘的《是一是二图》中可以看到，皇帝的生活空间陈设着谷纹圆璧、嵌玉璧螭纹插屏、玉如意等皇家专属陈设（图3）；而陈设在紫禁城宁寿宫乐寿堂中的大禹治水玉山子，更是将玉器的这种象征性体现得淋漓尽致。该玉山子高224厘米、宽96厘米，重达5350公斤，是世界上最大的玉雕（图4），于1788年陈设于乐寿堂明间北厅。通过这令人叹为观止的巨大玉山子，皇帝的权力与威严不言自明。

再说品德象征。中国人对玉的喜爱不是局限在某个阶层，而是呈现出普遍性的特点。当然，形成这种现象和观念的原因不是源自玉所象征的等级与权力，而是主要来自它所象征的人格与品德。《礼记·仪礼》中载："君子比德于玉"，孔子也曾专门论述过玉与人的品德之间的关联，这种以玉比德的观念成了中国文化中的一个重要传统。《礼记·玉藻》中还载"君子无故，玉不去身"。玉这种美好的石头与人的肢体关系紧密，人们使用玉美化身体的做法同样可以追溯到史前时期，从商周到明清，佩戴玉不断发展演化，种类极为丰富。

在室内陈设艺术营造中，人们进一步发挥玉的品德象征，形成一种超越物质的空间品格。玉的象征性从肢体空间向外延伸，扩展到整个生活环境之中，对空间营造发挥着更大影响。例如秦汉时期室内常见的组绶和壁翣类陈设中，玉器是非常重要的组成部分。组绶是室内帷幔的一种陈设，它的下方常常悬挂以玉璧、石磬等，具有很好的装饰性；壁翣则是装饰帐幄或承尘的陈设，也通常以玉石作为装饰（图5）。《汉书·西域传·赞》记载："兴造甲乙之帐，落以随珠和璧。"[4] 在汉画像砖中可以经常看到类似的图像，二者从形态来看与身体佩戴玉之间存在着明显的关联。值得一提的是，玉石此时对室内陈设艺术的影响不仅发生在视觉层面，还作用于听觉层面。如同佩戴玉在行走时发出美妙的声音一样，组绶、壁翣等空间中的玉石也会随着风动而响，发出悦耳的金石之声。此类玉石陈设通过多重感官的体验，赋予了室内空间环境以德行的高尚品质。

二、卧游观念下的艺术之石

随着时间的推移，越来越多的"石"参与到了传统室内陈设艺术的营造之中，不仅材料更加丰富、形式更加多样，其作用也不再限于象征性，而是侧重于艺术审美性，艺术又给了"石"以极大的自由度。提及艺术与审美，就不得不提一个重要的时代——魏晋南北朝，鲁迅先生称之为艺术自觉的时代。魏晋时期，书法、绘画、文学等成为独立的艺术门类，涌现出一大批伟大的艺术家，群星闪耀。他们在实践和理论两个方面塑造着中国艺术精神。

魏晋时期，受道家思想的影响，"自然"成为这一时期艺术家们主要的表现母题。王羲之在《兰亭集序》中生动地描绘了此时文人士大夫纵情山水、放浪形骸的情形，并且成为时代风尚。山石成为一种越发重要的审美对象，主要表现在绘画之上。魏晋时期的绘画艺术发展是突飞猛进的，比王羲之略晚的南朝画家宗炳，不仅是一位山水画家，在绘画理论上也具有深刻见地。他在《画山水序》中总结出了山水画的意义和价值：在有限空间中获得无限，超越物质而获得精神，即"坐究四荒"和"畅神而已"。他提出了著名的卧游观，就是在室内空间中通过绘画感受到自然山水。《宋书·宗炳传》记载："宗炳……好山水，爱远游，西陟荆、巫，南登衡、岳，因而结宇衡山，欲怀尚平之志。有疾还江陵，叹曰：老疾俱至，名山恐难遍睹，唯当澄怀观道，卧以游之。凡所游履，皆图之于室，谓人曰：抚琴动操，欲令众山皆响。"[5] 他的卧游观不仅对后世的中国绘画影响深远，也极大影响了传统室内陈设艺术的发展。

然而，卧游、绘画、山石与陈设艺术之间有什么关系呢？事实上，此时室内空间中出现了一种新的与石有关的陈设类型——山水画。中国的山水画经过隋唐时期的孕育，在宋代发展成熟，并在明清持续演进。山水画中通常有山、有水、有树，有时还有人物和建筑，但山石始终是山水画的主角。而以二维绘画陈设的形式出现的山石，在三维空间中展现出了极大的自由度，它可以附着于座屏、围屏、枕屏、挂屏等屏风之上，也可以呈现在画幛、挂轴等柔性陈设之上。

在五代顾闳中所绘《韩熙载夜宴图》中，描绘了五代韩熙载于家中夜宴的场面（图6），画面中出现了大量陈设，如床榻、屏风、桌椅、衣架、灯檠等，这些陈设的材质主要是木质和织物，并没有石质器物。然而，如果我们是画家本人，则需要在这张画作上花费大量笔墨去描绘山石，因为在眠床、坐榻以及屏风之上，山石的图像反复出现了多达十余处。也正是因为这些艺术化的山石，使人可在室内坐拥林泉、卧游山水。室内室外，亦实亦虚，亦真亦幻，亦大亦小，形成了中国传统人居环境中

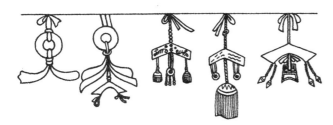

图 5 汉代壁翣

图 6 《韩熙载夜宴图》（五代 顾闳中，故宫博物院藏）

对自然的审美。凡此种种，不胜枚举。

在卧游观念的影响下，文人士大夫不断发展和完善对自然山石的审美与表现，并形成了另一种极为重要并且真实的石陈设——山石盆景。以石为媒的绘画是一个将三维山水变为二维图像的过程，进而以"澄怀观道、卧以游之"。而山石盆景则是建立在绘画基础之上，从二维的绘画演化出的一种三维艺术形式，进而达到虽由人作、宛自天开的境界。大家对盆景都不陌生，有盆山、盆石、盆花、盆树、盆池等，在这些盆景品类之中，最早出现的就是山石盆景。阎立本所绘《职贡图》中，绘有外邦使臣手持奇石盆景作为贡品的场景（图 7），类似图像在唐代墓室壁画中也多有绘制。可见在唐代，山石盆景就已纳入陈设艺术的行列。唐宋时期，文人士大夫多爱石、赏石、叠石，并留下了大量文学、绘画作品。杜甫、白居易、米芾、苏轼等皆以爱石而闻名，其中米芾更是被称作石圣，提出的"瘦、皱、漏、透"相石之法更是被后人奉为圭臬，在故宫博物院藏的《研山图》中便可见一斑（图 8）。宋代高足家具的普及使山石盆景有了更好的展示空间，成为置于桌案之上的清供。不仅如此，自宋代开始，还出现了许多石谱、画谱，更是为山石盆景的创作提供了直接的范式，如《宣和石谱》《云林石谱》《素园石谱》《惕庵石谱》《芥子园画谱》等。明代文人士大夫在前人基础上进一步总结归纳，将山石与植物、水等进行组合和创作。高濂的《遵生八笺》、吕初泰的《盆景》、文震亨的《长物志》等，皆提到树木与山石的组合搭配。在明人所绘《上元灯彩图》中，整幅画面人山人海，热闹非凡，在长卷右侧有一处盆景店，其中便描绘有盆石，而且盆树、盆花中也多配以奇石，以形成一种小中见大的自然之趣（图 9）。

明代唐寅也画过一幅《韩熙载夜宴图》，与五代顾闳中本相比，唐寅本并非是原样临摹，而是有许多创新之处，加入了大量具有明代特色的元素（图 10）。其中增加了更多的各式屏风、桌椅等，与石相关的陈设显然也更加丰富。除了出现在屏风上的山石以外，画面中还出现了不少以真实的石为素材的陈设。例如盆景，画面中共出现了三件不同的盆景，分别是盆树、盆石和盆池，皆为石质盆盎。而盆石更是从盆到景皆由石搭配而成，与屏风上的山石相得益彰，具有极佳的艺术美感。对于山石盆景的欣赏归根结底还是对自然的审美，"山石盆景是居室空间中最精炼的自然元素。从中可以移情于自然，悠游于虚空……其艺术魅力来自于近观盆景时物我两忘的境界，同时在居室中与其他陈设语言相得益彰，远观时呈现出空寂之美的空间艺术效果。"[6] 石不仅令人雅，还

图 10《韩熙载夜宴图》（明 唐寅，重庆中国三峡博物馆藏）

令人古。古意是对中国艺术的极高评价，道法自然的奇石很容易让人超越时间与空间，将其永恒性放大和外化，使人被古意所包围。我们应该认识到，对于当代具有中国精神的空间营造而言，是否具有古意仍然是一个重要的评价标准。

值得一提的是，唐寅的《韩熙载夜宴图》中还存在一种更新的、与石有关的陈设，分别出现在听乐场景中韩熙载所坐的床榻外侧，以及观舞场景中长案上的插屏之上。这两处都是以大理石板与木质家具结合的状态呈现，与传统文人赏石标准的"瘦、皱、漏、透"不同，此处人们对大理石的审美主要体现在其自身的纹理之上。将平面的大理石板嵌入桌、椅、插屏上的做法在明清时期广泛流行，这一点与现代室内设计中对于石的运用略有相通之处。在现代室内设计中，石并不是一个陌生角色，由于其稳定的性能，被极为广泛地使用，我们通常总称为石材。

无用之用，是为大用。随着当代物质世界建设的越加发达，精神世界的建设问题越发凸显，传统陈设艺术中的石文化给予我们许多启示。中国人喜爱石，而且这种喜爱早已植入了我们的文化精神之中，传统中国的室内环境中对石的审美是克制的、留白的、隽永的。传统陈设艺术中的石，突破了以石为媒材的局限，而将石作为素材，进而大大拓展了"石"的边界。换句话说，中国传统陈设艺术中的石，从来不是用的石的材，而是用的石的意，是一种具有象征和审美意义的观念之石。

参考文献：

[1] 巫鸿 . 中国古代艺术与建筑中的纪念碑性 [M]. 上海：上海人民出版社 ,2016.

[2] 徐正英，常佩雨，译注 . 周礼 [M]. 北京：中华书局 ,2014 .

[3] 王世舜，王翠叶，译注 . 尚书 [M]. 北京：中华书局 ,2012.

[4] 汉书 .（汉）班固 . 北京：中华书局 ,2007.

[5] 梁沈约 . 宋书 [M]. 北京：中华书局 ,2018.

[6] 赵囡囡 . 中国陈设艺术史 [M]. 北京：中国建筑工业出版社 ,2019.

基金项目：

中央美术学院自主科研项目资助（项目编号：20QNQD12）

图 7《职贡图》　　　　图 8《宝晋斋研山图》
（唐 阎立本，台北故宫博物院藏）　（故宫博物院藏）

图 9《上元灯彩图》（明 佚名，私人收藏）

石刻纹样融入古建彩画创新设计教学探索

韩风 李沙 仇耿
北京建筑大学

摘要： 古建彩画的创新设计教学是极具挑战性的课题，一方面是因为古建彩画有着严格的形制规范和工艺特征，不能为了创新而肆意篡改；另一方面，尊重与传承传统，并不意味着我们的创新仅停留在"复制粘贴"层面上之上，将古建彩画简单粗暴地附着于文创产品之上，缺乏更深层次的创新意义。本文即通过教学中提取石刻纹样融入彩画训练，并跨领域地进行创新设计思考的教学案例，探寻适合当代高校中古建彩画设计课程教学的有效途径，为更好地传承与弘扬古建彩画这门优秀的中华传统文化遗产提供具有借鉴意义的举措。

关键词： 古建彩画；石刻纹样；创新设计；教学模式

一、引言

在中国传统建筑营造体系中，木构架建筑与石制建筑在主体材料、构造方法和表现形式上，存在着明显的差异性。尤其到了明清时期，木构架建筑往往被施以丰富的颜色。我们常见的明清建筑彩画中的和玺彩画、旋子彩画、苏式彩画等形式在这一时期极为盛行；而石制建筑则多用在影壁、牌楼、宗教及陵墓建筑中，很多石刻建筑最初是有颜色的，但经历风雨侵蚀后，色彩逐步褪去，最终呈现出石头本身的材料特征。

由于石制建筑与木制建筑的差异明显，在以往建筑彩画设计课程中，很少有教学内容涉及石刻装饰。课程中尝试将建筑彩画与石刻装饰进行融合，从色彩营造方面对石刻装饰进行再创作，有助于学生提升空间解析能力，激发学生的研究与创作激情，培养学生具备运用建筑彩画知识进行艺术创作的综合素质。因此，融合传统建筑彩画与石刻装饰进行创新设计这种教学尝试是极具创新性和挑战性的。

二、教学构想

将石刻装饰融入传统建筑彩画创新设计教学过程中的关键在于：（1）如何提升学生对于建筑彩画技艺的认知，掌握建筑彩画理论知识和技艺方法是进行创新设计的基础环节。（2）如何融入石刻装饰进行彩画训练，这是对传统彩画教学中单纯描摹的一次革新，也提升了学生活学活用的设计能力。（3）对于古建彩画的创新设计则需要学生进一步找到适合彩画创新应用转化的途径，设计出适合当代人需求的创新作品。课程一方面侧重基础知识的培养，另一方面侧重创新能力的提升，二者紧密关联，课程层层递进。

首先，课程之初邀请古建彩画专家李沙教授做《传统建筑彩画》的学术讲座，介绍建筑彩画的演变历史、各时期彩画的门类与特征、技艺方法等内容。然后，带领学生去故宫、十三陵及京郊传统村落进行实地调研，使学生有机会直观感受古建彩画的艺术魅力与细节特征。之后，提取典型的建筑彩画进行绘制，使学生深入了解彩画技艺，打下扎实的专业基础，并启发学生将石刻图案由单色转化为彩画的多种色彩。最后，再借鉴石刻的立体空间观念，将彩画由二维的平面转化为三维的立体空间形态，设计成具有创新应用价值的现代文创产品。整个教学过程安排紧凑，环环相扣，使学生在了解传统建筑彩画知识的背景下，迸发出不同的设计方法与思路。

三、课程设置

（一）课程对象

课程适合于环境设计专业二年级的学生。课程将古建筑中的石刻元素与建筑彩画进行了融合，学生根据古建彩画知识，将单一色彩的石刻装饰进行着色，并根据设定的创新设计主题范畴进行创作。培养学生的基础手绘能力、色彩分析能力、空间造型能力与创新思考能力。对于二年级的学生来说，这些综合能力的提升，有助于学生顺利地完成由基础课向专业课的过渡，掌握一种观察问题、分析问题和探索如何解决问题的设计路径。

（二）设计主题

以往的古建彩画课程多停留在对于传统建筑彩画的描摹复制，但这仅仅是彩画课程开展的第一层意义。我们开设古建彩画课程一方面是为了传承优秀中华传统文化技艺，另一方面也是为了探索创新应用之路。因此，如何找到一个适合学生进行创新设计的突破口，是课程设置中的重点。

课程中并非直接将古建彩画图案进行创新设计，而是引入石刻装饰作为载体，使学生将古建彩画的知识进行第一次实践转化，赋予石刻装饰以彩画特征。借此考察学生对于彩画色彩的审美特征与层次逻辑的理解与应用水平。然后，借鉴石刻装饰三维立体雕刻的处理方式，将彩画进行景深分层处理，并辅助以灯光照明，形成一系列具有传统文化韵味的文创艺术作品。

（三）课时计划

课程整体上包含调研、绘制、创新设计三个主要教学环节，课程为每周1次，每次4课时，共计8周32课时。其中4课时为开题及专题讲座，讲授理论知识和案例；4课时为现场调研教学，帮助学生直观的观察分析古建彩画；12课时为彩画绘制训练，提升学生对于彩画绘制技艺的理解并有灵活运用的能力；12课时为创新设计教学，关注古建彩画的创新应用转化与最终成果汇报展示。考虑到课程从调研到绘制，再到创新设计，整体跨度很大。而学生在开课之初，对于古建彩画知之甚少，理论基础相对薄弱，并且创新设计也需要一定的时间进行思考与反复推敲。因此，课程尽量安排得长一些，每周都留给学生充足的时间进行自主学习和设计思考。这样的设置保证了教学的深度，有助于学生由浅入深、由外及内地领略古建彩画的艺术魅力。

四、教学实践

（一）第一阶段：理解彩画原理与案例解析

首先，培养学生掌握古建彩画的基本知识和传统技艺。具体将对古建彩画代表性的和玺彩画、旋子彩画、苏式彩画、宝珠吉祥草彩画以及其他天花彩画的基本概念、理论知识和绘制技法进行传授。使学生对各类清代官式建筑彩画的形态要素（形制、结构、纹样、色彩等要素）和关系要素（各形态要素相互之间的组织关系）有基本认知。其中，形制方面所对应的建筑等级与建筑文化、结构及色彩方面与建筑构件之间的空间关系、纹样和色彩方面蕴含的深厚传统文化内涵，都是课程基础阶段需要重点向学生传授的知识要点。

其次，通过现场调研与资料解析，加深学生对古建彩画的了解。课程中充分利用我校与北京故宫博物院、恭王府博物馆、十三陵等文物保护单位的合作关系，带领学生赴现场进行实地调研。课程聘请李沙教授在现场进行教学讲解，如对照太和殿讲解和玺彩画中的行龙、正面龙、升龙、降龙、夔龙等绘制规律与文化寓意，使学生形象地理解了龙和玺彩画中形态各异的龙纹样所形成的原因。同时，清晰地看到枋心、找头、圭线光、盒子、箍头等彩画结构的具体位置、比例和色彩。又如在十三陵中石牌坊上的明代石刻上，可以依稀看到残留的彩画痕迹。让学生观察石牌坊上旋子彩画的雕刻纹样，对比发现牌坊上石刻纹样与故宫建筑上旋子彩画的共同点及差异性。通过现场调研，学生加深了对于古建彩画及石刻在结构、色彩、内容方面的理解，为下一阶段彩画复原及创新打下了坚实的基础（图1）。

（二）第二阶段：融合石刻进行彩画技艺训练

将石刻元素融入彩画训练环节，实际上是对学生彩画知识掌握情况及运用水平的一次检验。以往的彩画训练多为直接照葫芦画瓢，学生从描谱子到勾线、着色都可以模仿图样进行绘制，缺少了自我观察、分析的过程。因此，教学进行了改革尝试，如从十三陵石牌坊上提取了一处旋花石刻纹样给学生作为素材，并不给出标准的旋花谱子和彩画成图，而是鼓励学生自我去搜集资料，探索如何给石刻旋花进行着色。在这样的教学模式下，学生能够独立思考，借助教学资料进行分析和总结，由原来被动临摹转为主动探索，进而激发学生主动学习的兴趣，并深入地理解了彩画中各纹样的形态、色彩和组织要素的关系。

随着学生对于彩画技艺掌握的越发熟练，教学中可以尝试针对石刻中具有立体浮雕工艺的部位进行研习，根据浮雕的立体效果去思考彩画色彩的运用方法。石刻与彩画在元素形态、构成方式上存在着诸多不同。因此，有些浮雕纹样的色彩是无法找到相应的彩画图样进行参考的。这样，就需要学生运用彩画原理进行主动创作，构建出符合彩画结构关系、色彩规范和形态特征的作品。在这个过程中，学生进一步脱离了对图样的依赖，培养了学生灵活运用彩画知识的创作能力，是对彩画创新设计教学的一次积极尝试（图2）。

（三）第三阶段：创新应用转化

古建彩画创新设计的主要难度在于彩画本身有一套严格的形制规范，不能为了创新而标新立异胡乱篡改彩画，也不能停留在"复制粘贴"的层面，即拘泥于彩画规制而停滞不前，原封不动地将彩画纹样贴在产

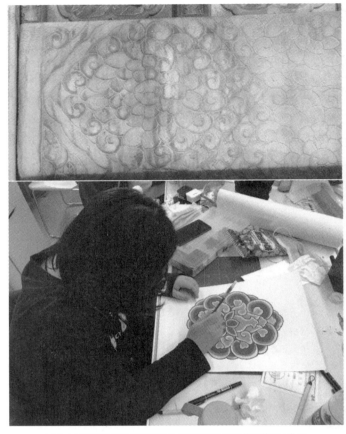

图2 十三陵石牌坊石刻旋花纹样与学生绘制完成的旋花彩画作品

品表皮之上，形成缺乏创新精神的文创产品。

基于以上理解，我们在思考创新的过程中，鼓励学生敢于从彩画之外的广阔领域汲取创意，探索跨领域进行交叉融合，期待创作出适合当代人需求的应用型文创产品。如学生从中国汉代兴起的民间艺术形式——纸浮雕（纸雕）中激发出灵感，将纸雕灯产品作为彩画创新设计的突破方向，提取明代嘉靖时期的一幅北京历代帝王庙墨线大点金旋子彩画中的旋花作为基础元素，依据彩画中纹样的层次关系和色彩关系，将旋花解构成多个二维的彩画图层。然后按照纸雕灯的工艺，将各个图层布置出前后关系，在图层之间设有LED灯带照明，由此形成了具有景深效果的古建彩画主题纸雕灯产品。这件作品最大限度地延续了古建彩画元素的基本规范，同时又体现了现代工艺特征，符合当代人的审美需求，具有很强的实用价值。这种创新设计作品就是具有创新性和实用性双重价值的成果，符合中央《关于实施中华优秀传统文化传承发展工程的意见》中所倡导传承优秀传统文化的同时，将"创造性转化和创新性

图1 课程中带领学生在故宫博物院、十三陵参观调研

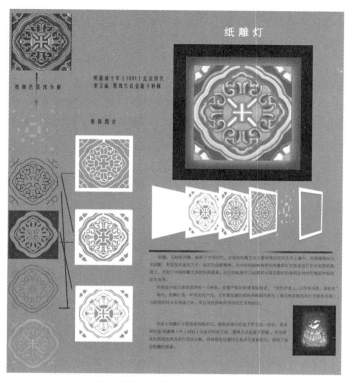

图 3 创新设计作品——古建彩画纸雕灯

发展"作为传统文化发展的基本原则,赋予了传统文化以新的时代内涵和现代表达形式,符合古建彩画创新设计课程设定的教学目标(图 3)。

五、结语

传承与弘扬优秀的中华传统文化,需要在尊重传统的基础上,敢于突破和创新。在古建彩画创新设计教学过程中,我们在传授古建彩画基础知识和技艺的同时,借助石刻元素,培养了学生摆脱彩画图样束缚进行独立思考与创作的创新能力,并鼓励结合当代人需求而创作出具有传统文化韵味和时代内涵的创新应用产品。在这种教学模式下,学生的传统文化修养、观察与分析能力、独立创新能力都得到了极大的提升。希望我们在古建彩画设计教学模式及教学方法上的探索,能够有助于进一步传承与弘扬古建彩画这门古老的中华传统技艺,并培养出更多的兼顾传统文化底蕴和未来创新意识的艺术设计人才。

参考文献:

[1] 王泽猛. 清代建筑彩画装饰艺术探析 [J]. 装饰,2006(11):109-110.

[2] 张克贵. 故宫建筑内檐装修 [M]. 北京:紫禁城出版社,2007.

[3] 刘一鸣. 明清两代旋子彩画结构的比较研究——以北京地区明清古建旋子彩画为例 [J]. 遗产与保护研究,2019,(3):110-115.

[4] 田自秉,等. 中国纹样史 [M]. 北京:高等教育出版社,2003.

[5] 伊东忠太,等. 中国古建筑装饰 [M]. 北京:商务印书馆,1937.

[6] 吕小勇,刘大平,徐冉. 传统建筑装饰语言文化特质与文化传播解析 [J]. 古建园林技术. 2019 (2):52-58.

[7] (英) 大卫·布莱特. 装饰新思维 [M]. 南京:江苏美术出版社,2006.

[8] 段牛斗. 清代官式建筑油漆彩画技艺传承研究 [D]. 北京:中央美术学院,2010.

[9] 楼庆西. 中国传统建筑装饰 [M]. 北京:中国建筑工业出版社,1999.

[10] 侯启月. 古建彩画在陈设设计中的应用研究 [D]. 北京:北京建筑大学,2015.

[11] 刘敦桢. 中国古代建筑史 [M]. 台北:明文出版社,1985.

[12] 鲁杰,鲁辉,鲁宁. 中国传统建筑艺术大观. 彩画卷 [M]. 成都:四川人民出版社,2000.

基金项目:

2021 年中国建设教育协会教育教学科研项目(基于传承与创新能力培养的古建彩画设计教学改革研究,项目编号:2021029);2021 年北京市高等教育学会课题(YB202133);清华大学艺术与科学研究中心柒牌非物质文化遗产研究与保护基金项目(201806);北京建筑大学市属高校基本科研业务费专项资金资助(针对首都"文化中心"功能定位需求的传统建筑装饰设计人才培养研究,Y1823);2021 年教育部产学合作协同育人项目(202101175001);北京建筑大学校设科学研究基金项目资助(ZF15047)。

从创作公共艺术《"石"来运转》论闽南民居"出砖入石"

罗曼

上海工程技术大学国际创意设计学院

摘要：已有六百多年历史的"出砖入石"是闽南民居普遍采用的一种砖石混砌的建筑方式。本文从三种学说及民间说法解析"出砖入石"的起源，论述"出砖入石"的施工工艺、分布及近代应用，并借由"出砖入石"和闽南传统文化及习俗创作公共艺术《"石"来运转》。

关键词："出砖入石"；闽南民居；公共艺术

中国工艺美术馆副馆长、清华大学美术学院教授、中国美术家协会环境设计艺术委员会主任苏丹老师，于2022年7月4日第十届"为中国而设计"全国环境艺术设计展览暨学术论坛主题诠释："石是人工营造的天赋，亦为开天辟地的伊始。石是土和金的混合，因而具有土的纯厚、金的锐气。人类改造大自然的时候，以石攻木，而成具；以石生金，而成器；以石筑垒，而成城。"

本届"为中国而设计"以"石"营造为主题，活动选址在中国美丽的厦门。福建特有的文化多样性造就了闽南文化海纳百川、兼收并蓄的气度，更蕴含着闽南文化群体尊天敬祖、爱拼敢赢、自强创新的精神。

在闽南已有六百多年历史的砖石混砌建筑"出砖入石"是闽南民居普遍采用的一种方式，正如诗句所描绘"红墙白石双波曲，出砖入石燕尾脊。青瓷彩绘交趾陶，雕梁画栋玉门殿"。学界依据"出砖入石"的出现年代总结出三种学说：元末明初说、万历年间说和教士传入说。元末明初说，据传是在闽南沿海遭遇倭寇侵袭破坏后，村民们重新利用断壁残垣，将墙面砌成"出砖入石"的形态；万历年间说，据传是当时泉州震灾后的重建，人们利用残石碎砖混砌形成"出砖入石"；教士传入说，据传"出砖入石"是明清时期国外的基督教传教士传入闽南的。除了学界的三种学说，民间传说是百姓以红砖、白石搭建房屋，"出砖入石"的形态是为感谢闽王妃拯救万民于水火，红色代表闽王妃的宫殿，白色代表环绕宫殿的祥云。据2013年《泉州晚报》记载，泉州百崎乡下埭村埭郭氏三世祖厝是目前闽南地区发现最早使用"出砖入石"的民居古厝，其建筑时间为明初永乐年间（1403~1424年），比大多数人认为的"出砖入石"源自明万历年间（1604年），整整早了两百年。

一、"出砖入石"的渊源及特征

所谓"出砖入石"就是采用杂石和小块的砖头瓦砾堆砌的墙壁，在交错竖立的杂石周围，以横叠的砖石围护，以石的长度为水平线，先砌石块，里外层交叉紧靠，空余密塞砖头。砖面稍凹，砖稍凸，故称"出砖入石"，亦称"金包玉"，是将红色的砖瓦比作赤金，白色的石头比作白玉。石为竖砌，砖为横叠，砌到一定高度后，砖石相互对调，使受力平衡均匀。墙厚一般为30厘米，前后砖石对搭，用壳灰土浆粘合，使整个墙壁浑然一体（图1）。

闽南气温偏高且盛产石材，漫长的海岸线因雨水充沛常受台风侵袭，抵抗风雨、就近取石以防范海水侵蚀是在地民最为要紧之事。千百年前，最早可追溯到南北朝，闽南民间就常将遍积海滩的海蛎壳粘在外墙立面上以抵抗海风剥蚀。唐刘恂在《岭表录异》中记载："惟长蚝蛎，垒蚝壳为墙壁"。明王临亨在《粤剑篇》中提道："广城多砌蛎壳为墙垣，园林间用之亦颇雅"。民国《番县续志》载，明代广州"周迴蚝壳垣塘"。此风一直延续到清代。"海蛎墙"的特点能数百年不变其形，色泽无异于初，海蛎壳增加丰富的墙面肌理，增添乐趣与美学。目前尚存的"海蛎墙"已有六百多年历史。

对于基础、墙柱、墙体承重等要害之处，由于海蛎壳的本身属性和材质是不能使用的。所以，就近可取的石材，成本低廉且防潮、隔热、坚固耐用，既可做基础、阶石、台基、墙柱、门廊等，贴面饰样更是百花齐放，凸显优势。民居砖石混砌整齐规律，其石材的用料体量大小、营建的工艺技巧均彰显了户主的经济实力，普通百姓则多用碎砖碎石以利节约。人们为了防范墙体遭受海风经年累月地剥蚀，防止墙体中砖石混砌的砖头剥落，在造墙体时将砖块向外砌得比石头稍凸显一些，石头稍稍凹入，呈砖"出"而石"入"的效果以延长房屋的使用寿命。百姓代代相传，"出砖入石"的技法古拙朴素、耐用实惠，工匠营建便捷，广受喜爱，流传至今。不同闽南古民居的建筑细节也存在一些差异，有的民居砖料的墙面占比较高，因为民居靠海，砖窑、烧制砖瓦的塘泥较多，而在石头遍布的山区民房则多以石料为主；整块石料在大型建筑物上使用较多，形状多类、体量较小的石块多为普通民居所用。闽南烧制的砖有一个好听的名字，叫"胭脂红"，因地方土壤含铁量丰富呈现不同的红色。大多数闽南人喜欢用红砖"胭脂红"砌墙，红色建筑群立在海岸线上，山峦叠翠，白浪金沙，海天长风，四季常青，凤凰树下，生机勃勃，"胭脂红"也浸染了漫长岁月里的"出砖入石"。

闽南常建有妈祖庙，妈祖庙也称天后宫。在科学尚不发达的年代，以海谋生的闽南人出海的渔船常因风浪、海盗的威胁有去无返，用镇妖的巨兽猛禽，如龙头、虎头等营造在燕尾脊造型的屋脊上，人们为亲人驱邪、保平安全部寄希望于神灵妈祖和威武的巨兽猛禽。石雕、砖雕具有生活情趣的装饰也是闽南民居墙面、窗、腰线等建筑细部常用的工艺，充分表达了闽南人对幸福生活的向往，反映闽南的风俗习惯。"出砖入石"既是闽南人在自然环境的限制下所做的选择，也是提炼于生活之中的经验，更是适应自然、热爱自然的一种表现。

图1 出砖入石（来源：网络）

二、"出砖入石"与闽南民居的影响

早期,闽南建筑受到中原文化的影响。中原民众为躲避战乱,从西晋开始,已有经浙江、江西等地翻山越岭、辗转跋涉来到闽南。为了使后代牢记故乡,定居下来的人采取了种种方法努力保留着中原的痕迹。例如,那些沿着古南安江两岸居住下来的人们因为思念晋朝,就把南安江改称为晋江且一直沿用至今。

宋代后期,闽南建筑受到海外文化的影响。由于当时形成了漂洋过海去南洋谋生的热潮,海外文化因此渐入闽南。

明初期,闽南建筑又受到中亚、西亚的影响。郑和自闽南泉州七下西洋,兴起海上丝绸之路。

晚清后期,闽南建筑受到南洋的影响。漂泊南洋有所成就的闽南人回乡办学堂、兴实业、济家乡,闽南骑楼建筑、洋楼建筑与南洋国家新加坡、马来西亚等的相关建筑风格几乎一致。原英国驻厦门领事馆建于1870年,其"出砖入石"的闽南传统得以保留,"出砖入石"对海峡两岸的建筑也产生了深远影响。

(一)"出砖入石"对嘉庚建筑的影响

闽南多"嘉庚建筑",是陈嘉庚先生受到了南洋文化的熏染,少年时下南洋创业后的诸多捐赠。具有"出砖入石"闽南风格的厦门大学、集美大学以及各中小学"嘉庚建筑"被百姓们称之为"穿西装、戴斗笠",均具有中式屋面、西式墙体、高翘屋角、饱满脊线的鲜明特色。"嘉庚建筑"在燕尾脊、飞檐装饰以及材料的选用、加工工艺,墙体、廊、柱等承重受力的结构等方面更加严谨,造型更具感染力。20世纪20年代至60年代,极具闽南建筑标志的"嘉庚建筑"时刻传达着陈嘉庚先生数十载的国思乡愁。(图2~图4)

(二)"出砖入石"对中国台湾建筑的影响

台湾从来都是中国领土不可分割的一部分,其建筑风格和特点如同

图2 海蛎墙(来源:网络)　　图3 出砖入石(来源:网络)

图4 集美大学陈延奎图书馆　　图5 台湾地区师范大学建筑细部
(来源:网络)

图6 《"石"来运转》"出砖入石"片段

图7 《"石"来运转》掷石求吉祈福片段

图8 《"石"来运转》人们登高　　图9 《"石"来运转》明朝退寇片段
至妈祖庙纳福求吉片段

图10 《"石"来运转》群以桓材重修故园(出砖入石)片段

两岸同胞同种、同文、同风俗。保留"出砖入石"最鲜明特征的当属澎湖天后宫,建于1592年(明万历二十年),而建于987年(宋雍熙四年)的闽南湄洲湾的妈祖庙与中国台湾这座最古老的妈祖庙如出一辙(图5)。例如,从台湾师范大学的建筑风格我们依然能看到"出砖入石"的风采,巧妙的砌筑模式,各种形状的胭脂砖拼接的吉祥图案以及"胭脂红"的浸染。

今日的"出砖入石"平整美观,先进的建筑工艺使砖石混砌墙面严丝合缝,已无明显的"出""入"之感,砖石交融,浑然一体。

三、创作公共艺术《"石"来运转》

闽南人喜欢寻根,重视宗族,儿时常听到的歌曲《爱拼才会赢》至今朗朗上口。笔者从学生时代参与由中国美术家协会主办的"为中国而设计"全国环境艺术设计大展,如今到了早已是高校教学一员的第十届活动,整整二十年历程。聚焦本届"为中国而设计"活动主题和选址,第"十"届,"石"营造,闽南盛产"石",可谓"十全十美"。基于以上,并借由"出砖入石"和闽南传统祈福文化及习俗,作者创作公共艺术《"石"来运转》向"为中国而设计"全国环境艺术设计大展第"十"届(二十年)献礼。(图6~图11)

公共艺术《"石"来运转》表现的是,相传在唐代,人们在无助时往往选择走进寺庙,借助求签来获得神明的指点。久而久之,求签逐渐演化成一种民俗文化活动。福建特有的文化多样性造就了闽南文化海纳百川、兼收并蓄的气度,更蕴含着闽南文化群体尊天敬祖、爱拼敢赢、自强创新的精神。

同时,在闽南的生活环境中也有着"石"的参与:闽南多石,据称明代击退倭寇后,人们利用断壁残垣重建家园,产生了"出砖入石"的营造手法。其后人们又为这种建筑起了"金包玉""百子千孙"等吉祥寓意的称呼。"出砖入石"的运用和发展,既是闽南人民运用智慧和勇

图11 《"石"来运转》"三分天注定七分靠打拼"

图12 公共艺术装置《"石"来运转》　图13 公共艺术装置《"石"来运转》，基座为"出砖入石"风格

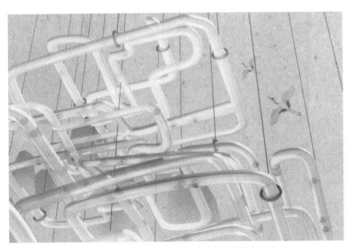

图14 公共艺术《"石"来运转》寓意在人生的关键路口，把握"石"机，方可"石来运转"

气与自然生活抗争的表现，更体现着他们纳福求吉的心理需求以及在苦难中依然乐观与坚韧的精神。

公共艺术《"石"来运转》的创作正是传达给人们这样的精神与情怀，作品以层叠错落、各个转向的弯道形态寓意人生，在掷出"石"球的一刻，人生的命运转折在人们的美好祈福中"转运"。创作内容如下："三分天定、七分搏拼"，"三分天官庇佑，七分闽南百姓自拼搏"，显之与人居围院，作"出砖入石"，是为闽南一方自有独到之处，"遭乾坤之灵，值时来之运"，人自生而向折路，求是，求真，握"石"机，方为"石"来运转。长路漫漫，道阻且长，前人之往，后世福享。战事频起，家国疮痍。闽南多石，自明朝退寇，群以桓材重修故园，曰"出砖入石"。其后亦称"金包玉""百子千孙"，以觅得吉祥安乐之意。其用"出砖入石"以之居，为求平安喜乐、纳福求吉，更以示先人之所智、之所勇、之所无畏。战敌卫国，黯中存熹之志。授天赐佑，福泽万家，掷子问缘，投石解惑。公共艺术《"石"来运转》管道层叠错落，百转千回，如崖间悬路，盘于峰上，亦如人生漫漫，一波三折。掷子问缘，投石解惑，掷出"石"球，行于命途 转折之处，求折中"转运"，福至顺泽。天官赐福，风清云澈，日照东升，久霭终散。千疮百难，毅处于巅。雨终止，硝烟散，旧风不在，来日之路光明灿烂。望历史，启新朝，存美满之望。踏至新日，同问上天，再求福泽，以佑后世，"天

公保庇，万事好势"，承百姓未来之景愿，明日之朝霞，寄予虚冥之中，一处虔心期盼。如今，福建传统文化已经成为中国文化的重要组成部分，必将继续存善真、盼幸福，保佑中华大地风调雨顺，富强光辉，迎风面雨，终将《"石"来运转》。谨以此创作献给"为中国而设计"二十年。（图12~图14）

"三分天注定，七分靠打拼"。三分靠的是天公保庇，七分则是闽南人民爱拼敢赢的传承，体现在建筑中就形成了独具闽南风味的"出砖入石"结构。"遭乾坤之灵，值时来之运"，在人生的关键路口，把握"石"机，方可"石来运转"。

四、结语

"出砖入石"充分体现了闽南先辈的生命历程，人们至今喜爱"出砖入石"的叫法并沿用传统技艺。民间工匠在满足"出砖入石"墙体牢固性的同时，彰显了"金包玉""百子千孙""胭脂红的魂魄""燕尾脊的激情"等中国吉祥文化。"出砖入石"既传达了闽南人对栖身之所的思想情感，也表达着人们的精神需求，更是闽南人融入自然、热爱自然，共同营造美丽中国的见证。

参考文献：
[1] 潘宇. 闽南民居中的出砖入石 [J]. 寻根, 2020 (5).
[2] 张肖，常方强. 闽南"出砖入石"建筑装饰艺术形式探析 [J]. 艺海, 2012(6).
[3] 林嘉华. 闽南传统建筑"出砖入石"的神韵与传承 [J]. 建筑, 2010(23).
[4] 王展. 闽南建筑看面墙墙心拼接装饰中的吉祥文化意蕴 [J]. 设计平台, 2019（130）.
[5] 罗攀. 出砖入史——闽南红砖中的地方记忆与空间转型 [J]. 海交史研究, 2017(1).
[6] 汪晓东. "出砖入石"渊源考辨 [J]. 装饰, 2018（305）.

基金项目：
1.2020年度上海市哲学社会科学规划一般课题"公共艺术多维助力上海旧区改造与社区生态系统再造研究"研究成果，编号：2020BWY028。
2.2022年度上海市哲学社会科学规划青年课题"上海公共艺术的心理疗愈效用评价及设计优化研究"研究成果，编号：2022ECK003。
3.2023年度上海市研究生教育改革项目"依托社会公共文化资源提升MFA研究生美育素养的探索"研究成果，编号23XJG103。

唐宋时期文人赏石与诗画中的石意向研究

高家骥 张兴 赵莹
大连工业大学艺术设计学院

摘要：唐宋时期作为中国赏石文化发展的重要时期，形成了深沉丰厚的赏石文化。通过对此时期的文人赏石与诗画中的石意向进行研究，探讨此时期赏石文化形成的影响因素。总结归纳为两类影响因素，一类是文人赏石的文学风尚、审美特征以及空间分布因素，另一类是诗画中的赏石功能与石意向分类、社会发展与赏石的关系因素。最后通过总结唐宋时期赏石文化的发展，以期促进当代赏石文化的探索与创新。

关键词：唐宋；文人赏石；石意向；GIS 核密度分析；词频统计

一、引言

唐宋时期是中国赏石文化发展的重要时期，从造园到文人雅士对石的赏玩，到以石为题材的诗画创作，这些形成了深沉丰厚的赏石文化，足以证明赏石文化是唐宋文化中的瑰宝。唐宋赏石文化发展到达鼎盛，赏石文化深受许多文人墨客欢迎，而且成为诗画创作的题材。

中国古典园林发展的历史长河中，产生了许多与石景相关的著作。例如宋代产生了《云林石谱》，是我国首部论石专著。现代对园林石景的研究中，分为以下几个方面：首先是对传统园林系统性研究中涉及石景的方面，其次是对传统园林中石景的专项研究，其他还包括石景与建筑、水景、植物等关系的研究，以及从美学角度对传统园林及园林石景进行解读[1]。杨波（2008）探讨了唐代园林石景艺术的主要特征，归纳了日本园林石景与唐代园林的共同特征，包括：喻意手法、置石手法等[2]。张艳（2016）从总体上分析石意象所表现的文学风尚，以及这种风尚与北宋文人审美追求的关系，提出石意向与文人的情感冲突，总结以怪透皱瘦为特点的赏石标准与审美追求，论述文人赏石活动中的交游唱和对咏石诗大量涌现的影响[3]。贺林（2016）论述了汉代至唐代奇石笔记的著作情况，并按照性质进行分类，总结出汉至唐代奇石笔记的研究价值[4]。解明（2018）梳理宋代文人赏石的整体风貌，对宋代文人的赏石观念、赏石类型以及赏石方式进行探究，解读宋代文人眼中观赏石的多样化审美形态，重点探究宋代文人在赏石过程中所表现出的文人化审美趣味，以及宋代赏石美学思想的后世影响[5]。华莎（2020）通过文图关系比较，研究了宋代诗歌和绘画中的石意象，从艺术学角度对宋代诗画中的石头意象进行研究弥补了这个领域的空白[6]。日本学者对石景的研究相对较多，研究内容颇具深度。日本园林中曾出现过许多石景艺术，具有很好的传承性和创新性，同时具有现代性审美价值。西方的岩石公园可见多处石景，但对于石景的研究多趋向于与植物造景方面。

二、唐宋时期文人赏石

（一）唐代文人赏石

1. 白居易

白居易作为唐代著名诗人，钟情奇石。首次提出赏石评比之分类，并用"怪、丑"二字来形容太湖石的状貌。首次提出奇石是一种缩景艺术而达到"适意"境界的赏石理论。因撰写《太湖石记》，白居易被誉为我国赏石理论的开创者。

2. 牛增孺

牛增孺为官从政之余，嗜爱奇石，太湖石尤甚。在其宅府和别墅中藏石丰富，形态各异，质量与观赏价值极佳。牛僧儒爱石之切，待石如宾友，视石如贤哲，重石如宝玉，爱石如儿孙。

3. 李德裕

李德裕作为唐代著名藏石家、宰相，从政而爱石，是白居易亲密的石友。其所藏石种丰富，其所收集的奇石都要镌刻上"有道"二字。李德裕与牛僧孺留下了"牛李石势如冰炭，惟爱石则如一人"的佳话。

4. 李煜

李煜作为南唐后主，是中国首位帝王爱石家，被誉为开宋代藏石、赏石风气先河之人。最为珍爱的砚山是"宝晋斋研山"，另有"苍雪堂研山"，云林石谱中有收录。

5. 唐代文人赏石风尚

上述 4 位唐代文人钟爱奇石，酷爱藏石，并寄情于石。开始形成赏石理论，提出了不同的审美评价标准和观念，并影响了后世人们对赏石的审美与思考。并创作出一批咏石诗、画作以及人工石景作品。通过获得视觉和精神上的感受，使赏石风尚更加丰富、高级。

（二）宋代文人赏石

1. 欧阳修

欧阳修作为北宋著名文学家，"唐宋八大家"之一，是古代文人雅士中的一位奇石鉴赏家。《云林石谱》中收录了他的一块藏石，名为"鸦鸣树石屏"。

2. 米芾

米芾喜欢把玩异石砚台，在藏石、赏石方面造诣颇深，并善于书画创作。提出相石四法，即"皱、瘦、漏、透"，与苏东坡的"丑石观"结合成为太湖石的重要原则。

3. 宋徽宗

宋徽宗即赵佶，北宋皇帝，书画家。以欣赏奇石为乐，并在太湖石地区的苏州设立花石基地局，搜刮江南奇花怪石，称"花石纲"。并用人工将石堆积成山，筑起艮岳，以及亲自作《灵岳记》等石铭。

4. 苏轼

苏轼作为北宋著名文学家、书画家。苏轼对奇石情有独钟，并提出许多重要的藏石赏石理论，并创立了观赏纹理石、以盘供石、水供养纹理石的理论与方法。其所创"丑石观"与米芾的相石四法并称为太湖石的赏评原则。苏轼对于藏石的种类和形态各不相同，另外，苏轼还曾写有许多咏石名篇以及以怪石为题材的画作。

5. 宋代文人赏石风尚

上述 4 位宋代文人的赏石评价标准、把玩方式等较唐代文人更为丰富。随着赏石种类和场景逐渐增加，诗词、绘画和人工石景作品出现了一股新的创作潮流，交往唱和与诗词创作，并赋予石头高尚品质与丰富情感，促进了当时文人赏石风尚的流行。
（三）八位文人赏石空间信息核密度分析
通过选取唐宋时期上述 8 位文人名家的生平记录、与石相关的游历地点以及创作地点等，共获取 291 个地点信息，其中唐代时期 17 个、南北宋时期 274 个。并通过利用 GIS 的核密度分析，得到唐宋时期文人赏石空间信息核密度分析图，进而从空间可视化角度分析唐宋时期文人赏石与地理位置等的空间分布特征。

1. 唐代时期

唐代时期形成了"单核散点"的分布格局，河南省为密度相对较大的一层，可视为第一至五层级，其中包括河南洛阳、开封等。其余均处在第五层级，其密度较小，包括陕西西安、湖北、江西与安徽交界处、江苏南部、浙江中、北部等地。

究其影响因素，可分为以下几个方面。政治因素："学而优则仕"，读书人向来以治国平天下为己任，洛阳、开封成为文人墨客的理想之地，文人在此能够完成政治抱负与人生价值，也就成为吸引力最大的地方。经济因素：唐代随着经济的发展，出现了一批繁荣的商业城市。在"安史之乱"后，南方城市更具吸引力，经济开始往南迁移。地理因素：唐代疆土范围广泛，首都位于河南洛阳，"隋唐大运河"、黄河流域的交通便捷性，促使文人名家进行广泛的游历与结交。空间呈现单核聚集且稀少形态。自然因素：黄河流域和中原地带自然条件丰富，不同地域的自然石与人工石分布情况呈现出差异，且人工石景成为差异的主要原因，河南、扬州等地成为文人游览之地。文化因素：河南洛阳、开封等地聚集文化能量，再加上文人自身性格，导致文人赏石所做诗词多为抒情或叙事，易将情感寄托于石意向之中。

2. 南北宋时期

宋代时期形成了"一线三核"的分布格局，"一线"指河南至浙江一带，"三核"指河南中部、江苏与浙江交接处和江西东南部。其中，河南中部、江苏与浙江交接处和江西东南部为密度最大的一层，可视为第一至二层级。其中处在第三至四层级，其密度相对较小，包括河南西部、南部、山东中部、南部、江苏东部、浙江中部、南部、江西北部、安徽中部，以及湖北、陕西、广东和海南等地。处在第五层级，其密度较小，包括四川中部、重庆北部、湖南东部、南部、江西南部、河北南部等地。

究其影响因素，可分为以下几个方面。政治因素：宋代时期开封作为首都，是当时著名的政治中心，诗人纷纷前往，杭州等城市的吸引力同样居高不下。经济因素：宋代经济繁荣，其繁荣程度后世难以企及，开封、杭州、苏州、南京等城市的吸引力水涨船高。在"靖南之乱"后，经济开始往南京迁移，各省城市群出现繁荣态势。地理因素：宋代疆土因受侵犯，导致活动面积缩小，所以呈现出与唐代不同的聚集特征，为南强北弱态势。开封作为宋代首都，成为经济、文化、艺术和政治中心，并由于"南北大运河"、太湖流域和长江流域等的交通便捷性，以及河南、江南、江汉、长安、三峡一带地理位置优越。空间呈现"一线多核"聚集且广泛分布形态，且宋代文人赏石空间格局比唐代聚集更加明显。自然因素：长江流域、太湖流域自然条件丰富，不同地域的自然石与人工石分布情况呈现出差异，江南、江汉、三峡等地优美的景色成为文人游览之地。并出现"宦游"和"入蜀"，文人偏爱山水和热爱寓情于景，促使文人名家由北向南和蜀迁移与游历。文化因素：河南开封、江苏扬州、江西九江等地，以及其他南方组团活跃和特有的文化氛围，集聚文化吸引力，文人善于前往游历、结交、会晤和作诗吟唱等活动。

三、唐宋时期诗画中的石意向

（一）唐代诗画中的石意向

1. 唐代诗词中的石意向

通过词频统计，能够将诗词文本从客观的角度进行分析，选取《全唐诗》中与"石"相关的词组，进行唐代诗词的数据化处理，得到出现频次前 20 的高频词，如表 1 所示。

可以看出唐代诗词对石的意向主要包含自然风光类、建筑家具类、园林小品类。在赏石之风开始形成大趋势的唐代，足以见得石的受欢迎程度，其中在园林小品中对石意象的描写主要是石桥、水石、怪石等。

表 1 唐代诗词中与"石"相关的出现频次前 20 高频词统计

序号	词组名称	词频	序号	词组名称	词频
1	白石	159	11	山石	65
2	石门	140	12	片石	62
3	金石	119	13	石泉	57
4	石桥	107	14	怪石	52
5	石壁	100	15	石渠	52
6	泉石	76	16	石路	51
7	水石	75	17	盘石	50
8	石头	72	18	石楼	50
9	石城	66	19	碣石	40
10	石室	66	20	石径	38

2. 唐代绘画中的石意向

选取唐代画家阎立本绘的《职贡图》和卢棱伽所画《六尊者像》，对唐代时期的石景绘画进行对比分析，如表 2 所示。

从中可以看出石头意象在唐代绘画作品中已有呈现，将石作为贡品已十分流行。这些史料都证明石具有很强的欣赏和珍藏价值。

表 2 唐代绘画中的石意向类别

序号	名称	类别	图像	解释
1	职贡图	山石贡品类		阎立本描绘了"万国来廷，百蛮朝贡"的场面，其中就有山石作为贡品的例证
2	六尊者像	树石盆景贡品类		卢棱伽描绘了两个外族人向一僧人进贡树石盆景的场景

（二）宋代诗画中的石意向

1. 宋代诗词中的石意向

选取《全宋诗》中与"石"相关的词组，进行宋代诗词的数据化处理，得到出现频次前 20 的高频词，如表 3 所示。

表 3 宋代诗词中与"石"相关的出现频次前 20 高频词统计

序号	词组名称	词频	序号	词组名称	词频
1	金石	503	11	石渠	177
2	泉石	469	12	山石	163
3	白石	378	13	铁石	161
4	石桥	291	14	乱石	151
5	水石	277	15	岩石	147
6	石头	255	16	石泉	139
7	石壁	243	17	采石	130
8	石门	227	18	石屏	126
9	怪石	221	19	石城	125
10	石室	201	20	盘石	120

由此可以看出，唐代诗词对石的意向主要包含咏石意象类、自然风光类、建筑家具类、园林小品类、文具文玩类等。宋代所出现的石意向诗词数量与种类均高于唐代，涵义则更为丰富。其中在园林小品中对石意象的描写主要是石桥、水石、怪石、乱石等。

2. 宋代绘画中的石意向

选取宋代时期所创作的《听琴图》《仁寿图轴》《妆靓仕女图》《十八

学士图》，很多描绘宋人的日常生活场景、宫廷场景、艺术创作、文具文玩的绘画作品中都有石意象出现，画家对石头的细致刻画，足见石头在宋人生活中的重要地位。

四、唐宋时期赏石文化形成的影响因素

（一）唐宋时期文人的赏石文化

1. 文人赏石的文学风尚

文人墨客对自然山水的向往，仕与隐的情感碰撞，以及赏石种类和场景逐渐增加，诗画主题分类越来越丰富。赏石文化的大量涌现，受到当时的文学风尚影响，并促进了一股新的创作潮流，文人墨客寄情于石头，交往唱和与诗词创作，从而得到视觉与精神的感受并赋予石头高尚品质与丰富情感，使赏石文化更为立体、饱满。并形成了各具特色的赏石理论，很好地反映了当时的文人墨客对赏石的把玩方式、审美偏好与造园思想。并根据不同喜好，提出了不同的审美评价标准和观念，并影响了后世人们对赏石的审美与思考。

2. 文人赏石的审美特征

唐宋时期的文人赏石以奇为好，并形成相对具有风格的审美特征。当时的文人墨客热爱奇石、假山所营造的自然意境，以及怪、瘦、透、皱等的赏石标准以及诗词的审美追求。唐宋时期形成的赏石审美特征可归纳为以下几个方面：首先是野逸与高峻，其次是丑与怪，再次是奇，最后是巧。不同形态的石头具有不同的文化内涵，将石头赋予独特的意义与价值，能够在审美上实现一种共鸣。

3. 文人赏石空间分布

唐宋时期呈现出不同的空间分布格局，宋代时期从点数量、核密度、平均密度和分布范围均远超过唐代时期，足以证明石意象在宋代被赋予独特的艺术魅力和审美价值，不同赏石空间分布在一定程度上也反映出宋代政治、经济、文化、地理和自然条件等方面的优越性，但不容忽视的是赏石在唐代同样也成为重要的文化。

（二）唐宋时期诗画中的石意向

1. 诗画中的赏石功能与石意向分类

唐宋时期的石意象丰富多样，按照功能与用途大致可以分为自然景观石、园林建筑石、文玩观赏石三类。

2. 社会发展与赏石的关系

唐宋时期经济的发展极大地推动了赏石之风的形成，以及此时期政治和文化基础，自上而下的享乐之风和建园热潮的推动，促进了中国古代赏石文化的发展。

五、结语

（一）唐宋时期赏石文化的发展

我国现已形成博大精深的赏石文化体系，与文人名家的热衷参与息息相关。文人所具备的文学修养和艺术造诣，促就了赏石文化的发展与成熟。通过研究综述，文人赏石的文学风尚、审美特征、空间信息核密度分析，以及诗画中的石意向分析等，客观分析唐宋时期赏石思想和赏石文化的发展，显现出具有研究价值的时代性。

（二）当代赏石文化的探索与创新

如今赏石、爱石趋于大众化，石景多出现在生活视野下。未来赏石文化的发展将继续在文化内涵与审美价值上实现一种共鸣，在作品的呈现方面，将更加多元化、艺术化和大众审美化，伴随现代技术与新型材料的支持，现代性石景设计将会在城市景观中发挥更加重要的作用。

参考文献：

[1] 王天赋. 古代石谱与园林 [D]. 天津：天津大学, 2011.

[2] 杨波. 唐代园林石景艺术及其现代意义 [D]. 西安：西安建筑科技大学, 2008.

[3] 张艳. 北宋诗歌中的石意象研究 [D]. 广州：暨南大学, 2016.

[4] 贺林. 汉至唐代奇石笔记综述 [J]. 宝藏, 2016(4): 98-102.

[5] 解明.《云林石谱》与宋代文人赏石趣味 [D]. 重庆：西南大学, 2018.

[6] 华莎. 宋代诗歌和绘画中的石意象研究 [D]. 南京：东南大学, 2020.

诗情诗意诗境——古典园林石景营造探析

李祥
南京林业大学艺术设计学院

摘要：文章整理了中国古典园林石景营造艺术的发展、溯源与形成，分析了古典园林的石景营造特征，造景形式、山石布局、材料选用及所用艺术手法，剖析了古典园林石景艺术所营造的美学情境，即"虚实相映、理景赋意、造化自然"，介绍了中国古典园林石景中的意境美，形成"诗情、诗意、诗境"的古典园林氛围。通过对石景的应用方式进行分析，总结出中国古典园林中山石石景的搭配方式、营造策略、美学情境、艺术手法，研究中国古典园林石景观的建造方法，将对中国园林的创新和发展起到积极的推动作用。

关键词：古典园林；石景营造；诗意表达；营造策略

一、园以石著，群石造景：中国古典园林石景艺术发展概况

园林中的山石在文学中被称为"土骨"，它象征着中国的五岳圣山，对于中国人来说，山石充满了具象、象征与意象的重要性。这些古典园林中的奇异岩石通常让人联想到山脉，中国人也喜欢将其作为自然雕塑，从而让人联想到狮子、猛禽、佛教神或龙的形象。在古典园林的有限空间内为了创造一个高耸、壮丽、多变的假山形状，造园者叠石成山，使用湖石、黄石石块等，并将它们与花卉、植物、竹子和树木相匹配，形成一幅静态和动态相结合的画面，从而达到更高的园林艺术效果。古人对于山石的崇拜很早便已开始，对奇石的热情第一次达到了狂热的程度是在唐代。发展至宋代，宋徽宗赵佶开始寻找最好的山石以用于装饰在其宫殿东北建造的园林，采石过程中曾动用一艘大型军舰和数千名劳工运送这些山石。

宋朝杜琬在其所著的《云林石谱》中列举了114处现存的奇石，既有实用的，也有装饰的，并对奇石的颜色、质地、硬度等特点进行了讨论，这是早期有关山石的记载最全面的著作，对于山石的总结也归纳其中。[1] 太湖石被认为是园林中最珍贵的山石之一，是从太湖底部"收获"的石灰岩卵石，在水和沙子的作用下，表面被磨损与侵蚀，再经由工匠之手，改进了这些"大自然的手工制品"，雕刻完成后，被放置在湍急的水中数年，以使其老化和固化。倪瓒所画苏州的狮子林园，模仿园林山石造景表现的奇异山峰，像古老的云卷一样向远处退去。与苏州的大型园林不同，苏州的园林石景营造使用形态大小各异的山石，而明轩内使用的石景造景仅使用太湖岩石。在早期古典园林石景造景中，人们在选择和塑造岩石时非常小心，糯米和桐油混合物常被用来粘合堆积山石，在匹配不同山石的颜色和纹理时也需谨慎考量，使每个关节尽可能自然和无缝。将山石拼接、重叠，进行重新组合，由小及大，使得原石料从零散变为抽象的整体。首先，需要通过拼接组装的基本方法，然后需要过渡到通用拼叠技术。关键是不同的山石不能混，不同的石料不能乱，即应遵循石景营造中山石石料"均匀、同色、同形"三个基本原则。由于不同的山石石料类型也具有不同的石材特性，因此，山石的选择即使相同类型和质地的石材在颜色上有很大差异，也要求在组合和堆叠时保持颜色一致。[2] 黏土、土壤、沙子和混合物补充山石的颜色，这些最终完成了园林内山石造景的组成。

二、掇山叠石，点石成景：中国古典园林石景艺术营造特征

中国古典园林营建过程与造园手法中，绕不开花木、山石、建筑三主体。"掇山叠石，点石成景"，透过古典园林石景营造所用造景形式、山石布局、材料选用、艺术手法，中国古典园林文化精髓与内在特质便也可窥见一斑。[3]

（一）石景营造之造景形式

园林堆石造山是中国独特的古典园林石景艺术手法，其目的是创造"诗情诗意"的自然意境，因此古人在造景、堆砌山石之时往往引用在山水画中自然风景的处理方法与不同山石之间的纹理，提炼、加工，形成石景艺术，形成古典园林中的山峰、山脉、假山、山体。[4] 以石为峰是艺术的高度象征，太湖石、黄石、房山石、劈斧石等朴素美观，形神兼备的山石，常放在古典园林的主要位置便于游园人进行观赏。黄石、太湖石、英石、劈斧石、石笋、花岗岩等按照特定的自然环境以及自然景观条件，三五处自由分布或点缀，分散排列于蜿蜒曲折的小道、路边、大树下、水面附近、台阶边和园内建筑物的角落处。针对不同的地势，摆放在道路旁可以作为让行人休息的自然坐椅，而摆放在植物下则可作为花草树木的底座，是中国古典园林建筑主体的局部高差与园内变化之间的良好过渡，自然点缀与衔接，也是古典园林石景营造中应用最广泛的山石技法。古典园林中对于山石的使用十分普遍，石景的营造不仅增加了人们的兴趣，也缓解了多数建筑所带来的呆板与僵硬之感。古代园林中的石景，并非只是一个抽象的雕刻和点缀，主要在于我们赋予其某种形象的文化意义，从而使之在园林中起到美学与文化的功能。[5]

（二）石景营造之山石布局

山石布局可与建筑、植物、水体、路径等相结合。与建筑、花草树木相结合，例如墩配踏跺、拐角镶隅、花架回廊、室外云梯、水体花台；与水体衔接，例如高山落水、桥与汀步、山岛堆叠、驳岸缀石。按计成论述的园林各要素比例关系，石景面积应大于全园林的三分之一，以网师园为例，石景面积约为300平方米，仅占全部面积的五分之一，在这种情况下，网师园中心景区山石的具体布局相当符合中国古代造园理论、山石布局理论、山体布局理论、"三远"理论，并体现了节奏与韵律的特征。网师园中部景区的山石布局，解决了石景空间占地不足的尴尬境地，按理论来说，这远低于计成的"垒土者四"原则。但正是在这样有限的空间内，营建出了叠山的效果，使其在小面积中部石景设计成了文人写意山水园，营造了写意之景。园内组合的假山层层堆叠，起承转合，山石峰脉浑然一体，中间为主山，高约10米，模仿自然的山冈表现峻峭的形态，山石的堆叠在于把握规律，不是形状的相似性，而是强调精神的相似性，网师园中的黄石假山虽然是由黄石叠成的，但它创造了许多形式的山峰、山谷、洞穴、踏板和蜿蜒的道路。网师园中石景的主峰、副山、山麓和远山的高度与格局层次分明，主客体清晰，反映了自然的特点。网师园的石景营造描述了在不同观看距离下观看真实景观的感觉，

网师园就像一幅展开的画卷。"三远说"用来创造园林景观，这也反映出了一种非常高的艺术技巧。黄石假石的高度和长度非常有限，但其对自然山石特征的精确控制在中心石景区创造了非常完整的石景空间；山石的形状、大小、形状各种各样，山墙立面所呈现的"远山"更为抽象。

（三）石景营造之材料选用

天然山石、岩石、石材石料是人类历史上最早的园林材料，未经过机械加工的天然岩石在世界园林史上创作了大量杰作。山石石料在中国园林中的应用历史悠久，同时也是园林建筑的重要材料之一，从造山、砌石到园林建筑，从古代园林到现代园林。在中国的古典传统园林中一定有山石，人们欣赏山石石景无与伦比的形式美。山石在古典园林景观中作为观赏、美化、点缀、装饰等用途，在南方古典园林中，常用太湖石堆叠成假山，例如狮子林，石材颜色主要选用白、青、灰；剑石由于其外观修长形似竹子，常被独立用于园中建造小景；以网师园为例，由于黄石坚硬、浑厚、有棱有角的石料特质，网师园园中主要用到黄石，黄石表面由于长期的自然风化，表面生成了特殊肌理，具有强烈的光影效果；除此之外，还有青石、房山石、宣石、英石等，在中国古典园林中，石景的作用与观赏价值大大增强，从承重结构到表面层的装饰，从独立的景观到与其他材料的结合，不同功能下的类型和应用也不同，使用非常广泛。

（四）石景营造之艺术手法

在中国古典园林石景营造过程中，山石往往会与其他的园林元素相结合，从而形成独特的石景设计艺术。在园林景观中常运用"四景"，主景位于园林庭院视觉中心，常用三角构图布局形式突出假山主峰主体，配景体积较小，用于衬托主景，分景则指利用山石对园林空间进行分隔处理，对景以山石搭配花草树木与建筑主体相对。在花草树木等植物下，通常以湖石或其他坚硬的碎山石点缀，以山石之"硬"衬托花木之"柔"。适当比例的山石美化也能勾勒出整体石景蜿蜒优美的轮廓。不同的植物配用的山石也大不相同，例如梅花旁宜用古朴、"清"、"奇"的山石，松树下适宜用较为坚硬、"拙"、"朴"的山石，竹子适合配以较"瘦""透"的山石，山石与花草树木的不同配对诗意组合，可达到"诗情画意"的园林艺术的效果。[6]除此之外，山石与水体的关联也是紧密相合，水石交错，意境清雅；山石、湖石散落在水体池塘周围，山石的放置与水体周围土壤斜坡自然相接、相互补充、相互借鉴。古典园林石景营造中的山石或现或消，或大或小，或隐或显，或疏或密，或升或降，师法自然、自然随意。

三、诗情诗意，情境丛生：中国古典园林石景艺术美学情境

（一）虚实相映

以网师园为例，园内的石景布置运用了"虚实相映"的美学手段，层层叠叠形成了文人写意山石风格。黄石假山群形成了中心园区的山体轮廓，"两山一谷"形成了"实"，黄石堆叠成山峰假山，形成"云冈"，辽远而空旷，东部的双狮形次峰则与之相和，主次分明；从云冈次峰上连绵不断的小石基伸展到了水中，在池岸堆砌的岸石与路旁的小石花台形成了一种很"虚"的山麓环境，创造出一种隐士独居幽远之境的意味，意境深远。[7]

（二）理景赋意

在中国古典园林里，石景营造艺术拥有一段悠长的历史。园林石景注重创造力，造园者通常需要制定一个特定的主题，除了要达到基础的美感之外，还需要展示"场景外的感觉"。以"山石"为载体构建景观空间，在具有文化深度和内涵的同时，赋予空间一定的诗意，中国古典园林中的石景不仅具有很高的观赏价值，也是古代文人的一种精神寄托，蕴含着丰富的文化和思想。在中古典园林里奇特的掇山叠石理论在历史长河中不断发展和完善，从选择到放置，形成了一套独特适宜的体系。山水画、山水诗歌是代表着古代文人进行文艺创作的一种载体，同时也是传统古典园林的原型，体现出对自然美观的渴望。文人以山水诗、描绘山水来抒情，表达心声。通过在花园中放置山石，园林中的每一块山石山峰与每一处假山石景都可以作为文人表达情感的载体。

（三）造化自然

无论是由许多石块堆砌而成的假山还是单个的奇异巨石，能够唤起大自然的宏伟，便是中国古典园林的一大石景景观意象特色。中国传统园林所表达出的空间体验和画卷相似，用发展的手法从头引到尾，层次深远，例如，以真实的山石景观作为整个景观的亮点。真正的山和假山混合并置，自然美与人工美相结合，正如《桃花源记》般通过开阔空间或石景呼应等方式进行设计而产生自然张力，统一园林石景的主题，形成完美互动。古典园林的空间曲径通幽，蜿蜒曲折，颇有一番柳暗花明之感，因此中国古典园林也常以非线性的空间安排给其带来更多开放式的体验，传统古典园林石景造景已成为文人理想生活的一种具体表现。园林石景的各种营造艺术成为描述文人生活的载体，山石造景通过景观的情感、诗意的表达促进园林艺术的发展，还以具体的形式传达了其精神内涵。

四、结语

中国古典园林可以看作房屋、山石、水、花草等主体因素组成的整体艺术，是中国特有的庭园造景技术。以国内自然界景观画为样板，讲究"外师造化""中得心源"，创作自然，感受灵魂，以自然界为师，并结合内在的感受，然后才能创作出最优美的作品。[8]

石景在园林中广泛存在于各个区域，构成了园林中丰富的视觉效果以及整体的空间构建。[9]中国传统园林充满诗情画意，因此，纵观传统中国古典园林，当代中国园林要想发展，就应该加强对古典园林石景营造过程中各种元素的研究，探索特色。中国传统园林对意境的追求，可以为现代园林研究提供借鉴，只有在现代园林设计中更好地借鉴古典园林石景造园智慧，融合意境，才能更好地让人们体会到设计的深意和美的享受。[10]

参考文献：

[1]. 张敏莉. 中国古典园林掇山置石手法及理论研究[D]. 福州：福建师范大学,2010.

[2]. 张凤玲. 天然石材在现代园林景观中的应用[J]. 花卉,2017(22):97-98.

[3]. 李方联. 从苏州园林中的石景营造看古代文人的审美取向[J]. 艺术与设计(理论),2009,2(8):163-165.

[4]. 高峰. 园林石景艺术研究[D]. 合肥：合肥工业大学,2006.

[5]. 李双双. 苏州网师园的历史演变与格局特征研究[D]. 西安：西安建筑科技大学,2017.

[6]. 胡艳阳,花梦怡. 石景在中国古典园林中的应用综述[J]. 现代园艺,2019(7):103-104.

[7]. 蒋敏红. 网师园造园艺术手法与空间特征分析[D]. 苏州：苏州大学,2017.

[8]. 薛如冰. 叙事学视阈下中国传统园林石景设计研究[J]. 安徽建筑大学学报,2022,30(2):102-106.

[9]. 成垚. 以石为绘[D]. 西安：西安建筑科技大学,2013.

[10].Zhenping Xia,Hu Zijian. Research on Ecological Garden and Landscape Art Design[C]//.Proceedings of 2019 2nd International Conference on Cultures,Languages and Literatures,and Arts(CLLA 2019).Francis Academic Press,2019:119-122.

从具象到抽象的形式更迭——砚石艺术在现代环境设计中的启发

代雨桐

四川大学锦江学院

摘要：砚台是我国十分独特的文书工具之一，古有文房四宝"笔墨纸砚"，其中以"砚"为首，因其石制居多，流传甚广，自宋代著《文房四谱·砚谱》以来，砚台经过长期的发展、演变与沉淀，将绘画、雕刻、书法等艺术融合为一体，是中国传统文化的物化形态。然而，在时代快速发展的今天，砚石艺术因其传统形式的桎梏，在装饰运用及商业用途上路线单一，受限于形式传统、选材严苛、工艺昂贵等因素，并未广泛运用于现代装饰设计。本文从砚石艺术形式更迭的视角出发，探讨其在现代装饰设计中的运用。

关键词：砚石；现代装饰；形式更迭

一、砚石艺术在现代装饰设计中的现状

（一）砚石艺术的历史源流

砚，也称为"砚台"，是中国古代用于研墨书写的常用之物，也是现代文人雅士收藏研究的雅品，其起源可追溯至新石器时代，最早是原始人类用作研磨彩绘陶颜料的研磨器，发现于半坡村遗址中，距今已有5000多年的历史。秦汉时已有陶砚、石砚甚至玉砚，三国魏晋南北朝时期又经由瓷的兴起出现了瓷砚。根据《古今事物考》记载："自有书契，即有此砚。盖始于黄帝时也。一云子路作。"由此可见，砚是由书写衍生出的一种实用工具，而砚石艺术历史之悠久几乎与书写相同。

作为一种具备实用功能的器物，砚又被称作"砚田""砚池""墨海""墨盘"等。中国古代制砚所用的材料虽然丰富，但保存完好至今的仍然以石制的砚台居多。在古人的研究中也证实了石材最易发墨，使墨如油，下笔流畅。自唐朝起，各地就发现了易于制砚的珍贵石料。至清末，已发展出了"中国四大名砚"，即河南洛阳的澄泥砚、甘肃的洮砚、广东的端砚、安徽的歙砚，其砚石之美各有不同，在历代砚著中均有记载，是传承中国实用工艺之美的集大成者。

以素有"砚首"之称的端砚为例，有清代吴兰修所著的《端溪砚史》云："体重而轻，质刚而柔，磨之寂寂无纤响，按之如小儿肌肤，温软嫩而不滑。"端石的开采十分困难，其中以山底下岩洞中的石材为最佳，因其石胎常年浸润于水中，石质温润细腻，十分珍贵。宋代尚文轻武，文人士大夫社会地位的提高，使得砚业蓬勃发展。石料纹理的天然变化加上雕刻工艺的进步与形制样式的创新，使砚之美达到了一个前所未有的高度。宋人不仅用砚、赠砚、赏砚、研砚，还著书立说将砚石文化发扬光大。五代南唐时，有专门的砚务官负责端歙两地的开采事宜，一度成为贡品的端砚则大受追捧与盛赞。据传至南唐李后主时端溪石已开采枯竭，故而不得不用歙砚来代替。

古往今来，砚石艺术曾在浩如烟海的历史文博中大放异彩，也为后世留存了珍贵的物质文化遗产。它是体现中国古代工艺与巧思的实用载体，也是体现中国文化意境之美的精神意向。

（二）传统砚石艺术的发展困境

我国现代化进程的推进，无疑是十分迅速的。计算机技术的卓越发展使得传统的砚石艺术逐渐从具有实用功能的物件演化为精美的工艺礼品。即便是书法绘画的运用中，也存在现代的工业成品墨替代传统研墨的情况。但砚石艺术历经千年的发展与积淀，不仅凝聚了中国传统工艺之美，还蕴含了丰富的文化内涵，是能充分体现中华人文情怀的物质载体，因此出现了在现代日常生活中，人人都知砚，却无人用砚的局面。

从表现形式上来讲，砚石艺术的表现形式几乎仅有砚台一种，石品的优劣很大程度上决定了砚台的精美程度，而优质的砚石不仅开采困难，同时也是不可再生的珍稀资源。砚台作为传统文化的产物，其雕刻制作的题材又受限于传统文化，难以跟上时代步伐，满足现代人的审美需求。传统砚台手工艺复杂，技艺要求高，手工艺的继承和许多非遗传承一样面临复杂的传承困境。

从使用途径上来讲，现代人几乎不会研墨书写，即使仍然有松烟墨、静烟墨、油烟墨等可供研磨，但其使用目的多为满足绘画、书法等创作需求。而现代研磨墨块有磨墨机，可以同时研磨几块墨，从效率上来讲远远优于人工研磨。也就是说，作为研磨工具的砚台，实际上是没有不可替代性的。因此，现代人购买砚台的目的基本是为了收藏、送礼与爱好。

从商业运作上来讲，以端砚的产地肇庆为例，虽然目前砚石的生产销售几乎全部私营化，但砚石艺术的传播仍然以旅游经济为主。传统端砚价格高昂，要价从几百上千到上万计，没有统一标准，让普通游客望而却步。王锡斌明确指出，端砚的商业运作需要与时代接轨，以"石品"为中心的砚石审美文化，往往需要浪费大量的边缘石料，造成了严重的砚石资源浪费，而要打破此困境，则应提倡"远石品，重创新"，通过新的手段发挥砚石艺术的文化价值。[1]

二、石形与石色之美

（一）砚石艺术的形态之美

因与各朝文人墨客共行，又受诸子百家等哲学思想的浸润，经历代发展，砚石艺术的器形与纹饰具有古朴自然的造型基础，既崇尚顺其自然、大巧不工，又强调用材巧妙、落落大方，正如孔子言："质胜文则野，文胜质则史，文质彬彬，然后君子。"梁善也解释到："前人主张道器为一，体用不二的哲学观，主张本体与现象的整体观，主张顺乎自然，器以载道。重视器的象征意义，并有观察论人的观念。"[2] 砚石的造型虽根据各方砚石产地不同具有地域文化特征与形态差异，但整体而言，其造型上基本可分为几何形、箕形砚、抄手砚、仿生形、随形砚、暖砚等。文章由于篇幅有限，结合笔者的观点择取其中较为特殊的形态进行论述。

1. 箕形砚——顾名思义类似于簸箕的形状，其形式十分特别，不仅外廓类似簸箕，放置时也如簸箕般两头有斜度的变化，砚石的一端落地，另外一端使砚足撑起，利于聚墨（图1）。这样的形式十分立体，在其他品类的工艺品中鲜有见到，在往后的发展中为了便于使用又逐渐演化为更为精巧的抄手砚（图2）。它的形态与几何砚里常见的方形砚（图3）、长方砚类似，也是现代商业运作中最流行的砚石形制之一。规矩方圆是中国传统文化符号中十分常见的形状，这些形式也容易让人产生意向联想，而箕形在方的基础上柔化了边缘，与农耕文化形成联系，十分容

易给人留下视觉印象点。在现代设计中，符号化的形状意向是运用范围最广的设计手段之一，想要使砚石艺术之美具有创新形式的表达，必然离不开对形制的提炼与简化。

2. 仿生砚——仿生砚是指在制形的过程中仿造植物或者动物的形态进行雕琢，通常在选择刻画某种形态时会充分考虑石料本身的特点来进行创作，外形相似或纹样相仿，或两者皆有。据考究，最早的仿生砚出

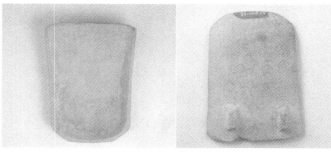

图 1 箕形陶砚（来源：故宫博物院官网）

图 2 歙石井字大方砚
（来源：故宫博物院官网）

图 3 端石铭弇州山人抄手砚
（来源：故宫博物院官网）

现在汉代，如故宫博物院馆藏的三熊足石砚（图4），盖顶雕饰辟邪，底部三熊足作跪擎状，整体造型生动而古朴，将神话题材与砚石的实用功能相互结合，具有明显的汉代石刻特征。仿生砚的造型十分丰富，常见的有蝉形、葫芦形、云龙形、竹节砚等，其中竹节砚的造型十分雅致。从造型特征上来看，竹节砚大致可分为纵切式或横切式，再根据弧面造型进行砚堂、墨池的设计[3]。例如，清代碧玉竹节式砚就是典型的纵切竹节砚（图5），制作时充分考虑石料与竹的特征融合，整体造型充满巧思，是古人工匠智慧与文人雅韵的结合。宋代大诗人苏轼曾写下"宁可食无肉，不可居无竹。"可见文人用砚注重清雅，砚石仿竹无论从器物的造型上，抑或用途上对文人来说都称心如意，清朝乾隆、嘉庆时期代表诗人袁枚曾提砚铭赞竹节砚"端溪有石其色绿，巧匠刳为一段竹，能饮翛尴糜胜于玉。"

（二）砚石艺术的色彩之美

中国传统书画的色彩多来自于自然矿物，而砚石作为一种天然形成的矿石原料其实质是多种矿物的集合体，仅端砚的色调就有紫、灰、青黑、青绿等，石品的种类又包含鱼脑冻、蕉叶白、青花、火捺、天青、冰纹等[3]，砚石的质与纹相互结合，各色矿物揉和交隔形成独一无二的天然纹理，美不胜收。

在诸多砚著中也有提到砚石色彩之美的描述，北宋苏易简在《文房四谱》中言："柳公权常论砚，言青州石末为第一……或云：水中石其色青，山半石其色紫，山绝顶者尤润，如猪肝色者佳。其贮水处，有白赤黄色点者，世谓之鸲鹆眼；或脉理黄者，谓之金线纹。尤价倍于常者也。"由文中所描述可知，砚石色彩中青紫、赭石都是珍贵的佳品，而石质上若有形如八哥眼睛的石眼或状似金线的纹理，价格则更贵重。例如，笔者较为熟悉的苴却砚，苴却石色以暗紫、青灰为主，色泽沉凝，如墨汇聚，由于原岩受热接触变质作用的影响，形成色泽丰润的"黄膘、绿膘、玉带膘、水藻纹、胭脂冻"（图6）等绚丽的石纹以及灵动的石眼，石身偶有穿插白色或黄褐色的方解石脉又形成独特的"金银线"纹理，层

次丰富、形色瑰丽。砚石的色彩千变万化，靓丽多姿，与中国传统色彩又有着若干重叠与相似，对传播民族文化具有深远的价值。

图 4 三熊足石砚
（来源：故宫博物院官网）

图 5 碧玉竹节式砚
（来源：故宫博物院官网）

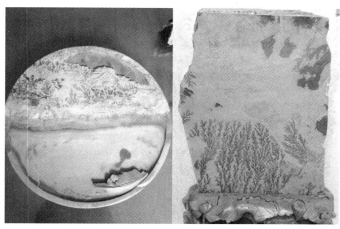

图 6 苴却砚——黄膘、绿膘、水藻纹

三、具象到抽象的形式更迭

（一）具象形式的装饰参考

砚石艺术的具象化形式表达包括砚台的外廓形状与砚雕的内部纹饰，其形态是综合石品特质、纹彩样貌、工艺巧思的最终结果。虽然砚石艺术的实用功能在现代化社会中已逐渐淡化，但传统砚雕内容丰富，具有利用石品特征衍生雕刻题材的特点，即充分考虑石材本质的色彩与纹章（图7），稍作雕饰或精雕细琢，力求将天然之美最大化。

图 7 苴却砚—利用黄膘刻画山间云海

从题材上来看，古时文人士大夫用砚，求清雅高洁；王公贵胄用砚，求华美高贵；莘莘学子用砚，求金榜题名；官员用砚，求明镜高悬；百姓人家用砚，求称心如意。砚雕的题材与形式从具象的表达内容逐渐演化，转而更迭为抽象寓意，有琼楼玉宇、田间野趣、神话典故、驱邪镇恶、丰登吉祥等。即使是在现当代，这些题材也用途广泛，在不同的场合使用对应题材的砚石装饰，不仅满足对应场景的美学表达，还能起到推广传统文化传播的作用。而题材更迭带来的发展潜力是巨大的，砚石艺术作为传统文化的一种载体，具有易于保存、易于传播、形色丰富、装饰

性强等优势，题材的更迭同样也需要适应新的环境与时代进步。2008年北京奥运之际，就曾展出以奥运为主题的《龙吟奥运》与《华夏风韵》端砚（图8），300多套砚通过的奥组委赠予参加奥运的各国代表团。

图10 使用金属镶嵌技术制作石眼屏风　　图11 石眼屏风在餐厅设计中的概念表现

图8 砚盖、砚身——《龙吟奥运》《华夏风韵》（来源：新浪网）

图12 仿制名砚造型制作的氛围灯

从形式上来看，砚的器形，取决于用砚的对象与石品的特点，功能特点决定了古时砚的基本形状与尺度，或小如巴掌，或大如银盆，留传下来的名砚也大多10~15厘米见方。现代发展的影响下，传统砚雕从书写用具更迭为赠礼藏品，尺寸也不再受实用功能的影响，随着雕刻工具的机械化，制造工艺的成本也大大降低，大者可重达几百斤，轻者可佩戴如随身饰品。从装饰角度出发来分析，只要不刻意追求石品的优劣，砚石艺术可供设计参考的方向其实十分广泛，边角余料的价格也并不高昂，笔者在攀枝花民宿住宿时就曾见当地居民将原石余料随意堆砌作门挡或庭院装饰。

（二）抽象形式的美学启发

除去具象形式的提炼，砚石艺术留存千年的根本在于精神文化价值的承载。石形、石色、石纹、石眼都是可以加工提炼的砚石美学符号，而不仅局限于实物装饰的运用。这些充满造物想象力又浸染了文人浪漫色彩的器物，跨越时间与空间，展现着天工与人力结合之美。2018年，四川安仁OCT"水西东"林盘文化交流中心的主体建筑设计概念就源自于传统砚台的意象演化，屋顶曲线下探连接石造水景宛如墨池（图9），稳重而不失灵动，是传统砚石文化与现代建筑结构结合的典范。

（三）砚石艺术的创新尝试

1. 苴却石眼制屏风纹样设计（图10、图11）
2. 仿箕形砚氛围灯、仿松花石砚双鹅氛围灯、仿瓦形砚氛围灯（图12）

四、结语

砚石艺术之美是器形之美、石质之美、色相之美、技艺之美、人文风貌之美的总和，是中国传统文化意境的抒写，是人民群众工匠智慧的凝结，是传播东方美学观、营造中式审美的一种途径，对现代环境设计中的装饰运用、材料运用、结构运用、美学表达等都具有丰富的参考价值。一直以来，石造技艺与石造艺术都是现代环境设计中被研究的重要对象，探索砚石艺术的呈现方式绝非一朝一夕能够促成之事，借由砚石艺术将传统美学特征转译融合到空间景观中去，是探索中华审美与现代环境设计结合的一种值得研究的方向。

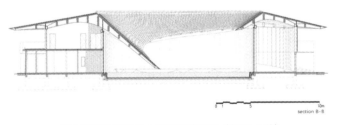

图9 林盘文化交流中心主体建筑剖面图（来源：网络）

上文提到，砚矿原石色彩万千，石色结合稳重而飘逸，受热接触变质作用的影响，纹理十分特别。古人发挥智慧与想象力，为各类砚石所取的名称也充分展现了传统美学的精妙，如端石鱼脑冻、洮石鸭头绿、澄泥鳝鱼黄、鲁石红丝玉、歙石对眉金星等，通俗易懂又不失风雅，兼具形象刻画与情景想象，将色彩表达从静态拉往动态，通过激发观者的想象来呈现东方美学的色彩景观。在现代装饰设计中，石材运用范围很广，真石造景或仿石造景都非常普遍，在技术更新下常用的石灰石、砂岩、大理石等因模块化设计、石皮仿制、电镀等新工艺的加持，在性能与装饰运用上都有了很大的提升，而砚石余料同样具备存量大、可塑性强、色相丰富的特点，又何尝不可作为创新材料的一种尝试。

参考文献：

[1] 王锡斌. 基于端砚石余料的旅游文化产品开发[J]. 装饰,2015(7).
[2] 梁善. 以方为贵：宋代抄手砚造型与装饰特征探析[J]. 装饰,2014（10）.
[3] 姜宁. 中国砚台收藏与鉴赏[M]. 北京：新世界出版社, 2014（9）.

"营石"的中国环境美学阐释

赖俊威
湖北美术学院环境艺术学院

摘要：中国传统环境美学语境下的"石"营造过程，总体呈以"审石""玩石""造石"三个环节的有序结构与递进。"审石"主要关注特定文化范围内石之含义建构问题；"玩石"大抵揭示中国人对石的情感偏好及赏玩机制问题；"造石"旨在展示人们如何以石为媒材进行更为具体的艺术实践。本文试图从石的特性概括、审美过程分析以及设计表现等方面对环境艺术中的石之营造予以中国美学向度的阐释，上可追溯石能够作为环境艺术经典表现样态之一的思想根源，下又指引人们能真正于环境审美文化层面做到"知石"与"营石"。

关键词：石；自然；石品；价值；环境

"嗜石"故事在中国历史上可谓俯拾即是，尤其《宣和石谱》《云林石谱》《素园石谱》等各类石谱著作的诞生，[1] 系统地明确了传统中国对石的一种审美导向，此亦为"营石"的重要指导思想，毕竟中国传统艺术精神在根本上倡导"意在笔先"[2]，所谓"意在笔先者，定则也"[3]。那么，如何看待石之问题则成了传统中国"营石"的基础前提。这里主要涉及三个向度的问题：其一，对石的基本认识；其二，对石与中国人之间关系的把握，主要关乎中国人何以如此嗜石；其三，对石的环境美学营构。从认知逻辑上讲，迥然于西方一般将自然视为"有形的物质现象及物体"或"一切实在外界之现象"[4] 的对象性思维模式，传统中国对自然抱有特殊且浓郁的融合感，总体上表现具有辩证意味的合一性，这其实根源于传统中国的特定思维偏向。[5] 基于这一比较语境，石作为一种自然形态在国人心目中分量甚重，深受传统哲学影响，不止客观地呈现其物理与空间属性，还随着不同时代社会风尚递嬗而持续充盈着人的情感与审美想象，这一点尤其体现在"石品"概念群的不断丰富。从思维结构层面来讲，中国环境美学语境中的"造石"与刘勰《文心雕龙》所载"为情而造文"可谓相类，"石之营造"何尝不是"为情所困"？这直指石与人的亲密关系，大抵是从两个维度呈现：石的层面，侧面反映基于石之形、态、性、势等范畴展开特定空间下的造物活动；人的层面，基于诸般"石品"概念充实的各种认知与情感体验。史上关于此类表现屡见不鲜，古语"园无石不秀，斋无石不雅"即是一例明证，"秀""雅"皆可谓石给与人的一种姿态感；南宋陆游《闲居自述》更有"石不能言最可人"[6] 之论，"不能言"针对人却又能达到一种"可人"的审美效果，折射出一种具有一定超越性的身体美学意识；明人计成《园冶》更是径直从园林营造方面强调"片山多致，寸石生情"[7]，石无疑能够给到人情感体验……"石"显然已非一种纯粹的物质形态，更因其作为一种情感媒体而促成后来玩石、造石之风的炽盛。先秦文献《尚书》对这种尚石之风的萌芽具有较早的文字记载："铅松怪石"[8]，明人林有麟《素园石谱》对"铅松怪石"更有"似玉"[9] 之论，可以说是借助玉与石的关系对此作了进一步的价值化阐释，再次强调石在国人心中的地位。系统地讲，石作为中国传统人居环境的重要构成要素及艺术审美类型之一，其营造过程基本完成于"审石""玩石""造石"三个环节，环节之间究竟基于怎样的逻辑展开建构？以下将从显石之相、石之审美及其设计表现几个维度展开相应论述与分析。

一、审石：显石之相

石的中国环境美学内涵，与西方文明相较而言，其中一个根本问题在于彼此之间"自然观"的迥殊。中国社会早期自然观的萌芽，典型如流传民间的"女娲炼五色石补天"[10] 神话故事。在此语境下，石因其固有的坚韧属性被赋予了显著的材料功能特征，甚至还夸张地起到补苍天之裂缝的作用，足见先民对石的重视程度已然上升至天地宇宙观层面，这在思想根源上还是出于对当时民生问题的考量；另外，石在人的早期视野中也萌生了美化装饰性，如传说中所剩之五色石通过世人想象不仅可化为山峦，而且能变成天上云彩，径直起到装点天地的审美效果。虽是传说，但从中国人自身认识经验发展史角度来讲，却也能作为石之审美意识转向的一种早期论据。事实上，传统中国视"石"为一种典型的自然形态，主要是驻足于人与自然的和谐关系，对石的认知与审美在思维方式上实际打破了传统西方"主客二分"认识模式，人们眼中之石似与生俱有一定的中国传统美学性质。那么，传统中国一般怎样看待石？石的这种美学特性具体如何体现？

石之美的显现，首先离不开人的"审石"过程。从主体出发，尤其与中国传统文人雅玩之兴趣脱不了干系，在学理上间接反映了中国人善赋石以价值观的惯习。这一点尤其反映在"石品"概念生成上，意味中国人的审石过程逐步朝审美意向化方向发展，"固如磐石"概念即可说是对石之坚韧品质的一种经典表述，更有甚者，人们还喜将石呈现出来的所谓"奇异"用来比喻人崇尚风流的一种姿态，"取巧不但玲珑"[11] 即是一例明证，这在擅以石为题材的中国画《兰色图》《竹石图》等作品又可见一斑。显而易见，石如兰、竹等一般已然成为彰显人们高洁品性之物。可见，石在中国古典美学视域内，既是具有客观属性的一种自然对象或材料形态，其品质又时常与特定的价值观念并辔而行，在画石、营石历史上往往能够在"外师造化，中得心源"[12] 这一中国艺术思想指引下完成"源于自然又高于自然"的设计，具体反映出尚自然、重天趣、主立意的环境美学理念。

显石之相，既体现中国人对石的认知，又内蕴其对石的审美关照。易言之，"审石"其实饱含主体"赏石"的观念倾向，即人们以相应的价值概念对石展开品评。石之于人的这种价值本质关系尤其体现在传统文人对石的审美经验过程之中，典型如宋人米芾将石之妙统摄于"瘦""漏""透""皱"，后来学界也大抵是基于此增补出"瘦、透、漏、皱、顽、怪、朴"等概念群作为"审石"乃至"玩石"的重要文化或审美基础。倘说米元章"审石"趋向于一元论，那么苏轼提出"石文而丑"[13] 便是具有某种辩证意味的二元论，更是在思维上反映出一种相对拒斥知识理性干扰的审美倾向，具体揭示了文人破俗、破艳价值观念的转变，清代刘熙载的《艺概》中"怪石以丑为美，丑到极处，便是美到极处"[14] 对此有着进一步的阐发，即丑亦可化为美。其中《板桥题画·石》记载的"一丑字则石之千态万状，皆从此出"[15] 之论更为精到而具体，即"丑"似乎成为石能够成就百态之姿的重要前提。

综上所言，石之相在中国人看来并非只是石头本身的客观属性问题，更是石被赋予的相应价值观念。事实上，石的形质、色彩、肌理、造型、空间表现等在视觉传达与设计层面与上述诸般价值概念确有相契之处：从美学角度而言，尤其以相对体现"反秩序"的石之审美特性，直观表现中国传统文化对脱略常规习俗、复归自然本性的某种本真生命追求。围绕这些概念具体分析，石之瘦，强调一种遗世独立的骨气；石之透，反映一种清莹透彻的豁达；石之漏，构建一种上通下达的乾坤意蕴；石之皱，给人一种层叠交错的幻觉；石之顽，传达一种张扬有度的个性；石之怪，呈现一种极尽变化的颓然；石之朴，展示一种朴实无华的品格；石之丑，成就绰约多姿的构型……这些构成了中国传统环境审美语境下的石之"真"相。

二、玩石：石之审美

清代画家郑燮从绘画创作角度围绕"眼中之竹""胸中之竹""手中之竹"三个经典范畴向我们揭示了中国传统艺术实践的精髓。[16] 这一点对于梳理中国环境美学视域下的石之营造审美逻辑至关重要。倘言前文所述的显石之相，主要还是基于"眼中之石"结合其之于人的某种价值关系而展开的认知把握，"胸中之石"则更强调主体自身意识或旨趣对石所展开的审美建构，所谓胸中勃勃遂有"造意"。"胸中之石"的审美过程相对于"眼中之石"显然更进了一步。实际上，这还涉及营造者眼与心如何配合、承接一个设计思维结构问题，即"审石"之后如何进一步落实到实践层面的营造美学范围？该问题在中国人"玩石"过程中具有较为鲜明的内容体现。那么，"玩石"过程具有怎样的结构与表现？

所谓"玩石"，可以简单地概括为主体对石以某价值观念进行赏玩的实际过程。明代李玙编著丛书《群芳清玩》，其中赫然列有石谱门类，从书名显而易见，正是以一种"清玩"态度对石进行赏玩。诚然，"玩石"的态度不止于此一概念，多半体现在人们以各种价值观比附于石。关于"玩石"的具体过程表现，明代文震亨的《长物志》对此有着较为生动的描述，其主要是从园林风景视角进行阐发。相较于计成的《园冶》，文氏更多的是基于园林环境赏玩对石展开审美建构。这里主要涉及园林空间与置石的关系问题。那么，如何"置石"可以说是"玩石"的一个重要表征。"置石"，不仅以石自身的形态表现作为地形的骨架或空间主景的结构，如宋代郭熙的《林泉高致》就有"石者，天地之骨。"[17]"专与石，则骨露。"[18] 之言，以期达到一种"坚深而不浅露"[19] 的审美效果，而且能够作为划分空间、组织空间的重要手段或媒介，还能对建筑、空间乃至整体环境起到烘托与点缀作用，甚至对驳岸、护坡、花台等制造也具有一定实用性表现。总而言之，"置石"强调的是不同物象之间组合，尤其是石与其他物象之间的配合，或与相关辅助设施的有机配置，以此希冀营造一个便于主体"玩石"的环境氛围。

以石构园之理，其实与中国画空间营造之道颇为相通，从历史上看，诸多造园之论确颇受古典画论影响。故而，关于石之审美问题的理解不能止步于实体之石，石的视觉图像化亦是揭示中国人尚石的一条重要线索，尤其是"绘石"传统，即石成为中国传统造型艺术的一个重要创作主题或意象。石之图写，充分体现在以石为题材的中国画创作之中，诚如清代画论家方薰的《山静居画论》则是立足山石轮廓之刻画载有"画石则大小磊叠，山则脉络分支"[20] 之说。随着图石之法的理论化，可以说在思维上更好地诠释了中国人对石的审美认知把握，其中《芥子园画谱》"山石谱"一章即对此有着极其详细的图文讲述，开篇即以人之"气骨"概念论石应包裹于"骨"与"气"之中，还进一步论述如何通过石"势"而生石"气"的问题。[21] 按此，石在审美通道上显然具有其哲学本体意味，基于中国传统艺术"得意忘象"的审美追求，石之审美最终也朝着"意境"范畴或方向发展，所谓"不著一字，尽得风流"[22]：玩的不只是石头本身，而是石的价值关系体验。这也就导致传统中国的营造活动，既对有限物态、空间的设计与表现，又往往衍生出人们无限的审美想象。

三、造石：石之设计

梁思成在论中国建筑之特征时曾指出传统中国用石方法之失败的问题，其依据是当时匠人对石质力学与石性缺乏深入了解，主要还是从科学层面对营石现象的说明。[23] 从中、西建筑史比较来讲，不同于西方主张"建筑是石头的史书"一说，学界普遍接受中国传统建筑以木构为主。那么，不像西方那般形成石构的主流建筑，是否意味传统中国不擅"营石"？事实上，从人居环境整体营建角度而言，中国建筑乃至环境设计在材料运用上并不局限于木，而通常是注重"五材并举"，形成了符合其自身文化及其思维方式的设计理论。"好的设计在于装饰存在，而非替代存在"[24]，设计师乔治·尼尔森在《好设计：它为了什么？》一文中曾如是说。这其实也间接道出了环境设计的一个根本指向问题：即设计对人生活的改变取决于设计者是否能够充分理解与享受设计所要传达的某种真谛，换言之，设计在本质上服务于人的存在。这从其词源学分析可见一斑，设计（Design）在拉丁文中是以 de 与 signare 展开语词结构，意为"用符号区别以造物，以及将其关系指派给其他事物或人"[25]。具言之，设计不是活动目的本身，设计之于人的价值关系建构或赋予事物意义才是核心内涵所在。这一理念与传统中国"以道统器"人本美学思想极为契合，即中国人擅于以一切材料展开营造以表现相应的价值精神，石材亦不例外。中国传统设计语境中的"石"虽不能言，却往往能达到一种"移情可人"效果，并以各种艺术形态切身关乎整体意义上的中国人居环境营造，具体表现在与石有关的造物制器、空间结构、空间陈设、氛围营建等方面。

石之营造，并非仅将石材加工为一种设计产品，而是基于"审石""玩石"，对石之"石性"与"造石"环境进行整体把握后，设计出符合中国人特定追求与人居环境空间体验的相应形式。基于哲学基本范畴，中国环境美学背景下的石营造至少囊括两层含义：第一，石的抽象价值观念化；第二，石的具象设计。首先，"石"在对应美学语境内有其典型的观念性表述，一般可概括为三类：其一，表现功能性的存在类型；其二，诠释象征义的存在类型；其三，呈现审美性的存在类型。以上功能、象征及审美三个向度的类型划分，委实还是围绕石之于人的意义及其相应表现展开。其次，作为客观存在的一种自然形态，石的物态特征不可避免地要进入人的视野，其作为一种材料具有其相应的形状、结构、色彩、纹理、硬度等属性，石之营造首先必然要考虑这些客观因素，即使是后来以相对抽象的"石品"价值概念介入亦如是。《园冶》专门设"选石"一章论各类石头的由来、品相与品质等问题，甚至径直从材质层面要求做到"选质无纹，俟后依皴合掇"[26]，但选石不只是停留在直观的视觉属性上，还需要进一步提炼出符合主体旨趣的"石品"，比如其进一步展开的"求坚还从古拙"[27] 等论述。清代李渔在《闲情偶记》中还指出"以石垒山"布置需要特别注意石纹、石色之异同，还在具体的营造方法上强调这些特征"不可分别太甚"，无疑传达了对"石性"的尊重，而看似抽象的"石性"进一步也被其以更为具体且直观的"斜正纵横之理路"[28] 加以中国传统空间美学向度的概括：通俗地讲，即一种整体中见变化的审美设计形式展开铺排与建构。这主要涉及两个核心问题：其一，石参与的空间构成；其二，石给人的时间体验。

首先，石在空间布局中有其灵活性，以"置石"为例，可高可低、可宽可窄、可大可小，从设计原则出发，其在环境空间构成中的作用主要出于一定的价值观念或意趣。当然，石自身在造型上通常也会呈现出多样变幻的形式美，诚如清代戴熙《习苦斋题画》中"物有定形，石无定形"[29] 之言，继而，不同质地、造型之石充分影响其给人的空间体验。其次，石自身的特性还能给人一种历经沧桑的时间体验，这首先与其展现出来的坚硬属性有关，另外基于传统中国语境中的"石品"批评观念，石本身历经时光流逝依然能够保持较好的稳定形态，这导致其常与人的坚韧品格相提并论。自古以来，中国就有着关于石的设计传统，从设计形式出发大致可分为以下几类：基于人的需求，以石制器随处可见，如石桌、石几、石凳、石栏、石屏、石榻等，《闲情偶寄·山石》对"石"与"器"的关系有着生动的阐释：

若谓如拳之石，亦须钱买，则此物亦能效用于人，岂徒为观瞻而设使其平而可坐,则与椅榻同功使其斜而可倚,则与栏杆并力使其肩背稍平,可置香炉茗具,则又可代几案。花前月下有此待人,又不妨于露处,则省他物运动之劳,使得久而不坏。名虽石也,实则器矣。从造景角度而言,又可被单独布置成景;从石与空间位置之间的关系来看,不仅依据一定的秩序沿相应轴线有机布置山石,还能跳出秩序之外仿自然界中山石的天然分布与形状展开散点式布置,以期达到一种复归自然、亲近自然的效果;从石与物象的组合来讲,其又常与建筑、水、植物等其他物象相伴。总的来讲,回归中国传统环境美学语境谈"营石"问题,我们需要尝试建构一套始终符合中国传统设计思维的石营造理论。毕竟,石一旦进入到设计领域,则不只是一种天然物,还是一种人工材料,更成为具有特定艺术审美特征的设计对象。

四、小结

倘言"造石"是关于石的某种设计,那么"审石"与"玩石"可谓设计前的设计。中国环境美学语境下的"营石"正是以上三者统合的结果,充分体现中国人独特的精神气质与审美创造思维,其中孕育着广泛的价值观念。正所谓"时宜得致,古式何裁"[30],这为未来中国环境设计背景下石之营造问题在借古开今视野上指明了一条道路:既要学古,但又不泥古,其核心在于如何将优秀的传统理论与现代实践结合?我们既要回到对中国人与石亲密关系的本源思考上,又要系统、科学地把握石与未来环境设计的关系。

参考文献:

[1]《宣和石谱》载有皇家园林所用的各种奇石;《云林石谱》记载了多种观赏石;《素园石谱》记录多种名石。此外,《园冶》《长物志》等著作对"石品"还有专门论述。

[2](五代)荆浩.画山水赋[M]// 中国书画全书.第1册.上海:上海书画出版社,2009:8.

[3](清)郑板桥.郑板桥集[M].上海:上海古籍出版社,1979:154.

[4](日)桑木严翼.哲学概论[M]// 王国维,译.谢维扬,房鑫亮.王国维全集.卷十七.杭州:浙江教育出版社,2009:261.

[5] 张岱年、成中英先生合撰之作《中国思维偏向》对中国传统思维方式展开过分析与论述,开篇即指出中国古典哲学素来富于辩证思维,并概括出两个基本要点:一是整体观点,即将天地万物视为一个整体加以看待;二是对待观点,即任何事物和问题都具有相互对立的两面,彼此依存、转化与包含。(张岱年,成中英.中国思维偏向[M].北京:中国社会科学出版社,1991:7-10.

[6] 钱仲联,马亚中.陆游全集校注4,浙江教育出版社,2011:392.

[7](明)计成,著;陈植,注释.园冶注释[M].北京:中国建筑工业出版社,1981:53.

[8] 贾祥云.中国赏石文化发展史[M].上海:上海科学技术出版社,2010:99.

[9](宋)杜绾,(明)林有麟.云林石谱 素园石谱[M].杭州:浙江人民美术出版社,2019:101.

[10](汉)刘安,等,著;高诱,注.淮南子[M].上海:上海古籍出版社,1989:65.

[11](明)计成,著;陈植,注释.园冶注释[M].北京:中国建筑工业出版社,1981:214.

[12](唐)张彦远.历代名画记[M]// 中国书画全书.第1册.上海:上海书画出版社,2009:156.

[13] 张法.中国美学史[M].成都:四川人民出版社,2006:289.

[14](清)刘熙载.艺概[M].上海:上海古籍出版社,1978:168.

[15] 潘运告.清人论画[M].长沙:湖南美术出版社,2004:378.

[16](清)郑板桥.郑板桥集[M].上海:上海古籍出版社,1979:154.

[17](宋)郭思.林泉高致[M].北京:中国纺织出版社,2018:49.

[18](宋)郭思.林泉高致[M].北京:中国纺织出版社,2018:44.

[19](宋)郭思.林泉高致[M].北京:中国纺织出版社,2018:49.

[20] 王世襄.中国画论研究[M].北京:生活·读书·新知三联书店,2013:369.

[21](清)王概,等.芥子园画谱(卷1)[M].北京:线装书局,2006:86.

[22](唐)司空图.二十四诗品[M].杭州:浙江古籍出版社,2013:43.

[23] 梁思成.中国建筑史[M].天津:百花文艺出版社,2005:11.

[24](美)尼尔森.设计的问题[M].纽约:惠特尼出版公司,1965:13.(载自[美]维克多·马格林、[美]理查德·布坎南编,张黎译:《设计的观念:<设计问题>读本》,江苏凤凰美术出版社2018年版,第126页。)

[25](美)维克多·马格林,(美)理查德·布坎南.设计的观念:<设计问题>读本[M].南京:江苏凤凰美术出版社,2018:234.

[26](明)计成,著;陈植,注释.园冶注释[M].北京:中国建筑工业出版社,1981:214.

[27](明)计成,著;陈植,注释.园冶注释[M].北京:中国建筑工业出版社,1981:214.

[28](清)李渔.闲情偶记[M].南京:江苏凤凰文艺出版社,2020:98.

[29] 俞剑华.中国古代画论精读[M].北京:人民美术出版社,2011:427.

[30](明)计成,著;陈植,注释.园冶注释[M].北京:中国建筑工业出版社,1981:197.

古代石刻景观艺术遗存在大运河洛汴段河图洛书文化圈中的价值

季云博　窦炎

洛阳师范学院

摘要： 本文深入研究了古代石文化景观艺术这一冷门学术方向，尝试挖掘龙门石窟古技艺遗存在隋唐大运河洛汴段文化圈中的学术价值。本文深入研究、整理了古代石文化非遗古技艺、河图洛书石刻古遗存，深入探讨古文明符号之间碰撞，如何保护濒危失传的古代石文化景观非遗技艺和河图洛书古遗存，对其更好地传承与发扬。本文通过研究甲骨文石刻、仰韶石景观、织机洞等旧石器时代的遗迹，讲述了石窟石雕造像是古人的石文化环境艺术的历史和艺术特色，分析了《易·系辞上》文献中关于华夏文明源头的河图洛书古代星图石刻遗存的原理。

关键词： 河图洛书；古代石景观；皮影戏；石窟石雕

一、河图洛书、甲骨文符号隐藏在以洛阳为主的周边古代石景观遗存中

河图洛书文化符号隐藏在以洛阳为主的周边古代石文化遗存中，内容非常丰富，具有很高的学术价值。综观河洛文明的发祥地，甲骨文、少林太极、隋唐大运河汴段周边民俗，都能找到河图洛书符号的印迹，在荥阳织机洞、安阳小南海洞穴、渑池仰韶村、郑州大河村遗址也都呈现出旧石器时代的石文化遗迹，都有古人在岩石和陶器上留下来的河图洛书最早的点线雏形纹样遗存。舞阳贾湖出土的距今七千年的七孔骨笛，用鹤鸟肢骨磨钻而成，能发7种音阶，其表面符号就是镂空圆点连线。河南仰韶遗址出土的陶器和岩石刻画，古人在陶石表面雕刻绘制的星图圆点、网状纹样都有古代河图洛书古遗存的身影。还有如燧人氏、伏羲、女娲、炎帝、大禹这些关于远祖的形象故事，也通过古人在岩石上用石器雕刻的线和圆点连线而成的身影，用岩画、图腾和纹样将神话传说代代相传，在陶和岩石上雕刻的河图洛书是华夏民族之根，文明之源，表达了文化寻根的意义。

（一）殷墟的商代陶俑在坐在石板凳上吟唱木偶道情戏

最早出土于河南安阳殷墟的商代陶俑（前16世纪）和豫西汉墓的乐俑、歌舞俑，历史悠久，技艺精巧，殷墟的商代陶俑在坐在石板凳上吟唱木偶道情戏，在文物中有景观石装饰。最有代表性的是灵宝木偶，它和灵宝道情结合，三千多年前，老子在函谷关著《道德经》，后人将其经文用吟唱的形式广为流传，并结合木偶戏来演唱经文，发展成了木偶道情戏，借助木偶为表演媒介，以歌舞演故事的戏剧艺术。

（二）拯救濒危失传的河南古代石文化景观

河南入选国家非遗项目有78项，省级148项，可谓精彩纷呈，不仅有豫剧、大弦、皮影戏、怀梆、清丰柳子戏、河阳花鼓戏，还有花木兰传说（虞城）等，其中和石文化有关的有十多项，展现了河洛人民的石文化创造力。但是，作为世界文化遗产的龙门石窟，仅有"龙门石窟木板刀刻、壁画修复"两项非遗技艺，缺乏石文化遗址遗存的整体整理研究，河图洛书石刻古代遗存的整理研究更是少之又少，所以，抢救濒危遗产，整理相关资料文献，唤醒人们的文化自觉，挖掘新价值，显得尤其迫切，也只有这样，才能真正保护文化基因库，保持活态传承。

无情的现代科技让古代的石文化在濒临灭绝的边缘挣扎，现代机械化制作给人们的欣赏带来了新的亮点，同时也给传统的纯手工制作带来了很大冲击，传统的石刻石雕景观艺术品工艺复杂，全靠手工，成本极高，精力投入巨大，而用机器雕刻效率高、样式好、时间极短，最重要的是，它的劳动付出和心血只是纯手工雕刻的十几分之一甚至几十分之一，所以对于传统手工雕刻的石文化技艺缺乏挖掘、保护、整理、研究的系统性具体措施，长期处于自生自灭状态，对于为数不多的真正古代石文化景观艺术群外延艺术的保护力度不够，是非常遗憾的。挖掘和保护掩埋沉寂在地下的石雕石文化景观古技艺已经迫在眉睫。

二、《易·系辞上》文献中关于华夏文明源头的河图洛书古代星图石刻遗存

（一）华夏文化源头

龙马负图之河图洛书传说的历史文献遗存，龙门以北30公里的孟津，华夏文化源头，《易·系辞上》记载："河出图，洛出书，圣人则之。"是河洛文化滥觞。上古伏羲氏时，孟津黄河小浪底岸边浮出龙马，大禹治水时，洛宁洛河中浮出一只神龟，背驮"洛书"，用来治水成功，又依此理论制定九章治理天下，划分九州。后诸子百家记录皆可追源至此，是华夏文明之源。

1. 河图洛书古代流传的两幅星图遗存石刻图案

蕴含了深奥的星象学，河，黄河；洛，洛水；河图洛书是河洛地区古代先哲们按照星象运行规律排布出时间、方位和节气的数学系统。

2. 河图洛书二十八星宿（象）石刻遗存图案

不仅指黄河、伊洛河，而是描绘银河围绕北极星为中点旋转，分成阴阳太极的"天极"，用作指示天上方位叫"象"，指示地上地理位置叫"形"。

3. 五个方位（形）遗存石刻图案

河图洛书"青龙、白虎、朱雀、玄武、明堂"五个方位（形）遗存石刻图案，"河图"象形数理，排列成数阵的黑点和白点，蕴藏着无穷奥秘。

4. "洛书脉络图"遗存图案

河图洛书的"洛书脉络图"遗存图案，表述中国古代天地空间变化脉络的图案，包括东西南北方向，纵、横、斜三条线上，数字加起来的都等于15。

（二）整理河图洛书图腾、纹样在大运河洛汴段古民间技艺上的运用遗存

1. 唐三彩烧制中的唐釉陶技艺已有千年，仿照古代石文化景观，以黄、绿、白三色制成的骆驼、马和人釉陶器，生动传神。

2. 汉魏古城遗址始建于西周，相连孟津偃师，建城史1600年，其拱顶、城门、佛寺、灵台，明堂有大量古代石文化景观，技艺精湛，被认定为丝路起点之一。

3. 朱仙镇木版年画最早为石刻年画，源于汉唐，为中国年画鼻祖，由桃符演变来，有门、财、灶神，采用手工水色套印，线条简练粗犷、

造型夸张古朴。

4.源于隋炀帝四年的罗山皮影影子戏，是中国皮影戏的始祖，最早也是在石头上刻板，在石墙上演出（图1）。

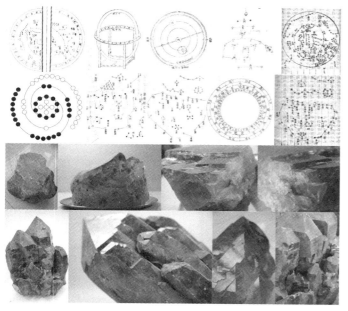

图1 河图洛书星图纹样和古代石刻岩石

三、石板上的河洛影子

（一）信阳罗山石刻皮影戏

信阳罗山县皮影戏最早在石板上表演皮影，又名"河洛石板影子戏"，据《罗山县志》记载，罗山石板皮影源自河北滦州，始于明代，从明嘉靖年间开始传入信阳市罗山县，距今已有近五百年历史，是中原最古老的民间艺术。罗山石板皮影以兽皮做成的人物剪影表演故事戏剧，表演时，河南艺人在白色幕布后，一边操纵影人，一边用南阳豫剧曲调讲述故事情节，同时配以弦乐伴奏，有浓厚的乡土气息。木偶戏皮影戏、剪纸和木版年画是中原最古老的民间艺术形式，最早是古人在石头上演绎的动画形式，集文学、美术、音乐于一体，千年来扎根民间，与老百姓同呼吸、共命运。

（二）发掘红色基因，演绎主旋律的石刻皮影、木偶戏、剪纸和木版年画

在石景观艺术中用非遗艺术讲中国故事，以"构筑人类命运共同体"为主旋律的皮影、木偶戏、剪纸和木版年画的红色木偶戏、皮影戏创作，发掘红色基因，研究贴近时代的优秀红色剧目，研究"构筑人类命运共同体"为主题的民艺风格木偶戏、皮影戏和剪纸的创作过程，用本民族语言讲述中国故事。年画艺术也有许多动人故事取之不尽、用之不竭，让青少年在寓教于乐、潜移默化中接受教育，也是一种很好的立德树人方式。

石刻皮影戏、木偶戏、剪纸和木版年画由民间技艺走向专业化，演出由露天走入剧场，与时代同步。同时，坚持原汁原味的石刻传统技艺的老艺人生存现状不容乐观，如今都已年逾百岁，精湛的古技艺开始面临失传的危机。同时，越来越多的娱乐方式使得传统的河洛石刻这一民间技艺的地位一落千丈，究竟是什么原因阻碍了本土民间技艺的继续发展呢？怎样才能拯救这些璀璨的石刻古艺，重新赋予全新的生命力呢？如何用石刻皮影、木偶戏、剪纸和木版年画讲好中国故事呢？

高校教师建立了一种新颖的"以石文化景观非遗美术作品为思政故事"的校园教学课程思政改革，创造性地改变以往单一文字式的美术思政课堂教学模式，建立以"伟大历程壮丽画卷的主旋律美术作品"为主的赏析和文字结合的教学创新举措和实施路径，改变了课件上的单一，展示了"历史时刻与红色经典——艺术视野中的黄河文化红色主题作品赏析"，还有非物质文化遗产的石刻、剪纸、皮影，木版年画讲述中国故事课程，用丰富的本土艺术语言来感染、鼓舞高校学生们的正能量精

图2 罗山石刻皮影戏和石刻雕版

神，达到教学预期（图2）。

（三）景观石上的木偶戏皮影戏记忆

景观石上的动画皮影艺术，涵盖不同地域、风格流派。韩国首尔大学、日本国立大学、俄罗斯列宾美术学院等高校的环境艺术专业，均开设有中国地方艺术专业的选修课程。国内高校开设了"非遗+思政"课程，开展"非遗技艺+红色文化"的教育普及工作，在郑州轻工业学院环艺专业开设有"非遗皮影课程"，用剪纸、木版年画和皮影来演绎长征精神、红旗渠精神的创作内容，被誉为"中原民族记忆的背影"，在环境设计的石材艺术构思中形成了深厚的文化底蕴，承载着悠久的文化渊源基因。

在河南省皮影、剪纸和木版年画的石上景观设计上，国内国外保持了密切的交流，灵宝石头木偶戏出访过30多个国家，以其精湛的表演和精美的造型，深受观众赞誉；韩国平昌冬奥会闭幕式"中国八分钟"中表演过提线木偶。在庆祝中国共产党百年华诞，国内艺术院校的老师们也在石头动画上创作出了大量优秀红色皮影木偶剧，包括贵阳木偶剧、广东陆丰皮影戏的石头皮影《红军的战马》《荡寇少年》《铁道小飞虎》《壮乡小雄鹰》《碧海丹心》《红星照我去战斗》，塑造鲜活的英雄形象。

四、石板上的河洛影子

（一）河图洛书石文化景观古遗存保护

隋唐大运河是一条人工开凿河，遗产共58处，在河洛地区有嘉仓、回洛仓、通济渠和夏邑段等7处，其中洛汴段的洛阳和开封（汴梁）段保留有大量的民间美术石文化艺术（例如：河洛大鼓石、唐三彩烧制石、洛阳宫灯石墙），从古至今，曾见证了盛极一时的景象。隋唐大运河中原（洛阳）河洛文化的脉络主线，大致有三条：第一条是丝路起点、十三朝古都的汉魏古建筑群石文化，隋唐紫薇城应天门东都建筑群石文化；第二条是以"龙门石窟、河图洛书"为主线的儒释道石文化；第三条就是承载河图洛书古代遗存的非物质文化遗产民间技艺石文化，在大运河洛文化体系中一直处于较为尴尬的境地，很少有人去研究，有些濒临绝迹，令人感到酸楚（例如：随着现在流行音乐的传入，研究承载河图洛书文化的河洛大鼓石文化逐渐减少，年轻人无人学，艺人只减不增，生存状况跌入低谷）。

（二）洛阳高浮雕传拓术的石板艺术

龙门石窟石板刀刻非遗古技艺，起源于高浮雕拓印术（北魏），发展于活字印刷（北宋）前身的雕版印刷术（东汉），是古代工匠利用"雕版法"在石板上雕出佛像、菩萨、飞天，力士等的古代线刻技艺。隋初，洛阳丽景门街坊里流行着木板刀刻再用水墨印染的"雕版印刷"，从丝路和大运河上驶来的西域使者、僧人，除用宣纸进行高浮雕拓印外，还将佛经图文沿用"雕版印刷"批量印制，传入新罗、东瀛，流传甚广，记载在洛阳志中称作"拓传术"。至北宋，传入东京汴梁城，内容扩大

到了石板年画皮影戏，就连宫廷也主持开办石板雕坊印年画，毕昇改良活字印刷术时还沿用此法刻在石头上印碑文图案，延至南宋初期，中原艺人流落江南，此法险些失传。

（三）四大发明之一的雕版印刷术最早是在石板上雕刻

雕版印刷术是四大发明之一，而作为早期阶段的雕版印刷术雏形于东汉，那时印章盛行，多是用"雕版法"凹入阴文刻于石板封泥之上，后来纸张代替竹木简牍和绢帛，水印起而代之，刻上凸起的阳文、刷墨、覆纸印刷。隋唐文化繁荣，单靠抄书手写已难满足社会需要，所以在拓片的基础上改进成了雕版印刷术。唐宪宗长庆四年十二月，元稹为白居易《长庆集》作序，就说到当时扬州、越州一带处处有人将白居易和他的诗"缮写模勒"，"模勒"就是印刻，这是现存文献的最早记载。唐代使用印刷术的人，多在寺院和石窟寺，匠人在石板上用刀雕刻再拓印，在石窟石雕（浮雕）上传拓佛像、经文等，这样等于出现了石雕造像和刀刻传拓两个一样内容的版本，可以这样说，传教布道促使了印刷术的发明，而龙门石窟木板刀刻传拓术又见证了这一发明的发展。1900 年，敦煌千佛洞发现了一个秘密复窟，里面堆满了古写本古画，其中一卷唐咸通九年雕版印制的《金刚经》，长 488 厘米，由七张粘连而成一卷，卷首为佛对弟子们说法画面，天神环绕四周静听，众人皆神色肃穆，雕版拓印画面精美、线条流畅、着墨均匀、刀法纯熟，为优美的版画艺术，是我国古代印刷术木板刀刻传拓出佛教内容的一个重要佐证。

（四）高浮雕传拓术是在宣纸上展现古代石景观

龙门木板刀刻工艺属于"高浮雕转缩木雕版刻拓印术"，据考证普及在中唐时期，传统的北魏高浮雕传拓是古代工匠将宣纸覆在碑刻、青铜器、画像石，石雕上面原比例尺寸拓印，受现场环境条件限制。唐代的"龙门石窟木板刀刻"采用原大等比例缩小至合适大小，手工版雕，然后用宣纸墨拓成一模一样的缩小比例拓印图，以其原貌性、无可替代性承传至今，此非遗古技艺能将不可移动的大型文物按照最少 10:1 转化为可移动文物，在平整木板上缩小临摹石窟原貌，把坚硬石刻转化为柔软流动刀痕，还能把石雕裂痕忠实记录下来，在小小的木板上雕刻出凹凸不平的立体石雕，取湿透宣纸以正投影直压各部位，拓完揭取后，不需再一一粘接，即可表现浓淡相间墨色，传拓的成品因真实再现石窟原貌而被赞誉为"行走的石窟"，有体态轻柔、随风飘动的衣袖、回眸而笑的飞天，有古阳洞佛像，药方洞地藏菩萨，老龙洞、惠简洞、看经寺、香山寺菩萨，东汉石辟邪，河图洛书星图等，还有巩义石窟寺、嵩山石刻、水泉石窟等遗址复原，不仅是考古文献的真实重现，还是可移动的活化石。

五、石窟石雕造像是古人的石文化环境艺术

跨越 1600 年的世界文化遗产"龙门石窟"，华夏文化的源头"河图洛书"古代遗存。因为其相关整理研究经验和资料极少，研究人员基本没有，属于绝对的冷门学术领域，因此本课题的研究将填补空白，具有重要的学术意义。龙门石窟非遗古技艺具有很高的学术意义，龙门开凿于公元 493 年北魏孝文帝时期，与敦煌莫高窟、云冈石窟并称为中国三大石刻。龙门木板刀刻非遗技艺因为传承了高浮雕传拓法（北魏），复原了濒临绝迹的雕版印刷术（唐），而成为了活化石。敦煌飞天，姿态多样、体态轻盈、飘曳长裙、飞舞彩带、流云飘飞、落花飞旋。

（一）古代龙门石窟石文化飞天景观在的艺术形象

龙门石窟的宾阳中洞北魏飞天石雕、莲花洞窟顶藻井巨型莲花石雕、莲花洞供养天人石雕、万佛洞伎乐人、龙华寺洞伎乐人、唐代飞天石雕，展示了古代丝绸之路上的乐器模样，有萧、长鼓、鸡娄鼓、琵琶、钹、排箫。万佛洞北壁石雕"六身伎乐人、坐部伎、立部伎"飞天形象，重现了婀娜多姿、生动传神的欢乐的境界。

（二）石窟上的剪纸——行走的石窟

龙门石窟木板刀刻石雕剪纸的非遗技艺，是在红色宣纸上绘制图案，用剪刀、刻刀进行加工，表达了不同寓意，抒发了人们对美好生活的向往。龙门石窟木板刀刻石雕剪纸多以非对称图案，通过不同的折叠手法，进行精雕裁剪，以达到不同造型。龙门木板刀刻石雕剪纸非遗技艺取材与龙门石窟奉先寺、古阳洞、宾阳洞和莲花寺的佛、菩萨和飞天力士雕造型，通过传承人精细的手工雕刻，得到一幅幅极其精美的精雕剪纸，

图 3 龙门石窟飞天石雕是古代的石刻景观艺术

被称为"行走的石窟"（图 3）。

参考文献：

[1] 张松峰. 洛阳奇石景观的历史发展研究 [D]. 西安：西安建筑科技大学,2013.

[2] 王琦. 中国古代石文化环境结构艺术探讨 [J]. 时代文学,2012.

[3] 季云博. 河南省教育科学十四五规划 2021 年度一般课题《皮影

乡土材料在乡村建筑的改造设计应用研究

吴春桃

云南师范大学美术学院

摘要：在城市化进程当中，环境资源的破坏，传统乡村的特性正逐渐丧失，对传统村落建筑本质的回归，以及对传统建筑改造及环境协调的关注，就变得非常重要。通过研究乡土材料的特性、匠艺、美学，以东方设计学理论对乡村建筑进行改造设计应用，来展现乡村的风土人情、建筑特性及自然环境的融合共生。本文通过对乡土材料的应用实验研究，总结出乡土材料对传统建筑改造的设计策略，来保护与传承我们的乡土建筑，对今后的改造应用有着深层次的发展意义。

关键词：乡土材料；乡村建筑；更新改造

一、引言

在这个信息化社会快速发展的今天，如何使用我们传统的乡土材料，是我们所要面临的一个重要问题。如今全球的一体化、工业化以及科技的进步、技术的发展使我们逐渐对传统文化和生活迷失，材料对建筑设计的选择也被大家越来越关注，乡村建筑的改造也在如火如荼地进行中，但是我们对于设计材料的运用还是非常混乱，这些都是当下亟待解决的问题。

在全球呼吁保护我们的传统地域文化浪潮中，文化、乡土建筑开始逐渐受到人们的关注，各国都在呼吁居民保护我们的地域性建筑，保护我们的民族特色和地方风俗文化。我们将通过以改造设计的视角出发，把乡土材料转换到我们生活，来增强当地的文化建筑特征，并且让当地居民萌发出对传统建筑的人文感受与情感共鸣。让乡土材料营造出当地历史回忆的场景，从而来唤醒当地居民的记忆，把曾经的生活体验、生活片段重新塑造出来，给予当地居民真正的乡土认同感与家乡的归属感。

二、乡土材料相关概念

（一）乡土

在中国社会发展进程中，中国乡土发生了深刻而剧烈的变化。然而，无论乡土社会如何变迁，以乡为基础的生存空间不会改变，以土为基础的生存支撑也不会改变。在传统的乡村里，农民以土为生，与土为伴，他们日出而作，日落而息，心无旁骛地在村庄中生活。云南省坐落于中国的西南边陲，与越南、老挝、缅甸接壤，地形以高原为主，平均海拔约2000平方米，气候分为亚热带季风季节和少数热带季风气候，拥有着丰厚的植物、动物、农业、水能等资源，乡土气息也非常浓厚，这就是本文所研究的乡土概念。

（二）材料

在我们的生活中，人造的和非人造的物质都是由一定的材料所组成的，材料是我们人类发展和生存道路上不可缺少的基本物质保障。所以，材料本质上是我们所制作和生产的物质，可以制作成物品的物质。实际上"材料"在中国古汉语一直分为两个词的意思来使用的。"在《说文解字》中对两者的界定为：'材，木梃也'；'料，量也'。从斗，米在其中，'料'的本意是计量。在《营造法式》中，'材'的概念仍然具有复合尺寸，主要用于指定木材的横截面尺寸等[1]，并在设计中起到模块化的作用，"料"是建筑过程中控制某些成本所需的材料和劳动力的数量，所以我们古代的"料"指的是一定数量的建筑材料"。

（三）乡土材料

乡土材料，是当地人为了适应环境和满足生活需要而从大自然中取得的原始建筑材料[2]。它们是一定时期内自发组织起来的生产方式和生活方式的客观反映，记录了不同时期人类住区的变化，反映了人与人、人与自然、人与社会的关系。土、木、石、砖、瓦、竹等原始材料都属于地域性乡土材料[3]。在材料的表现方面，与现代的建筑材料混凝土、钢结构、玻璃材质相比，有着更加深刻的文化内涵与历史沉淀。

（四）乡土材料种类

1. 石材

云南的石材资源居全国前五位，云南的天然建筑石材可分为饰面石材和普通建筑石材。大理石是云南省最具有优势的石材资源之一，大理被评为"中国观赏石之城——大理石都"等称号。石材产业不仅成为云南民族文化旅游产业的重要组成部分，也成为解决云南石材产业链中更多人就业和贫困的重要途径。

石材作为建筑所用的乡土材料已经有了5000年历史，是我们发现人类使用最早的材料之一，不同石材有着不同的特性，应用也非常广泛，我们在建筑历史中使用了大量的石材，埃及金字塔被誉为世界上第一座石头建筑[3]。在中国，在我们城墙上也有着最早的应用。所以石材对于我们来说，不仅有着材料自身的特征属性，在精神方面，更能体现对当地地域文化层面的深厚记忆（表1）。

表1 常见岩石的密度

岩石名称	花岗岩	闪长岩	辉长岩	辉绿岩	砂岩	页岩
密度（g/cm³）	2.52~2.81	2.67~3.96	2.85~3.12	2.80~3.11	2.17~2.70	2.06~2.66
岩石名称	石灰岩	白云岩	片麻岩	片岩	大理岩	板岩
密度（g/cm³）	2.37~2.75	2.72~2.80	2.72~2.81	2.72~2.82	2.72~2.83	2.72~2.84

2. 木材

云南是中国森林覆盖率比较高的省份，云南地貌杂乱多样，是个多山的高原省份，云南植被旺盛，树木资源丰厚，有"植物王国"之称。云南大理阳光充足，水分丰富，空气清新，环境优美，非常适合树木的生长，木的质量也非常不错。

木材在我们的乡土材料中，有着深厚的历史发展背景。从最传统的木结构的搭建，到现代木结构的多渠道应用，木材的使用一直贯穿于我们的建筑营造中。木材在建筑材料中，有着非常广泛的应用，它可以作为梁柱来支撑我们墙体结构，还可以用于大面积的木制墙面、饰面板、地面铺装等很多地方[4]。自古以来，乃至将来，木材的流行都与其独特的审美价值和实用价值密切相关。中国传统建筑采用快速的预制构件组装体系，而木质天然材料使其易于建造、翻新和更新[5]。

3. 砖材

密斯曾说过："建筑是一块砖接着一块砖摆放的"。[6]

砖在建筑中已经使用了几千年，它有着悠久的历史与文化。俗话说，"秦砖汉瓦"就已经表明，秦代的砖一直处于鼎盛时期。砖的质感非常厚重，肌理非常丰富，尺度也有着一定的统一，有着自己传统文化底蕴的历史气息[7]（图1）。

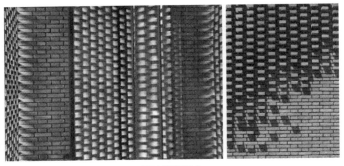

图1 砖的组合

4. 瓦材

《说文》作为中国最早的以部首排列的字典，其中的解释是："瓦，土器已烧之总名。"段注："瓦为已烧者也。凡土器未烧之素皆谓之坯，已烧皆谓之瓦。"[8] 从文章中就可以看出，瓦最早运用于陶制品，之后的范围越来越小，指的是运用黏土为原料的传统黏土瓦，常用在建筑的屋顶上。瓦最早出现于中国的西周早期，当时应用范围也比较小，基本在建筑屋脊的区域。在西周中后期，屋面铺瓦已经非常流行，广泛应用于我们的建筑营造当中。西汉时期是烧制瓦砖最为繁荣的时期，素有"秦砖汉瓦"之称。在云南，传统村落非常丰富，瓦资源基本在每家每户都在运用（图2）。

图2 瓦的组合

三、乡土材料在改造设计中的应用

（一）改造策略

乡村社区作为中国居住人口较多、占地面积较大的一个特殊聚落，承载着独特的地域文化与建筑特色，在充分挖掘乡村的自然风光、建筑特色、工艺文化的基础上将乡村改造成为具有优美景观及独特文化的观光体验地，不仅使游客在观光的过程中能放松心情、享受到乡村的美景，也通过营造相应的体验空间加强游客对乡村的工艺、文化的了解，带动乡村地区经济、文化、环境的全面振兴。

国内外对于乡土材料的探索一直都没有停止过。人们热衷于这些天然的、已开采的乡土材料应用，传统的营造技术和建构方式都存在一定的局限性。在工业化的大背景下，当代传统的营造方法借助现代的施工技术可以得到更新和改良，我通过一些改造手法来探索乡土材料在建筑营造技术中的改良策略。

（二）乡土材料的乡村融合

乡村社区中的传统建筑大多以农宅、公共建筑为主，这些建筑在建造时使用木、黏土及砖石建造而成，建造年代较为久远，因此，部分建筑出现了较为严重的损坏、残缺现象，难以满足观光的需求。但其作为乡村中建造年代较悠久的建筑，仍具有较高的历史价值，对于这些建筑，可通过使用木、土、垒石、砖、瓦等乡土材料延续建筑的乡土气息。同时，在结合一些现代建筑材料，如玻璃、钢材等材料对其进行改造，使其在延续原有建筑特色的基础上，通过与新建筑的对比呈现出独特的风貌，并在新旧材料的对比过程中体现出乡村传统建筑的价值（图3）。

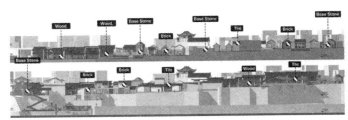

图3 乡土材料与建筑的融合共生

（三）垒石结构的改造策略

垒石运用较多的是叠砌法，是利用分散的垒石，通过一定的规律重组，在竖向上按照一层层叠加的方式来砌筑。运用这样的方式，通过自身的强度承受来自上部的荷载和重量。

在民宿设计中，我的设计通过选择利用当地形状、大小不规则的天然石材，来砌部分房屋，并利用黏土作为石块之间的粘合剂。在原有乡土建造中进行创新，降低垒石墙面的高度，融合木材以及幕墙，创新建筑形式，来解决遇到的采光、通风不足等问题，与乡土进行融合。运用当地的石材，就地取材，节省运输成本，保留村落人文特色，不同大小的石材使得肌理非常丰富，突出乡土材料营造出的乡土风情（图4）。

图4 设计中垒石材质运用分析

（四）木制结构的改造策略

木制结构在中国有着几千年的建筑人文历史，集历史、艺术、科学于一体，具有极高的观赏价值，在我国乡土材料中也是最为重要的材料之一。

传统木构建筑体系形成于汉代，成熟于唐代。宋代在成熟的基础上进一步完善，明清两代达到了一个较高的水平。在我们东方设计理论体系中，"木"作为灵魂，一直存在于我们中国传统建筑乡土之中。"木"体现了中国古代"天地之大德者曰生"的价值观。中国古人从宅基选址、立柱上量到房屋结构等，都虔诚地将建筑作为自然生命的诞生，如此能体现"木"在我们心中的一个地位。"木"作为一种非常丰富的天然乡土材料，有着易打磨、易加工、轻便并且密度小的特点，是在中国传统建筑中得以选用的物质前提。木材的纹理、肌理、色泽等具有很高的可塑性，可以通过加工做出不同的造型效果。在宋代《营造法式》中，有着丰富多样的古代木作品，分别有着不同的尺度关系，并且有其所用之处。

在运用乡土材料中，木结构能打破自身尺寸的限制，不受标准化的限制，设计灵活，结构更新简单、便利，可以给设计更大的想象和自由发挥的空间，有利于实现各种造型、创新的设计；在营造过程中可灵活调整结构的位置、空间的布局等，相对于钢筋混凝土结构更易改扩建。在漾濞博南古道工作坊设计中，通过对传统木结构的保护以及修缮，在

表2 宋代《营造法式》大木作料例表（单位：宋尺，1宋尺=3.168m）

	名称	长	广或径	厚
柱料	朴柱	30	2.5~3.5	—
	松柱	23~28	1.5~2.0	—
方木	大料模方	60~80	2.5~3.5	2.0~2.5
	广厚方	50~60	2.0~3.0	1.8~2.0
	长方	30~40	1.5~2.0	1.2~1.5
	松方	23~28	1.4~2.0	0.9~1.2
小方木	小松方	22~25	1.2~1.3	0.8~0.9
	常使方	16~27	0.8~1.2	0.4~0.7
	官样方	16~20	0.9~1.2	0.4~0.7
	截头方	18~20	1.1~1.3	0.75~0.9
	材子方	16~18	1.0~1.2	0.6~0.8
	方八方	13~15	0.9~1.1	0.4~0.6
	官样方八方	13~15	0.6~0.8	0.4~0.5
	方八子方	12~15	0.5~0.7	0.4~0.5

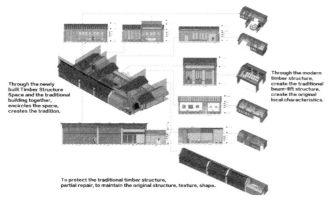

图5 漾濞博南古道工作坊木材运用分析

融合新的木构建筑，让"木"一直围绕在我们的设计中，保持原有的乡土气息，在不同功能区域运用不同木构造，尊重传统，更新建筑，营造乡土气息（表2、图5）。

（五）砖瓦结构的改造策略

砖的砌筑方式多种多样，不同的组合方式和建筑形式都会呈现出不同的立面效果和整体感觉。砖的砌筑，是根据材料本身的力学性质，通过基本的砌筑分层与顺丁搭接，达到最终的建筑目的[9]。砖有着不同的砌筑方式，它带来的纵向、横向、对角的各种关系，让我们更加了解建造过程中的交接方式。砖在呈现出建造工艺的同时，还可以传递出深厚的文化内涵[10]。瓦的砌筑方式也是如此，根据不同的排列组合方式，也可以组合成多种多样的形式。在漾濞博南古道的茶文化体验中心改造设计中，就是使用当地的青砖材料，把外立面以及内部结构通过不同的排列组合成不同的形式，营造出不同的活动交流空间以及光影关系，建筑大部分墙面也运用当地青砖，在细部融合瓦材，与屋顶进行呼应，与整个传统乡土建筑进行有机融合（图6）。

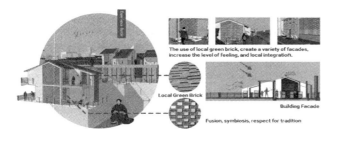

图6 漾濞博南古道茶文化体验中心乡土材料运用分析

四、结论

乡土材料源于自然，我们希望通过对乡土材料与乡村建筑的融合，再回归自然，重塑我们具有乡土文化的人居环境。我们将东方设计学理论运用到乡村改造的设计中，在尊重我们自然生态基础的同时，结合当地人文风情及地域文化，达到活化乡土建筑的目的。乡土材料在建筑中的改造应用，是我们社会发展中的物质文化产物，保护乡土地域文化的同时适应当下的社会发展，在保护与传承上得以弘扬与发展。我希望通过本文对乡土材料的研究，可以对今后的改造设计应用有着深层次的发展意义。

参考文献：

[1] 郑小东. 构语境下当代中国建筑中传统材料的使用策略研究.[J]. 清华大学,2012,12.

[2] 黄增军. 材料的符号学思维探析[D]. 天津：天津大学,2011.

[3] 尹春然. 乡土材料在地域建筑营造中的美学探析[D]. 长春：东北师范大学,2016.

[4] 杨俊. 从材料出发——中国古代木构建筑木材选择与应用的启示[J]. 建筑师,2019.

[5] 王澍. 造房子[M]. 长沙：湖南美术出版社,2016：84.

[6] 秦建明,姜宝莲. 秦砖汉瓦内筑与外筑工艺的变革[J]. 文物鉴定与鉴赏,2010(7):94-98.

[7] 王强. 陶瓷名物探源二则[J]. 中国陶瓷,2006,42(1):34-35.

[8] 李丹. 词义演变探微[J].陕西理工学院学报(社会科学版),2006(2):40-45.

[9] 李明硕. 邯郸西部地区砖构建筑原型研究[D]. 邯郸：河北工程大学,2018.

[10] 张玢. 乡土材料在现代建筑中的地域性表达研究[D]. 成都：西南交通大学,2016.

中国传统造园艺术中"石"的纪念意义

朱文豪

无锡商业职业技术学院

摘要：中国的传统造园艺术中，自古就不缺乏"石"，而在众多的研究与应用领域中，往往将石材／石头作为单一的视觉上的意义的存在，或者是建筑材料的一部分。本文中所研究讨论的"石"的纪念意义主要指在中国造园艺术中作为环境布局与视觉元素之一的重要组成部分的石，即在传统造园中作为景观的石的研究。重点探讨在传统造园中，"石"除了作为视觉作用存在之外，对于造园者与观园者所蕴含的纪念意义。石的纪念意义本身也与传统园林的造园思想以及中国传统哲学思想统一，既是中国传统哲学的物质化体现，也是中国文化与中国精神的物化的语言体现。

关键词：造园艺术；纪念意义；石

中国传统造园艺术中对"石"的运用自古有之，无论江南地区较为普遍的私家园林，还是保留至今的明清时期众多存在于北方的皇家园林，"石"在整个园林之中都占有举足轻重的地位。而这些"石"在满足最为直接的园林艺术的视觉需求的同时，还具有其他的重要意义。站在今天的角度回望历史，必然会想到其中所包含的历史意义、纪念意义甚至可以通过对"石"本身的研究，得出一些关于地质、关于气候演变的信息。

本文中将重点对石所含有的纪念意义进行探讨，其中关于纪念意义的探讨，除了站在今人的角度进行解读，更重要的是"石"在作为造园艺术开始时的重要元素，就被造园者所赋予了丰富的文化内涵与纪念意义。在中国传统造园的过程中，"石"所包含的纪念意义是从计划在某一处放置一块"石"就开始。这种纪念意义延续到今天，反而被其更为外在的景观上的视觉意义所掩盖。本文将从中国传统文化中的纪念性表达、中国传统造园艺术中的纪念意义、石在造园艺术中纪念意义的独特性等几个方面进行论述。

一、中国传统文化中纪念性的表达

自中国文化出现以来，关于"礼"的记载便出现了。今天的众多考古发掘更是证明早在没有文字记载的远古时期，从中华大地上出现人类的踪迹开始，便有了纪念意义的器物出现。这些器物在早期可能是从一些具有实用性的器物逐渐地演化，最终独立成为具有特殊用处的礼器。在关于中国古代艺术与建筑中的纪念表达，巫鸿先生的《中国古代艺术以建筑中的"纪念碑性"》中分别从不同的角度进行了阐述。这里要阐明的是，其中的"纪念碑性"与纪念意义具有不同之处，但依旧可以作为参考进行阅读。

中国传统文化中历来重视对于人与事的纪念，从墓葬艺术到生活仪式，甚至到城市的规划建设都充满或严肃或重大的内在意义。在中国传统文化中，从宏观角度来看，纪念的意义着重表现重大的历史事件、纪念重要人物等；但从微观角度来看，在中国人个体身上，这些纪念性的表达也是极为普遍的，首先在中国传统文化中，人的离世是作为人一生的重要时刻而存在的，这种存在可以说是在世的人对于已故人的纪念，这种纪念性的表达当然与其所处的社会地位、资产厚实程度等有着重要的相关性，但我们可以看到这之中的纪念性确实普遍存在。在生活中关于个体或群体对于事件的纪念也极为普遍，这种纪念性的体现既有物质性的建筑、器物等，也有进行的仪式活动等。

事实上，中国人在平时的生活中也是极为看重关于纪念性的表达。我们可以看到在传统生活中，尤其是文人的生活，会将自己的一部分想法与思想通过不同的方式进行表达，这些表达之中又有着不同的含义，有些诗人会表达自己的不如意，有些则是借物言志，充分记录自己当时的所思所想。而在这一过程中，纪念性的表达往往被深藏于意志表达的背后。

在纪念性的表达中，最为突出的是艺术方面的表达，这里的艺术是广义上的艺术，既包含了中国文人传统中的诗书画，更包括众多的不同艺术表达形式，小到生活中的用于祭祀的专门"礼器"或在使用时才成为的"临时性礼器"，大到如建筑艺术、园林艺术等。这种种不同的思想表现方式与纪念方式都是重要的纪念性物质表达。而作为非物质的表达，纪念性在这种种物质成形的过程中便已经被包裹其中了。

二、中国传统造园艺术的纪念意义

中国传统造园兴起于文人阶层，或者说造园的艺术意义与价值首先是在文人中流行开来的。首先，中国传统文化中对于传承性的重视，造就了关于永恒性的不同理解，相较于今天所谓的物质性永恒，中国传统文化中更为重视精神方面的永久性，这种文化传统使得中国人在进行造园与建筑时，始终带着发展的眼光，考虑其中所蕴含的时间的含义。在中国传统造园中，移步异景正是空间与时间双重元素共同作用的结果，这种结果也就要求在造园的过程中，其中各种元素的运用也要考虑其不断变化的关系，例如植物的生长，并不如同今天西方文化中的人与自然的对立，而是将植物的生长与变化也看成是造园艺术的一部分，甚至可以说将这种变化提前思考亦是中国传统造园中的重要组成部分。这种流动的思想对于理解中国传统造园艺术意义重大，而在造园的过程中，园林是否仅仅作为一个休闲与生活的地方，其实不然，在传统文化中，自古是修身齐家治国平天下，传统文化中讲求人要对国家社会有重大贡献，是以当作人生的奋斗目标与追求。但是现在看来无论是皇家园林还是私家园林，这种思想与精神最求更多的是关于修身与齐家的追求。在这一思想的促进下，我们发现中国造园艺术中的纪念性看似已经远远不如传统思想中的胸怀天下的心理。

但此时却要将皇家园林与私家园林分开讨论研究。皇家自古是为家天下的概念，在家天下的概念中，皇家园林的建造就是国家实力的体现，其中的纪念性是上层阶级对于自己丰功伟绩的纪念，从这一概念上来说，中国传统造园中，皇家园林所承载的纪念意义亦是包含着"天下"的概念。相较而言，私家园林则往往是造园者更为微观的纪念表达，通常来说私家原理在"天下"的表达上较为隐晦，更多地倾向于表达个人的追求与文化审美上的倾向。

造园艺术中的纪念意义不同于其他的地方在于：园林本身的体量所蕴含的纪念意义的重大性。同时纪念意义的存在本身，是需要让后代或者他人更多地了解与更为长久地传承。由于中国传统造园中对于流动性、时间性哲学的重视，使得在完成的园林中，其实更多地增加了关于流动性的纪念意义。众多园林在建成后其实更多的在不断变化，这种变化既有顺应自然本身的植物变化，还有关于生活其中的人，或者是不同拥有者对其不断的改变，这种改变从发生的一刻起，使与之前的纪念内容产生联系，有时是加强了前人所要表达的思想与内涵，有时是与前人的想法相去甚远，但这本身并不破坏在造园过程中纪念意义的存在与不断反复。

三、石在传统造园艺术中的纪念意义

（一）石在材质上的永久性

中国传统造园的过程中，所使用的材料是极为丰富的，除了材质本身角度包含了木、石、陶、金属、植物等，其中尤其还要注意的是在不同的地域所体现出来的因地制宜性，例如在南方常见将竹运用到造园艺术中，而在北方有大量的松柏等耐寒植物。同时中国传统造园的过程是一个不断改变与生长的过程，此情况就植物而言是最为明显的，但在造园过程中，设计者依旧会追求一定的永恒性，这种精神上的永恒性的追求，表现在具体的物质上，是通过不同方式体现的，就植物而言是会大量用一些本身存活时间长的、造型具有一定稳定性的植物。但植物依旧是一种在视觉上可以看到众多变化性的物质。中国传统文化中追求在变化中需求不变。

这时"石"的出现在某种程度上就强化了"不变"的精神追求，"石"与造园中使用的其他材质最大的不同便在于其在人的生命周期尺度上的变化的微小。客观上来看，我们首先要承认尽管"石"具有极强的抗腐蚀性与耐候性，但依旧会有变化，尤其是作为精神意义的景观石，在用作为造园元素时，其本身已经经历过数千年甚至上万年的侵蚀与变化，而造园者所关注的点，或者说造园者在使用石头的时候，石本身已经是具有相对稳定性的材质了。而"石"的这一属性也正是在众多的材料中，可以作为具有明确纪念性的载体。典型的例子如苏州留园中的太湖石，其经历过数百年后造型变化在人类观察来看可以是忽略不计的。

这种相对的永恒性或者说永久性让造园者更为青睐用"石"来表现和"隐藏"具体的纪念性意义。由此而言，"石"的纪念意义能够始终存在与其本身的质地是分不开的。

（二）石在审美上的唯一性

"石"在造园的使用过程中，另外一个重要的因素在于其唯一性，这里所说的唯一性在于：客观上，世界上本就找不到相同的两块石头。当然这里所说的并非是这种客观角度所造成的唯一性，而是在造园过程中造园者本身所追求的一种唯一性，"石"在审美趣味上是需要具有与众不同的造型的。以太湖石为例其所追求的"瘦""皱""漏""透""秀"，每一个描述都具有一定的突出特点，而这种审美上的唯一性，也是作为石能够在造园艺术中受到重视的重要原因。纪念意义在"石"的表达上也就追求不同于其他的任何物品。

在审美上的唯一性，还体现在"石"在传统造园中与植物和人的关系的不同，中国人在造园时也将植物的布局与选择作为重点，但由于植物的自然生长可能与人的造园"需求"并不统一，所以在植物方面有大量的人为干预，甚至可以认为人为干预与其自然生长在造园过程中是基本受到相同重视的利用方式。但是"石"在同样受到造园人的重视时，使用过程中却难得被统一认为越是自然的越显其珍贵。此点事实上也更符合中国传统哲学与思想中的人与自然的观念。在色彩上，石材的唯一性会根据不同的实践与天气变化而产生一定的不同，这种唯一性同样是不可复制的。但中国传统文化中关于"石"的纪念重点并非是色彩而是造型，所以在唯一性方面，"石"正是由于唯一而对于纪念也有了唯一性。

在造园者的心目中，所表现的对于意志与理想的纪念含义，也是不流俗于世的。从屈原的诗句"众人皆醉我独醒"到唐伯虎的"他人笑我太疯癫，我笑他人看不穿"，这种种诗句中所蕴含的一些独特性，又包含"出淤泥而不染，濯清涟而不妖"的精神。在造园的过程中，造园者都怀着与世俗生活一定距离的心态进行造园。而这种追求"异"于大众的心态，也如同每一块具体的"石"所体现出来的唯一性与独特性。这就给需要纪念的造园过程中的心态提供了独一无二的实体意义。

（三）石在文化意义上的独特性

"石"在中国文化意义上具有特殊性，在中国传统文化中始终赞扬坚韧不拔，而在众多的意向物中，"石"无论是在诗词中还是在绘画中，都表现了精神上的不屈。而在关于中国各种纪念性的器物中，从古代祭祀到现代祭祖时的礼器，石也具有不同于其他材质器物的方面。尤其在陵墓中，中国人大量使用的石，其背后的重要原因即在于石所表现的对于环境的耐候性与稳定性。当然这部分仅仅是石的稳定与厚重、专注与统一在中国传统文化中的初步体现。

由此可以看出"石"与中国传统文化具有极早的联系。随着历史发展，"石"的作用进一步扩大，自然中的石被加工成一定的标准形状作为建筑用材，这部分在这里不做讨论。作为装饰作用的"石"逐渐在历史发展中，有众多不同含义被赋予其中。中国传统造园中历来不是单一的审美需求与简单的物质需求，更是对于精神的外化表现。"石"在造园艺术中可以很好地与植物进行有机结合，同时"石"在传统文化中稳定的寓意也让中国传统造园中流露出的时间与空间背后更深的和谐统一的内在哲学。

"石"在文化含义上与造园艺术是一种互相成就的关系，同样也是一种互补的关系。石在文化中的含义也随着造园不断地变化与演进。"石"的纪念意义不同于园林整体的重大事件，"石"在造园艺术中往往是点睛的作用，也可以是弱化整体环境纪念意义的作用，这种对于整体造园艺术的由局部影响整体的思路也是对于中国文化中整体与局部关系的反向应用。

众多"石"所蕴含的特殊性，正是"石"具有的纪念性的外在表达。石的纪念意义同样也是在造园过程中不可忽视的重要意义。而这种纪念意义与造园中其他物品的纪念意义，以及石的其他含义是相互连接与补足的。

四、结语

中国造园艺术中"石"的运用方式是多种多样的，"石"在中国传统造园艺术中，不仅是在造园本身过程中具有材质的含义，同时对于"石"所蕴含的与造园者密切相关的纪念意义也是不融忽视的。在中国传统造园过程中"石"的纪念意义是一个逐步显现出来的过程，这种纪念意义结合"石"的独特审美、"石"与传统文化的连接最终所呈现出来的是一种随着时间推移而越来越凸显厚重感的纪念意义。同时在造园过程中纪念意义也在不断随着石的选择而变化。在不同的地域不同的"石"的选择即纪念意义的物质化体现。"石"的纪念意义在造园过程中有时是弱化的状态，有时是强化的作用，其最终解释可以说是造园者与观园者之间的对话与沟通。这种交流的过程也正是对于纪念意义的重新解读。

参考文献：

[1] 宗白华. 宗白华讲美学《美学散步》《艺境》插图本[M]. 成都：四川美术出版社, 2019.

[2]（美）巫鸿. 中国古代艺术以建筑中的"纪念碑性"[M]. 肖铁, 译. 上海：上海人民出版社, 2017.

[3]（美）巫鸿. 废墟的故事：中国美术和视觉文化中的"在场"与"缺席"[M]. 肖铁, 译. 上海：上海人民出版社, 2017.

[4]（美）张光直. 美术、神话与祭祀[M]. 郭净, 译. 北京：生活·读书·新知三联书店, 2013.

借古开今，以古为新：山石景观设计理法

温瑀

燕山大学艺术与设计学院

摘要：在简要分析我国置石堆山发生发展及文化背景基础上，通过分析文献与现存经典名园，从"繁简互用、布局灵活，景以境出""相石合宜、问石求意，寸石生情""先立主体、次相辅弼，状若趋承"三方面系统总结中国古典园林中置石艺术设计的理法，并结合当下山石景观设计中存在的问题，探讨如何将传统置石理法应用于现代环境设计，以求古为今用，在继承与创新中使中国传统园林文化实现可持续发展。

关键词：天人合一；自然；意境

一、引言

中国古典园林与欧洲园林、伊斯兰园林并肩为世界三大园林体系，其根本原因在于其独特的民族文化内涵和辉煌的艺术成就令世人瞩目，并具有超越时代的价值。而中国园林中的置石和堆山又是古典园林中肇发最早且独树一帜的造园技艺，其发生与发展一方面得益于中国幅员辽阔的地域上盛产山石，为其提供了丰富的物质基础；另一方面则与中国传统文化之总纲"天人合一"密不可分，为其赋予深厚的精神内涵。

我国自古山石资源丰富，山海经《五藏山经·禹曰》："天下名山，经五千三百七十山，六万四千五十六里，居地也。言其五臧，盖其余小山甚众，不足记云。"石为山之所产，众多自然资源为山石文化发展提供了坚实的物质保障。然而，世界产石大国远不止中国，但却独有中国率先将人类在石器时代的生产工具发展成为古典园林中不可或缺的造园要素，即"无园不石"。而造园用石远非纯粹出自物质要素之需，更是华夏民族精神信仰的物质载体。自女娲炼石补天的神话起，就伴随着石崇拜这一"有灵论"在中国传统文化中不断积淀，并通过各种载体得以表达。从《水浒传》《西游记》到《红楼梦》，均以"灵石"开启故事，并隐喻故事主旨与主要人物形象合一，托始重要意象，反映出在"天人合一"文化背景下古人理解世界的方式与我国先民悠久而丰富的石文化传统。

二、中国古典园林中的山石造景艺术

"石者，天地之骨也"。中国古典园林中常把山石喻作骨骼，这既是对山石坚硬之物理属性的美学阐释，更是突出山石在造园中的重要作用。山石如同人之骨骼，不可或缺，且气韵存于其中。历代造园家和叠石巨匠在古典园林发展过程中积累了丰富的山石造景艺术，使得中国园林艺术独步世界。

广义的山石景观包括置石（或称山石小品）和假山。两者主要区别在于假山常集中布置且具备较为完整的山形，体量较大，可观可游，具有独立构图关系，如北京北海静心斋、苏州环秀山庄、上海豫园黄石假山等；而置石常零散布置且以观赏为主，用材量少，但对山石肌理、色泽、质感等观赏性要求较高，布置方式可分为特置、对置、散置、群置等。

明代造园家计成用"因简易从，尤特致意"[1]概括出山石小品的艺术特点，即追求以少胜多，以简胜繁，如若肌理得法，安置恰当，可传达出"一拳则太华千寻"之境界。又因天然石材种类繁多，不同石材有其不同的自然属性，每种皆有其独特的肌理、质感、色泽、形态、尺度等，故呈现出不同的形态特征。因而，不仅可独立布置成山石小品，更可与建筑、水体、植物等其他景观元素组合，或以特置、散点等点缀于庭院隙地、廊间转角、尺幅窗、岸边或草际，若布置恰当可达"片石有致，寸石生情"之境界；亦可用作建筑踏跺、镶隅、抱角、驳岸、汀步、花台、几案等，兼具实用功能。

古典园林中的山石小品虽布置形式千变万化，但却有其共通性，通过分析优秀古典园林作品，总结艺术理法如下：

（一）繁简互用、布局灵活，景以境出

优秀的造园设计应是在有限的空间营造丰富的园景变化，并反映在整体空间布局中。因此，在园林总体布局时应考虑如何化整为零，运用山石小品将整体空间划分为大小不一、性格各异的小空间，并通过合宜的游赏路线将各空间有效组织串联，善用"各景"手法，使其各尽其趣，游人在从此空间转入彼空间中感受繁与简的对比，并在对比作用下突出各自特点，使游人体会空间的无限变化，尽享各自趣味。

以苏州拙政园为例，从腰门黄石假山的障景行至远香堂后，步入视野开阔的大空间，可多角度、全方位眺望各方景色，一时不尽欣赏，由此向东南转入枇杷园小院后，空间骤然缩小，建筑小巧精美，山石花池沿墙虚实断续，因势延展，以尺幅窗构成的嘉实亭，蕉石入画，宁静简练的处理与园林整体的山林背景形成强烈反差，感染力极强。同样的布局手法在皇家园林中也有体现，在游览了北海气派的大山大水景色后进入画舫斋内古柯庭，才会突感小院的宁静与精巧。

"景以境出"是指置石时应充分考虑山石小品体量与空间环境的协调，因境选石，充分发挥寸石生情，具体可概况如下：

1. 要衡位置

置石一定要有一个特定环境。《园冶》讲"凡园圃立基，定厅堂为主通常。"置石为建筑的外环境服务，以小空间短距离观赏为主，空间应封闭或半封闭，过于空旷空间不宜布置山石小品。

2. 得景随行

置石关键在于游览路线的设置与视点选择。明代画家程泰万在《水墨万壑图册》中有题"看书苦不足，步步总回头"，即山石应与游览路线有合宜的关系，或于园路尽端做正对处理，或做诱导景物与园路错落相对，总之，应从游人适合观赏的角度布设。

拙政园腰门前院布置的三组山石，游人无论是入园、出园或拾级而上都可欣赏到这几组置石，充分发挥其造景作用。如对面景物不只一条观赏线，则就要分列主次，以达"选面定向，彰优止劣"，将最佳观赏面朝向主要视线方向。如南京瞻园重修后，南入口空间的一块特置山石"仙人"，观者视线方向分别来自南、北、东，但主要视线方向来自南入口，故峰石最佳观赏面应面朝南向入园观者。

3. 以景入画

利用建筑物的门窗作框景。如同我们在摄影或作画时，如何取得理

想的构图关系一样，峰石尺度与门框的比例关系是框景成功的关键。孟兆帧先生在分析颐和园寿星石与仁寿门关系时指出，峰石主体约占门框面积之四成左右，可获得构图均衡的比例关系。

4. 相映成趣

如若想山石轮廓更加鲜明清晰，需有背景衬托。古典园林中常以"粉壁为纸，以石为绘"，以白粉墙或暗色门窗空处为背景，通过明暗、深浅对比衬托峰石轮廓；如背景已定，应考虑如何利用背景来选择石材造景。苏州网师园内一处院角的一组山石，设计者为利用阴暗背景选用了极白的湖石，湖石前面配置紫竹，这样以黑衬白，再以白衬紫，轮廓分外鲜明。

（二）相石合宜、问石求意，寸石生情

山石小品的特点在于"以少胜多，以简胜繁"，成功山石小品往往立意明确、手法简练。因山石小品篇幅有限，关键在于如何通过局部寓意全景、通过有限传递无限。因此，首先应把握山石外形及自然属性，选择能准确表达设计意图的材料，即相石觅宜。此外，更重要的是要通过其外在形象，洞察其内在精神和审美价值，寓景于形，通过观形、寄情、咏刻等，引发观者联想，以达"片山有致，寸石生情"。具体手法有：

1. 象形置石

利用石之象形以传达情感是古典园林中的常用技法，其理论基础是移情作用。通过形象直觉而引发的移情作用，在山石与观者间可引发情感互动，置石不再是纯粹的山石，使其有"象外之音"，意境悠远。

象形置石关键在于不求形似，讲求神似，妙在出神。唐代李德裕的平泉山庄就记载有"狮子石""似鹿石"。宋代苏东坡在《书画壁易石》中记载了其在刘氏庭园中与主人以画换石的故事，所换之石为一似麋鹿弯颈状的灵璧石。北京故宫御花园中"海参石"为石英晶簇，晶体半透明状，好似无数只海参首尾相连，生动自然。而反观御花园中十二生肖石之生肖鸡，由于过分追求形似反而十分俗气。

2. 问命传意

"问名"是立意的具体表达，元代画家黄公望在其《写山水诀》中曾言："或画山水一幅，先立题目，然后著笔，若无题目，便不成画。"造园艺术与诗画艺术同源，常围绕主体创设，把诗情画意写入园林，以具体的置石表达立意，且要以石符名，以名抒意。通过"问名"可感知造园者立意与构思，以达"情从景生，触景生情"。

苏州留园明瑟楼旁在20余平方米的平面空间中设置山石云梯，云梯三面临墙，入口处结合花台设置一特置峰石，峰石仅2米高，但因近求高，利用空间视距小的视错觉，使行至此处的游人抬头仰视，有峰石入云之感，此外峰石上刻有"一梯云"，墙上横额有"馆云"题咏，由此使人联想到楼层之高，直矗云霄，使本来并不十分突出的景物，经过此对比、夸张而分为增色，古典园林中此种处理手法极为常见。

3. 景出意外

造园如同行文，亦有"起、承、转、合"之一系列变化，游人在景物变化中常会于超出其判断力的设计而颇感惊喜，深刻体会"山穷水尽疑无路，柳暗花明又一村"的意境，山石小品设计同样可用此法[2]。

苏州畅园自梅华书屋循廊北行，至延辉成望前望，右侧有园门，透过园门框微露蕉石小景，引人入胜，待转入园门时，却只是一个不通的小天井，这种疑无又有、疑有却无的手法令人莫测，耐人寻味。

4. 山石人化

山石人化是一种具有最广泛意义的山石造景手法。苏州留园揖峰轩南侧有一石林小院，"揖峰"取自宋朱熹《游百丈山记》中的"前揖庐山，一峰独秀"，表达对自然山石之尊崇热爱。而"石林"借用宋词人叶梦得居湖州"石林精舍"之意，将石拟人化，似人与山石宾主相对互通情感。

此外，古典园林置石中常以人的感情来寓美，诸如特置峰石的独立端严，二对置要呼应有致，顾盼生情，攒三聚五要散中有聚，形散神聚，这都说明布置山石要同人的感情相呼应。苏州怡园琴室，其散置听琴石犹如《听琴图》中聆听琴音之画意，一人居中抚琴，知音分列两侧或俯首恭听，或闭目入神。

（三）先立主体、次相辅弼，状若趋承

唐代王维在《山水论》、宋代李成在《山水诀》中均强调置石掇山的布局定位应先立主体，再考虑次要景物。计成在《园冶·掇山》中同样提出"独立端严、次相辅弼"，即先立主峰之形式和位置，然后再考虑主体的陪衬，如果是以峰配石，就应先立主峰，再配次峰和树木花草，如以石配树则先种上树再选石，以保证"客"不欺"主"，"客"随"主"形[3]。

苏州留园冠云峰婀娜多姿、挺拔秀丽，此石为旧地之物，早于留园立于此，建园时先购含此石之地，后造园。因此，庭院总体布局均以冠云峰为构图中心，可谓前呼后拥、左右逢源。冠云峰高6.5米，为苏州园林之冠，另有"岫云""朵云"分列两侧，形成一主两副、左右对称、突出主体的布局。

留园揖峰轩有峰石与紫藤的树配石组合，紫藤植于峰石旁，其蔓茎蜿蜒而上，藤茎盘曲，或自峰石后绕进，或自石洞中穿出，及至峰顶紫花蔓垂，雄伟生动，加之藤皮老裂，犹如苍龙盘柱，动静结合，别有风趣。

三、当代环境中山石景观设计

（一）面临问题

当前我国城市化率已达64.72%，尤其在过去的20年间，城市化率增加了28%，环境设计呈现出蓬勃发展时期，资金投入与建设规模前所未有。在城市环境建设中，山石景观常常成为创造局部空间的重要设计手段，并涌现出一批优秀作品。然而，在繁盛发展之下却也隐藏着一些令人担忧的问题。

首先，优秀山石景观对艺术水平和叠石技巧要求较高。而在经济快速发展高峰期，效率即金钱，山石景观的设计者往往忽视置石基本理法与艺术修养，既不师古，也不师法自然，施工者又未经严格的施工训练，将传统技法简化殆尽，使高度艺术化的置石如同砌墙，窒息了山石景观的艺术创造力，如清代沈复曾形容狮子掇山般"乱堆煤渣"。或在大兴叠石掇山时，只片面追求高大奇险，将古典园林中的叠石假山原封不动地照搬至当代景观，处处仿古，完全忽略了传统置石理法中的"因境选型"与"相石觅宜"，致使原本优秀的置石佳品因与环境的不适衬，而无法真实展现其艺术魅力，混淆仿古与传承之别。

其次，理论与实践彼此脱节。当代山石景观理论研究者由于较少介入景观实践环节，导致其理论研究难以解决场地实施中的核心问题；而有实践经验的匠师又缺乏足够的理论基础和艺术修养，难以将成败经验进行总结提炼。这与古代情况截然不同，在明清置石叠山集大成时，涌现出一大批职业叠石巨匠如张南垣、计成等人，他们在理论与实践上均有较高造诣，并将古代置石艺术推上高峰。

（二）继承与发展

理论研究是实践水平提高的基石。中国古典园林中的山石造景反映出先人对自然诗意栖居的理想追求和天人合一的文化总纲，其以少胜多、以简胜繁、神形兼备、意境深远的特点，仍与当代人的审美追求相符合。因此传统园林中的置石理法同样适用于当代设计，但不能泥古不化，要"借古开今"与"古为新"，不断推陈出新。然而，如何将古典园林中的置石理法与现代实践相结合呢？

首先，新时代山石景观的创作仍应回归其本源，即"师法自然"。古人叠石是对自然山水之高度凝练概括，即"本于自然，高于自然"。今人设计仍应在深刻探究、理解、把握气象万千的自然变化基础上，以造化为师，创造出既有时代感又具传统美学特色的山石景观，并使其文化艺术走向可持续发展。

其次，要强调山石造型之艺术感染力。古典园林中的优秀置石作品皆为历代园主与匠师反复研究与实践的结果，我们在吸借、借鉴传统造型程式的基础上应与当下客观环境相结合，并与新材料、新技术、新方法充分融合，老法新用，将时代美注入自然美而升华为艺术美，创新出更富时代感染力的视觉效果。

再者，要以形传神，追求深远意境。要表现作品的意境，不仅要从造型上着手，更要"寓景于形"，方能传达出耐人寻味的深远意境。除直接借鉴传统置石传情的手法外，还可借助当代环境设计中与山石景观相生相关的多种景观元素，通过互相渗透、彼此衬托、完整统一的构图实现对立意、意境的传达，以求景有尽而意无穷之深远意境。

景观当随时代而进，全面而深刻地总结古典园林置石理法是新时代环境设计中山石设计的基础，并以此为出发点，继续探究符合当代需求的山石景观设计理论与实践，使传统园林文化得以走向可持续发展之路。

参考文献：
[1]（明）计成著,陈植注释.园冶注释[M].北京：中国建筑工业出版社,1988.
[2] 魏菲宇.中国园林置石掇山设计理法论[D].北京：北京林业大学,2009.
[3] 孟兆祯.园衍[M].北京：中国建筑工业出版社,2014.

真趣与真意——从禅意营造角度再识苏州狮子林大假山营造

王博文　陈悦
中国美术学院风景建筑设计研究总院有限公司教师分院　温州理工学院

摘要： 苏州狮子林素有"假山王国"之美誉，假山之奇秀、迷踪更是使得乾隆帝赞其"真趣"。然而，"真趣"的游山体验实则是从清中后期被世俗化发展而来的，较之元末明初时期的假山堆叠，其琐碎和堆砌手法过多，童寯先生称"仅得其形"。狮子林作为元天如惟则禅师弟子为奉其师所造的一座禅林，假山在营造之初便有"疑是天目岩，飞来此林下"的禅意。狮子峰既天目山狮子岩，"含晖""吐月""昂霄"等诸峰，惟则禅师营造的山林之势，是由"实景"到"空景"，再进一步由"心境"到"禅境"的一种禅意体悟。今日倘若我们抛开其"真趣"的形，从禅意营造的角度重新审视狮子林大假山，会发现围绕卧云室展开的假山内不同指向的路径设置，忽明忽暗的空间节奏，都带有禅宗哲理以及对禅宗三境界的体悟。笔者希望借禅意营造之法，为解读狮子林大假山提供另一种角度，既从物象到心境去体悟狮子林大假山的出奇殊胜、象外之真意。
关键词： 狮子林；禅意；大假山；营造手法

吴中名胜狮子林自元至正二年（1342 年）始建，至今已有六百五十多年的历史，是元末明初时期苏州城中最负盛名的一座园林，亦是现如今苏州城历史悠久的名园之一。狮子林最负盛名的当属园中如迷宫般的大假山，其因乾隆皇帝游山后题"真趣"引得后人争相体验，游山之趣现已成为游人对狮子林大假山的标准评价。然而，早期的狮子林是天如惟则禅师的弟子为奉其师所造的一座禅林。"竹下多怪石，状如狻猊者"，"疑是天目岩，飞来此林下"方为营建大假山时所追求之山意，本文即从禅意营造角度再识苏州狮子林大假山营造之法。

一、狮子林大假山格局变迁

元至正二年（1342 年），惟则禅师门人相率出资，以居其师，狮子林始建，俗称"师子寺"。初具规模时，寺园合一，竹石占半，有含晖、吐月、立玉、昂霄等诸峰，最高为狮子峰。"林有竹万个，竹下多怪石，状如狻猊者"狻猊即狮子，又因"师得法于普应国师中峰本公，中峰倡道天目之师子岩，又以识其授受之源也"[（元）欧阳玄，《师子林菩提正宗寺记》]，故名狮子林。

狮子林并非惟则禅师及其门人平地而起建造出的寺园，据欧阳玄的《师子林菩提正宗寺记》中说："其地本前代贵家别业"；清代顾震涛的《吴门表隐》中说此乃章琼宅；而顾颉刚在《苏州史志笔记》中谈及于此，说道北宋徽宗极好假山，他在汴京（今河南开封）营造大假山时，曾派遣官员来吴门一代选取太湖石（便是著名的"花石纲"）。湖石还尚未运完，金兵入汴京，北宋灭亡，其中部分运到苏州而未北去的湖石，便被搁置在荒园里。由此三种论证可看出，在惟则之前，狮子林便是荒园，其已存在各种土石山及残屋诸景，早期的狮子林以土山为主，奇峰怪石，竹树清幽。

从明代倪瓒的《狮子林图》（图 1）中我们可以发现，当时的假山依然是土石山，欧阳玄的《师子林菩提正宗寺记》中也可证："因地之隆阜者，命之曰山。因山有石而崛起者，命之曰峰。"而到了清代，从《南巡盛典》（图 2）图中可以看到此时狮子林的假山多为平地而起的湖石叠造，且山石体量较大，并能隐约看到其中交错的道路，由此说明当时的假山可以攀登穿行，倒是与目前狮子林湖石假山的现状较为相近。就假山的此种变化笔者认为可能有两个原因：一是在明末清初时期狮子林荒废后，黄氏[苏州《道光府志》中记载："乾隆时，川东道黄轩之父购为'涉园'。"] 收为私园后进行的改造，或者是乾隆皇帝南巡前对狮子林进行修缮时对假山进行过处理；二是随着时间的推移，狮子林假山逐步地由土多石少转变为土少石多，明之后不同时期对狮子林的修缮过程中也逐步添置新的湖石进入狮子林，逐渐形成了《南巡盛典》中的假山状况。

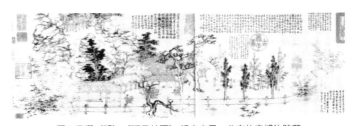

图 1　倪瓒（明）《狮子林图》纸本水墨，北京故宫博物院藏
（来源：网络）

清中后期，从曹凯《咏狮子林八景诗》中，我们可以看到假山山洞曲折回环，趣味性大幅增强，山林意境逐渐消失。"岗密互经亘，中有八洞天，嵌空势参错，洞洞相回旋，游人迷出入，浑疑武陵仙"。而到了民国，狮子林山洞由八洞增至二十一洞，假山的琐碎和堆砌现象日益严重，沈复有云："然以大势观之，竟同乱堆煤渣，积以苔藓，穿以蚁穴，全无山林气势。"

二、元末明初时期狮子林大假山禅意营造

随着禅宗的发展与兴盛，唐宋之后造园活动愈趋从模山范水般的寄情自然山水转为求得心境自得自适般的妙造自然。园林营造中对心性（境）的渴求逐步超越物象（景），并占据了主导地位。元末时期惟则禅师所建的狮子林便是一个典型的例子。

据元代危素、欧阳玄以及明初王彝等文人的狮子林记中可知，狮子林的假山营造充满了自然的野趣。狮子林虽建于城市之内，但我们从倪瓒的《狮子林图》中感受更多的是山林之势，且园中奇峰怪石林立，妙趣横生。难怪惟则禅师有"人道我居城市里，我疑身在万山中"的妙语。

图 2 清《南浔盛典》狮子林版画
（来源：魏嘉瓒《苏州历代园林录》）

只有数亩地的狮子林，在惟则看来却仿佛置身于万山之中；雨声蛙声风吹树叶的沙沙声，在惟则听来却仿佛曾经身处其师的天目山内的水乐声。惟则在这里所看待的一切事物，已然超越了狮子林本身所处的环境与景致。《师子林十二咏》中高启记师子峰乃是："风生百兽低，欲吼空山夜。疑是天目岩，飞来此林下。"此处的"空"字与王维的"空山"有异曲同工之妙，一个"吼"字，映衬了山之空，而一个"欲"字，却给人以寂灭之感。在这里，呈现在我们眼前的已绝非一座寺院，而是一座巍峨雄阔的大山——天目山。天目山是惟则禅师的师祖原妙禅师修行的地方，原妙因喜欢那里山洞幽奇、崖石林立，就在状如狮子昂首的狮子岩下创立师子正宗禅寺的前身师子院。惟则禅师在狮子林里修行讲法就如同身处天目山中一样，这里的观早已不是观景，而是一种直觉，用铃木大拙的话说应该是"深入到事物最本质处的明亮的洞察力"，这便是禅宗常说的"悟"。惟则禅师在狮子林中看的是师子峰，想到的是心中曾经的天目山狮子岩，而悟到的却是一丝内心的澄明与清闲，方才会得出"一梦又如过一世，东方日出是来生。"的感慨。这种境界早已超脱了世人所看到的事物外表。

山性即我性，山情即我情。狮子林的土石山早已存在于那里，但惟则禅师对它的观照与体悟却是将物与我完全消泯，唯得内心的一团和气。

狮子、含晖、吐月、昂宵，惟则禅师营造的狮子林中的山林之势，乃是由"实景"到"空景"，再进一步由"心境"到"禅境"。在如梦似烟的月色寒光流照下，在东旭朝赤的天边暖阳晕染中，一切冥合在一起，无限的空，无限的广，呈现在我们面前的乃是吾人眼睛所见背后的禅境。

三、游今日之狮子林假山所引发的禅意

狮子林自元末惟则禅师始建，后经历明、清，再至民国时期由贝仁元扩建重修，其面貌已然发生了很大的变化。然而在禅家看来，心性本来清净，与现象的流变无关，亦与时空无关。故此，只要我们心性在，总会观出个内心境界。

今日狮子林中的湖石假山可以说是我国现存的古典园林中最曲折、最为复杂的假山群，其可分成四个片区：为大假山、岛上的太湖石假山（简称岛山）、水池西岸的土石山（西山）与南岸的临水太湖石假山（南山）。大假山的顶部竖有林立的石笋与太湖石峰，盘旋曲折的蹬道穿行于峰、岭、谷、洞之间。笔者主要在本节分析的是位于卧云室之北的主假山。

笔者亲临狮子林时总会听到导游的介绍："狮子林假山群分上、中、下三层，共有九条主要山路，21个洞口，峰回路转。这与禅分欲界、色界、无色界三界；'九九归一'，殊途同归，归于净土的数字相吻合。"这是巧合还是造园之人刻意营造？笔者不得而知，也不想在这里详述。

初游狮子林主假山，给笔者最大的感受就是仿佛置身于迷宫一般，穿梭于假山之中经常只闻其声不见其人，隔洞相遇却是可望而不可及；相向而来，却相背而去；原以为"山穷水尽疑无路"，一转身却是"柳暗花明又一村"。笔者若不是对照平面图，很难走到想到达的目的地，也经常听过往游人说："怎么又回来"之类的话。实际上，在笔者看来，"自性觉悟"而成"佛"者很少，而自性迷惘的"芸芸众生"却是大多数，高低俯仰，上下内外，峰回路转，仿佛自性迷惘的"芸芸众生"在没有"悟"道的时候，在洞曲如珠般穿假山洞里徘徊，最后享受到了豁然开朗的乐趣。豁然开朗是一种顿悟的体现，是造园者希望告诉我们的。这是笔者

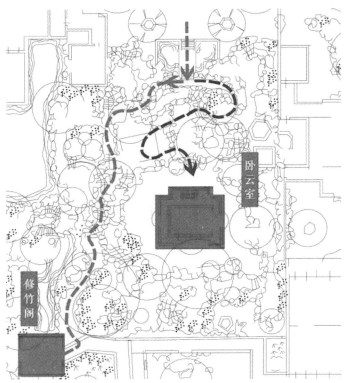

图 3 卧云室前主假山路径分析图

图 4 卧云室小景

第一次去游历主假山的体悟。

后来笔者又多次游狮子林主假山，发现其在路径的引导以及空间的营造上颇具意味。主假山中包围一个建筑为"卧云室"（乃是贝仁元重修过的，并非元末明初时期的卧云室）。禅宗有一著名公案：

因僧朝见，帝（宋太宗）问："甚处来？"云："卧云来。"帝曰："朕闻卧云深处不朝天，为什么却到这里？"（雪窦重显）代云："难逃至化。"
——《明觉禅师语录》卷四

卧云室在此被众山所围，造园者亦有着自己此身虽在尘世、难逃至化，但此心"卧云深处"、无有染著的意味吧。然而，想到达这个无有染著的卧云室却并非易事，从揖峰指柏轩出来进入主假山的入口有两个，一个在明，一个在暗，在明之路一路顺畅，却望着卧云室可望不可即，离主假山中心越走越远，最后通往了修竹阁；在暗之路入口隐蔽，进入之后仰不见天，越发幽深，笔者前几次一度以为自己走进了死胡同，不得不原路返回，后来发现其转折过后有洞可入，转角出来即豁然开朗，有路可寻很快便来到了中心处，即卧云室，也可继续前行攀爬架山，登高远眺。故此，作为禅的象征之物卧云室与山巅之上，造园者有意让游人体验曲折反复之路，感受忽明忽暗、起承转合的空间序列，最终方可寻得真境，笔者认为应是有意而为之吧。这与禅理有相似之处，看似简单却总是可望不可即，这是自性迷惘的芸芸众生的状态；终于发现了妙门却又要曲折往复，不知该往哪走，几经波折最终到达自己所向往的目的，这其实是孔孟的一种历经磨难方可成圣的观念；经历了所有，但反观回来却发现禅就在那里，不去那边又如何，只要自心有佛，到与不到又有何区别呢？这才是禅宗一直追求的即心即佛的于刹那间的顿悟。

其实狮子林一座主假山，在笔者看来却已包含了禅家常说的三个境界，那通往修竹阁的明路，想去卧云室却可望不可即，不正是"落叶满空山，何处寻芳迹"么，只能通往修竹阁的直观宣告此处不能到达卧云室，不可到达即是一种无佛的宣判，因此，"何处寻芳迹"是所执着之人所发的一个不当之问；通往卧云室的暗路便是第二境"空山无人，水流花开"，路黑暗曲折反复，佛尚未寻到，但水流花开却是一个生动的直观，水正流，花正开，非正心谛视谛听无已观，观者可借此境而悟心；当真正能够到达山巅一览众山小时，才是那"万古长空，一朝风月"，一个永恒，一个刹那，吾人在此早已摆脱外物之束缚而勘破时空，顿悟永恒的意义（图3、图4）。

四、结语

游今日狮子林假山，初是被其迷踪的路径、忽明忽暗的空间变幻所吸引，体会到了"真趣"的空间体验，倘若我们站在更全局的视野来看待狮子林大假山，在经历了六百多年的变革之中，我们能从古文典籍的记载中略得一丝惟则禅师营造假山之初的禅意，在今日站在禅意营造的角度，从物象到心境去体会狮子林大假山的出奇殊胜、象外之真意。笔者希望沿着物质世界深入精神世界并回归到物质世界的思路，能够挖掘出禅的力量在假山营造中所起到的意境生发作用，寻得一条从禅意营造角度叠石造山的思路。

参考文献：
[1]（清）钱泳.履园丛话[M].北京：中华书局,1979.
[2]（元）惟则.天如惟则禅师语录.
[3]（清）沈复.浮生六记[M].北京：人民文学出版社,1991.
[4] 乾隆钦定南巡盛典（清）.四库全书电子版（浙江大学电子书库）
[5] 苏州园林管理局.狮子林志.年校本.
[6]（清）沈复.浮生六记[M].北京：人民文学出版社,1991.
[7] 张节末.禅宗美学[M].北京：北京大学出版社,2006.
[8] 刘墨.禅学与艺境[M].石家庄：河北教育出版社,2002.
[9] 童寯.江南园林志[M].北京：中国建筑工业出版社,1984.
[10] 王毅.园林与中国文化[M].上海：上海人民出版社,1990.
[11]（日）铃木大拙.铃木大拙说禅[M].张石,译.杭州：浙江大学出版社,2003.
[12] 宗白华,等.中国园林艺术概观[M].南京：江苏人民出版社,1987.
[13] 邵忠,李瑾.苏州历代名园记·苏州园林重修记[M].北京：中国林业出版社,2004.

图像学视域下明代绘画空间中的石景考证与营造特征研究

赵宇耀　龚立君

天津美术学院

摘要：本文基于图像学方法对明代绘画中的石景观进行考证与营造特征研究。对流传下来的明代各类绘画等图像进行搜集并归纳得到石景观的六种营造方法。并以此为基础资料研究，总结出明代绘画中石景观营造的四种功能，进而分析出明代绘画中石景观拥有的四种层次的营造思想。

关键词：明代；石景观；图像学；营造特征

绘画是记录一个时代种种特征的重要手段，也是社会文化的重要内容之一。秦汉时期景观的营造首次出现了置石掇山。唐宋时期有了更加合理的变化，其布局较之前有了较大的变化，逐渐成熟[1]。同时，石景观已经被多数文人所重视，并形成一些理论知识。明清时期景观的营造沿袭前朝，但其中对于石景观的营造已经有了前人的理论基础显得更为完善，如北宋米芾总结的"透""漏""瘦""皱"等，对明代石景观营造产生了指导性作用。并且随着写意山水的发展，无石不园成为景观营造的重要内核思想。

为对明代绘画中石景观营造进行深刻理解，本文以明代绘画为研究对象，采用图像学研究方法，对明代绘画中营造的石景观进行探讨，分析明代绘画中景观石景观的总体特色与营造特征。

一、选题意义以及价值

（一）为什么以绘画为考证资料？

标准的园林绘画，以真实景观为描绘基础，但并非完全主观想象的结果，也并不是真实的园林记录，而是通过对真实景观的否定之否定，采用绘画对景观再现。[2] 由于时代变迁，园林几经易主、修缮甚至拆除，在这一历史情况下，当时的绘画作为造园的蓝图和造景意象表达方式，其记录价值就显得无比珍贵。我们可以从当时保留下来的绘画作品了解到当时的景观营造思想特征以及背后的哲学思想。[3]

（二）为什么选取明代？

明代景观上承成熟时期宋元，后接园林发展的最后一个高潮——清朝，无疑是园林史的重要环节。在园林建造实践上有对于元太液池的开挖和扩建，将其改造成大内御苑中最大的一处，奠定了三海的格局。在园林理论上有计成《园冶》的出现。凡此种种，无不诉说着明代景观营造思想的重要性。因此，掌握明代景观营造的重要造景手法，对现代景观营造有着重要的指导意义。

（三）图像学研究方法

潘式图像学研究中将涉及大量的绘画内容，采用图像学的研究方法进行分析。第一步是前图像志阶段，分析图像的自然意义。第二步是图像志阶段能够探究作品的内在意义和内容。第三步是图像学阶段，能够揭示这些绘画资料所表现或暗示出来的时代文化内涵，进而达到探究明代绘画中石景观与现实的石景观营造互动和影响[3]。

二、明代绘画中的石景观营造

从大量的明代绘画中整理出能体现石景观营造的画作有 50 幅，总结出明代石景观营造绘画常用主题（表1）。所谓"一峰则太华千寻，一勺则江湖万里"，可以看出古人在景观营造中热衷于将山峰与江湖通过"石""水"的营造手法，巧置于方寸之间，达到足不出户便能欣赏"大好河山"的效果，可谓独具匠心。

表1 明代石景观绘画常用主题

组合形式	数量	画作名称
石与植物	18	《石兰竹图》《竹石图轴》《秋江清光图》《萱花秀石》《松石灵芝图》《碧梧苍石图》《葵石峡蝶图》《花卉泉石图》《秋石图》《墨兰秀竹幽石图轴》《牡丹蕙石图》《霜柯竹石图》《葵石图》《松石萱花图》《竹兰石图》《栀子湖石图》《繁花湖石图》《梅石图》
石与建筑	11	《真赏斋图》《携琴访友图》《西洲话旧图》《香山九老图》《金谷园图》局部《东园图》局部《求志园图》局部《冯媛挡熊图》《止园图》《雪夜访普图》《东庄图》
石与人物	14	《米芾拜石图》《杂画册》《杏园雅集图》《芝仙图》《汉殿动功图》《春夜宴桃李园图》《竹园寿集图》《红拂图》《围棋报捷图》《汉宫春晓图》《品古图》《童子礼佛图》《蕉林酌酒图》《陵春图》
石与动物	9	《蕉岩鹤立图》《猫石图》《菊石野兔图》《梅石峡蝶图》《花石游鹅图》《枯木寒鸦图》《寒雪山鸡图》《狮头鹅图》《鹰雀图》
石与动植物	5	《玉堂富贵》《桂菊山禽图》《秋景珍禽图》《崖下花鸟图》《菱塘啼雏图》
孤石	9	《柱石图》《文石图》《奇石图轴》《十竹斋石谱》"锦川石"《芸窗清玩图》《古洗箦石图》《十面灵璧图卷》《石交图》《立石丛卉图》

三、明代绘画中石景观的功能设计

由统计可以得出，在所搜集的明代石景观绘画中，石景观营造的布局主要分为四类：点缀式、集中式、屏障式和相对式。其中，点缀式和屏障式的营造类型在明代绘画中占比较多，并且石景观营造类型使得艺术表现更具张力。

表2 明代石景观绘画营造类型

组合形式	营造类型	画作名称
石与植物	点缀式	《石兰竹图》《竹石图轴》《秋江清光图》《萱花秀石》《松石灵芝图》《碧梧苍石图》《葵石峡蝶图》《花卉泉石图》《秋石图》《墨兰秀竹幽石图轴》《牡丹蕙石图》《霜柯竹石图》《葵石图》《松石萱花图》《竹兰石图》《栀子湖石图》《繁花湖石图》《梅石图》
石与建筑	点缀式	《金谷园图》局部《真赏斋图》《冯媛挡熊图》《雪夜访普图》《香山九老图》
	集中式	《东园图》
	屏障式	《求志园图》局部《西洲话旧图》《止园图》
	相对式	《携琴访友图》《东园图》局部《东庄图》
石与人物	点缀式	《春夜宴桃李园图》《汉宫春晓图》《童子礼佛图》《米芾拜石图》《竹园寿集图》《杂画册》
	屏障式	《红拂图》《蕉林酌酒图》《围棋报捷图》《汉宫春晓图》《品古图》《杏园雅集图》《芝仙图》
石与动物	点缀式	《花石游鹅图》《枯木寒鸦图》《寒雪山鸡图》《狮头鹅图》《鹰雀图》
	屏障式	《蕉岩鹤立图》《菊石野兔图》《猫石图》
	相对式	《梅石峡蝶图》
石与动植物	点缀式	《桂菊山禽图》《秋景珍禽图》
	屏障式	《玉堂富贵》《崖下花鸟图》
	相对式	《菱塘啼雏图》
孤石	点缀式	《柱石图》《文石图》《奇石图轴》《十竹斋石谱》"锦川石"《芸窗清玩图》《古洗箦石图》《十面灵璧图卷》《石交图》《立石丛卉图》

（一）点景功能——点缀式

明代绘画中的"石"极为巧妙地出现在场景之中，成为明代绘画空间中的点睛之笔。在空间布局中，利用"石"来营造出空间的变化，使得构成格调一致的景观。如日本京都知恩院收藏的仇英《金谷园图》（图1）中，描绘的是西晋时期大臣、文学家、富豪石崇当年在金谷园中接待来客的场景。在一个小巧的庭院空间内，孩童嬉戏打闹，凉亭中人物欣赏红珊瑚，各个元素表现得极为精巧，其中画面右部分矗立着一块硕大的太湖石，为凉亭与走廊的视线焦点处。这种点缀式营造手法可以使得景观中游览的人在不同的视角都有一个视觉焦点，并且不同角度的太湖石有不同的视觉美感。这样可以避免景观的单调，也可以将"石"真正自然和谐地融入到庭院景观中。

（二）组织功能——集中式

明代绘画利用一组体型相似的"石"，将其放置在不同地点，形成一种集中式的景观感受。同时，运用体型相似的"石"作为视觉焦点进行连接，形成景观轴

图 1 仇英《金谷园图》

线，使得空间要素更为丰富，视觉感受更具美感。集中式构图在故宫博物院收藏的文徵明画作《东园图》中体现得较为突出。其主要描绘的是明代开国元勋徐达府第的庭院景观。画中体现的是主人与文人雅士们游园时的情景。在此画中，园区内出现了五处太湖石景观，五处太湖石景观色彩与大小较为和谐，分别放置在建筑旁、湖中、湖旁。由水面分割的两个空间有太湖石的多处出现，使得园区内空间更为统一，既不遮挡动线，又增加了游览趣味性[4]（图2）。

图 2 文徵明《东园图》

（三）间隔功能——屏障式

明代绘画还利用体型硕大的"石"，将游园空间划分为不同的区域，并形成各种主题的功能区或观赏区。同时运用嶙峋的石景观作为分割线使得空间要素更为丰富。如张宏所绘的《止园图》（图3、图4）中有多处空间为巨大的石景所分割。第一幅表现了小路的一端为建筑，另一端通过硕大的石景观走向另一个空间，整座石景观巍峨高壮，两个小山头高耸对峙。第二幅表现类似，有门洞穿入，沿小路走便可到建筑[5]。巨大的石景观分布在园区中，使得园区动线更为明朗，嶙峋的怪石还给路上行走的人提供了多样的游览感受[6]。

图 3《止园图》局部 1　　图 4《止园图》局部 2

图 5 文徵明《携琴访友图》

（四）协调功能——相对式

明代绘画中的石景观也都讲究相对性，这种相对类似于对称。但是这种相对性并不是完全一样的，而是相对的，两边各有特色，使得视觉效果更多样化，环境更加协调。如文徵明《携琴访友图》在建筑入口处有一对石景观，其天然地形成了以建筑为中心的轴线，平衡了建筑的构图，增加了入口处的一个"灰空间"，使得进入建筑更有仪式感（图5）。但是其与那种完全对称的入口景观不同，如石狮子，"石"造型的差异性和不确定性弱化了对称的庄严感，使得入口空间更富情趣。

四、明代绘画中的石景观营造组合

（一）石与建筑

为追求雅致的生活方式，石景观在建筑旁的陈设与布局是文人思维的必然产物。自古就有将喜爱真山真水的情感转入"石"的方式，这并非石对山的简单缩小，而是取最具典型的山的特征，与建筑体量相适宜。由此达到将自然山水的造型、色彩、数量、纹理和动势融入到生活环境之中，达到不出门便可欣赏山水之韵的目的，形成生机勃勃的建筑环境，成为精神飞跃的起点。并且在游园空间内，石景观构成空间形态，提高观赏视点，将二维空间提升为三维空间。大多数石景观上有许多孔壁，若隐若现，半演半露，极为雅致。

（二）石与动物、植物和动植物

石与植物这一组合形式是较多的，这是对自然空间中植物与石等要素细致生动的刻画，是对深入生活所产生的认知。在多数石与植物的组合方式中，石多为植物的背景和前景出现。其中经常出现的植物为竹、兰、松、菊、梅等，多数植物对文人有着美好的寓意。

石与动物组合中出现的动物有鹅、蝴蝶、乌鸦、山鸡、鹰、鹤、兔、猫。民族的传统心理使得一些动物拥有了如梅兰竹菊的代表意义，如鹰代表了高瞻远瞩，鹤代表了长寿。

石与动植物这种组合方式，动物、植物和石景观是并驾齐驱的，将一些动植物与石融合，可以说是超时间、超空间的浪漫手法。将现实中不同地点、时间和物种的动植物组合到一起，扩大了石景观的表现意境，可谓是取之现实，高于现实。

（三）石与人物

在石与人物这一组合形式中，石景观大多数是点缀式与屏障式。其中比较典型的是人物活动场景中的置石，为点景式。其中典型为《汉宫春晓图》，画中描绘了一些人在伏案写字，在案的前方靠右一点，出现了石景观，并且还是一大一小，活动空间因为有了石景观变得极富自然情趣。还有人物活动场景中的背景为屏障式，如《汉殿论功图》，其石景观位于主要人物与屏风的后面，将空间划分为前后，延伸了空间感受。

需要指出的是，在这一组合方式中，有一些"石"成了人的用具。最为典型的是《蕉林酌酒图》《武陵春图》和《杂画图册》。其中《蕉林酌酒图》中的"石"为石板，多层堆叠之后形成一种"案"，与《武陵春图》方式类似。《杂画图册》中的"石"较为平整，为一老僧的坐具。这种"石"为用具的组合方式较为少见，但将其的实用功能提升到了一个新的水平。

（四）孤石

孤石这种组合方式多是明代绘画对于单一石景观的细致描写，最为经典的是吴彬绘制的《十面灵璧图卷》。据传，晚明"石隐庵居士"米

万钟在南京六合得到一件全美灵璧石并邀请吴彬为此石作画。吴彬以卓越的绘画技法分别以十个不同的角度为这块奇石进行了原尺寸描绘。这种方式便于主人向友人或亲朋好友展示，可谓是古代文人雅士一种特殊癖好。这种将孤石作为主要表现的方式，将赏石鉴藏文化推向了高峰。

杜绾言："大可列于园馆，小可置于几案。"小可置于几案这一方式在孙克弘绘制的《芸窗清玩图》中有具体的绘画表现（图 6）。一块大小刚好，并配有木座的案头石，与一组瓶瓶罐罐摆放在一起。山峰状与"研山"相似，类似于笔架山，类似于《武陵春图》中石桌左侧的笔架山（图 7）。

对石景观这一题材进行反复描绘，反映出当时文人阶层对石景观有着特殊的嗜好。这些画石者及其作品折射出了明代文人阶层的审美癖好，一个时代的画风与美学观念渐变的痕迹在石景观绘画上展现得淋漓尽致。

图 6《芸窗清玩图》　　图 7《武陵春图》

五、石景观的营造思想

《素园石谱》作者林有麟在书中说："石之大，莘崒尽于五岳；而道书所称洞天福地、灵踪化人之居，则皆有怪青奇碧焉。"直抒胸臆地总结了石景观与人的紧密关联，并通过石景观来营造一种洞天福地的氛围，升华了所居环境。石景观不仅推动了物质空间的诗意建造，更借助石景观嶙峋怪异的形态推动了居住环境意境的形成与发展。

（一）单石成景，独石成峰（独景）

在明代绘画中，石景的营造从来不是随心所欲。在空旷处、在小路尽头、在建筑旁，放置一块顽石便可使空间感变得灵动自然。如《冯媛挡熊图》（图 8）中的画面右侧空旷地上，放置了一块太湖石。人物围绕此石活动，并且搭配周边的树，既有绿意，又有情趣。单一的石景观并不显得枯燥，拿最著名的太湖石来说，其大多具备透、漏、瘦、皱、清、丑、顽、拙等特点[7]。最为特殊的是单一描绘孤石的绘画数量并不稀少，凸显了明代石景观孤石营造的独特性。

点石成景、独石成峰在石与植物、动物和动植物营造方法中更为明显。寥寥几株植物便可与石搭配成景，再配有动物，便是一处宜人的景观。并发展出"在梅边点石则宜古、松下点石则宜拙、竹旁点石则宜瘦、芭蕉点石则宜顽"这种点石成景的理论。

园林将人工美与自然美有机融合在一起，但是其人工美的尽头是山水的意象美。如人工搬运的石景观、人工开凿的水池和人工所见的建筑结合石景观以及自然外观的景观成为心有所栖天地宽的慰藉空间。

（二）石令人古，水令人远（他意）

计成《园冶》选石一章中明确讲述了匠人挑选好的石头的标准。选取一些外形精美、有灵性的石头，如太湖石。太湖石周身通透多孔，自身的缝隙和孔渍与光结合，光影变幻无穷。同时，还讲究"石"的神，在明代绘画中如《止园图》，石景观上部有两座山峰，像两个动物在对抗斗争或者如蟹的两个大螯在挥舞。

明代陈洪绶《米芾拜石图》（图 9）中的石景观像一位老翁，并对其犹如好友一般进行跪拜。这种宋代米芾狂热爱石的故事被明代文人精巧地描绘出来，说明明代文人对石景观依然有着强烈的意象爱好和对石景观"神"的追寻要求[8]。

（三）片山有意，寸石生情（我意）

禅讲"心无外法"，此心就是平常心。讲的就是人们重视自然而然的心境。由此，自然美成为文人士大夫的追求，景观成为蕴含着人生理

图 8《冯媛挡熊图》局部

图 9《米芾拜石图》

想的媒介，而石成为寄情山水的主要对象。明代经由宋代强烈的赏石之风，已经具有强烈的大写意山水特征。发展至明代，片山寸石已经成为文人士大夫适情表意的寄托。从庭院中的大体量石景观到书桌上的案头石，石景观在生活空间中遍地可循。

孔子曾以石之宽厚、静穆来形容人的沉稳德行。明代之前，唐代文人对石的形状和性质进行品赏，并赋予了人格化性格；宋代米芾为石痴狂，把石当作自己的兄弟，使石拥有灵魂，可以与其交流[9]。

明代程朱理学发展到另一个极致——心学，强调为学的终极目的不仅在于完善学识，更是为了能够实现道德的至高境界。石景观经由前朝的发展，到明代完美地迎合了心学的学术主张，成为文人士大夫借石言志，以石寄情的重要手段。营造了文人士大夫用石景观洗涤精神，使人超越凡俗的至高道德意境。无论是画石还是品画中之石，都属于人的精神与石景观品格的高度契合。此时无论是绘画对象的石还是画中之石，都已人格化、自我化、以石表人，成为心境与精神表达的载体，成天人之和。

（四）发于性情，由乎自然（超我）

明代理学强烈追求"仁义礼智信"，将世人灵动多样的个性与天赋镇压。就在程朱理学大肆整顿社会秩序的时候，明代文人中已经出现对这种思想的反叛。明后期明确倡导追求精神以及个人的情感抒发，反对束缚和压迫。这股思潮也影响着文人对传统的审视与反思。

现实与理想的不平衡使得其审美趣味发生变化，自视甚高与社会的排挤促成了山人群体的特殊审美癖好。这种思想反映在石景观的追求就是延续了前朝外貌丑陋、其型怪拙的品石要求。以太湖石为主，它们奇形怪状又丑或皱，可以用一"奇"字表示其形态。明代文人观察其形，并题诗作画，刊辞记铭，给予奇石以更深层的社会蕴含。最为明显的是《十

图 10《十面灵璧图卷》

面灵璧图卷》，对一块奇石进行全方位描绘（图 10）。可以说明代文人已视其为生命的一部分或成为知己，并与"石"产生了感情层面的相互交流与融合，达到了超越意境的人石共鸣[10]。

从石景观复杂嶙峋的外观，品出无限，给不完美的人生与政治生命予以另一层面的补充。石景观有其自成的美，个人也有个人的成就。不为一时一事所羁绊，超越时间空间，得到满足与自由。这是意识超越，人的实践达到并不容易，而石景观的出现，使得这种超越意识有了物质媒介，将自我精神融入嶙峋怪异的石景观之中。明代文人用自我意识体验嶙峋、幽深的石景观，使当下通往无限，借此能超越日常的烦闷，超越生死，弥补了现实的遗憾。

六、明代绘画中石景观的营造特征

综上所述，本文通过明代绘画中的石景观以及其他景观元素分析了明代石景观的组合方式和营造思想。石景观是明代绘画种重要的元素之一。明代文人对石景观的欣赏与他们所处时代的思想潮流以及个人经历紧密相连，观石品石之风浓厚。

1. 在明代景观营造种，首先是对于石景观自身形态的重视，其次是石景观的组合方式与摆放位置的考虑。根据空间大小，石景观又有不同的组合方式和摆放位置。

2. 明代绘画种的石景观具有了人格化的特征，将人的亲情或者兄弟情等情感，移情至石景观之中。这主要是挑选所用石景观的形态决定的。

3. 在明代绘画中，大的石景观不仅可以作为观景点，还可以视为景观的一个组成部分，功能辩证。其反映了与园区融合的重要性，主要体现在屏障式这一营造方式中。

七、结语

综合画面需要和景观需要，可以清晰地看到明代文人通过石景观营造来达到不同层次的景观效果。

当下的许多现代景观，多能看到西方景观设计的影响，虽然石景观依然存在且重要，但少了许多传统韵味。更多的是，现在的石景观是指示作用和欣赏作用，对于景观的意境营造以及景观韵味考虑较少。较多石景观是为了石景观而作，缺少了古人那种有感而发的景观需求。对于人类共同体的完成来说，我们内心统一的民族符号或语言显得尤为重要，古代文人对于石景观的偏爱便是这种统一的、能够联系彼此的文化需要。

参考文献：

[1] 张杰, 于东明, 谷峰. 泰山石园林应用景观评价体系研究 [J]. 中国园林, 2011,27(10):80-83.

[2] 黄晓, 刘珊珊. 图像与园林：学科交叉视角下的园林绘画研究 [J]. 装饰, 2021(2):37-44.

[3] 蔡睿捷. 以画探园——基于明代园林题材绘画的园林复原研究 [D]. 杭州：浙江大学, 2017.

[4] 武一杰, 赵慧. 浅析明代绘画中雅集环境空间要素 [J]. 中华手工, 2021(2):78-79.

[5] 崔朝阳, 黄晓. 晚明时期的园林绘画之变——以张宏《止园图》为中心 [J]. 美术研究, 2017(6):43-46.

[6] 汪瑞霞. 张宏.《止园图》册中的文人心态与景观映射探析 [J]. 南京艺术学院学报 (美术与设计),2019(3):117-121.

[7] 张健. 浅谈太湖石的审美特征 [J]. 创意与设计, 2010(6):101-103.

[8] 张欢, 唐丽红. 浅谈中国园林"石"景观的精神内涵 [J]. 中国园艺文摘, 2009,25(9):80-81.

[9] 韦珊珊. 计成园林美学思想研究 [D]. 济南：山东大学, 2020.

[10] 郄运涛. 明代艺术中的丑石研究 [D]. 保定：河北大学, 2011.

顽石无言最可人——浅析环境艺术中蕴含的石文化

滕云鹤 高颖

天津美术学院

摘要： 我国石文化历史悠久、灿烂辉煌，影响深远。从古至今，人类始终以石为伴。随着时代发展，传统文化作用于当代设计的内涵品质提升也是当下亟须探讨的课题。在这一思潮下，中国古人"君子比格"思想在"顽石"上的体现以及其形成独有的装饰语汇和文化符号，在环境艺术中的运用十分广泛。本文通过对石文化在环境艺术中应用现状的研究与探索，结合时代背景，在保持传统的基础上寻求发展，为当下传统文化与当代设计的结合提供新思路。

关键词： 石文化；环境艺术；传统文化；当代设计

在中华民族这片广袤的土地上，孕育了灿烂的文明，留下了瑰丽的文化。随着物质文明的高度发展，人们不仅追求基本的生存空间，还追求其丰富的文化与精神内涵。中国石文化影响深远，是中华民族精神文明的载体。毛泽东在《贺新郎·读史》中写道："人猿相揖别，只几个石头磨过，小儿时节。"曹雪芹由石引出《石头记》，也就是著名的《红楼梦》。"女娲补天""精卫填海"等神话传说无不与石有关。如今，在营造环境的过程中，人们越来越多地将关注的重点投向于本土化、自然化，石以其独特的外观形态及渊源的文化内涵奠定了在环境艺术中的重要地位。其价值也深深渗透到了现代人的生活之中，人们爱石、藏石、品石，体现了返璞归真、乐在自然的生活情趣。

一、石文化相关概述

（一）石文化

石字本义为岩石，石文化可以理解为由石衍生出的文化内涵。石文化可谓是最古老的文化，从远古时期的天地玄黄、宇宙洪荒开始，人类便与石结下了不解之缘。我国采石、藏石、赏石的历史由来已久，儒家经典之作《书经》中记载了史上第一篇关于石头的文章《禹贡》，是我国石文化研究的源头依据之一。其中介绍了丰富的石种，并记录了将泰山的怪石作为贡品进献给禹王的内容。《诗经》中的《扬之水》《渐渐之石》等最早都出现了赞美石的诗句。

随着时代的不断发展，从石器时代演变到今天，自然界遗留下来的石不断循环。人类对石文化的探寻早已从原始的石器时代演变为通过自然万物探寻历史的遗迹，智慧的人们逐渐在自然的馈赠中引申出生命的奥秘。

（二）我国赏石文化的发展历程

"山无石不奇，水无石不清，园无石不秀，庭无石不贵，室无石不雅，居无石不安。"炎黄子孙经历了历朝历代的积累，形成了丰富的石文化宝库。有考古记载，赏石文化始于夏代，盛于唐宋。西汉司马迁的《史记》中，有"轩辕赏玉，舜赐玄圭，臣贡怪石"的记录。晋代文学家陶渊明所居有石，他常醉眠其上，名之曰"醉卧醒石。"唐代诗人白居易多次为石而著诗文，如著名的《太湖石记》。宋代文豪苏东坡一生仕途坎坷，偶得一石如获至宝，遂著《雪浪石》。宋代书法家米芾每见奇石便叩首下拜，被人称为"米颠"，留下了"米颠拜石"的佳话。元代书画家以赵孟頫为代表的一众书画家作品皆体现了赏石题材。明代计成的《园冶》中也不惜运用大量笔墨描写石。清代文学家蒲松龄一生藏石无数，如今仍被完好保存下来。

现代许多著名的文人雅士，郭沫若、张大千、徐悲鸿、齐白石等都是奇石爱好者，他们用鲜活生动的作品把我国石文化推向了新的高度，使赏石文化代代相传，历久弥新。如今，人们精神追求越加丰富，善用石打造环境空间，亦古亦今的石文化正蓬勃地呈现在当代人类的文化殿堂中。

二、石文化在环境艺术中的应用价值

（一）石文化的功能价值

石对环境艺术具有重要的功能价值，其功能价值主要表现在诸多的使用价值上。石有多种分类方法，有将其分为自然风景石、园林用石、供石和其他类的方式，也有其他的分类方式，不同的分类方式有其不同的应用范围。石可用于建筑，山石亦可收于园囿之中，石打造的庭院空间简洁大方、层次分明，室内装饰均可与石搭配。

当今的装饰市场被纷繁复杂的材质充斥，但石材经久不衰。石材的介入满足了人们对自然之趣的需求，对石材的运用保留了自然的质感与天然的纹理，使既厚重又会呼吸的自然气息逐渐走进人们的生活空间。以著名的泰山石为例，行走于泰山之上，只见大大小小的石布满了长长的路途，它们饱经千年的风霜雨露，向游客传达着先人的智慧。在古书中，泰山石是具有传说的奇石，"稳如泰山""泰山北斗"等词语典故广为流传。"会当凌绝顶，一览众山小。"不仅表达了诗人杜甫对泰山的仰慕之情，同时也抒发了自己的豪情壮志。人们世代敬仰泰山，歌颂泰山石，并用泰山石寄托自己的祈望，激励着一代代中华儿女为民族复兴大业奋

图1 赏石博物馆

斗不息。

石也承载了诸多文化功能，集科普教育与艺术教化为一体的现代赏石场馆、基地（图1）也逐渐成为普及石文化的重要方式，促进了国人文化品位的提升。

（二）石文化的艺术价值

石是一种能给人带来精神享受的艺术珍品。有言道："过于缜密的思虑会驱赶器物的生命力，越是简单的美，越是别有洞天。"人们热衷于培养高雅的生活情趣，深入自然，收藏奇石也逐渐成为当代文化生活的一部分。石的艺术价值也深深渗透到了现代人的生活之中，色泽秀丽的石或陈设于案头茶几，或点缀于外部空间。

古人有云："一城易得，一石难求。"大自然不会馈赠两块完全相同的石，每一块都是世界上独一无二的存在，这正是其他批量生产的商品远不能及的。传统认为赏石的标准是皱、瘦、漏、透，当代则流行的是形、质、色、纹、韵、意六个依据，但艺术是没有标准定义的，且天然的石本是不具备什么艺术性的。庄子认为人要返归于自由的境界，人性的独立是非常重要的。石的艺术价值是被文人墨客所赋予的，他们倾注技艺于上，衍生出诗情画意，见仁见智，各顺其意，进而带动大众开始对石头不断钻研，形成了独特的主观自发性艺术活动。栩栩如生的石雕、石刻不仅美化了空间环境，也美化了人们的心灵，丰富了人们的精神世界，使人们感受到生命转换，体悟到物我交融的精神境界。

（三）石文化与其他装饰艺术的结合价值

艺术、自然和历史的输出不在一朝一夕，也不是单一定义，而是建立在人类文明交融与共鸣的设计上。石材的塑造性与包容性极强，其来自自然，采于自然，它的本体属性就决定了它的融合性。在今天，我们在观赏奇石时，大部分不单单把石作为欣赏对象，而是把其放在有花木相伴的大空间环境里，如园林造景一般，营造整体的氛围。我们脑海中也会自然而然地浮现出其所展现的意境，更有甚者还会超越意境升华出更崇高辽阔的精神境界。

例如，奇石与木的融合体现了中国传统韵味。其中常见的是附石盆景（图2），将树木与山石巧妙地组合在一起。石小树大，重点观树；树小石大，则重点观石。运用竹藤与奇石可制作出精美的艺术品竹编（图3）。木与石、竹与石结合紧密，并互补相生。

图2 附石盆景

图3 竹编

三、石文化在环境艺术中的运用

（一）石在建筑，对于情境的升华

鲁迅曾说过："巨大的建筑，总是由一木一石叠起来的。"石在建筑中扮演了重要的角色。作为古老的建筑材料，石可谓贯穿了人类的文明史，记录下了建筑的经典与永恒。天然石材的发掘应用和人造石材技术的发展研究，升华了建筑中的情境，也为人类空间居所带来了不同的美感。

埃及金字塔是一种古代的石塔（图4），早期统治者们希望他们的君权和神权可以像石一样经久稳固。塔身的石块没有任何黏着物使其粘连，它却能历尽千年不倒，堪称石材建筑的奇迹。其建筑材料大部分是石灰石和少部分花岗岩，远观就像是大量的石材荒料整整齐齐堆砌起来的，具有饱经风霜的神来之韵。巴黎凯旋门（图5）是典型的古典复兴风格的代表建筑，它运用大理石铸造结构简洁却独立高耸，雄伟而威严。现代的西班牙3M创新中心（图6）为了更好地体现永恒、高贵这一主题，建筑更多偏向灰色调，并利用可控的无机人造石的可定制纹理帮助达到了理想外观。

中国古建筑虽然以木结构为主，但勤劳的人们一直在石材的运用上不断尝试。长城被列为世界文化遗产，是有史以来最了不起的石建筑工程之一。秦始皇在修筑万里长城（图7）时就总结出了"因地形，用险制塞"的经验，巧夺天工，创造了夯土、块石片石、砖石混合等结构。根据防御功能的需要而修筑，土质的墙以石为地基，表面为砖块贴饰。如今硝烟散尽，古老的砖石无声地诉说着沧桑的历史，也是中华文明的重要象征。广州圣心大教堂（图8），由数以万计的花岗岩搭建而成，当地人都亲切地称呼它为"石室"。陕西奥体中心体育馆（图9），外观如大唐乐舞中的回环飘舞的丝带，灵动飘逸。材料运用以兵马俑身上的"铠甲"鳞片叠次样式为设计元素，融入了强烈的陕西地域文化，成为当地标志性建筑。

图4 埃及金字塔　　　　　　图5 巴黎凯旋门

图6 西班牙3M创新中心　　　图7 长城

图8 广州圣心大教堂　　　图9 陕西奥体中心体育馆

（二）石在园林，对于意境的追求

中国古典园林注重追求意境美。"无石不园，无园不石。"石在审美中的意境如陶渊明所言，"此中有真意，欲辨已忘言。"石在具体意境的营造过程中，作用亦可以分为实用与虚用。实用指在具体园林或其他环境中，凭借其物质形态所发挥的造景功能。虚用指石本身所具有隐喻意义继而对主体身上引发联想和意义的赋予。石提供了意境营造的审美对象和空间，但客观物景是否内涵着生动意趣和深厚意蕴，以及能否被体悟、被感发，还需挖掘观者的主观感受。

日本在园林的造景中，可以没有雕塑和水池，也可以没有植物，但石是永恒的存在。且陈设十分简单，看似随意地摆放，却蕴含着日本人对于宗教、哲学、自然与生命的一些理解。甚至在日本文化里，小说、动画、影视剧中都能体会到日本人对石的仰慕之情。

《园冶》中多次提到石在园林中的运用，在今天仍给予我们深刻启示。《园冶·掇山》篇记叙掇山本义就是把奇巧的石头叠成假山。"立根辅以粗石，大块盖满桩头。"在开始掇山之前就要运用粗重的石头垫底。在园林中建造假山，形成高低起伏的视觉效果，本无生命的石块，因为和中国传统的禅宗思想融合而产生而产生独特的美丽。《园冶·选石》

篇认为园林中成功的假山都是由选石开始的，选石决定了掇山是否成功，知石来源，搜寻奇石。叠山师建议挑选石头的大小、形状、纹理、色泽等就地取材，太湖石就是其中重要的一种，其玲珑剔透，坚硬润泽，呈现出"皱、漏、空、透"的美感，多用于皇家园林与江南的私家园林，历来为文人雅士所爱。《园冶·墙垣》篇认为乱石块堆砌的墙有在借景中起到了遮挡劣景的作用，还兼具自然之野趣。墙体中因石尖圆不一，留下的缝隙会再次选用小石块来填补上，打破常规，妙趣横生。《园冶·铺地》篇记叙了石在曲径通幽的小道上，与园中的景色相呼应，还可以组织园林路线，如故宫后花园的十字路，苏州的石路街的乱石路，最常见的还是日常生活中运用鹅卵石铺路，起到了组织景观路线的作用，与周围植物交相辉映，走在鹅卵石小路上，对人们的健康也有益处。

（三）石在室内，对于氛围的营造

石是一种独特的装饰元素，并作为一种自然之物开始频繁出现在室内空间，为室内设计注入灵魂，成为点缀文人雅士生活空间的重要艺术载体。石将人工空间与自然空间巧妙地结合起来，丰富了空间的层次感，彰显了空间的个性与态度，弘扬了我国的传统文化。

人们把石看作一种对自然的崇敬与对时空的遥想，自古人们就选择了石作为居所的永久装饰。其色泽古雅单纯，肌理自然丰富，它代表的不只是形态美，更是一个家族的精神品格。石与中式风格搭配最相宜，玄关、厅堂、条案、书斋、茶台等无处不在，营造了独有的东方古典情韵（图10）。无论身在何处，人们看到石就像回归了自然大地，具有强烈的归属感。

如今，在室内空间中置入石可通过多种途径来实现，但要充分考虑整体风格，更好地提升石其在室内的融合度，使其与室内环境和谐统一。石与诸多材料有着相通性，随着现代科材料的不断革新，我们可以运用新材料与其结合用于美化家居，从形式、色彩、尺度等多方面入手尽可能做到完美融合。除此之外，对传统的石外形稍加提炼就可以形成具有现代感的纹样，将纹样打散重构或抽象变形，再经过加工处理将其呈现在墙壁设计或家具表面设计中（图11），服务大众的同时提升人们的审美情趣，最终实现传统文化与当代设计的结合。

四、结语

石是扎根于我们生活的艺术，它粗犷却不失雅致，质朴却不失韵味，它的美不拘泥于表面与形式，它的蓬勃发展在于历史悠久的文化内涵，在于中国文化的博大之气。我们应顺应时代发展，尊重传统，尊重自然，充分利用优势资源，在环境艺术中更多地引入石文化，使石文化趋于生活。持续发展，拓宽道路，共同引领石文化走向更好地未来。

参考文献：

[1] 胡建君. 谁知片石多情甚——漫谈古代文人与赏石 [A]. 北京画院. 大匠之门 27[C]. 北京画院,2020:8.

[2] 张岐. 中国古典造园名著《园冶》的生态美学释义 [J]. 今古文创,2020(24):64-66.

[3] 蒋文彬. 日本景观用石文化应用研究 [D]. 南京：南京林业大学,2013.

[4] 张晓雨,赵昊. 浅谈泰山石文化 [J]. 今古文创,2021(39):123-124.

[5] 朱良志. 顽石的风流 [M]. 北京：中华书局,2016.

图 10 中式风格设计

图 11 石材艺术背景墙

乡村振兴中的"石"营造——以济南北石硖村环境艺术设计为例

石媛媛　赵晓东

山东工艺美术学院　山东青年政治学院

摘要： 信息化和全球一体化的发展让人们的意识日益趋同，地方特色正在不知不觉地逐渐消失。随着这一状况的越演越烈，人们逐渐意识到保护地方特色的重要性。如何保护传统文化、满足当今生活需要，创新协调发展，是摆在所有人面前的考题。本文以济南北石硖村为例，分析其村落布局、建筑特点、发展优势、存在问题，探讨乡村环境艺术设计中"石"营造的策略分析、发展前景，研究如何立足当"地"、立足当"时"，实现乡村文化振兴和生态振兴，平衡地域保护和时代发展两个问题。

关键词： 乡村振兴；鲁中村落；石营造

一、乡村振兴政策

2022 年 2 月，国家发布《中共中央国务院关于做好 2022 年全面推进乡村振兴重点工作的意见》，文件部署了乡村振兴的三个重点工作分别是乡村发展、乡村建设和乡村治理。重点发展乡村休闲旅游，实施乡村休闲旅游提升计划。支持农民直接经营或参与经营的乡村民宿、农家乐特色村（点）发展。这是国家自 2017 年 10 月党的"十九大"提出实施乡村振兴战略以来的又一重要指示，标志着乡村振兴工作进入了新的历史阶段。

山东省政府积极响应习近平总书记在 2018 年 3 月第十三届全国人大一次会议山东代表团审议会上提出的"打造乡村振兴的齐鲁样板"的号召，全面落实乡村振兴 100 个样板村和美丽乡村示范村建设。北石硖村是山东省美丽村居建设省级试点之一，立足鲁中传统村落特色，围绕"石"营造做文章，着力打造新时代乡村环境，助力乡村振兴。

二、济南北石硖村概况

（一）地理位置

北石硖村位于山东省济南市平阴县玫瑰镇，属鲁中地区，位于泰山西延余脉和鲁西平原的过渡地带，地形以丘陵山地为主、平原洼地为辅。北石硖村地处平阴县南侧、玫瑰镇东侧，村子三面环山，一面环水。三山分别是北侧圣母山、东侧狼母山、西侧翠屏山，玉带河从村落南侧流过。北石硖村是平阴玫瑰的主产地，村落四周被玫瑰花田环绕，圣母山下及山顶的胡庄天主教堂群是全国三大天主教圣地之一，翠屏山顶的多佛塔始建于唐、重修于明，塔为八角形十三层石塔，古朴秀美。

（二）村落布局

北石硖村依托村落自然环境发展而来。村落源头俗称老村，整体为鲁中传统村落风貌。村民在玉带河北岸的开阔平整区域建造房屋，用一道高高的圩子墙将村落围护起来，清晰地反映出传统村落的防御性。圩子墙内民居密集，街巷依地势蜿蜒起伏，天然随性，一派山水画卷之势。随着人口增长，村民需要更多的居住空间，对村落的防御性要求逐渐降低，部分居民开始依附在圩子墙外围修建民居，但数量不多。随后村民开始大规模地修建民居，彻底脱离了圩子墙的范围，在老村东北方向沿山体走势延展开来，自发形成了线性布局，依山而居。到新农村建设时期，在依山而建的村子区域的西侧，规划了南北方向的主街，主街两侧形成类似鱼骨状的布局结构，民居成组排列，规划非常整齐。

虽然北石硖村经历了数个发展阶段，但是整个村落依山傍水的格局一直保持得非常清晰，具有浓厚的天人合一气质，发展前景向好。

（三）建筑特点

1. 建筑形式

北石硖村属于鲁中传统石屋聚落，民居都是单一合院式布局，院落外轮廓基本成方形，一般由正房、厢房、倒座、院门和厕所等单体建筑组成。从目前留存的民居来看，村内没有多进院落布局的民居形式。建筑单体为单层囤顶石屋，结构多为石墙、木梁、土囤顶、薄石板出檐，屋面曲线柔和，造型亲切质朴。

民居正房坐北朝南布置，但不强求严格的正南正北方向，而是顺应地势而建，灵活地适当调整，朝向可以略微偏东或偏西。厢房分别居于正房两侧，倒座与正房相对。因为村里各个院落的建造时期多有不同，在使用过程中多有改建、扩建的情况发生，房屋功能时有转换，另外还需考虑用地的自然限制，所以建筑布局灵活多变，类似只在一侧建有厢房的情况司空见惯，门房、粮仓的位置很不固定，院落空间差异很大，呈现出丰富多变的民居构成形式。从中可以看出劳动人民不拘束、不盲目，在劳动中创造性地建造居住环境，法无定法，以顺应自然为上的智慧。

2. 建筑材料

北石硖村现保留有大量原汁原味的鲁中山区村落建构，建筑材料主要是当地出产的石头，土、木、玻璃等材料加以点缀。建筑台基、外墙、檐口、输水管道、老村寨墙都用石头砌筑而成，街道也由石头铺砌，院墙、台阶、磨、碾、桌、凳等都由石作，整个村子宛如一个石头的世界。

一般石头墙体的厚度在 50 厘米以上，用于砌筑的石块较大，每行石材的高度基本上保持一致，有不平整的地方就用扁平的碎石来填补。石料竖向错缝搭接，咬合紧实，竖缝间距随石块的宽窄而有所不同。大石块与小石片组合而成的墙面具有很强的装饰效果，整个村落呈现出统一而又有微差的外观形态，具有很强的标志性和可识别性。

村里的石墙有很多细部耐人寻味。有为了栓羊而在石块上凿出的石孔，沿河的圩子墙上有用于套船而突出的大石块，为了辟邪纳吉有些墙体嵌入了刻有"石敢当"字迹的条石，撤掉施工时的支架后留下的空洞被填上了一块明显不同规格的石块，为了避免尖尖的墙角伤到人而把外墙转角处一人之高的部分砌成四十五度角的斜墙……这些丰富的细节真实地表达了村民们在日常生活中的点点滴滴和生活画面。

（四）发展优势

北石硖村自然环境优美，山清水秀，植被丰富，自然资源优势凸显。传统石屋聚落保存得非常完整，老村中大约 80% 的民居依然被村民使用着，整个村子洋溢着勃勃生机。石头村落仿佛从大地上自然生长出来，石材温暖的黄色和灰色与绿树碧水相映成趣，与周围的山水融为一体，浑然天成。建筑依山势而建,前后高低错落有致,风格简单大方,厚重质朴,摒弃繁杂的装饰,有大道至简之意,有很高的美学价值。村落交通方便,以玫瑰为代表的产业链颇具规模,民风淳朴,非常适合发展乡村旅游,进一步实现乡村振兴发展。

(五)存在问题

虽然北石硖村有良好的基础条件和发展态势,但还存在着一些问题,这些问题在乡村振兴工作中亟须解决。首先,新的建筑形式正在逐渐蚕食村落原有建筑风貌的问题。互联网的传播把新的建筑形式直观地展现在村民眼前,新的建造技术和建造材料涌入老村,地方特色正在逐渐消失。比较典型的表现是在民居屋顶上出现的蓝色钢板,和整个村子的风貌格格不入。其次,村落环境亟须改善。对村子里公共空间的建设投入较少,道路质量较差、自然土地面缺少边界限定、村落环境的艺术品位不高,缺乏景观层次,难以形成乡村旅游的亮点。最后,村落以私人住宅为主,功能比较单一,旅游服务设施不足,难以形成完整的旅游产业链。这些问题都需要在政策引领下进行统筹规划,利用环境设计加以改进,从而提升村落的旅游品质,形成自身的环境特点,既能让村民享受到优美的生活环境,又能在乡村游市场上占领一席之地。

三、北石硖村"石"营造的策略分析

(一)立足当"地"

北石硖村给人印象最深刻的就是石材的广泛应用,所以在环境艺术设计中应围绕"石"营造,顺应自然条件、延续本地文化传统,因地制宜地搞好环境综合整治,创造整洁舒适的村居环境。

1. 保护村落整体风貌

通过政策引导和环境艺术设计人员的专业支持,与北石硖村的村民形成良性互动,在房屋维修、改扩建等工作中提供有效监管和积极建议,从而形成正面积极的示范,在村民中形成保护村貌、延续传统、提升环境质量的共识。

例如,在新建房屋受天然石材供给限制无法建造石墙面的情况下,可以考虑局部运用石材,搭配土、木、烧结砖等天然材料或质地相对纯朴的材料建造外立面,避免使用过于市场化的外墙材料。村内步行道路尽量以砖石为主铺砌,把水泥道路、沥青道路控制在车行道的范围内。建议村民不要采用彩钢板等破坏整村风貌的屋顶材料,推荐采用以灰色和暖黄色为主,以及夯土、木材为主的屋顶材料。这些做法都能有效地控制整村风貌,提高环境整体协调性。

2. 打造村落景观节点

在乡村振兴工作中,传统村落都面临着从内向型居住区转变为外向型旅游区的重大转变。在这一过程中,整治村居环境、打造重要景观节点必不可少。目前北石硖村已完成村标、伴山锦鲤池、乡村振兴广场、石硖湾、吉运坊等数个景观节点,基本串起了整个游路线(图1~图4)。

在这些景观节点设计中,着力突出北石硖村的风貌特点,以当地石材为主打,综合运用天然石、块石、条石、碎石、废弃的石磨、石碾等材料,灵活组织硬地面、植被、雕塑、花池、多种形态的水景等多种环境艺术造型元素,根据场地情况在地设计、在地营造,打破了传统村落以往的民居加道路的二元论的景观格局,创造出丰富的田园景观效果。每个节点都有各自鲜明的主题,寄托了村民对村落的热爱和对未来美好生活的向往。

在建造过程中启用本村的手工匠人参与营造,并根据他们的建议论证设计方案,再结合当地的建造工艺适当调整,从而进一步加深了村民对设计项目和本村的感情。

3. 全面提升村落环境质量

单纯打造环境艺术景观节点尚不能满足乡村振兴的要求,还需要以点带面,在景观节点的示范和带动下,实现北石硖村整体村落环境质量的提升。如村内道路、建筑外立面、沿街空地等普遍存在缺乏风格统领、凌乱不堪、环境质量较差的问题,应延续"石"营造的思路全面铺开加以改善。这既是打造乡村旅游的基础设施,也是改善村民生活环境的必然要求。

图1 村标(来源:网络)

图2 伴山锦鲤池(来源:网络)

图3 石硖湾(来源:网络)

图4 吉运坊

北石硖村地势起伏,村中有不少挡土墙,适合采用传统的石材砌筑工艺进行加固处理,结合环境特点进行艺术造型加工,从而形成活泼生动的界面效果(图5)。对村里已经建造的水泥外墙建筑可以在沿街外墙部分加贴石材,辅以灌木和攀爬植物,达到柔化水泥墙面、与村落传统相协调的目的。把石墙边界处理成剥落的效果,从视觉上更加自然,让设计更加不着痕迹。街边空地、院落围墙等可以灵活使用石材砌筑成花池、矮墙等,既能丰富村里的景观层次,又能避免浮尘,改善环境(图6)。

图5 挡土墙做法

图6 院墙做法

(二)立足当"时"

1. 新功能

传统村落处在当前的社会发展进程中,必然面对着功能定位转变的现实需求。一方面,整个村子从闭塞的农耕生活场所转变为开放的可居可游的乡村旅游目的地;另一方面,村民要享受现代化新生活的红利,对居住空间提出了新的要求。于是,村落要提供游客接待中心、餐饮、住宿等旅游基本设施,村民要改善自有住宅,这些都需要进行民居功能置换,用设计解决问题、助力当代农村的发展。保护传统村落绝不是故步自封、停滞不前,而是要发掘传统村落的潜能,适应今天的生活。

在进行民居改扩建项目时,应坚持维护原有村落建筑格局、建筑风貌,针对新的功能要求进行流线组织和空间划分,保留原有石砌外墙。根据功能需要可以增加檐廊、耳间等,以扩大使用面积。设计中应妥善处理石屋与周围环境的关系,尊重传统民居建筑做法,以形神皆似为目标,让石屋聚落成为北石硖村的一张名片。

2. 新材料

随着社会生产力水平的提高,钢、玻璃、混凝土等材料日益普遍地使用在建筑上。在北石硖村的"石"营造中要妥善处理石材和其他材料的关系。要发挥新材料的长处,使之成为传统村落的有力支持,但又能巧妙使用,不破坏环境风貌,这是当今技术发展带来的便利和契机。

例如,部分民居因建造时日长久墙体发生变形或损坏,单纯用石材填补缺漏效果不佳，很难真正解决建筑安全隐患。在这种情况下可以考虑采用轻质钢框架，在不破坏原建筑构造的基础上，将钢框架轻质系统置入建筑内部。建筑外观维持原貌，内部结构得以强化，达到两全其美的效果。另外，村落环境营造中应以能体现地方特色的沉积岩为主，还可加入玻璃、铁、素混凝土等现代元素，只要控制好新材料的使用范围和使用频率，不喧宾夺主，就能和传统石材和睦共处，融为一体。

3. 新工艺

古代村民受当时的材料及技术所限，仅用触手可得的当地石材建造房屋，建造方式比较简单。当今建筑科学的发展能够更加科学和理性地分析建筑构件的受力情况，以及各个构造层次的作用，从而在环境艺术设计中选择合适的材料和工艺。

针对北石硖村保护传统村落风貌的要求，可以采用变砌筑材料为装饰材料、变天然形态为艺术形态、变砌筑工艺为拼贴工艺的思路进行景观营造和环境提升。对村内已经出现的水泥外墙可参考传统建筑外墙做法，用拼贴工艺在一层高度范围内进行石板湿贴，再现传统建筑风貌。如果是两层高的建筑物，可以在一层铺贴石材外立面，二层用添加了秸秆的抹灰层，形成质朴、自然的立面效果。石墙室内可以采用美缝、艺术抹灰等工艺，创造淳朴洁净的装饰效果。当前的石材加工工艺能够让天然石材呈现出令人耳目一新的效果，丰富人们的视觉体验，让传统材料焕发新生。利用小块石材拼贴成吉祥文字和图案，也是创新使用传统材料简便易行的好办法（图7）。

图 7 石材拼贴效果

四、北石硖村"石"营造的前景分析

北石硖村的乡村振兴，应遵循村落有机更新和小规模适应性改造的理念，充分考虑保护传统村落、改善村民生活环境、发展现代农村产业的多重要求，以"石"营造为抓手，继承石屋聚落的文化价值，形成当代美学认同和心理认同。保留民居院落格局，保持村民传统的生活习惯，建筑及环境以当地石材为主，保留传统的北石硖村风情，传承当地生活、习俗、宗教信仰等要素，实现乡村文化振兴。

北石硖村的石屋聚落蕴含着先人对自然的认识和千百年间沉淀下来的生存智慧，是可持续发展的乡村建设模式。石材的耐久性和独特肌理保证它历百年而不朽，即使残损碎裂也能继续使用，同时平添历史感和沧桑感，更具审美价值。石材的循环使用也是对环境的保护，符合当今绿色理念。所以，北石硖村应遵循本村自身的发展规律，体现本村特点，把"石"营造做大做足，实现乡村生态振兴。

乡村振兴是为农民而兴、为农民而建，要充分调动村民的积极性，共抓共管共建，共同落实，互惠共赢。

五、结语

北石硖村是中国千百万个村子中的一个，平凡中有独特，看似普通的一个个石头宅院养育了祖祖辈辈的村民。要留住这个村子的个性，就需要我们不断加深对石材的认识、不断思考石材的创造性再利用，这样才能平衡保护与发展，与时俱进地打造"石"营造乡村风貌，满足人们对生活环境质量的更高要求。石头构筑的是一个物质的世界，但最终传达的是精神含义。

参考文献：

[1] 逯海勇 胡海燕，鲁中山区传统民居形态及地域特征分析 [J]. 华中建筑，2017, 4.

[2] 朱翔 田源，旧石材再利用研究——以徐州回龙窝历史街区改造为例 [J]. 生态经济，2016, 2.

注：文中图片未注明的为作者拍摄。

石为骨与土为肉的陕北石箍窑营造意匠文化

王晓华

西安美术学院建筑环艺系

摘要： 如果说黄土高原上原始而又古老的窑洞是中国北方最著名的传统民居形式，在世界乡土建筑中也有它的一席之地；那么，陕北民居中的石箍窑则是中国各类窑洞中的精华。所以，本文通过对陕北石箍窑的发展历史、材料运用、建造之法等进行研究，以阐释其独具特色的石材营造的意匠文化。

关键词： 石箍窑；石为骨；土为肉；意匠文化

一、陕北窑洞历史与类型

从地质地貌讲，陕北黄土高原上的黄土沉积厚度为 100～200 米，是中国黄土高原地形地貌变化最为丰富的区域之一，经由诸多水系在漫长岁月中冲刷和侵蚀，塑造成了一种主要由黄土塬、山峁、山梁和冲沟构成的巨地貌单元，从而在自然气候、植物生长等方面呈现出明显的属地特征。从行政地理角度来解释，陕北的地域概念基本涵盖了古长城以南、黄河以西、子午岭以东、桥山以北的广大黄土高原区域。从传统文明的类型上来解析，这里曾因长期属于中原农耕文明与北方游牧文明的过渡区或交错区，因而在生活风俗、饮食习惯和人居环境方面形成了别具一格的文化样态。

中国的黄土高原历经 2000 多万年的漫长沉积，特别是经由近 260 万年以来的风尘沉积最终形成。地质学家结合气候变化与黄土高原的形成关系，将其划分为午城黄土、离石黄土和马兰黄土三个阶段的形成期，三种土质结构和密实度不同的土壤层。一般而言，越是下层的土壤沉积和发育的历史越古老，它的物理结构和密实度也会随之变得更加坚实。

《孟子·滕文公》云："下者为巢，上者为营窟"。意指我们祖先在探索居住方式的过程中因地制宜，驱弊就利，生存在地势低洼和空气潮湿地区的人们采用架空地面的筑巢方式，生活在高原地区的人采用穴居的方式。所以，穴居是陕北人最原始和最古老的居住方式。况且，对于干旱少雨、昼夜温差大和极冷极热的陕北黄土高原气候来说，具有蓄热保温性能的土壤成为陕北人选择穴居方式的天赐条件。

早在旧石器时代约 3.5 万～5 万年前，陕北黄土高原已经有了人类生活的足迹。从考古发现的史前人类居住遗址可以看出，陕北黄土高原的早期一般采用半竖穴的居住方式。即，在地表向下挖掘竖向方坑或圆形地坑作为居住空间，然后在地坑的上方搭建防雨棚。后期逐渐过渡到在沿沟的崖面上开凿横穴作为居住空间，这种横穴便是我们现在所称的窑洞。开挖半竖穴住宅空间土方量小，对于土壤结构要求也不高，居住地选择受限制条件少，因此适于人类早期生产工具落后和以游牧为主的生活。开凿横穴需要在地表浅处土质结构稳固的老黄土层进行，因而人们只有选择在最节省人力的山坡一侧或冲沟边侧的崖面来开凿窑洞。所以，后期陕北黄土高原上形成的村庄有 90% 以上属于这种冲沟聚落，由此构成一种由一层层沿沟边和山坡等高线自由分布的窑洞院落群（图1）。神木市高家堡石峁史前遗址的发现说明，陕北黄土高原在龙山文化的中、晚期已经出现了一种沿环山层层展开的大型聚落，成为我国早期石砌山城的形态特征。

从建造方式上讲，陕北窑洞可分为减法式的生土窑洞和砌筑型的独立式窑洞，在减法窑洞与砌筑独立式窑洞之间的接口窑成为一种过渡类型。减法窑洞可分为地坑院窑洞和靠山窑（崖窑）。地坑院窑洞是指在地势比较平坦或平缓的黄土塬上向下开挖一种正方形或长方形的地坑，然后在其四面边崖上开挖数孔崖窑，分别用作居住、储物、厨房、井房和饲养室。地坑窑依据地形可开挖成全下沉式窑洞院落、半下沉式窑洞院落，还有一种只需开挖三面崖，在另一面砌墙的窑院叫平地式地坑窑。独立式窑洞是一种四面不依靠任何地形作依靠，采用石材、土坯或砖块砌筑而成的拱券型窑洞。独立式窑洞克服了原始减法窑室内空气流动性差，采光受限、冬季易结露，雨季易坍塌等缺陷。减法窑洞的窑脸存在的一大问题就是因长期雨水侵蚀而坍塌，所以经济条件好的人家往往在窑脸前采用砌筑的方法，用砖、石料或土坯砌筑起一段拱券结构的过渡空间，从而变得更加安全和体面，即接口窑的产生（图2）。

图 1 米脂县高庙村冲沟式村落　图 2 绥德县刘家坪村石砌接口窑（来源：折晓军 摄）

二、石为骨与土为肉的自然观

在传统中国人的自然观里宇宙万物生命一体，化育而成，异体同吸，相互参与，不存在超然于自然界之外的上帝推手。如道家《玉京山经》所云："忆昔盘古初开天地时，以土为肉石为骨，水为血脉天为皮，昆仑为头颅，江海为胃肠，蒿岳为背膂，其外四岳为四肢。"即，天地生成之初便是一种拟人化的有血有肉和魂魄的生命体。所以，他们在认知自己的生存环境时也同样遵循这一思维模式，将河流山川、山石草木视为一种与自身生理结构相一致的有机生命，并予以崇拜。因此，从宅基地选择、房屋建造、材料运用等一系列过程，人们在营造自己的居住环境时始终围绕着如何将自身与万物间的关系调整和契合到最佳状态，使其达到同呼吸，共命运。中国传统文化的这一现象，被荣格称之为中国人的精神生理结构。

传统中国人在营造自己的居住环境时首先是对宅基地的勘察和选择，堪舆之术称其为"相宅"。即，对于与自己居住环境关系密切的生态环境中的诸要素要进行综合分析，考量，利弊权衡。所以，《黄帝宅经》讲："宅。择也，择吉处而营之也。"在千沟万壑和峁、梁连绵不绝的陕北黄土高原，与人居环境关系密切的自然要素包括山形与地貌形态、水质与水流方式、日照与风向、植物生长等。这些要素的综合关系决定了陕北人居住环境的安全性、舒适度，以及影响居住空间微气候环境的温度与湿度等。堪舆之术将这一过程称作："觅龙、察水、点穴"。此外，中国人自古以来信奉《黄帝宅经》"宅以形势为身体，以泉水为血脉，以土地为皮肉，以草木为毛发，以舍屋为衣服，以门户为冠带，若得如斯，是事俨雅，乃为上吉"的居住环境营造理念。故此，宅院在陕北人的心里既是一种自然生命体，又是一种人格化的社会形象。

中国的黄土高原是世界上最早进入农耕文明的地区之一。这里的黄土地穷其肥力，养育着华夏民族的一代代子孙，华夏民族因而成为最早掌握黄土地习性的民族，并将其作为万物生命的共同母亲予以崇拜和感恩。例如，从上古时期女娲抟土作人的创世纪传说、陕北民间流行的"有一把黄土就饿不死个人"谚语，到《诗经》里的"普天之下莫非王土"，黄土地在华夏民族的文化心理中占据着至高无上的位置，并成为中国人在农耕时期一种最高层次的物质文明概念。故此，中国古人在摸索黄土习性，与自然世界长期打交道的过程中，至西周时期就已形成了"土、金、木、水、火"五位要素构成宇宙万物的独特世界观。

黄土高原上的土分为熟土与生土，熟土是指地表层深度约 1 米，长期接受日晒雨淋，具有滋养植物生长肥力的土壤。该层土壤结构松散，团聚性差，透气性好。生土是指熟土层以下缺乏供养植物肥力，但却板结性强，结构比较稳定的古老土壤层。并且，在生土层的深处便是垂直结构良好，质地均匀，适合开凿土拱跨空结构的离石和马兰老黄土。所以，陕北人根据黄土高原地形地貌与生产和生活的影响关系，一般选择在离石土层外漏的半山腰开凿窑洞，在光照充足的塬顶种植庄稼。在老黄土层开凿出的窑洞具有冬暖夏凉的特点，原理在于其浑厚的黄土层具有如同包裹在动物骨骼外表的肌肤一样具有呼吸性能。它可以将大半年的太阳热能吸收和储存起来，冬季时再释放给窑洞的内部空间，使生土窑洞成为一种零排放的绿色建筑。陕北黄土高原一般处于海拔 600~1900 米的高寒地带，干旱少雨又多强风，昼夜温差大且冬季极度寒冷。所以，黄土高原上的土壤如同一面厚实的棉被呵护着窑洞里的陕北人。

图 3 神木市 4000 多年前的石峁遗址石砌窑洞（来源：网络）　　图 4 延川县 1500 年前的石砌接口窑（来源：网络）

在连绵起伏、浩渺无垠的陕北黄土高原的黄土层下，是上亿年来大自然在造地运动中形成的沉积岩。黄土高原湿陷性的黄土在雨水的冲洗、侵蚀和剖切下，一层层脉络清晰的砂岩在山脚或河床边不同程度地裸露出来。由于这里的构造板块在地缘归属和生成的地质年代不同，这些沉积岩分别呈现出灰绿色、红色和土黄色等砂岩质地的矿物质。这种土与岩石的地质结构如同外表朴实敦厚，骨子里却强悍和刚强的陕北汉子。由于特殊的气候条件，陕北地区历来缺乏建筑用木材，因而使陕北人在上古时期就已开始了土与石结合的居住空间的建造探索活动（图 3）。这种储藏丰富，开采便利和容易加工的沉积岩，使陕北地区形成了独特的建筑结构、建筑构件、装饰艺术，以及地域性的人居环境营造理念和意匠文化（图 4）。因此在陕北人的家里，从石桌、石凳、石床、石柜、石枕、炕头狮，到加工粮食用的石碾子，甚至是精美的石雕花窗和影壁，都可以让我们领略到这种砂岩在人居环境营造中的出色表现（图 5～图 7）。

图 5 米脂县刘家峁村姜氏庄园的石雕马槽　　图 6 米脂县杨家沟马氏庄园新院榫卯结构的石板粮柜

图 7 米脂县刘家峁村姜氏庄园中院影壁的石雕檐口部分

三、石为骨与土为肉的营造意匠

中国的窑洞建筑是一种从来没有过专业设计师，在箍窑匠大师傅带领下众人合力参与和创建，人们在长期使用过程中不断发现问题，总结和积累经验，技术世代薪火相传，不断改进约定俗成的意匠文化。它走过了从原状土体中减法挖掘而成的土拱窑洞、为保护和加固窑脸而形成的石砌接口窑，特别是陕北黄土高原出现的因地制宜，就地取材所发展起来的独立式石箍窑的漫长历程。

石箍接口窑的做法是先将土窑洞的前端阔挖成更大一圈的窑口，然后采用天然成形的岩石片、大小石块进行干插和干垒成一段 1 米左右的进深空间，砌成后的拱券与土窑内壁平齐对接的石箍拱券和外部整面窑脸崖面。在砌筑过程中，箍窑匠始终往砌筑的石缝间灌注细泥浆，使其凝结成一个整体，并最终采用草筋泥抹面，完成当地人叫作的"面子活"装修。有钱人家的石箍接口窑一般采用加工好的规规矩矩的长方形石块，成活后无需再用草筋泥抹面，而是将对外一面的石块表面錾成精细条纹的肌理或麻点效果，成为一种高级的窑脸面子活（图 8）。在古代，更高端的石材面子活会将拱券边框或重要构件雕刻成吉祥图案的装饰纹样，以象征窑洞主人的高贵身份或社会地位。石箍接口窑的出现不但可以防止土拱窑脸塌陷，而且可以做成陕北窑洞特有的满弓大窗，最大可能地增强室内采光效果，因此也被称为"四明头"。

很显然，独立式的石箍窑是在总结石箍接口窑成功建造技术的基础上，发展起来的一种砌筑结构的拱券形建筑。独立式石箍窑就是在四面没有任何天然支撑的条件下，人工建构起来的一种自我完整的拱券式石砌跨空力学结构（图 9）。它是在总结减法土拱结构力学原理基础上的创造性发挥，是石砌接口窑脱离原生土窑洞后的独立存在，建筑学命其为"发卷"，陕北人叫它"夯劲"。建造石箍窑的第一步是按照窑洞的体量夯筑基础，待执掌拱券的窑腿墙体高度砌到扳拱时开始架拱券模板。架拱券模有三种做法，即夯土实心模、木构架的空心模和现代人常用的拉壳子钢模。砌筑石片拱券必须从窑腿两端向拱顶中心线摆起，而且要前后错位穿插，石片之间要左右卡死，传力方向必须端正，不能歪曲变向，当砌到拱顶最后一块关键性的石材时叫作"合龙"。砌好后的石拱券最终要在其背部覆上一层 1～1.5 米厚的湿土，并予以夯实。有趣的是陕北人拟人化地将覆土这一工序称作："上脑畔"。这种覆土既能起到稳固拱形的作用，也会起到防晒和保温的作用。最后，陕北人还会在窑背的覆土中撒上一种名叫"秃扫草"的种子，用以吸收雨季时土壤中过多的水分，以保持窑体适当的湿度。

陕北人在建造石箍窑的过程中始终保持向石材的缝隙中灌注一种用老黄土精心加工成的细泥浆，并确保它像人体血液一样通遍窑体石缝间的每一处角落。可以认为，这种给石缝中浇灌细泥浆，给窑背上覆土，以及用谷壳或麦秸泥抹面的做法，是将石砌建筑理解为一种有体温，有湿度，延续着土为肉与石为骨的大自然物质构成之法则，将其看作一种生命之躯。科学地讲，这种土石结构的营造之法是将热阻大、热容量高的生土物理属性发挥到了精细入微的程度，使石材在相对恒温和恒湿条件下不变形。陕北人还将这种大小不一和薄厚不均的石片运用在房屋建造，院墙砌筑、挡土墙和坡道保护等诸多方面（图10、图11）。建成后的石箍窑民居经过与黄土高原特殊气候的长期接触与亲和，成为一种如天生地造的乡土民居建筑。

图8 延安市枣园石砌接口窑
（来源：黄兆成 摄）

图9 绥德县郭家沟石箍独立式窑洞 （来源：黄兆成 摄）

图10 绥德县党氏庄园石砌墙体与过街桥 （来源：折晓军 摄）

图11 米脂县姜氏庄园石砌坡道与踏步

营造一处理想的石箍窑住宅首先就得从备料开始，因为石料作为山川之骨骼，被包裹于黄土层的深处，保持着大自然化育万物之元气，因此一些关键部位的石材需要石匠花好多天去亲自寻找，安装时还得讲究良辰吉日。例如，盛夏季节的岩石会变得坚硬而又坚韧，寒冬季节的岩石变得脆且易碎，早晨与下午的石材软硬度也有微差。一般来讲，裸露在外的岩石容易被加工成片岩，而理想的块石材料通常深埋于山体深处。所以，一位功底深厚的好石匠必须完全掌握岩石与老黄土的习性和结合方法。窑匠在开工前要根据建造窑洞的间数预先开采好足够量的石料，并按照箍窑不同部位的需要，采用不同工艺和手法预先加工好石材。而且，对于箍窑一些关键部位的构件在加工时非常讲究，石匠师傅会按照工艺需要分大、小锤子活和不同的錾法进行。例如，被当地人称为给窑洞"穿靴戴帽"的用于安装穿廊的挑檐石、柱础，以及具有镇宅辟邪寓意的龙口石和抱鼓石等（图12）。尤其对天地神龛之类的打制过程，陕北人一直延续着一种十分虔诚的古老仪式，用尽浮雕、圆雕、透雕、线刻等各种石雕工艺。当然，这一营造过程也是一个石匠用以施展自己才艺的重要平台（图13）。可以讲，陕北悠久的石箍窑意匠文化造就了一代代和一批批石雕艺术的能工巧匠，他们与陕北心灵手巧的剪纸婆姨一样，创造出不朽的陕北民间艺术。

四、结语

陕北石箍接口窑是对原始生土窑洞的一大改进，而独立式的石箍窑脱胎于石箍接口窑之后而形成的一种独立完整的石砌拱券结构。陕北箍

图12 米脂县杨家沟新院而的石雕挑檐

图13 米脂县高庙村常氏庄园石雕抱鼓石与神龛

窑石匠在宅基地选择、材料采集与窑洞建造中深受中国传统"土为肉，石为骨"认知世界的思维模式影响，在保持原始生土建筑蓄热保温、冬暖夏凉基本性能的基础上，因地制宜，就地取材，探索出土与石结合的窑洞住宅的营造之法和属地性意匠文化。

士大夫对中国古典园林"石"营造的影响探究

徐志华
景德镇陶瓷大学

摘要："无石不成园""无石不成景"，叠石掇山的"石"营造艺术是中国古典园林景观中不可或缺的一部分。尤其是士大夫的兴起后按照他们的审美追求将园林"石"景观艺术推向了新的高潮，他们立足于自身审美，以"天人合一"为法则，以寄寓与表现为手法，以理想人格为价值标准，对古典园林"石"景观艺术加以精心雕琢，赋予生命意义。本文从士大夫与园林"石"景观艺术的相互关系入手，分析了士大夫对园林"石"营造的影响。

关键词：士大夫；古典园林；石景观

赏石文化在我国始于秦汉，盛于唐宋，明清时期达到顶峰。古代士大夫更是以石为师，以石为友，以石为志，以石为居……故有苏东坡对石饮酒，陶渊明卧石而眠，郑板桥提石入画，曹雪芹写石作篇，米芾拜石如痴……可见，石与士大夫关系之紧密，于文人而言，赏石则是悟禅养性、品味人生的道法，石之形与"道"相侔可以表现出仁者的胸襟与气度，可以说士大夫对"石"的情结渗透进生活的方方面面，在他们看来："山无石不奇，水无石不清，园无石不秀，室无石不雅。赏石清心，赏石怡人，赏石益智，赏石陶情，赏石长寿。"石乃园林之骨，造园必有石，无石难成园。

石头是天地大美的集中体现，山石厚重而不迁，千百年来，在园林营造过程中，奇石必不可少。石是中国古典园林意境营造的独特要素，是自然山峰在人造园林中的缩影。士大夫的崛起开启了中国古典"石"景观艺术的新风格，士大夫阶层按照他们的审美追求为中国传统"石"景观艺术催生出一个全新的主流发展方向，可以说士大夫的思想观念和审美品位影响着古典园林"石"景观的营造。

一、中国古代园林"石"景观的营造起源

中国古代园林的主要建筑物是"台"，古典园林的雏形产生于囿与台的结合，囿与台是中国古典园林的两个源头，"囿"涉及栽培、圈养，"台"关联通神、望天。[1] 在先秦时期古人便建筑起灵台，作为天神居所的台，被赋予了显贵的权利，所以世间的统治者只有登上同样的高台，才能承接天神的意志，而古代帝王登基往往伴有这种登台的仪式。所以，古代帝王对台的要求都具有高耸、矗立、巍峨、巉峭之感。在此种观念下，台的表现形式通常靠石堆砌积累出庞然的体形与厚重的力量感，以便于直观地表现出统治者对权力的占有与等级制度如山岳般的压迫感。随着春秋时期诸侯争霸的开始，为表明身份阶级的需要，人们增建了更多更高的台，譬如燕都宫苑、赵王丛台，通过将众多不同用途的高台建筑紧凑地聚集在一起，形成了多层高台宫殿。因此，台便逐渐成为皇家园林中的一部分。

中国园林中对山石的应用可以追溯于先秦时期，先秦时期园林中石的应用比较原始、天然、粗放，东汉时期出现了人工造景，如东汉梁冀模仿伊洛二崤在园林中构石叠山模仿自然山水造景。古人对自然界保持着崇敬之心，尤其是对那些气势磅礴、外形硕大、线条强烈的峰峦叠嶂、壁立千仞的奇山异石充满着敬畏而好奇，于是古人竭力以各种可能的形式与手段模仿崇拜的自然山石，创造模仿山岳造型的园林景观，这些山高入云霄，被人们设想为天神在人间居住的地方。因此，古人对山岳的崇拜通常体现为"天作高山"、山乃上天意志的直接体现，在人们的心目中毫无疑问成了"圣山"。而后发展出"盘古氏头为东岳，腹为中岳，左臂为南岳，右臂为北岳，足为西岳。"[2] 古人认为山岳具有神性，《山海经》中写道："海内昆仑之虚，在西北，帝之下都，昆仑之虚方八百里，高万仞。上有木禾，长五寻，大五围……面有九门，门有开明兽守之，百神之所在。"[3] 山是天神在人间居住的地方，于是便产生了因为有山，尘世与天国得以建立联系的观念。

二、士大夫的思想核心及其审美观念

中国古典园林的审美转变始于士大夫阶层的崛起，尤其是唐代之后园林与士大夫们的生活越来越紧密融合之后，私家园林兴盛起来，文人官僚参与造园艺术，并营造自己的私家园林，他们把对人生哲理的体验、宦海浮沉的感怀融注于造园艺术之中，如李德裕的平泉山庄，园中奇石珍木无数，还有王维的辋川别业、卢鸿的嵩山别业、白居易的庐山草堂、杜甫的浣花溪草堂等。柳宗元、韩愈、裴度、元稹、牛儒僧等都营造了自己的私家园林，他们心力交瘁之余常常在园林的叠山林泉中寻找精神寄托和慰藉。私家园林中一山一树、一花一草的构筑处处体现着士大夫们的人格与理想，他们用人格比肩用石堆砌而成的山，从而取代以往视神明及其象征为美的思想。他们以园林寄托理想，陶冶性情，表现隐逸之感。可以说，士大夫思想核心的转变和审美观念的转化推动着古典园林艺术风格的日渐成熟。

（一）隐逸的思想核心

隐逸是士大夫阶层追崇的生活方式，士大夫们将自己的人格完善看作出处、仕隐的基础。隐逸一定程度上代表了士大夫的理想人格。"独善其身"作为避免专制制度侵染的重要解决办法，在士大夫的隐逸生活中又催生出"道"的生活智慧。"道"成了士大夫阶层隐逸后对入世的理想寄托。然而，汉唐之际士人隐居的权利又受到皇权桎梏，如董仲舒等士大夫阶层仍然保留"正心而归于一善"的隐逸理想。在宗族君主集权制度的压制下，士人阶层于现实中寻一处安宁，一片独立的小天地寄托个人人格与理想，进而丰富了古典园林的精神作用。东晋陶渊明归隐田园、忘情山水、独隐园林、不问世事，写下不少诗文。又如唐代白居易提出了"中隐"的思想观念，他倡导安静恬淡的生活方式，推崇园林以山石造景，以珍木怪石点缀，这种生活方式逐渐被宋代士大夫所推崇，宋代重文轻武，文人的社会地位提高，知识分子陡增，文化方面的特殊待遇刺激了士大夫的造园兴趣，士大夫隐逸的生活方式已不必"归园田居"，而是打造自然的私家园林景观，士大夫们把理想寄托于园林，把感情倾注于园林，凭借近在咫尺的私家园林而尽享隐逸之乐。因此，中唐时期士大夫都竞相兴造园林而隐于园。北宋苏舜钦遭遇弹劾罢职苏州，修建沧浪亭时寄情于园，在此处找到了放归内心的方法。

（二）天人合一的审美观念

中国古代园林是由山水、花木、建筑组合而成的景观，期间自然和人工环境交织融合，园林中万物共存，生机勃勃，士大夫们在园中体味大自然的美，感受着生命被净化、回归拙朴自然的生活状态。强调人与自然的沟通是士大夫对中国古代园林造景的核心，山水是中国古代园林的基本物质构成，而山水作为自然宇宙中的必然组成元素应用于园林中的方寸天地而赋予了新的内涵。人最终的物质性、精神性的归属是自然宇宙，园林中的山水是使人精神回归的载体，它能够唤回心灵的平静，让人与自然融为一体，在浩瀚的天地间感悟生命的真谛，从而达到天人合一的境界。古代园林通过山水植入了"天然"的本真特性，达到了虽由人作，宛自天开的审美境界，如天然造化般自然生成，如园林中的石取自于天然之石，经过士大夫们的营造规划，高低错落，与水、植被搭配，达到巧夺天工，尽善尽美，形成天人合一的意境，达到身心愉悦，物我两忘，如入仙境的理想境界。

艮岳是北宋最大的皇家园林，其于自然山水中融入人工造景，在山水之间点缀奇石异树，亭台楼阁造型各异，假山用石为各地开采来的"瑰奇特异瑶琨之石"，但以太湖石、灵璧石为主，西宫华阳门为太湖石的特置区，布列着上百块大小不同、形态各异的峰石，叠山构思巧妙，水池中、山坡上亦有特置的峰石，山中景物石径、蹬道、栈阁、洞穴层出不穷，全园水系完整，河湖溪涧融汇其中，山环水抱，达到天人合一，自然天趣的理想境界。[4] 石头不再是自然界中默默无闻的简单事物，而是被赋予了生命，充满奥妙。在这种无我合一的审美境界下，士大夫对石头的审美感知变得更加丰富、更加深入。以上园林石景营造之上下左右，层次分明，与天地相融，超越了园林的有限空间，使人产生了无限的联想，体现了"天人合一"的哲学思维。

三、士大夫对中国古典园林"石"营造的影响

中国古典园林自士大夫兴起后，由皇家园林为主体转向私家园林，士大夫崇尚玄学，受禅宗思想影响，秉承道家逍遥避世的隐逸观念，归隐田园生活，园林注重精神功能和自然景象的结合，对奇石的应用深受文人喜爱，这些园林中的奇石或加工，或天然，或姿态奇异，或俏立挺拔，屹立于园林供这些士大夫足不出户便能欣赏到叠石掇山的自然景观。这些园林在造园技巧、表现手法上叠山理水，充满诗情画意，在造园思想上融入了士大夫独立的人格、价值观念和审美理念，使园林具有了灵魂。[4]

（一）奇石鉴赏的审美转向

士大夫对山石"奇"的鉴赏赋予石头个性，发掘怪石奇岩的美，追求石头自身千奇百怪的形态，奇石的艺术界定自此有了从单纯客体到主体情感偏向的转变。单纯自然事物不能成为艺术，艺术需要蕴含人类的情感与表达。士大夫们在赏石鉴石的过程中对石的辨识，不仅包括石自身纹理、线条、孔洞，还兼顾石体通透、石面四面玲珑、洞眼元气贯通[5]。观石者在石坚硬的外表下追求自然灵韵，在这种冲突与对比中表达自己的情感，即个体的生命活力于磅礴的事物中产生、碰撞、融合的过程。如太湖石之美集于"皱、漏、透、瘦"，泰山石集于"石里有乾坤，清静无燥气，返朴以求真"。

中唐叠石构山的技法更加精湛，许浑的《奉和卢大夫新立假山》中写道："岩谷留心赏，为山极自然。孤峰空并笋，攒萼旋开莲。树暗壶中月，花香空里天。"[6] 其中已然出现了"壶中天地"的空间形式与关注奇石的审美转向。隋代岑德润有诗道："当阶耸危石，殊状实难名。带山疑似兽，侵汉或类鲸。云峰临栋起，莲影入檐生。"[7] 此中不仅山石形状奇异，还与建筑、池水交相辉映，追求"殊状难名"的形态之美，并开始对石纹、石色进行赏析，其中石头形状、洞眼、青苔、色泽已是人们鉴赏太湖石的重要因素。李德裕、牛僧孺等权贵大量搜集奇石，展列在园林欣赏。白居易甚至赋石以灵性、人格，"待之如宾友，视之如贤哲，重之如宝玉，爱之如儿孙"[8]。北宋文人米芾提出"相石法"，提炼出山石的"秀""瘦""雅""透"四个鉴赏角度。到明清时期对奇石的鉴赏审美已逐步成熟并形成体系。

（二）意境萌生的形式转向

意境是超越具体的、有限的物象、事件、场景，进入无限的时间和空间，从而对人生、历史、宇宙产生一种哲理性的感受。东晋以后，人们对山岳的感受已不局限于单山独岭，而扩展到崇山峻岭的意境之中。中唐以后人们不再追求宏大、雄浑的气魄，转而在狭小的空间内寻找内涵和趣味，园林已然成为生活中不可或缺的重要场景，"壶中天地"的园林是士大夫们寄托个人精神的领域，其风格也变得富有诗情画意。人们在园林庭院的有限空间中，叠造出连绵起伏的山体，与植物、水体组合起来，表现山野自在的气息。此时山体的造型早已不是早期孤直的样子，而是日渐丰富讲究，结合书、画技巧开发出更加复杂的空间关系、更多元的空间层次，形成极富意境的美学景观空间。宋代已经开始注重山体间的联络与辉映，注重空间的起伏虚实、错落有致，园林小品愈加精致丰富[5]。既有池畔之栏杆、铺地之纹石，也有莲花石柱、缠枝柱础，对意境的表达进一步强化与精致。

中国古典园林讲究的意境是要在有限的物质空间内创造出无限的精神内容，让人们自觉地进行思想与情感活动。"意"既是与园林景观结合的情，也是与文化内涵融合的理。中国的"理"既是道理、规律，也是哲理、物理。中国古典园林中的石景观正是寄托了造园者的情与理，观园者借由此景唤起了自身的思绪，由形而下的物质实体唤醒形而上的神思，从而产生深远而丰富的意境空间，园林"意境"的萌生，又增强了其整体造型的意境追求。

（三）寄情于景的功能转向

先秦古典园林中人们追求山石的高耸，认为它象征着神权，对高台的向往常常伴随着神话与权力。随着士大夫阶层的兴起，古典园林中石景观的作用也随之变化。应璩道："逍遥陂塘之上，吟咏菀柳之下。结春芳以崇佩，折若华以翳日。弋下高云之鸟，饵出深渊之鱼，蒲且赞善，便嫒称妙。何其乐哉！虽仲尼忘味于虞《韶》，楚人流遁于京台，无以过也。"[9] 凭借自己的悠然逸志，已然不顾仲尼与楚君，唯山水自在。园林在士人阶层的人生中有了与以往不同的价值与意义，故而园林功能也随之转变。园林成为士人阶层隐逸的物质条件而存在，孟效曾点破士大夫园林的作用："崆峒非凡乡，蓬瀛在仙籍。无言从远尚，兹焉与之敌。"[10] 士人阶层的理想无法在现实生活中得到实现，所以他们将个人理想寄托于园林艺术之中。不仅如此，园林还是士大夫阶层的主要文化生活场所，无论是琴棋书画，还是茶酒病懒，都统统寄托在这园林的方寸之中，在叠山理水中寻得一片自然理想之境来寄托自己的理想、品格、情趣。而这些精神层面的追求统一表现在能与之产生共鸣的园林景观之中。所以，园林功能的转变表现在从最早山岳崇拜的神权象征转变到了修身养性的场所。

四、结语

石是中国古典园林中凝缩了宇宙精神的代表物，它来自于自然天地，凝于熔岩之中，受流水与风力侵蚀，或深埋于山中，或沉藏于江河湖海。将"石"引入园林的过程，便是自然入园、天人合一的过程。中国的石景观以抽象的表现形式，丰富了园林的空间层次。"石"所具有的物质特性与被赋予的内在精神是它成为中国古典园林中富有内涵意蕴的重要元素。其虚实结合、动静结合的哲学意蕴下，不仅包含了自然的质朴还有人类的理想情感。正是士大夫阶层按照他们的宇宙观、人格理想、审美追求为中国古典园林艺术催生出了一个包含精神内涵的发展方向，以"士人审美"为主导，寓情于物，托物言志为手法，用连绵的线条、参差的空间层次为造景法则，开辟了古典园林石景观的新艺术风格。

参考文献：
[1] 周维权. 中国古典园林史 [M]. 北京：清华大学出版社,1999.24.
[2]（梁）任昉. 述异记（上）[M]. 长春：吉林出版社，2005.
[3]（汉）刘歆. 山海经 [M]. 呼和浩特：内蒙古人民出版社,2008.
[4] 周维权. 中国古典园林史 [M]. 北京：清华大学出版社,1999.
[5] 周武忠. 寻求伊甸园 [M]. 南京：东南大学出版社,2001.
[6]（唐）许浑. 全唐诗：奉和卢大夫新立假山. 卷五百三十七 [M]. 上海：中华书局,2008.
[7]（隋）岑德润. 先秦汉魏晋南北朝诗·隋诗：赋得临阶危石诗. 卷五 [M]. 上海：中华书局,2017.
[8]（唐）白居易. 全唐诗：太湖石记 [M]. 上海：中华书局,2008.
[9] 应璩. 文选：与从弟苗君胄书. 卷四十二 [M]. 北京：中华书库,2016.
[10] 王毅. 园林与中国文化 [M]. 上海：上海人民出版社,1995.

现代建筑空间"山石意境"营造方法探赜

殷健强 林韬*

澳门科技大学 福州大学厦门工艺美术学院

摘要：石，具有物质性和精神性的双重特征。石营造的结构是建筑的开始，在中国建筑体系与城市建设中占有举足轻重的地位。本文运用"山石意境"的营造理念，重拾城市独特的文化底蕴与自然环境，试图提出"山石意境"创作的营造方法，探赜隐匿于"山石"媒介背后逐渐弥散出的建筑"现代性"。

关键词："山石意境"；空间营造；现代性

在中国，伴随城市化建设的快速发展与建筑更新的迅速扩张，导致城市独特的文化底蕴与自然环境消失殆尽，富有诗意且遍布自然山水的城市格局被"程式化"的建筑所取代，多数城市面临严重的精神与文化缺失的危机。早在20世纪末，钱学森先生指出中国城市的建设要基于自身的历史文化与生态环境，传承与发展中国本土的城市风貌，提出"山水城市"的伟大构想。[1] 相继之下，吴良镛先生的"人居环境论"、孙筱祥先生的"造园三境论"、汪菊渊先生的"山水园林"等理论在学界引起广泛关注。以"山水城市"理念为指引，在中国传统文化、自然生态、山石意境的造园思想影响下，一批先锋建筑师试图在现代城市建设中寻找中国的传统文化特质。

一、现代建筑空间中"山石意境"营造理念

山石是建筑创作的基本物性材料，山石自身固有的质感、形态以及传达的精神理念，自古以来，在中国城市建设与建筑体系中占有举足轻重的地位，[2] 尤其是中国传统园林的营造与自然山石密不可分。本文以现代建筑创作的"山石"元素为切入点，以小观大，从"山石"的形态，洞察中国城市建设的美学与意境。研究通过分析现代建筑中"山石意境"的营造理念，选取具有代表性的山石元素应用的建筑与空间设计案例，提出"山石意境"创作的营造方法，探究建筑师如何在现代建筑中通过"山石"媒介，营造中国传统美学思想与文化意境，为现代"程式化"的建筑空间重新找回"叙事中国"的力量，讲好"中国故事"。

意境表达在中国山水画、诗词歌赋、园林造园中体现颇多。山水画境中，文人墨客以形写意，借助自然山水之景传达情感寄托；诗歌意境中，以抽象的文字表达方式描绘虚幻的空间，在想象中抒发情感；园林意境中，在中国传统宇宙观与山水哲学影响下，建筑融于自然山水，通过虚实屏借、高低曲折的方式，重现自然山水园林之美。以上三者画境、诗境与园境的意境表现，体现了意境营造的核心观念：情景交融。意境的表达超越了时空的限制，追求"境生于象外"的美学精神。[3]

山石作为构建意境的媒介，隐喻两个方面的含义。第一，山石是生于自然的材料，是环境艺术的基石，是建筑构造的开端。"山石"遍布脚下，石墙、石井、道路、石凳、铺地、石瓦、石雕等与乡土文化紧密相连，山石自身的强度、硬度、耐磨性、光泽度，使它历经沧桑而永垂不朽。山石是历史的见证者，诠释了建筑最本质的属性。第二，山石超越了自身的含义。石为精神，石的坚韧、壮硕，孕育了中国天地精神的文化观念；石为理想，以石喻志，寄托了文人墨客的情感抱负；石为生命，石的永恒、朴实，传递了中国传统的思想哲学观念。

因此，在某种层面上，山石意境同画境、诗境与园境等同样追求超越时空和个体的意趣。

人居环境"在地性"研究中，现代建筑与空间的建造也有山石意境的呈现。现代建筑空间或以石为料，或以山为形，在有限的空间中，创造无限的意境表达，建构城市中的一缕诗情画意。山石是传统文化根基的象征，赋予了现代建筑融入山川大地，追求自然的形态。同时，也寄托了中国文化的精神内涵，它所表达的意境，正是中国人居环境中的"绿水青山"。概括地讲，现代建筑与空间中"山石意境"的营造具备三个特点：第一，传递文化哲学。"道通天地有外形，石蕴阴阳无形中"，物质形态的现代"山石"建筑，与其他建筑类型具有明显的不同之处，更易与天地相通，传递中华美学与哲学观念。第二，塑造风景画意。现代建筑的"山石"再现，让"自然"回归城市，寻找中国传统山水景色之美，营造现代人居环境的怡人景观。第三，建构城市意境。《园冶·掇山》中提到"信足疑无别境，举头自有深情"，[4] 现代建筑的山石意境营造，能够引起观者情感与思绪的转化，达到情景交融的状态。

二、现代建筑空间"山石意境"营造方式

"山石意境"的营造不应该被认为是简单的、客观存在的山石元素的拼贴。在建筑与环境设计中，往往需要山石元素形态的提取与转译。这些元素需要在特定的场所与环境中结合自然地理与人文历史等因素构建"山石意境"，这种意境是中国传统文化的凝练与升华。因此，现代建筑空间引入山石元素不仅能够赋予观者以场所精神，还能为场地注入新的城市理念。笔者详细研究王澍、董豫赣、马岩松、徐甜甜、何崴等建筑师在现代建筑中对山石元素的探索与实践，分别从空间场域化、空间抽象化、空间内向化三个层面阐述现代建筑空间与环境的"山石意境"营造方式。

（一）空间场域化：观游

山石元素置身于某种空间与场所中（一种人工模拟的微型城市与自然），成为建构空间的组成部分，以空间为载体，成为空间隐喻与表达的对象，营造环境的"场域"感。这里所说的"场域"不仅仅是物理环境的空间感知，更多地蕴含着一种"在地性"的自然与人文色彩，也可以理解为空间"场所精神"的表述。[5] 中国的"场所精神"孕育在自然山水之中，郭熙画论《林泉高致》中提到"世之笃论，谓山水有可行者，有可望者，有可游者，有可居者。画凡至此，皆入妙品"，[6] 强调了山水体验的法则。因此，行、望、游、居是空间营造的必要手段，其本质属性是沉浸式体验的造园手法，本文将其概括为"观游"。在现代建筑与空间中，中国美术学院象山校区与红砖美术馆的建造都试图摆脱现代城市建筑设计的模式，尝试寻找属于中国本土的建筑哲学，建构中国传统与自然山水共存的营造方式。

中国美术学院象山校区是建筑师王澍探索当代中国城市建设的本土建筑实验。"园地为山林胜，又高又凹，有曲有深，有峻而悬，有平而坦，自成天然之趣，不烦人事之工"，[7] 相地是象山校区建设的开始，王澍

图1 中国美术学院象山校区
（来源：网络）

图2 红砖美术馆（来源：网络）

先生认为场地往往比建筑更重要，[8]因为它决定了空间的气场。在空间规划上，象山校区围绕自然环境、顺应山体走势自由延展，保留溪流、鱼塘、土坝，[9]曲折蜿蜒的道路与园林式的布局提供了"观游"建筑与环境的可能（图1a）。在建筑语言上，以中国传统建筑院落为原型，向山围合开口一组组空间单元，并结合园林形态构建空间廊道与建筑本体相互串联。废砖旧瓦的建筑材料，呈现黑白灰的色调，与周边环境融为一体，就像是自然生长的传统村落，这种"相似的差异性"正是王澍先生追求的"没有建筑师的建筑"的状态（图1b）。在建筑形制上，建筑本体大多沿用传统的营造方式进行现代空间的演绎，山形的黑瓦屋顶、黄色的夯土墙、穿插的木结构、假山石的造型立面等。王澍先生把建筑类比山水，通过空间的营造，传递自然意趣。这里"山石"元素的提取，是建筑与自然连接的媒介。形状各异的窗洞，源自苏州古典园林中的假山石，窗洞与游廊的组合建构了人、建筑与自然交融的方式（图1c）。因此，象山校区的空间场域在自然与环境中油然而生，而"观游"本就成了它的代名词。

红砖美术馆是建筑师董豫赣在现代建筑与空间中尝试代入传统文人造园思想的匠造成果，[10]"山石"元素的植入，自然是表达空间意向的一种方式。红砖美术馆的建造，石、砖仅仅是一种设计工具，空间真正想要凸显的是"随物成器，巧在其中"[11]的巧匠之意。美术馆的构成分为南部展馆、中部庭院与北部园林三部分，障景、框景、借景的手法始终贯穿于空间中，通过不同空间序列的组合，实现丰富的景观意向。《园冶》"兴造论"中提到"得景无拘远近，嘉则收之，俗则屏之"是对障景与借景的诠释，例如，美术馆入口设置双排并列的圆形门廊，既丰富了入口的进深层次，又起到障景与神秘的空间感知效果，而屋顶步道则展现借景远处群山与周围景观建构自然之意。此外，"藉以粉壁为纸、以石为绘也。理者相石皴纹，防古人笔意，植黄山松柏、古梅、美竹，收之圆窗，宛然镜游也"是对园林框景造园手法的诠释，红砖美术馆实现框景的多样类型，不同组合形态的砖块构成圆形、方形、U形、漏斗形、不规则形等形式，营造不同的空间观游体验，以此隐喻中国传统园林艺术的精神内涵。美术馆北部园林按"随形制器"的要旨，以山水画之意境，置入巨石于墙体、河流深处，盘满藤蔓、小桥流水，充满诗情画意，颇具中国山水文化的特质（图2）。[12]

王澍先生遵循自然环境下的建筑营造，提取山水画中的物质形态结合传统建造材料与现代科技手段，观自然之意；董豫赣先生则寻找山水画中隐藏的"景物"与"器物"，从山石树木之物，观人工之物态。二者以不同的空间营造方式，介入山石元素，探索现代语境下中国传统自然山水的意境表达。

（二）空间抽象化：映射

"抽象"是对原本客体事物思想观念的抽离。空间抽象化是指空间处理的一种设计手法，源于对客体原型的概括、加工、转译与再现，使之激发主体对客体的联想。在现代建筑与空间中，山石意境的营造，需要对山石元素以抽象的方式进行凝练。在视觉体验上，空间呈现一种模糊的状态，观者根据主体潜意识的思维认知与之发生关系，空间表达便达到了映射的目的，这与空间场域化的营造方式不同，抽象化关注的不是山石形态的"形"，而是以"形"写"神"。这种方式譬如中国山水画的创作技法，区别于西方绘画的写实景物，通过对自然山石的抽象演绎，渲染画中景物之气韵。正如得其形不如得其"势"，得其势不如得其"韵"，抽象化是设计师创作建筑语言表达的必然结果。建筑师马岩松在《山水城市》中提到山非山，水非水，"山水城市"不是自然之物，而是对"山水"的抽象表达。[13]在马岩松看来，中国城市建设需要营造山水意境，构建东方气韵的"山水城市"，建筑外在形态的表现取决于人与自然的共生关系。在其多数建筑实践中，正是运用了抽象化的表达方式，探讨建筑空间中自然山水的意境营造，研究分别选取深圳湾文化广场、南京证大喜玛拉雅中心、黄山太平湖公寓，三个案例进行详细阐述。

深圳湾文化广场是马岩松先生把自然还给城市的大胆尝试。在现代建筑盛行的深圳，如何让城市充满中国山水的自然意境，马岩松先生从自然界的物质出发，凝练"山石"元素，抽象表达物质之形态、结构、组织关系，以建筑的方式模拟自然。一方面关注建筑的外在形态与环境的关系，打破自然与建筑的边界，塑造山石物像，使建筑成为自然之物，超大尺度的空间感知带给观者奇异的视觉与身体触动，[14]拉近了人与自然的精神与物理空间上的距离；另一方面，建筑的内在组织与功能受到传统园林造园思想的影响，使建筑融于景观，利用借景、框景的方式构建场所中的自然之景。建筑顶部留有自由活动的场所，建筑内引入山石与水泊，观者根据不同视角的体验，探索更多的可能（图3）。

南京证大喜玛拉雅中心是对中国自然山水文化的现代演绎。"人造山和水才是高级的山水城市"[15]，在没有天然环境的物质条件存在下，喜玛拉雅中心"以形写神"，运用简洁自然的曲面造型塑造山石形态，突出建筑表面的脊线加强视觉冲击，场地内部置入"村落式"的房屋、绿植、竹林、水池等构件，用空中连廊衔接各个建筑功能区域，营造没有山水的"山水城市"，使空间与自然和谐统一，实现城市与自然之间的对话。马岩松先生对于山水文化意境的营造，更趋向于用建筑探索山水背后的文化内涵与人们对山水情感的寄托与想象，而南京证大喜玛拉雅中心超级商业综合体用抽象写意的方式，在城市中建构了一个微缩的

图3 深圳湾文化广场
（来源：MAD建筑事务所官网）

"自然山水"（图4）。

黄山太平湖公寓是马岩松先生对"山水城市"最有力的诠释。此项

图4 南京证大喜马拉雅中心
（来源：MAD建筑事务所）

图5 黄山太平湖公寓
（来源：MAD建筑事务所官网）

目最大的特点在于建筑生于自然，长于自然，黄山独特的自然地理优势为建筑与环境的体验奠定了基础。同时，在自然之中建造一座现代化的公寓，本身建筑与环境之间也会产生一定的矛盾。马岩松先生以"山水城市"为理念，借助群山之势，分形山峦的物理形态进行重构，使建筑模拟山峦的等高线并相互叠加，建筑之形融于山体之形，达到建筑与山体的统一，最大限度地解决了建筑与环境之间的矛盾性问题（图5），反而成为太平湖公寓的亮点所在。此外，根据中国山水画意境的描写，山石、水景、绿植、花鸟都是构成画面意境表达的重要因素，在黄山太平湖公寓中，建筑以"弱化"的姿态，利用有形的"境"表达无形的"意"，"山水城市"正是希望通过抽象模拟山水画的构成方式，给予现代城市自然意趣，再现独特的中国文化特质。

（三）空间内向化：向心

内向化空间包含功能与精神两重意义[16]。《释名》所记："房，防也"，中国建筑聚落呈现出防卫、内聚的特点，"家""院"的排列与布局方式，决定了建筑的内向性和人类情感的内聚性[17]，在现代建筑与空间中，内向化空间是指建筑由关注外部环境转向内部空间的倾向，更加注重空间表现的精神文化与内在联系，通过材质、光影、尺度、空间结构的构建使建筑与人产生对话。山石材质具有粗犷、豪迈、坚硬的特点，在建筑空间中，山石材质的表现，更易捕捉人与空间产生的微妙关系，营造空间的精神性。空间内向化实质源于对外环境的重新审视，位于浙江省缙云县的缙云石宕地貌景观空间的再造与山东省威海市的石窝剧场，是山石空间内向化的有力呈现。

缙云石宕项目以三个废弃的采石场石窟（8号、9号、10号）为原型，通过最小干预场地的设计策略，保留原始空间特征，植入新的场所功能，赋予自然资源空间新的生命。缙云仙都8号石窟改为阅读、学习的场所，纵深约长50米，净高40米。内部空间根据原始形态被改造成为不同的功能区域，岩壁保留历史手工开采的印记，展现山石层面的截断纹理。不同高差的平台通过楼梯衔接，营造"书山有路勤为径"的空间感知。缙云仙都9号石窟改为舞台表演场所，超高尺度的岩壁石窟内部上呈圆锥形态，下呈规整的矩形状态，形成自然的"教堂"空间。石窟内部由山石四面围和，入口方向延伸到空间顶部呈现狭长的开口，具有天然的声学条件，石窟经过巧妙的设计干预，在天然的石窟中营造一种独特的空间特质。缙云仙都10号石窟改为采石展演场所，采石工艺是缙云县悠久的文化积淀，随着时间的推移，已逐渐濒临消失，场地利用原有的石窟场所再现历史工艺，既是对场地的再生，也是对工艺的再生。（图6）

石窝剧场与缙云仙都石窟有异曲同工之处，同为采石场的空间重塑与再生。石窝剧场利用原本采石场的空间特性，保留原有的石壁作为场地的背景立面，以一种"轻"的手法，处理场地与建筑之间的关系。建筑师认为场地植入剧场的功能可以更好地发挥场地的优势，依山而建，四周环抱的山体具备天然的声学效果，公共集聚的场所可以举办不同的娱乐活动，使废弃的采石场增加了文化与产业的功能。自然山石与剧场建筑融为一体，山石景观强化了场地的精神性与向心性，现代的写意形态与建筑自身"弱"化的表达，呈现出"人工—自然"的图景（图7）。石窝剧场的改建成为凝聚乡村文化与传播的重要方式。

图6 缙云石宕项目
（来源：DnA建筑事务所官网）

图 7 石窝剧场
（来源：《设计杂志》2019,32(24):14-19.）

三、结语

全球化思潮下，中国城市的建设与发展需要抓住属于中国本土的建筑语言，建筑与环境设计要尊重自然与历史的空间格局，探赜中国城市的传统文化特质，避免"程式化"的城市建设。本研究以现代建筑为研究对象，从建筑与空间营造的视角，通过个案解读的方法，探讨当下城市建设中，现代建筑"山石意境"营造的方式与策略，研究发现山石元素对于空间意境的营造，具有独特的造景作用，现代建筑中以"山石"元素为媒介，可以从空间场域化、空间抽象化与空间内向化三个层面建构环境与空间的特质。

诚然，营造中国传统美学思想与空间意境的方式众多，"山石"元素是其中重要的组成部分，其现代建筑"山石意境"的营造方式是结合地域环境与空间构成共同讨论的结果。本文详细分析了涉及"山石"元素的典型案例，并归纳总结出三种方法，试图进一步拓展空间营造方式的新路径，同时借助城市建设的大背景回望现代建筑在中国本土应该展现的姿态，以期为当下建筑与空间营造带来一定启示。

参考文献：

[1] 刘玮，李雄."山水城市"人居环境营建策略研究[J].工业建筑,2018,48(1):7-11.

[2] 杜烨.山石造景的艺术手法及其理论探讨[D].重庆:重庆大学,2006.

[3] 韩清玉.语—图关系视域中的"意""象""境"关联初探——以隋唐五代艺术批评为例[J].民族艺术研究,2016,29(2):21-27.

[4] 计成,陈植注释.园冶注释[M].2版.北京:中国建筑工业出版社,1988.

[5] 周小棣,沈旸,肖凡.从对象到场域:一种文化景观的保护与整合策略[J].中国园林,2011,27(4):4-9.

[6] 黄晓,朱云笛,戈祎迎,刘珊珊.望行游居:明代周廷策与止园飞云峰[J].风景园林,2019,26(3):8-13.

[7] 麻响箭.自然视角下的建筑传统文化回归——解读中国美院象山校区[J].建筑与文化,2014(1):2.

[8] 王澍.设计的开始[M].北京:中国建筑工业出版社,2002.

[9] 王澍,陆文宇.中国美术学院象山校区[J].建筑学报,2008(9):50-59.

[10] 董豫赣.意象与场景——北京红砖美术馆设计[J].时代建筑,2013(2):64-69.

[11] 董豫赣.随形制器——北京红砖美术馆设计[J].建筑学报,2013(2):50-51+44-49.

[12] 陈洁萍.物体与场域/系统与意象——景观建筑设计方法研究之一[J].建筑学报,2016(3):101-105.

[13] 马岩松.山水城市[M].桂林:广西师范大学出版社,2014.

[14] 曲敬铭,孙文健.超现实氛围在建筑中的应用研究——以MAD建筑实践为例[J].城市建筑,2021,18(4):149-151.

[15] 鲍世行.钱学森论山水城市[M].北京:中国建筑工业出版社,2010.

[16] 陈翚,孙楚寒,宁翠英,等.传统空间内向性意识的当代转化[J].新建筑,2020(5):94-97.

[17] 王浩,王冬.无序中的内向性空间及其地方性建构——西南地区三个建筑作品再诠释[J].城市建筑,2020,17(31):133-138.

清江流域土家族聚落石作营造技艺传承及其环境艺术价值

辛艺峰

华中科技大学建筑与城市规划学院

摘要：本文以民族学、建筑学、艺术学等相关理论为基础，从清江流域土家族聚落石作营造的发展概貌、造型特征、匠作技艺等方面进行探究，并结合清江流域土家族聚落石作营造造型中龙、凤的运用，人物与动物、石作雕饰牌坊与柱础、墓葬石作等形式及濒临失落的民族石作雕饰留存技艺特色予以发掘，以弘扬美丽中国建设中清江流域土家族石作营造的环境艺术价值，促使清江流域土家族聚落石作雕饰的匠作之美在构筑中国人的美好生活图景进程中得以传承与活化。

关键词：清江流域；土家族聚落；石作营造；技艺传承；环境艺术价值

清江是长江在湖北省境内的第二大支流，古称夷水。因"水色清明十丈，人见其清澄"，故名清江。清江发源于恩施州利川市都亭山西麓，自西向东，干、支流流经恩施土家族苗族自治州的利川、咸丰、恩施、宣恩、建始、巴东、鹤峰七县市和宜昌市的五峰、长阳、宜都三县市，于宜都注入长江，干流全长423千米，总落差达1430米，其流域总面积为17000平方千米。清江流域地处古代巴蜀文化、楚文化、中原文化的交汇点，且在各个不同的历史时期彼此影响交融。流域内聚居的土家族是古代巴人的后裔，土家人热情、质朴、勤劳、善良、勇敢，代表了土家人优良的民族素质，其婚丧习俗、歌舞曲艺、饮食服饰、建筑交通等构成，由此形成了清江巴土文化鲜明的地域和原生态艺术特色。

一、清江流域土家族聚落石作营造与造型特征

聚居于清江流域内的土家族，居住在湘、渝、黔接壤的湖北省西南部武陵山区，在中国55个少数民族中人口排名第七位，是一个能歌善舞的少数民族。清江流域土家族悠久的历史可上塑到远古的巴人，他们以白虎为崇拜的图腾，信鬼崇巫，且继承巴人歌舞遗风，有着粗扩豪放的民风，这对其民族风格及文化的发展也产生了很大影响[1]。因此，如与汉族纤巧细腻的风格相比，清江流域土家族聚落的传统匠作之美似乎更具粗扩开放的艺术特征。

从现存可考的清江流域土家族聚落石作营造遗址，其类型主要包括建筑门饰、牌坊、步道、场院、台基、栏板、漏窗、柱础、墓葬石作雕饰等形式；其中以墓葬石雕数量最多，内容也最丰富。清江流域地区广大乡村山多石料多，土家住民在长期与石头打交道的过中，掌握了高超的雕刻技术，创造了多姿多彩的建筑石作雕饰。这些石作雕饰在传统建筑中不但传递出其特有的匠作之美，还增强了其传统建筑的空间感和牢固性。

就清江流域土家族聚落石作营造的造型特征来看，这里以20世纪50年代后期即从华中师范学院（现华中师范大学）来到鄂西恩施支援文化建设的辛克靖先生对土家族聚落石作营造探究为据，先生在鄂西地区工作生活了27年，其间多年跋涉在武陵地区的大山之间，曾多次与在八百里清江生死翻滚中的放排人勇闯惊涛骇浪，且足迹遍布清江流域两岸土苗村寨，对其流域所处大山区千峰万壑、延绵数百里的巨石、怪石，以及土家族聚落石作营造、工匠、技艺等有着深入的了解。至20世纪80年代中期离开鄂西重返高校执教，并以在武陵地区多年进行田野调查收集的民族传统建筑装饰纹样为基础，增补相关内容出版了《中国古建筑装饰图案》一书。其后还有数十篇民族建筑与装饰艺术方面的学术论文公开发表，其中以鄂西武陵地区土家族聚落石作雕饰所写《土家族的石雕艺术与文化》一文，认为："土家族的石雕艺术，其古朴、粗犷的风格和精湛高超的雕镂技艺，不仅充分体现了土家人的民族精神，而且也充分展示了土家人的艺术技巧和创造精神。"[2]结合其后相关探究成果，我们在对清江流域土家族聚落石作营造再次踏勘调研的基础上，梳理出其石作营造造型特征一是在内容上主要表现在题材广泛，有山水、花卉、龙凤麒麟、飞禽走兽、神话故事、戏曲歌舞及反映平民生活的渔、樵、耕、织、收割、饲牲、狩猎、比武、歌舞、读书、经商及战争等生活场面和宗教伦理等方面的内容；二是在布局上讲究整体与局部的统一，又在统一中变化；三是在风格上讲究简洁古朴，精细和粗扩的和谐统一，体现出清江流域土家族人诚实、粗扩的民族气质。

（一）石作营造造型中龙、凤的运用

聚居于清江流域土家人借助于想象和幻想，形成了对龙、凤的敬仰，并将其作为祖先和保护神——图腾来崇拜。龙的传人，成了"炎黄子孙"中华民族的同义语，而凤则是中国古代东方部族崇拜的图腾，历代把凤鸟作为象征天下太平、如意吉祥的瑞物，均以凤凰象征古代崇高的道德观念和人们生活中高贵而美好的象征。因此，在清江流域土家族石作营造中也被广泛运用，例如在湖北恩施市文昌阁大殿内现任可见到天井石梯房中的浮雕盘龙石。另在湖北利川市忠路区三元堂道观大殿内，还有始建于清光绪二十七年（1901年）的一对蟠龙柱础，不仅十分传神，而且在造型上还具有腾飞、邀游的动势。可见这些石作雕饰，不仅雕镂技艺精湛，还特别注意龙、凤造型神韵的境界与动势塑造，以充分展示其动态和韵律美感来。

（二）石作营造中的人物与动物造型

在清江流域土家族聚落的石作营造中，其石作雕饰人物与动物较多，就其人物的塑造来看，不仅注意了造型的准确、生动、身体比例匀称，体态变化多样，姿势优美自然。而且还特别注意"神似"的追求，做到了以形写神，着力于人物内在精神面貌的刻画。例如在湖北恩施市五峰山上始建于清道光七年（1827年）的连珠塔，八方形基座上塑有八大金刚力士的石雕，其力士肌体刚劲、挺胸颂首，威武、雄壮地用双手举塔，充分表现了土家人勇敢、坚毅、能上九天揽月的大无畏的民族精神。

（三）石作牌坊的造型

在清江流域石作营造中，其石作牌坊不少，如湖北咸丰县唐崖土司王城内恒候庙址往上3000米处，就有一座土司城的屏障——石牌坊，为明天启三年（1623年）当朝皇帝赐修，牌坊系全石仿木结构，三门四柱，高6.8米，宽6.03米；整个牌坊雕琢精美、雄伟壮观，横额正面刻"荆南雄镇"，背面为"楚蜀屏翰"；石坊柱额等处分别雕刻"土王巡游""渔樵耕读""麒麟奔天""春云吐雾""哪吒闹海""舜耕南山"及"樵""渔""读

等图案；牌坊中门两角有浮雕之象鼻形雀替对峙，下配石狮；坊柱撑鼓，形制古朴。整个牌坊典雅庄重，在风格上不仅达到了粗犷与精细的和谐统一，而且也体现了建筑、雕刻和书法、绘画的有机结合，相得益彰。

（四）石作柱础的造型

在清江流域土家族聚落中的石作柱础可以说更是独具匠心，实属罕见。石作柱础可分为民居与宗教建筑两类，前者以花卉、动物为主，反映的是家族繁衍、福、寿等愿景，此极富地方与民族特色；后者以人物为主，主要有端公作法事、二十四孝、横渡苦海、福、禄、寿、喜等内容。如湖北利川市三元堂道观竟有二十八个造型各异的柱础，其中正殿的一对雕龙柱础十分传神，龙的造型具有腾飞、遨游的动态美；另一奇特的八方形空心柱础，内置以能转动的雕刻精美的小狮，其顶部的三分之一被分隔成十六边形，各雕饰以不同造型的花卉图案，菱形的线框内有虎、猴、羊等动物透雕，十分生动，柱身八面又分别雕有不同的人物造型。

其他石作营造还有可作为佩饰的石雕小人，不少都雕刻得活泼生动，小巧玲珑。尤其是在石砚上雕刻的众多人物，或看书，或摇扇，活灵活现、极尽其工[3]。

二、清江流域土家族石作营造的匠作技艺

清江流域土家族聚落的石作营造的匠作技艺，多表现在其石作雕饰中的浮雕、透雕、圆雕及线刻之中。其中：

石作浮雕是雕塑与绘画的结合产物，多以透视等手法来产生三维的视觉效应。雕刻匠人在石材平板上将想要刻画的形象雕刻出来，使它凸显与原本的材料。技法一般采用压缩法。其中根据造型脱石深浅的不同，浮雕手法又可以分为浅浮雕和高浮雕。在匠人压缩手法上的不同，呈现的作品效果也会有很大差别。若要石作雕饰得完美，则需控制压缩的"压缩率"。如在五峰县城南的兴文塔，其塔身2～6层六面中所设石质圆窗均刻以各种雕饰花纹，所用技艺运用"比压法"，使其风格古雅，图纹活灵活现。

石作透雕是在浮雕作品中，将凸出的物象部分保留，将背面部分进行局部镂空的雕饰技艺，有单面透雕和双面透雕。单面透雕是只雕刻正面物象，双面透雕则将正、反面的物象都雕饰出来。如前面所提严家祠堂亭阁前斜置的盘龙石雕，土家匠师在这块长宽均2.6米巧夺天工的石雕上将"二龙抢宝""三龙戏水"和"鲤鱼跳龙门"有机而巧妙地组合，塑造出栩栩如生的石作形象。

石作圆雕称为立体雕，形式略不同于浮雕，是指非压缩、可以多角度、多方位欣赏的三维立体雕塑。雕刻匠人需从上、下、左、右、前、后各个区位进行雕凿工艺，造型灵动是石作圆雕的表现特色之一。如地处湖北利川土家族鱼木古寨有众多的石雕墓碑，造型有塔式、牌坊式、碑楼多层式、圆顶式、平列式之分，且雕镂内容丰富，除飞禽走兽、花卉图案外，除《三国演义》等历史故事外，"孟宗哭竹、长萝养亲"等宏扬伦理道德的石雕也不少，其中"双寿星"墓碑，集巴土雕刻艺术的大成，几百名石工凿了三年，雕出6出戏剧故事，500多个栩栩如生的人物造像。

而线刻又称线雕，在清江流域土家族聚落中广大乡村多用于传统建筑外壁表面装饰，或用于碑塔、牌坊、摩崖石刻、宅居楹联、匾额及工艺品等的题刻。其中使用沉雕最多的为碑牌、摩崖石刻、宅居楹联等，如在湖北利川鱼木寨的石雕墓碑等处均可见到应用实例。而长阳县清江两岸的绝壁石景，更是大自然的鬼斧神工，使长阳土家族聚落石作有了"八百里清江美如画，三百里画廊在长阳"之美誉。而清江流域土家族的石作匠人更是用自己登峰造极的匠作技艺和精美娴熟的镂雕手法，更是向后人传递出其石作雕饰的精致之美。

三、清江流域土家族石作营造技艺传承及其环境艺术价值

清江流域土家族聚落中的石作营造，其古朴、粗犷的风格和精湛高超的雕镂技艺，不仅体现出土家人的民族精神，也充分展示出土家族石作雕饰巧夺天工的匠作技艺。而在乡村振兴背景下清江流域土家族石作营造雕技艺与相关产品而言则其传统建筑装饰意味更浓，其环境艺术价值主要体现在以下几个层面：

其一为传承价值，"匠作"是中国从古至今对建筑和土木等行业中木工、瓦工、石工等工匠、匠作和匠意的统一性称谓，其中"匠"即指工匠，"作"即指营造实践。其匠作价值则涉及营造匠技、营造匠意以及所遵循的仪式、制度和工具使用等要素构成，是工匠在长期营造活动中所积累的产物。清江流域土家族聚落传统建筑中的石作营造，具有其古朴、粗犷的风格和精湛高超的雕镂技艺，在美丽中国建设中具有"存真、做深、活化、延展"的文化传承意义和持续发展的未来，直至展现其环境艺术传承的价值特色。

其二为文创价值，随着武陵山区旅游的发展，清江流域土家族聚落中传统建筑中的石作营造在其转塑升级中较相关旅游开发产品而言，更是展现出其传统建筑装饰的文创开发特色，诸如在清江流域著名土家山寨宣恩彭家寨旅游景区、利川龙船水乡旅游景区、恩施大峡谷女儿寨景区及度假酒店、世界文化遗产地——咸丰唐崖土司王城等建设中，清江流域石作雕饰均凭借其精湛雕刻艺术与相关民族旅游景点建设完美的结合，为清江流域旅游文创开发更具表现内涵。而清江流域石作营造在武陵山区乡村振兴战略中的传统村落修复、民宿建筑营造、内外环境陈设、乡土器物开发、装饰用品制作及石雕文化园区等环境艺术开发层面予以拓展，使其传统建筑装饰文创开发价值更具特色。

其三为生态价值，乡土石材作为一种天然材料，在地处武陵山区的清江流域土家族聚居村落就地所取易得。石材作为一种用料具备极高的耐久性，随着时光的打磨，天然石材的表面能够形成独特的表现质感，通过石雕匠作技艺对清江流域土家族聚落中民族文化的表现具有艺术的感染力与审美的生态性。在乡村振兴背景的当下，对其天然且环保山石的开采、使用只要适度，并注重对开采环境的后期利用和围护，均可使其天然石材的运用达到生态平衡。如近期我校建筑与城市规划学院由教授所带研究生团队进行的清江流域宣恩县伍家台贡茶文化旅游小镇悬崮天街的环境设计营造，对其土家族聚居村落悬崮天街的景观设计即利用所临清江两岸具有原生态的石材进行环境艺术营建，不仅使清江流域土家族石作营造及匠作技艺等优秀传统文化焕发出新活力，更是推动其在清江流域民族乡村环境和文化建设中发挥出应有的作用，实现其新时期乡村振兴战略"生态宜居"与"乡风文明"营造之必须的生态价值，且形成一道以清江流域石作雕饰为主题的产业链，从而使清江流域土家族石作营造及其环境艺术与文创开发产业能够促进其旅游、建筑、商业、交通与文化等的协调发展。

美丽中国建设中的乡村风貌更新，即通过乡风文明建设，将广大乡村留存的优秀传统文化、乡风民俗、宜居生态，以及空间特征与匠作技艺予以传承，这无疑对我们挖掘清江流域土家族石作雕饰营造的环境艺术文化底蕴及对传统匠作技艺特色，在促进人与环境的和谐发展，构筑中国人的美好生活环境中潜移默化地予以呈现具有导向指引作用。这也是在美丽中国建设对清江流域土家族聚居村落环境、民居建筑、匠作文化、民俗风情与特色旅游等从环境艺术层面进行整体开发，既是现实需要，也是赋予中华农耕文明新的时代内涵及向外呈现湖北清江流域土家族石作营造技艺匠作之美及其传承环境艺术价值的目的所在。

参考文献：

[1] 刘孝瑜. 土家族[M]. 北京：民族出版社，1989.

[2] 辛克靖. 土家族的石雕艺术与文化[J]. 建筑学报，1993(4).

[3] 辛艺峰. 传统建筑装饰艺术的瑰宝[J]. 古建园林技术，2005(1).

掇山的手法与空间艺术研究

孟琳
苏州大学

摘要：掇山又称为"叠山"或"堆山"，包括园山、厅山、壁山、楼山、池山等不同的类型。无论哪一种叠山的类型都是与空间休戚相关，也为空间营构出了不同的意境。掇山的手法随着堆叠的类型、技艺及材料的变化也发生着改变，不同流派的掇山匠师也有不同的做法，呈现各自的掇山艺术形式。本文着眼于现代掇山手法的探讨以及掇山空间艺术历史的探究，从掇山的源流、掇山的选材与技艺、掇山理壁的空间艺术三个方面展开论述。

关键词：掇山手法；空间艺术；环境设计；园林艺术

文人以石为友的情怀处处可见，白居易在《双石》一诗中对石头赞誉，"忽疑天上落，不似人间有。"更是钟情于斯，"回头问双石，能伴老夫否。石虽不能言，许我为三友。"南宋陆游的《闲居自述》中写道："石不能言最可人"。正是出于对石头的钟爱，才有了赏石与掇山的发展。与赏石不同的是，掇山讲究技法，强调整体呈现出的态势，欲求浑然天成，并不单以某块石头的精美来论。

一、掇山的源与流概述

从山的象形文字可以看出，山呈高耸之姿，且由主次不同的山峰组成。作为自然界高耸入云的景观，早在远古时代，我们的先民便对山产生了崇高的敬仰，山体也与日月一样，自然而然成为先民崇拜的对象。君子更是以山比德，"仁者乐山"的圣贤思想对后世士大夫产生了深远的影响。作为与山相关联的"仙"字为会意字，寓意着登高成仙或是入山修行成仙。从先秦两汉时期帝王升仙得道的诉求到后世文人寄情山水的精神寄托，虽然出发点截然不同，但都少不了山这一物质载体。秦汉时期人工造山就是为了模仿自然山水的"全景全形"，属于主动造山，山水园由此而生。[1]"一池三山"的造景模式也是发轫于此，秦始皇在自己的苑囿挖"太液池"，筑土为山，命名为"方丈""蓬莱""瀛洲"。但此时的山并非是石构假山，而是垒土成台的做法，上面还遍植大树，"望之重重如车盖"。至汉代，据《西京杂记》记载，袁广汉园林"激流水注其内，构石为山，高十余丈，连延数里。"从记述来看，人工造山的技术更上一层楼，如此规模宏大的私家园林也算是私园构山的鼻祖。

六朝时期，由老庄学说与佛学糅合而成的玄学成为新的社会思潮。社会的动荡使得安居乐业成为一种奢望，文人士大夫也失去了汉代稳固和发达时期的庄园经济的基础，由此他们更愿意追求自然寄情山水。随着社会的逐渐安定，经济的逐步恢复，有若自然的城市私园业已诞生。北魏张伦所造景阳山私园，重岩复岭，深溪洞壑，逦逶连接，俨然真山[2]。从这样的记述中，已经看到了私家园林中构山的匠心巧思。"聚石引水""植林开涧""聚石移果""聚石蓄水，仿佛丘中"，这样的表述无不体现出山石在构园中的作用。自六朝伊始，造园不再是帝王将相的专利，文人参与造园已然成风。唐代诗人王维营造辋川别业时，依辋川的山形水貌来构园，各个景点建筑散布于水间、谷中、林下，隐露结合，从而营造一个极具自然风景美的山水园林。那时的辋川别业是以真山真水为背景，无需再在园中掇山。但脱离了真山真水的城市山林，要实现"模山范水"的造园景象，掇山便变得必不可少。白居易的《草堂记》中写道："辄覆篑土为台，聚拳石为山，环斗水为池"。"拳石斗水"的做法既是掇山技术的变化，也是囿于城市山林空间变化的客观原因。叠山家方惠将这一时期的掇山特点概括为"不求形是，而求形似"。

除此以外，唐代还有"列而置之"的观赏形式，想必这是对能够面面观的湖石独特的欣赏方式，与掇山并不相悖。中唐才出现了"假山"这个词，中晚期唐诗中屡见。这种小山真的成了名副其实的"假"山，看上去跟真山完全不一样了[3]。宋徽宗在建造艮岳寿山时，亲自作画，并以画造园，山水花鸟，亭台楼阁，茅舍村屋，壮美俊逸如同山水画。宋徽宗曾撰《艮岳记》自鸣得意："天台、雁荡、凤凰、庐阜之奇伟，二川、三峡、云梦之旷荡，四方之远古山异，徒各擅其美，未若此山而包罗列。"因为徽宗的宏伟蓝图，便有了劳民伤财的"花石纲"。至明清掇山技术炉火纯青，出现了张南阳、周秉忠、周廷策、张南垣、张然、计成、戈裕良等叠山名家。

掇山是中国古典构园的杰出技艺，凝聚了能工巧匠的技术智慧与艺术修养。掇山技艺的发展不是一蹴而就的，与"能主之人"的精神追求、社会风尚、选材工艺等息息相关。掇山的形式是对自然山水的模拟与重塑，掇山的意境更多来源于掇山家"胸中丘壑"的再现，掇山的技法是呈现掇山意境的必要条件。

二、掇山的选材与技艺

假山与立峰不同，要具备一定的体量与山形，最佳形态是"能无补缀穿凿之痕，遥望与真山无异者"。无论是湖石、黄石，还是尧峰石，都源自自然的山体，在开采之时有很大的随机性，这也成为掇山的一个难题。所购石材中每一块石料的表面纹理、色泽都不尽相同，因此掇山的第一步为"相石"。掇山的匠师在一堆石材中仔细观摩，在脑海中形成对每一块石料的虚拟三维建模，根据石材的纹理走向、形态大小，生成一幅"胸中丘壑"。叠石造山只能"按纹合掇"，"才可能弄假成真"，否则就会"假气十足"。计成在《园冶》中指出："园山，是以散漫理之，可得佳境也"[4]。"厅山则是"墙中嵌理壁岩，或顶植卉木垂萝，似有深境也"[5]。另外，楼山要高，"才入妙"；阁山要"宜于山侧，坦而可上"，既便于登眺，又可作为蹬道拾级而上。计成的《园冶》并没有记录具体的掇山技法，只是给出了掇山的原理。比如，书房山以山石为池，俯于窗下，似得濠濮间想。而池山应根据"世之瀛壶"来营构，要"点其步石""架以飞梁""洞穴潜藏""峰峦缥缈"。《园冶》中的"掇山"篇为世人勾画了9种不同的掇山类型，也描述了"峰、峦、岩、洞"不同的形态，但对掇山技法并未多着笔墨。

张凤翼在《乐志园记》中称会掇山的许晋安为"畸人，有巧思，善设假山"。从"设"字来看，假山的堆叠要经过充分的构思，才能出现"横岭侧峰，径渡参差，洞穴窈窕"的空间效果。周秉忠、周廷策父子也是掇山高手，袁宏道《园亭纪略》中描述道："石屏为周生时臣所堆，高三丈，阔可二十丈，玲珑峭削，如一幅山水横披画，了无断续之痕，真妙手也。"如此宽阔的石屏要做到"了无断续之痕"，是需要充分考虑石料表面纹理的走向，衔接部分浑然天成是十分有难度的。因为周氏父子均善丹青，对假山的堆叠有自己独到的艺术见解，也被世人推崇备至。《止园集》中有《小园山成赋谢周伯上兼似世于弟二首》："真隐何须更买山，飞来石磴缓跻攀。"周氏叠山"高架叠缀"，气势宛自真山，从止园图册中可以看出，飞云峰"锦峰旁插，丛桂森列"营造出了"此地堪高卧，飘然违世尘"的世外桃源之景（图1）。

图1 《止园图》之飞云峰 （明）张宏
（来源：柏林东方美术馆藏）

明末人称"苏州园林甲洛阳"，在这一时期也出现了掇山大师张南垣。张南垣的掇山与周氏父子迥然不同，也善于变革和创新，形成了自己独特的风格。他提倡"平冈小坂，陵阜陂陀。错之以石"，主张"因形布置，土石相间，颇得真趣"。至清戈裕良时期，"在掇山方面融合了清代早期自然主义和清代中叶石多土少的两种风格，并将掇山推向技术的巅峰[6]。"戈裕良家境清寒，年少时即帮人造园叠山。好钻研，师造化，曾创"钩带法"，使假山浑然一体，驰誉大江南北，代表作品有常熟燕园的黄石假山、扬州意园小盘谷、仪征之朴园、如皋之文园，其中最负盛名的是苏州环秀山庄的大假山。清代钱咏所著《履园丛话》中的"艺能"一篇中有关于掇山叠石的专述，尤其称赞了戈裕良的掇山技艺："只将大小石钩带联络如造环桥法，可以千年不坏。要如真山洞壑一般，然后方称能事。"

掇山技艺发展至今，叠石的技法也不断成熟。方惠老师在《叠石造山的理论与技法》一书中概括为："同质、同色、接形、合纹、顺势（拖）、贯气，以及点、埋、立、剎、接、拼、叠、垒、插、压、架、挑、飘、过渡、收、出、抽头、封顶等等"。这一系列的手法说明假山的营构是一个潜心琢磨、精心拾掇的过程，故而笔者更愿用"掇山"一词。这33字的掇山口诀看似简练，实则蕴含了一位掇山大师50余年的掇山经验，值得每一位从业者用心学习。

如今的掇山不再囿于私家庭园，公园、厂区、医院、学校、住宅小区、休闲场所等都有可能是掇山的场地。这也对掇山师傅提出了更高的要求，欣赏的大面不再是唯一的，可能需要面面观的美感。在材料方面也不尽人意，通常一次性采购的"通货"不能满足掇山的品质要求。被业内人士称为"本太"即苏州本地太湖石的材料更是可遇不可求。掇山人员的素质也参差不齐，不乏一些假山的堆叠呈现"乱石堆"的样貌。因此，对掇山艺术的研究还是十分必要的。

三、掇山的空间艺术

掇山不是一项单体的项目，需要与空间有机结合。留园的五峰仙馆前庭院中有一组湖石假山，正是按照庐山的五老峰的意境来堆叠的。山峰分别有五个，暗喻馆名中的"五峰"。馆前的踏跺，又称"涩浪"，用天然石块叠置，仿佛山之余脉。从厅堂内望出去，仿佛面对庐山岩壑，恍如真山之中。不仅营造出来了山林的氛围，也很好地凸显了空间的意境与主题。

现代中式地产景观中也常有掇山的案例，从一山一石、一砖一瓦皆匠心独运地体现中式文化的魅力。当代叠山师傅善从山水画中汲取灵感，将山体或洞壑作为画眼，以画入境，因画成景，形成一幅立体的、高度凝练的山水长卷。对于较小空间的庭院掇山，不适合横向展开，应充分利用好竖向空间。通过亭、廊堆山叠石营造竖向上的变化，从而组成多重的立体空间，相互渗透、穿插，互为对景、借景。在公共景观的区域，常用壁山或者立石峰的手法。例如中铁建拙政江南项目的住宅区主入口，通过入口建筑、回廊围合出方正、开阔的入口空间，提取古木竹石图中"石"这一主题元素，入口建筑对景为自由形态的水池，一座精巧的湖石假山位于水中，从而营造高端别墅区入口形象。堆山叠石，塑造山林意境，是掇山空间艺术的最高境界。小型的庭院还可放置可移动的山水盆景，山聚气，水生财，有着良好的寓意。传统的庭院建筑一般会按照背山面水的风水原理来布局，根据中国地形西北高东南低的走向，一般屋后西北角堆山，大部分山体靠西，这样也符合南低后高的光照原理，亦有"步步高""靠山"等环境心理。在目前优质石料紧俏的情况下，假山可采用土多石（湖石）少的土石山，沿山脚叠石约高一公尺，再于盘纡曲折的蹬道两侧累石如甓状以固土。便于绿化植被，且带乡野气息，因光照好，光合作用产生氧气，空气可保持新鲜。假山上植丛桂，间植红枫、鸡爪槭、菊花等秋季花木和广玉兰、香樟等常绿树。靠北侧可植白皮松、朴树、梅花。叠山石边广植书带草（沿阶草），既有画意，又可保持四季草木葱茏。假山上筑几迭瀑布可增加负离子，在山下水汇成流，再筑水榭、爬山廊，以古朴的条石为桥，铺地用人字、龟背、蝶形捧寿、菊花盆景式铺地，植桂花、红枫等，营造朴野之趣（图2）。

山巅置亭是一个常有的做法，既可登高远眺，又是假山视觉的焦点，

图2 山涧流水

成为全园制高点。一般假山上靠西北处筑六角亭，"六角"为龟纹，象征长寿，亭周多植桂花、紫竹等；因重九有登高喝桂花酒的习俗，以求延年益寿，山又有传统"仁寿"之比，意境相合。亭名可命名为"金粟亭"，取桂花别名，桂音谐"贵"，有荣华富贵之意（图3）。

图3 山巅置亭

四、结语

掇山的技艺手法已在历史长河中发生了较大的改变，但对于掇山艺术的欣赏一直没有脱离对于对大自然的模仿，以及"有若自然"的艺术标准。如今掇山的空间已悄然改变，但营造空间意境与主题，体现"能主之人"的艺术修养，则是不变的法则。

参考文献：

[1] 方惠. 叠石造山的理论与技法 [M]. 北京：中国建筑工业出版社, 2012:3.
[2] 曹林娣. 中国园林文化 [M]. 北京：中国建筑工业出版社, 2005:57.
[3] 曹汛. 中国造园艺术 [M]. 北京：北京出版社, 2019:43.
[4] 计成. 园冶. 赵农注释 [M]. 济南：山东画报出版社, 2003:208.
[5] 计成. 园冶. 赵农注释 [M]. 济南：山东画报出版社, 2003:210.
[6] 薛焕炳, 等. 得园雅集 [M]. 南京：江苏人民出版社, 2019:23.

词与物中石的形态变化

何亮　尉鹏程
西北师范大学美术学院

摘要：本文以"石"的形态引入，结合相应的词与物对石的形态进行四类构型的划分，即：物用器具形态、秩序性空间形态、品格形态和身心形态，并对其产生的原因进行分析和阐述。由此论证：石的本质是人之所在的栖居形态，是以实用性器物制作为开端，探索石与形之间的关系，以礼玉构建的世界秩序图表；也由此开启了一个内化空间，从石的本身质料探索，形成以石品为特性的品评、鉴赏和分类的玉石文化；也以山水诗、山水画、山水园转化为以石表征的身心形态，形成关注于自我所在的空间环境塑造。在石的使用和认知过程中形成了独特的形态和词语，在经验中关照着自我存在的空间。

关键词：石；空间；形态；质料

今天思考"石是什么"或"石是怎样的面貌"，一般只有科学分类方法能给予普遍的答案：在物理世界中经过数亿年的地质运动，由各种元素形成的矿石和岩石，主要元素为二氧化硅，伴生有氧化铁、锰、铜和铝等。石作为自然中无生命的纯然物被定义，但是我们依然无法详细描绘其面貌，在印象中浮现的是山石秀丽的风景、嶙峋的园林山石、河滩的卵石和珠光宝气的玉石，只有"石"置于人所在的特定空间场所，它的质料和形式才能被把握。由此追问"石"之所在或本质，石并没有恒常的形体，只有感觉的体验。石作为具有广延性的实存之物，孕育于天地之间，古人有"山以石为骨，石作土之精"之说，无定型的"山"与"土"是石的物理状态，而非一种形态。只有在劳动实践中，石既作为建造材料和加工器具，也作为词语构成命题材料，以相似性标记出与它物的关联时，石的形态才能在词与物的交织缠绕中呈现出来。

一、石的物用性器具形态

石的物用性器具形态是生存意志的展现，器具使人认知自然世界，也使人脱离自然世界。人类幼年被称为"石器时代"，便是以石的加工方式划分认知水平，从野蛮走向文明分为三段历程：第一阶段在旧石器时代，以砾石制造简单的砍砸器、刮削器和尖状器，并制作出简易的复合器，如石斧和投石，此阶段物理形态与抽象的实用功能联系，不同的几何形状代表差异性的力量特性，点状有穿刺力，线形有切割力，面状有研磨力。第二阶段在1.5万年的中石器时代，也称"细石器文化"，石器打磨技术出现，制作出更精巧的复合器——弓箭为标志，其中以加工石质弓箭头最为精密复杂，并能磨制小石子镶嵌于木棒和骨棒，磨制技术进步使复合器向复杂化和精细化发展，反映出对生产器具的功能性产生功效的追求。第三阶段在1.2万年左右进入了新石器时代，以精细磨制和抛光技术进步标志，同时也出现原始农业耕作技术，开始对动物和植物的驯化，动物有猪、牛、羊、狗、马和蚕等，植物有水稻、粟、黍、菽和小麦，几何纹样向动植物纹样转变，石有了艺术造型特征；同时农业耕作技术的出现，复合器的功能和种类更加丰富，出现石锛、耒耜、石铲、石镬和石犁等耕作工具。石在此过程中彻底脱离了纯然物的状态，一方面以几何化形态劳动工具形态与特定实用功能联系，并且致力于反复优化其几何形态特征，追求更高的效能；另一方面自然生物有机形态的特征在器物中表现，石质器物如同语言一样致力于模仿性的指认和标识。

石的物用形态就此展开了一个能够保存容纳的空间，具有了表象其他物的能力。制作和使用工具并不能完全作为区分人与动物的标准，部分灵长类和鸟类也有制作和使用简单工具的能力，所以携带和保存工具的能力成为区分人类与动物的标志。在获得固定的保存方式后，人的行为就会更加稳定统一，有利于从偶然现象中发现必然规律。石制工具和器物的种类功能、精密程度和造型纹样的发展，物与物之间的相似性联系更加稳定和广泛，语言从物的明确指称中逐步分离，具备了由此物指代彼物特征的象形能力，使表达有了意象性，"象"具有模仿、象征、表征和创造的能力。在石制器物稳定的重复使用中，内化出的保存和承载的能力，石也衍生出新含义：石（dàn）成为计算容量、重量、官俸和弓弩强度的计算单位，成为稳定度量的指称。石的物用性在久用之思中，以相似性产生出抽象功能、种类和结构的观念，石以器物形态尝试组件一个认知的微缩世界图表，以达到控制和支配自然的愿望，正如巫术原理一样，以"相似律"和"接触律"把形状、色彩、纹样、声音、器物在一张图表体系内有序安排。

二、石的秩序性空间形态

商周时期的礼器是当时最高的造物技艺，石质器物构建起世界的认识秩序体系，以井然有序的图表形式关联人和物。石的质料特征、空间方位和人的行为规范被建构成等级严格的秩序法则，即礼玉代表的礼制观念。《周礼》有"六瑞""六器"记载，既"以玉作六瑞，以等邦国""以玉作六器，以礼天地四方""王执镇圭，公执桓圭，侯执信圭，伯执躬圭，子执谷璧，男执蒲璧""以苍璧礼天，以黄琮礼地，以青圭礼东方，以赤璋礼南方，以白琥礼西方，以玄璜礼北方"能够认识和指称的事物都被有序安排在这有序的图表中（表1、表2），其尺寸、纹饰、色彩、空间方位和等级等严格对应，并从玉石延展到青铜器的使用。在甲骨文中"玉"书写为"丰"，好似线绳串起四块石片，线绳上端有结，印第安人依然保留绳带串上各种贝珠记事的风俗，可由此推断形色各异的石片可以精确指示各类不同事件，必然存在着可以辨识的系统，记录用的石片可能较早演化成为礼器。石脱离物用器具形态，不再有单纯实用功能，石的形态就演化成秩序性空间的表征，这与土地分封制紧密相关，土地制度是几何观念和秩序感的重要来源。商周时期耕作劳动已成为日常生活，天子将土地赏赐给诸侯，诸侯又赏赐给低级贵族，贵族再进行分封，土地以"井田"形式划分，东、西、南、北四个方向纵横交错的道路和灌溉沟渠将土地划分为九个耕作单位，中间一个耕作单位为公田，象征着天子和权威，由公民集体耕作，其余八个耕作单位是私田，形成井然有序的秩序和四面八方象征空间观念。

表1 六器

名称	镇圭	桓圭	信圭	躬圭	谷璧	蒲璧
礼制用度	天子所用	公爵所用	侯爵所执	伯爵所执	子爵所执	男爵所执
形态与纹饰	镇圭者,盖以四镇之山为瑑饰,圭长尺有二寸。(汉·郑玄)	桓圭,盖亦以桓为瑑饰,圭长九寸。(汉·郑玄)	信当为身声之误也。身圭、躬圭,盖皆以人为之瑑饰,文有麤缛耳,欲其慎行以保身。圭皆长七寸。(汉·郑玄)	帝王授给大臣的玉圭。命圭七寸,谓之"躬圭"。顶圆左右两肩亦圆,瑑像人朝之屈,其形小而俯,其文粗而略,取鞠躬不亢之义	谷穗状花纹的璧	香蒲状花纹的璧
图像						

表2 六瑞

名称	苍璧	黄琮	青圭	赤璋	白琥	玄璜
形与色	深青或深绿圆形	黄色方体圆口	青色长版型	红色半圭为璋	白色虎形	黑色半圆形璜玉
方位	天	地	东	南	西	北
图像						

三、石的内在品格形态

石的品格特征形态指,外在造型特征向内在本质特征转换,对材质本体美的追求,是对礼玉制度代表的秩序世界的反抗。从社会制度的变迁角度分析,到汉武帝时期推行的察举制,选拔官吏时开始重视人的内在才能德行品格考察;魏晋时期演化成为对当世人物的品评风尚,亦称"月旦品(月旦评)",品评形式在文学艺术也有深刻影响,钟嵘在《诗品》和谢赫在《古画品录》中分别对诗与画的开展鉴赏,均以"品"展开,即对人进行评论。《说文》中"品"释为"众庶也",均指"人",由此衍生出"种类"含义,就是以内在品性分辨人,如"庶简约之风,有孚于品性""人多中材,仰而测之,以度君子,未必即得君子之品性"。由此影响到石的品鉴,形成"石品",以石的内在人格化特征评述,人的内在美就形成"以玉比德"说,即《说文》中"玉,石之美也",指凝结在内在质料中的品格之美。

石的品格形态形成了以质为美的观念。汉代已有"白玉不琢,美珠不文,质有余也",即以优良的"质"替代人工的文饰,甚至在"文与质"不能兼备的情况下,要选择代表内容、情志与精神的"质","先质后文"的思想形成"感物造端,材智深美"的本质美追求。魏晋时期对这种本质美的追求逐渐阐发为"自然之美",刘勰在《文心雕龙》提出"文道自然"的思想,要借助自然之能式,把外在形象转换为内在本质,成为对自然本体美的认知探求,形成对玉石的石色、石理、石纹、石膘等自然特征的石质品评:石色指颜色分类,每种石均有不同的色彩分类体系,如洮河砚石有绿、红、紫、黄四个等级色系,有专属色彩称谓"鸭头绿""鹦哥绿""鹅血""羊肝红""鹧鸪血",均是以自然生物的形象化色彩命以专名;石纹和石理现在可以统称纹理,但在石品鉴赏中是有差异的,石理指在水或风等自然力作用下显现的结构性机理,即《说文》所言"泐,水石之理也";石纹指自然或人工的非结构性的纹饰,多在通体均匀的石材表面。石膘是原材质中出现的矿体入侵物质所呈现各种形状。以质为美的品评逐渐影响到玉石加工设计,亦在园林叠山时以石形、石色、石纹、石理等石性凑合成一座灵动的假山石。

四、石的身心形态

石的身心形态以个体的现实生活体验,由身心直观重新构造一个情景世界,它既是世俗的也是理想化的,时刻展现出矛盾与调和。石演变成人存在的生命形态,面对着先天制约着身体的身世背景和道德伦理,石的形态成为身体和心理的语言,身体为意志载体和气质媒介,必须首先对身体所在的空间,即社会实践场所进行照应,以"修身"的形式到达内化空间,更强调以"言传不如身教"达到以"身"传达"行"的价值,"身"是对"心"的关照,以"安身"物理形态达到"安心"的境界。因此,石以身心形态在私家园林中——一种特定的私有空间,在日常生活中——一种特定的时间,在特定的时空范畴限定之下表现为四种形态特征:

首先,山石的形态是自然与人工的矛盾形态。清代沈元禄在《古猗园记》中言:"奠一园之体势者,莫如堂;据一园之形胜者,莫如山",堂表征朝廷和庙堂,山表征自然的状态,但是山之形胜也又必须与堂的体式相和谐,园林中"堂"与"山"是人工与自然形态的混合态,盖具半自然、半人工之特征,是现实与理想的矛盾。园林中的假山是人工模仿自然形态,既要脱离自然,又要求优越于自然,今天认为自然仅为人类提供资源,是没有意识的,是对创造活动一无所知的,而古人受万物有灵思想的影响,自然也有生命存在,能给予人类所需的灵感和希望,是能表达复杂思想和陈述命题的灵性之物,这成为照应现实的感性超越。

其次,山石的形态在自然与人工对话中以"活"的面貌展现。活是一个不定的形式,即不可以定式而论,它必须是独特的我思之物,山、水和植物相辅相成,变化万方,造园之学,主其事者须自出己见,以坚定之立意,出宛转之构思,既无我之园,无生命之园;活是个性的显现,自然不会按照人的意图制作,每件自然物都与众不同,即使属于某种类别,也是唯一的个体,在园林之中它不在乎被看见,也不知道自己的秀丽和独特;活也是非商品化的艺术,一旦可以精确复制生产将变成商品,成为不断重复的身体活动和姿势,自然创造但不生产,是特殊的活动;活是人的实践状态,劳动虽然是园林山石产生的本源,但是园林中的山石有着不可替代性与独一性,对艺术品而言,只有劳动退居其后,个人独特的经验、天赋和情感得能得以显现。

再次,传统园林中山石以"危"的形象出现。危是对自然形态的赞美,如林语堂言"三百尺高的壁立巉岩总是奇景,即因它暗示着一个危字""凡是花园立的垒石和假山,布置总以'危'为尚"。危是掇石的方法,山石的形态呈现顶部大而底部小的样式,表征一种自我思考和心理状态,其中蕴含着怀疑和反思,既"吾日三省吾身"对自我身心的关注方式;危也是对真际的求索,即"人心惟危,道心惟微,惟精惟一,允执厥中",是由此摆脱异化和无限所带来的虚空,以此达到以确定性和对自我的关注,而使人成为自己的自由和自己存在的主体。

最后,山石的形态是以小见大,以有限对无限关照。庄子在《秋水篇》说"而吾未尝以此自多者,自以比形于天地,而受气于阴阳,吾在天地之间,犹小石、小木之在大山也",庄子感慨于时空的无限与变异,对比自我的渺小,为克服带来的恐惧,只有采用"近取诸身,远取诸物"的照应之法。所以白居易在《庐山草堂记》以"聚拳石为山,斗斗水为池",米芾在《砚山铭》以瘦、皱、漏、透对孤石小山品评,在咫尺方寸之间构建可观、可游、可居的身体式形态语言。宋代郭熙在《林泉高致》提出"谓山水有可行者,有可望者,有可游者,有可居者""但可行可望不如可居可游之为得"在传统山水画中微缩出山石形态。明代计成在《园冶》掇山篇中,身体语言的山石形态已然开始了造物的实践,山石的九种类型:园山、楼山、书房山、室内山、厅山、阁山、池山、峭壁山、山石池,在相对私密的居住空间中展现身体语言。清代张潮言"梅边之石宜古,松下之石宜拙,竹旁之石宜瘦,砚(盆)内之石宜巧"山石的身体语言已然是"造境"的空间营造,石的形象与植物品格巧妙对应。

"岩峦洞穴之莫穷,涧壑坡矶之俨是;信足疑物别境,举头自有深情。"山石形态成为感官的"情境"传达。

五、石的环境空间审美意象

石以四种形态共同构建的认知结构始终闪现在日常生活中,在石制器具形态中,以石器的形态展现;在石的秩序性空间形态中,以礼器(礼玉)构建起图表式的秩序世界;在石的内化品格形态中,以玉石之质象征本质探索;在石的身心形态中,以山石形态在魏晋山水诗、宋元山水画、明清山水园中展现,从器物、文字转化为图画,再演变为可感知的园林山石。石的形态无时无刻不展现着我思、我知和我感,形成石的器用形态之美、石的秩序之美、石的材质之美、石的身心形态之美,表征物用功能之思、秩序之思、本质之思考、自我之思,在今天共同为我们当代人的生存空间创造出可以栖居的诗意理想世界。

参考文献:

[1] 阮宁宁. 先秦玉石文化对新时代践行传统美德的启示[J]. 宝藏,2019(9).

[2] 王思明. 世界农业文明史[M]. 北京:中国农业出版社,2019.

[3] (美)肯尼思·弗兰姆普敦. 构件文化研究[M]. 北京:中国建筑工业出版社,2016.

[4] 董豫赣. 玖章造园[M]. 上海:同济大学出版社,2016.

[5] 李建华. 伦理与道德的互释及其侧向[J]. 武汉大学学报(哲学社会科学版),2020.

[6] 福柯. 词与物人文科学的考古学[M]. 上海:生活·读书·新知三联书店,2016.

理石意味深求——中国古典园林置石掇山于现代石构景观的启示

刘迪 戴佳杰
南京航空航天大学金城学院

摘要： 石，取其峻峭之势，仿自然山势之形，其独树一帜的艺术风格丰富了人类文化的宝库。本文以古入手，透过中国古典园林理石与传统绘画的辩证关系，探析古典园林理石的自然之美与意境之美，并进一步讨论古典园林理石审美取向对于现代石构景观设计的启示。

关键词： 中国古典园林；理石；现代石构景观；启示

石，作为中国古典园林构成要素之一，既是景观，又是空间布局的手段，且由于寓意深刻，在中国古典造园艺术中发挥着极为重要的作用。从古出发，园林绘画与园林石景互为表里，且呈现出"以石为绘，余情丘壑"的美学思想；以古为新，现代石构景观如何延续并践行石文化风尚则引发思考。

一、深意画图，余情丘壑：中国古典园林置石掇山与传统绘画的辩证关系

（一）画理入石：园林石景以绘画为蓝本

"小筑效山林，聊以志吾志"是一个时代下园林景观空间的构建，在时代驱使下，古典园林成为文人文事的象征。文人作为园林的主要营造者，常以山水画为蓝本，参以画理，使中国山水画与园林设计思想相互交织、同步关联，也以亲身实践着"一切园事皆是绘事。"[1]

文人终日与奇石比德悟道，石成为园林中必不可少的核心景观要素，造成了无园不石的局面。而这也对理石专业性和艺术性提出了更高的要求，文人虽雅好林泉，躬身营造园林，但并不精于理石技艺，因此工匠成为造园的中坚力量。

明代中后期以后，有远见卓识的文人开始正视技术对园林发展的重要价值，园林多由文人与工匠共同规划完成。至清初彻底废除匠籍，在私家园林繁盛的江南地区，大批掌握造园技艺且具有较高文化修养的造园家涌现。

置石掇山，是中国古典园林营造理论的重要组成部分，也是中国画理效法在园林实践中的具体运用。理石工匠不仅精通掇山叠石的基本技艺，也大都略晓画技，比如造园名家石涛、戈裕良等人，其石涛尤擅山水，重师法造化，创作主题广泛且极富个性，在中国绘画史中称得上是一个有创新才能的画家。而在形式层面，清初还针对理石发行大量山水画谱，山水画谱作为中国山水画创作经验和技法的总结，为工匠统摄理石技艺提供了最系统的创作参照。

理石最强调的并非笼统的山水意境，而是纹理清晰画石技法，因此工匠往往以山水画中的"皴法"为参照进行艺术提炼和加工，并以此构成园林风景中的峰、峦、岩、壁。"皴法"即表现山石阴阳向背、脉络纹理时的用笔方法。计成在《园冶》中多次强调叠山造石与中国山水画皴法的深刻渊源，"方堆顽石而起，渐以皴文而加""藉以粉壁为纸，以石为绘者也。""理者相石皴纹，仿古人笔意""须先选质无纹，倚后依皴合掇""如核桃纹多皴法者，掇能合皴如画为妙""其质坚，其色青黑，有如太湖者，有古拙皴纹者，土人采而装出贩卖，维扬好事，专买其石。"[2]

针对不同山石选择不同皴法，似乎已经成为园林品评文化的一个惯例，如南京瞻园北假山以斧劈皴为参照，以竖线线条体现石体的棱角分明与雄伟高大，而南假山则以形如荷叶筋脉的荷叶皴表现山石的平和光滑，此皴法以柔美的中锋为主，精雕细刻出石材深刻的裂纹。

古人依据中国画技法对天然石材进行高度概括，文人对于古典园林叠山技艺的总结起到了关键性作用，而匠人的实践活动则为理石专业技术注入了务实、理性的精神。可以这样说，在很小的场地上营造出浓缩咫尺千里山川的园林景观，是在理石叠山的创作构思中描摹了画意、揉进了诗意。

（二）石景入画：园林石景为园林绘画提供参照

造园与绘画互通关联的思想，是中国艺术文化的一大优势。山水画是笔墨在二维纸面上表现山水景观的艺术，而石景入画，则是三维空间到二维空间的转化，其中既有将园林整体作为描绘对象的园林画，也有以园林中某一节点作为对象的园林画。明代陈洪绶《斗草图》，妙龄女子围坐一处斗草，人物姿态生动微妙，而女子后方则有一处雄古奇掘的湖石，其上还有苍翠浓郁的植被。顾洛《梅边吟思图》，画中女子来到池边，立于梅花树下，太湖前。此时正植天寒，梅花开放，香气傲雾，女子正展开一卷信笺，细细品读，画中姿容姣美的女子与身后湖石的清寒冷艳恰成辉映。清代费丹旭《月下吹箫图》，图中疏梅朗月，烟笼水面，芳草之上一位素净灵秀的女子正在吹箫，而女子身后则为一处置石掇山之景，此画中，石与女性的组合关系更加紧密。

古典园林中的置石掇山，较之其他要素，更重视内涵与形式的统一，因此设计者常以比拟和隐喻的手法寓情于石，实现情景交融。中国古典园林恪守自然之美，而女性美与自然美有共通之处，反映在庭院仕女画中，假山石轮廓明显并显露锋芒，寓意女性高洁德操，湖石假山多空穴，喻指女性阴柔细腻之美。绘画以人的意识赋予园林景观以独特意境，园林美景与园林美人相互观望，形成如嵌入镜框中图画的造景方式，而经过美人美化的假山石景，也使女性细腻柔美的阴性特质与石景崇尚自然的审美情趣形成强烈对比。（图1~图4）

图1（明）尤求《红拂图》之一，轴，纸本墨笔，纵113cm，横46cm，北京故宫博物院藏

以女性作为信息载体反观园林石景，是画家在视觉上营造出的精致高雅的文化氛围，不仅表现出画家极佳的艺术创造力和画面组织能力，也将园林中的雅致意趣得到持续发展，进一步强化了园林美景与园林绘画二者间的自然衔接。

二、散漫理之，可得佳境：古典园林置石掇山的美学基础

（一）得天然之趣，自然之美

庄子《天道》谓："天地有大美而不言。"庄子非常明确地指出美存在于天地之间，即存在于自然之中。石生发于自然，是自然的艺术品，自有自然之美，但石的自然之美又高于自然，因为石会经由人类劳动后获得具有特殊美感的自然山石景观。

图 2 （明）陈洪绶《斗草图》之一，轴，绢本设色，纵 134.3cm，横 48cm，辽宁省博物馆藏

图 3 （明）陈洪绶《斗草图》之二，轴，绢本设色，纵 134.3cm，横 48cm，辽宁省博物馆藏

图 4 （明）尤求《红拂图》之二，轴，纸本墨笔，纵 113cm，横 46cm，北京故宫博物院藏

石坚硬且体呆板，从形式上来说，取石俊俏刚健之势，仿自然山势之形，参以画理，以借景、相地、立意、布局等构园手法组织堆叠之术，使石的层次增加，这是人对于石的视觉美感受，是关于自然美的表象体验。

石的自然之美，更来源于中国文人对于自然的崇拜和景仰，而对于自然的崇拜则可转化为对于自然之道的感悟。

古典园林造园艺术的最高境界是"虽由人作，宛自天开"。计成于《园冶》中提出"有真为假，做假成真"，即依据园林真实的山水构建模拟的假山，用模拟的假山表现自然山水的秀美，由"真—假—真"的转化体现出理石掇山艺术来源于自然而又超越自然的本质特征。[3] 这实际是"天人合一"思想在园林中的具体体现，即人在认识自然是为我所用的客观对象基础之上，顺从自然规律改造自然，这种思想是对于主观能动性与客观规律之间关系的辩证思考，是关于实现自然美的精神追求。

中国文人自古便亲近自然，郭熙载："君子之所以爱夫山水者，其旨安在？丘园养素，所常处也；泉石啸傲，所常乐也；渔樵隐逸，所常适也；猿鹤飞鸣，所常观也。"[4] 宗炳在《画山水序》提出的"澄怀观道""山水以形媚道"，将山水画与自己的精神相互融合，同时进一步规定了中国山水画的功能，即以山水体会圣人之道，其中的"道"，主要是老庄之道。作为以山水画为蓝本的园林石景来说，理石更需通过体会老庄之道以达到对自然美的精神追求。

老庄之道强调精神的自由解放，既消除自身随之而来的欲望，又尽量避免心对事物作知识的累积，以期最终达到物我两忘、主客合一的境界，这种精神境界庄子称之为逍遥游。逍遥游的特点在于"忘"，忘怀得失，忘己望物，在"忘"的基础上与自然合为一体，并以此获得精神不断超越的自觉意识。

当文人沉浸于园林山水之中，以清闲安适的心态营造贯穿个人审美趣味和生活体验的"私人空间"，他们发掘到了自然山水之美、人的精神气度之美及诗画艺术之美，体悟到了山石其坚贞、沉稳、恒久的品质正是他们所追求的品格。

观石不仅在于欣赏石不加雕饰的自然之美，还在于欣赏石的神韵之美。立万象于胸怀，在心的作用下，石的自然之美经由主观想象被文人、工匠作拟人化处理。静观其中，山石既有其形势，也产生一种具有表现景物精神力量的动势，不仅实现了自然美向艺术美的过渡，而且在艺术美的享受之中，充满着对自然美的敬畏、冥想和探求，表露出文人在自然中寄嗷舒啸、与天为一的理想。

（二）得濠濮间想，意境之美

中国古代文人认为园林不尚怪奇伟丽，而重意境之美。前文已经指出绘画与园林互为辩证关系，其中画乃无声有形之物，于绘画而言，园林美景为实，但中国绘画展现的空间并非只是单纯的视觉空间，透过实体空间构建的是绘画者本身更着重追求的意境之美，园林石景亦是如此。

意境以气韵展现，气韵见于笔墨，这一点在山水画创作中表现尤为明显。中国绘画讲求"妙在似与不似之间"追求写意神韵，非常注重表现物体的内在气质。唐岱在《绘事发凡》中曾言："用笔不痴不弱，是得笔之气也。用墨要浓淡相宜，干湿得当，不滞不枯，使山石仓润之气欲吐，是得墨之气也。"笪重光曾说："宜浓而反淡，则神不全；淡而反浓，则韵不足[5]。"

山石亦是如此，石乃静态无生命，人们欣赏和赞美奇石，以浓厚的文化涵养赋予石以美学价值，反映在实践中，则多以"方堆顽夯而起，渐以皴纹而加"的皴法实现理石中的笔墨气韵，即针对不同山石选择不同皴法，如披麻皴、解索皴、荷叶皴等。

尽管理石难以复刻绘画中皴法的精勾细雕，但是文人与工匠对山石的雕琢见于形、见于刀，且山石层次间的变化也使园林石构景观形成或清韵，或通畅，或苍润，或玄妙的意趣。由此，文人情意与山石景观的情境达到关联，进一步实现了对实景、实物的局限性突破，其中所蕴含的意境之美也便不言自明。

石是文人笔下寄情言志的载体，文人以美学态度营建的一方园林，属于个体栖居环境的营造，而以绘画为蓝本的理石实践，生发于文人雅士的才情雅思，于咫尺空间内呈现出的石，是文人与景物间的会心会意。

三、以古为新，城市山林：古典园林置石掇山审美取向于现代石构景观的启示

目前，中国现代石景艺术已不再局限于传统园林，伴随公共园林的蓬勃发展，石景已延展至城市范围内，被广泛地应用在城市公园、广场等多种城市绿地中，形成许多新的石景形式。石在现代园林中成为创造个性空间的重要手段，为休闲活动提供景观依托，成为提高人们生活环境品质的重要因素。

然而，现代园林对于景石的应用也有一些弊病，如一味地追求大体量，仅是大块石体的堆叠，缺乏精妙气韵等。那么，基于中国传统艺术文化这一根本，思考如何从古典园林中延承理石技艺之精华，从而使石生发文脉相承的勃勃生机，对我国现代园林石景设计有着重要的借鉴意义。

（一）协调人与自然和谐发展

现代石构景观创作最主要的是要"师法自然"，即遵循人与自然的和谐统一。现代人在享受都市文明带来的便利时，还应在"自然—文化—设计"之间架起一座桥梁，它可以唤醒人与自然相处过程中天然的情感联系，并且在追求自然、返璞归真的潮流主导下，使现代石构景观展现出持久的生命力。

对于现代石构景观来说，首先需要对"石"的自然面貌抱有欣赏的态度，从石的自然属性出发进行设计。中国山水画讲求"凡画山水，意在笔先"，即在画山水之前便要在心中明确所要表现的审美客体，然后再动笔，这不仅适用于绘画，更为理石所用，理石之前便需对石材抱有美的认识。那么"意"从何而来，从自然中来。石取自自然，其质地、颜色、纹理最能体现自然的天然意趣。石景所应用的天然石料，粗刻成形，无需精雕细琢，求的便是人工中透出自然的韵味，显露出石材最本质的特征。

其次按照美的规律和创作意图进行石景设计。中国古典园林中的理石，非常讲究与水体、植物、建筑等景观要素的协调融合。如《园冶》中写做厅山时"或有嘉树，稍点玲珑石块；不然，墙中嵌理壁岩，或顶植卉木垂萝。"现代城市在进行园林景观设计时，则可模仿自然山林在山腰或山顶种植树木，使人仰视且始终无法窥得山形全貌，越发产生置身于深山的感受。

简而言之，理石技法是有限的，但自然美却是无限的。从自然中概括、提炼、汲取不拘泥于客观自然的形象，在这一过程中，山石的形体特征以夸张或比拟的手法呈现出来，同时也把自然的气质表现出来，形神兼备。

（二）建立现代石构景观美学思想

伴随现代社会的发展，审美的外延与内涵得到了明显的扩展与延伸。传统不应成为束缚发展的枷锁，而应成为推动创新的催化剂，这就意味着需要在继承古典美学基础上有所发展。对于现代石构景观来说，不仅要符合现代人的审美要求，也要不断加入新的文化因子，跟上时代步伐，体现独具魅力的石文化美学思想和精神内涵。

古代文人造园绝不是单纯地营造一处咫尺山林，受绘画影响，中国古典园林从一开始便体现出诗情画意般的自然山水式景观。对于石的形态美，计成以"瘦漏生奇，玲珑巧安"概括总结，而当奇石进入园林之后，以形态之美在方寸之地仿效自然万象，可表意传情，体会自然变化之道。因此在许多山水画家眼里，山石不仅具有生命和灵性，而且具有与人情感交流的契合[6]。

现代较之古代审美情趣发生了较大改观，现代石构景观多偏重于造型艺术，比如以石作镌刻诗文、表达主题的重要载体。石天然质朴的外形与书法富有动感的线条相结合，不仅营造了古朴典雅的气氛，也引导人们获得园林意境美的审美享受。同时石上篆刻的文字犹如画作中的题字，不仅起到了组景、点景的作用，还可以作为文化意象被人们品味、观赏，增加园林艺术的意趣，实质上是一种潜在的、无形的场力表现。

对于大型城市景观，则应摆脱传统假山的束缚，以自然汲取创作的灵感，通过石材的塑造表达山林野趣的景观意象，通过控制视线、建筑、植物等物体的遮挡关系，使游人在视觉心理上产生咫尺山林的心灵感受，以相对概念化的石质景观形象，创造丰富多变、风格各异的山石景观。此外还要因地制宜地选择石材，摒弃求贵求新的设计思想，让乡土材料以优良的性价比和文化载体的身份在现代景观创作中唱响主旋律。

（三）设计师及工匠承担起美学传播者角色

中国古代造园家凭借丰富的经验，在相地、立意、相石过程中形成理石的设计方案。古代造园家并非只是单纯的手工匠人，他们通晓诗文，对理石有着独特的艺术禀赋。造园家在一般人视为平常的石头上发现了美，经过艺术化处理，创造出中国古典园林之中的山石之美，山石之美非山石本身的美，而是人之美，是人将自己的情感意趣物化在山石之上的产物。

在生活方式与审美需求已经发生改变的当代，现代设计师虽追求创新，但缺乏对传统作品的深入研究，传统叠石理论素养有待提高，而施工者缺乏基本的理论指导，盲目追求施工速度和用石总量，以至于将传统理石工法中的步骤——简化殆尽，做出的石构景观或注重细节导致整体琐碎零乱，或只搭建整体框架，毫无细节，更为严重的是石景不能与周围环境有机结合，高度艺术化、技术化的石景变得如同砌墙。

因此，要实现对中国古典园林叠石文化的传承与发展，最重要的是通过实践实现设计师和工匠技艺的提升与艺术境界的超越，二者要承担起中国传统美学传播者的角色。设计师作为设计方案的输出者，更应充分吸收优秀的传统技艺，培养诗化意境的感受，提高设计水平，充分利用当地所产山石，形成本土石景设计风格等。

四、结语

发展到今天，人们的审美取向和石构景观的文化内涵、精神意趣、空间形式、艺术特征都发生了较大的变化，但任何一种艺术形式的创建都是基于传统文化和民族情感之上的。本文以中国古典园林美学思想为基，从古典园林理石与传统绘画的辩证关系出发，提倡以古典文化底蕴铺陈出来的石文化空间，作现代石构景观的全景式平台。以古为新，将有效避免一味标榜仿古，强调继承与发展的辩证思维，同时将雅致意趣与石的自然之美相互融合，将具体实在的设计手法导向对传统园林文化及美学思想的深耕。

参考文献：

[1] 童寯. 园论[M]. 天津：百花文艺出版社，2006：50.
[2]（明）计成. 园冶[M]. 重庆：重庆出版社，2009.
[3] 杨光辉. 中国历代园林图文精选（第四辑）[M]. 上海：同济大学出版社，2005.
[4]（宋）郭熙. 林泉高致[M]. 济南：山东画报出版社，2010：9.
[5]（清）笪重光. 画筌[M]. 北京：人民美术出版社，2016.
[6] 徐恒醇. 设计美学[M]. 北京：清华大学出版社，2006.

闽南沿海石头厝营建策略研究——以永宁古卫城为例

骆佳 施鸿锚
清华大学美术学院 清华大学深圳国际研究生院

摘要：本文通过分析永宁古卫城石头厝的生成条件、材料特点、建造过程及形成的文化，结合文献搜集、实地测绘、访谈等研究方法，对永宁洋楼式石厝的建构逻辑与用材进行梳理，从地域性石建筑建造与材料角度探讨环境与人的关系，为石建筑保护更新提供理论性依据。

关键词：石头厝；石材；永宁古卫城；地域性民居；建筑营建

石头是一种古老的建筑材料，石建筑则是人与环境不断对话、文化进程的阶段性结果。其中，福建闽南地区的沿海石厝，不仅体现了石材的地域性建造和石文化特征，也是记录了中国木构建筑体系之外营建发展的实证。在限制采石的背景下，目前已少有围绕建筑的石料开采和建造，某种程度上石头厝成为一段时期的历史遗存。然而，关于石头厝的研究在学界并未得到重视。

永宁古卫城作为泉州现存较为完整的石构民居群落，集中了自明代至20世纪90年代的民居形式，仍流传石料加工及现代石头厝建造工艺。本文通过分析永宁古卫城石头厝的生成条件、材料特点及建造过程来探讨地域性石建筑与人的关系，对这一现代的传统民居进行补充，为石建筑保护更新提供理论依据。

一、以石建屋的生成条件

传统民居的适应性是当地传统民居起源的根本因素和赖以生存的基础，是在地域环境变更影响下不断被选择的结果。选择过程体现了建筑与环境相互适应的过程，同时也是建筑生成条件的重要组成部分。永宁石建筑的生成，既有地理气候等环境因素的要求，也有人文历史因素的影响。

永宁古卫城位于石狮市永宁镇滨海地带，为我国东南沿海抗倭卫城及历史古镇。南宋乾道八年（1172年），为防外患，于此建水澳寨，称"永宁寨"，后成为中国明朝三大古城之一。

永宁古卫城东滨临台湾海峡，北界祥芝依五虎山为屏障，南临深沪湾，连深沪、福全，西接龙湖，地形由"低山—丘陵—台地—平原"呈阶梯逐级递变，其所处的丘陵地带，其地质结构属浙闽活化陆台，花岗岩储量达亿立方米（分布于鲤城、南安、惠安、晋江和安溪）。古城附近的五虎山地产普通的白石花岗岩，被当地人称为"本砂石"，因产量充足、运输便利，在中华人民共和国成立后逐渐成为主流的建筑材料。此外，惠安黄塘、南安、安溪等地产有辉绿岩（俗称"青草石"）石料，为石材建造提供丰富资源。

1998~2007年永宁镇气象数据 表1

常年最热的月份	7月	7月平均气温	29.0℃
常年最冷的月份	1月	1月平均气温	13.4℃
极端最高气温	37.8℃	极端最低气温	2.9℃
年平均降雨量	1266.6毫米	1990年台风特大暴雨期间降雨量	310毫米
年平均暴雨日数	2.4天	1960-1990年间重大水灾次数	5
台风年均最大风速	9级	台风年均瞬间最大风速	12级（35米/秒）
一年内台风登陆最高次数	10次（1961年）	历史台风最大风速	40米/秒（2000）
全年平均日照时数	2200小时	年均气压	1007.5百帕

（数据来源：《永宁镇志》，中国气象局官网）

从气候因素来看，永宁古卫城属南亚热带海洋性季风气候，暖热湿润多季雨，夏长冬短无严寒，冬季刮大陆南下强劲的偏北风，夏季盛行来自海洋的偏南风，然而最为突出的特点是自然灾害多，以暴雨、干旱和台风和雷震最为常见。在这种气候条件下（表1），当地民居主要为应对夏季气候及抵御极端灾害天气而设计，需要抗风抗潮、耐久耐磨的材料。

总的来说，以石为材建造民居是取材本土、抵御气候、因地制宜的结果。在地理环境方面，永宁北依五虎山，石材丰富，加上地貌为台地冲积海积平原，植被稀少，因此相比木材，石材取材便利。在气候方面，永宁古卫城建筑处在常年受海风盐碱侵蚀、台风暴雨雷击侵扰的沿海地带，相较木材而言，花岗岩具有耐酸、耐碱、耐久、容重大的优点，这使得建筑的安全性更高。在历史方面，永宁古卫城曾为抗击倭寇的沿海卫所，花岗岩抗压强度高、耐磨性好，耐久性高等特点可以满足防御性建筑的需求。石材自然而然成为泉州沿海建筑的主要材料。

二、厝由石来的演变过程

通过对泉州地区石料性能对比分析（表2）可见，花岗岩质地坚硬致密、强度高、抗风化、耐腐蚀、耐磨损、吸水性低的特点，适合应用在建筑的地基、柱础等部位。值得注意的是，泉州惠安花岗岩的抗弯性能（22.93MPa）是其他地区花岗岩两倍左右，可以作为建筑受弯材料。同时，惠安花岗岩节理发育规律、间距易于开采加工，其特性决定梁式作法比拱券施工简便，使得石板石梁技术大量运用于民居、桥梁建设。总体上，石料在民居建筑中以条石、块石作为建筑承重构件，以碎石或三合土勾缝作为填充构件，以石雕作为建筑饰面。

福建地区主要石料性能对比 表2

名称	主要产地	岩石密度(B.D):g/cm³	肖氏硬度 HSD	抗压强度(C.S):Mpa	吸水率 %	颜色纹路	样式	用途
泉州白	福建泉州	2.65	104	167.8	0.29	白点中粒，粉红色花岗岩		地面、墙体、碎石、雕刻
巴厝白	福建晋江	2.65	92.6	156.6	0.33	中粒状，雪花白花岗岩		地面、墙体、碎石、雕刻
辉绿石	惠安，南安，安溪	2.53	104	160~180	0.88	灰黑色		雕刻、柱础
安溪红	福建安溪	2.65	104	142.4	0.24	中粒结构，粉红色花岗岩		地面、墙体、外饰面

石材在永宁古卫城内现存民居官式大厝、番仔楼、现代石厝三种建筑中的运用方式较为不同（图1）。结构上，石料在建筑结构中经历"砖石木混合结构—全石结构—石混结构"的发展过程，占比逐渐上升。种类上，本砂石逐渐取代砻石成为建筑主要使用的石材。

晚晴时期建造的官式大厝属于传统红砖建筑，一般为砖石木混合结构，即主体结构框架为木制，墙体为砖石砌制。其中，石材仅用于地基、墙体基础、窗框和门框等部位以固结构，且基本上是产自南安等地的砻石。砌筑方式在墙基是块石平砌，在墙体中是块石与红砖结合的"出砖入石"做法，或者块石交错垒砌。

20世纪20年代起，华侨返乡建造纯西洋式风格的新居"番仔楼"，多为双层钢筋混凝土结构建筑，房间布局宽敞，所有水泥钢筋、五金配件均由菲律宾海运过来，本地花岗岩大多仅作为地基构建。中华人民共和国成立初期，侨建民房中西合璧，多为砖石木结构的两层楼，建筑材料则以砖瓦、杉木、石料等为主——表面经过精细打磨的砻石砌筑成墙体，价格更高的青草石则作为建筑表面的石雕装饰材料。

中华人民共和国成立以来，石料开采技术的发展使五虎山花岗岩被大量开采，石料的运输与使用成本大幅降低，永宁盛行建造全石结构的石头厝。石头厝以本砂石为主要材料，屋外墙及内间隔均用条石垒砌，上覆以石板为顶盖。其后，由于石材工业兴起，石料表面的加工也由手工雕琢发展到机器切割磨光，许多居屋采用刨光石料取代表面粗糙条石作为建筑结构和墙体，但石头厝在本质上用材及建造方式并无变化。20世纪90年代后，建筑主要为石混结构石厝，除了以石砌结构外，以钢筋混凝土为顶层框架使用。

当今，于20世纪50~90年代兴建的石头厝在永宁古卫城乃至整个泉州沿海地区仍有相当数量的留存，并呈现出较为统一的建筑原型。虽然距今年代并不久远，但作为极具地域建造与文化特征的传统建筑，却缺乏足够的关注，更没有得到应有的评估与保护。下文将分析这一时段建造的洋楼式石头厝进行建筑原型与建构逻辑，力求呈现石头厝的价值内涵。

图1 永宁古卫城石构建筑及石材用法

三、聚石成屋的建构逻辑

（一）永宁石头厝的基本形制

石头厝最本质的特征在于石材的全方位使用，除了墙体、基础、门柱等受压部分外，石料也被运用在梁、楼板等受拉部分，甚至连栏杆、门楣、窗棂等细部都使用了石材，材料与形式的统一贯穿始终——一座120平方米的石头厝须消耗约60立方米的花岗石。

在永宁现有的石头厝中，融合官式大厝和番仔楼特征的洋楼式石头厝提供了一种最为典型而普遍的建筑原型。平面布局上，它在延续官式大厝十字轴线的控制下又引入番仔楼的角间与外廊，且角间常位于西侧，外廊常设于东南向，以"吃东风"（图2）的方式营造阴凉环境，即引入东南向海风的同时避免部分阳光直射；结构方面，石墙、石柱共同承重，以砌体结构为主、框架结构为辅，受石材自重、地质基础的限制，基本上在单层至三层不等，一般不超过三层（图3）。这类石头厝的形式逻辑简单，开间与进深可以根据家庭人口规模灵活设计，建造周期与成本有很大的弹性，同时平屋顶的特征为垂直方向的加建提供了条件，因而对不同经济水平的家庭均适建造。

位于干厝巷的董氏家宅（图4）是永宁规模最大的洋楼式石头厝之一，五间张六榉头，一层约400平方米，每层有12个房间，共3层，总面积达1200平方米。如此庞大的工程量决定了较长的建造周期和较高的建设成本，这栋民居始建于1983年，历时两年才建成，花费多达19万，故被称作"十九万"。追究其建造原因，据住户施姓奶奶介绍，这间屋子是其下南洋经商的二叔公出资、全部交由承包商设计与建造的，目的是缓解祖厝的居住压力，以荫董家后人，最热闹的时候有十几户人家共享。

图2 洋楼式石头厝的基本形制与生长逻辑

图3 单层、双层与三层的洋楼式石头厝

图4 董氏家宅"十九万"

从"十九万"的空间布局（图4）可以看出明显的十字轴线，厅堂居中，其他房间对称分布，在南向方位则是进深约2.7米的外部连廊，连廊的两端尽头为角间，是非常典型的洋楼式石头厝。此外，作为承包建设的成果，"十九万"还在一定程度上展示了较为成熟的建造技术，故下文将以其为例，对石头厝的建构逻辑进行梳理。

（二）石头厝的建构逻辑与材料准备

石头厝的石墙既是承重墙也是围合墙，建筑的房间厅堂、门窗梯台均在砌造中逐渐成型。与承重墙和围合墙分离的框架体系不同，石头厝以砌体结构为主，其建构是一体化且环环相扣的，其建造结果或形成完整的房屋，或只是一堆无法提供遮蔽的石料，不存在类似原始棚屋或米诺体系的中间状态（图5）。

在永宁当地建造石头厝，最普遍的材料便是本地的本砂石，同时当地人也会采购一定数量的砻石和青草石来进一步优化房屋的居住品质和外观。除了石材以外，用于石材连结的材料主要有两种，一种是水泥砂浆，另一种便是极具闽南特色的三合土，由红土、黄砂与白灰（由海蛎壳烧制而成，也称"壳灰"）混合而成。

由于运输过程中会有磕碰，采购的石料是被运到工地后再被加工成方便建造、较为规矩平整的条石的。据工匠介绍，石材运到工地后最典型的加工方法为：沿直线等距凿入钉子，再用锤子向下敲开。由于花岗岩具有规律且间距合适的节理，它便会自然而然地开裂成比较匀直的状态（图6）。

图 5 石砌体系与多米诺体系

 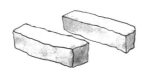

图 6 石材加工

图 8 内外墙体

图 9 交替放置的条石与墙体转角

（三）石头厝的建构过程与用材特点

材料准备充分后，洋楼式石头厝的建造遵循了"打基础—砌墙体—搭柱—架梁—盖楼板"的基本流程，其中房屋主体砌体结构与外廊框架结构的衔接是这一类石头厝区别于其他石砌民居最为关键的建构特征。以下将结合建造流程对"十九万"整体的石作构造及用材特点进行分析。

1. 基础与首层地坪

根据地质与土壤的情况，打基础需要先放样挖坑，根据经验挖到 2 米及以上的深度，"挖到不能再向下挖为止"，以硬质岩层或密实土层压大块条石为地基，然后填沙子，再灌水、浆，通过沙子的沉降与填充来找平，筑成基础。[5] "十九万"在打好的基础上铺设了一层 24 厘米厚的条石和 12 厘米厚的石板，将房屋首层地坪抬升到比院子地坪高 36 厘米左右。条石和石板都是当地的本砂石，而且表面是比较精细的荔枝皮肌理，石板在上部外缘还切削出 45°的光滑斜角，便于排水（图 7）。

图 7 首层地坪

2. 墙体

石砌体的施工方法主要有无垫片座浆砌筑、垫片座浆砌筑、垫片干砌后甩浆 3 种，其中垫片干砌后甩浆是闽南最为普遍的一种做法，也即在上下两层条石之间垫上石胚，然后填充水泥砂浆，最后用三合土将勾缝表面抹匀，这种做法需要垫片上下对齐以免在单块料石中引起不利的受力情况。"十九万"的墙体采用截面长宽均为 7 寸荔枝皮本砂石，加上内装 1 寸厚的抹灰之后墙体厚度共为 8 寸，且内外墙一致（图 8），水平方向上长约 1.2 米和 0.6 米的条石交替放置（图 9）。

3. 门窗

在砌筑墙体时门窗的位置会被留出来并放置底部的踏脚石和窗台石，一般在墙体砌到门的一半高度和窗台向上半窗高度的位置后再放置竖直的支撑石构件，进一步砌筑墙体到门顶或者窗顶后在两端的支撑石构件上放置横向的条石。出于防盗的考虑，除了窗框以外还会设置窗棂，而"十九万"便采用了旋转 45°角朝外的条石窗棂（图 10）和铁窗棂。用于门窗部位的条石虽然也还是本砂石，但是表面比起墙体和楼板的石料都更为精细（图 11），体现了朴素的审美需求。值得注意的是，由于石材本身密不透风，为了增强房屋内外的空气流通，"十九万"不仅外墙上开窗，十字轴线两侧的内墙上也设置了窗户（图 12）。

4. 柱梁

一层的墙体基本砌好后，在凸角的顶部会留出空位，再将石柱吊装到相对的位置，然后把石梁架在墙体顶部留出的空位和石柱之上，互相拉结，这关键的一步实现了房屋主体砌体结构与外廊框架结构的衔接（图 13），外廊的两根石柱之间也搭设了石梁。除此之外，"十九万"在三层墙体的顶部还设置了一层钢筋混凝土的圈梁以尽可能减少不均匀受力造成的沉降（图 14）。石梁和石柱依然使用本砂石，表面的粗糙程度在墙体条石和门窗条石之间，其中二层和三层的石柱为上圆下方的样式，上部采用圆柱是为了美观，而下部做成方形则是便于和条石栏杆交接（图 15）。

图 10 石窗棂　　图 11 门窗用石与墙体用石的差异

图 12 内墙开窗与外廊开窗

图 13 墙、梁、柱的相互拉结

图 14 钢筋混凝土圈梁

图 15 上圆下方的石柱

5. 楼板与楼梯

墙体和柱梁都完成后,厚约 16 厘米、宽约 32 厘米的板石(俗称"石枋")吊装其上(图 16),沿房间的短向布置以减小石板挠度。[7] 板石之间通常使用水泥粘接(图 17),但时间一久容易漏水,因此,"十九万"在铺设好楼板后敷上一层防水的三合土(图 18),再盖上 30 厘米 ×30 厘米 ×2 厘米的红砖(图 19),同时优化室内环境。楼梯采用和柱梁精细度接近的三棱条石做踏步,和墙体的砌筑同时施工,可以将其视为插入石墙挑出的构件(图 20),进一步生动地阐释了石头厝结构的一体化。

图 16 楼板石材

图 17 楼板石材铺法

图 18 红砖铺地过程中石匠在搅拌三合土

图 19 红砖铺地

图 20 楼梯

6. 装饰

出于审美需求,"十九万"在各层轴线厅堂的门楣位置使用了较为昂贵的青草石,上面雕刻了带有吉祥寓意的四字牌匾和两侧精细的浮雕图案(图 21),在三层楼顶南沿中央的门面构件更是结合了砻石基座、青草石牌匾和安溪红花岗岩装饰(图 22)。

图 21 厅堂门楣

图 22 门面用材

四、石厝建造的环境反思

石头厝的建造过程,充分体现了泉州地区居民就地取材并利用当地花岗岩抗拉性较好的材料特点进行合理建构的智慧。与此同时,他们也在技术发展中通过结合钢筋混凝土等材料进一步提高石头厝的建筑质量。以石为材,不仅构成物理环境,更在石头厝的建造中形成独特的环境观。一方面人改造石头,通过阅读环境、开采、改造石头的物理形态,利用石头营建适应地貌气候的建筑;另一方面因石头特性,人在对其开采加工、建造过程又反向影响身体,塑造观念(图23)。首先,石头的使用意味着连接自然,无论是石头接触皮肤的温度,还是以水浇石路面以降高温,或是建造石头厝以对抗台风灾害,人始终在与自然直接对话;其次,石头的聚集也是宗族家庭观念的依托,有人出资,有人出力,最后实现家族的聚居;再有,石头的垒砌是世代相传不断繁荣的愿景,石头房屋可以层层加盖,需要世代持续积蓄;最后,石厝的伫立在当地人眼中意味着时间永恒和结构稳定的存在。

图23 永宁古卫城居民建造石厝,生活于石厝

然而,尽管现有石头厝大都保存完好,但出于抗震安全考虑,政府正鼓励当地居民将石头厝翻新为混凝土结构建筑。有学者提到当地民居因福建省消防法规的限制被划为危房,面临整体拆迁重建。从地质上看,虽未见有破坏性地震记载,但永宁镇辖区属地震烈度8度地区,受区域大地构造的控制,有两条断裂带通过石狮市域内。然而,政府的这一建议虽有少数当地居民排斥,但大部分居民几乎都持肯定态度。经与当地居民访谈发现,少数居民排斥的原因是从建造过程和材料特性角度产生的。他们大多本身即为石匠或亲自参与建造,观念上难以接受钢筋混凝土建筑浇筑方式及非天然石材的使用。支持拆除翻新的观点认为石头厝结构不合理,石材抗震性能差,大多对结构技术和材料一知半解。然而,比起石结构本身,设计施工过程中的疏漏才是致命的问题,若是未经评估便推倒石头厝重建统一建造的混凝土新民居,在建筑风貌上将失去地域性特征,导致趋同和单一。因此,在传承保护和营建新居的过程中,对石材的认知、运用及对多元文化的延续需引起重视。

五、总结

本文对石头厝生成条件、材料特征、演进过程、建构逻辑进行了分析和梳理。以石为材是阅读环境的建造条件,利用地域条件形成花岗岩耐磨、耐腐蚀、抗潮抗风的特征,抵御自然灾害。厝由石来是基于石材特性,在不断开采石头、中西文化交融、加工器材技术精进的背景下,结合砖、木、混凝土发展建筑结构的探索过程。聚石成屋是基于砌体结构、融合了框架体系的一体化建造,本地所产的石材以不同的比例与形态出现在相应的部位,共同构成完整的人居环境。正如建造本身也是一个不断适应环境、技术更迭、文化融合的过程,面对当下对石头厝保护与发展的反思,笔者认为既需要"向前走",建造更安全适应环境的建筑,也需要"往后看",通过深入研究其建造过程及用材特征,理解石材料所形成的文化观念,真正认识石建筑民居的重要意义,再以石为材适当应用以延续当地的文化特色。

参考文献:

[1] 戴志坚. 福建民居 [M]. 北京:中国建筑工业出版社,2009.
[2] 姚力,李震,郭新,等. 永宁古镇传统民居保护现状与展望 [J]. 南方建筑,2017(1):40-46.
[3] 石狮市永宁镇地方志编纂委员会. 永宁镇志 [M]. 北京:方志出版社,2016.
[4] 王家和. 泉州沿海石厝民居初探 [D]. 厦门:华侨大学,2006.
[5] 沈喆莹. 建筑现象学下的福建省永宁卫传统聚落民间信仰空间研究 [D]. 广州:华东理工大学,2015.
[6] 陈晓向. 惠安石匠师及其石工技术之研究 [J]. 福州大学学报(自然科学版),2004(5):591-597.
[7] 肖祖康,刘文彬. 闽南石结构住宅建筑通病及其防治 [J]. 福建建筑高等专科学校学报,2001(Z1):97-100.
[8] 陈功勤,李芝也,张燕来. 平潭石头厝民居建造技术研究 [J]. 建筑与文化,2019(7):147-149.
[9] 陈功勤. 建构视角下平潭传统石头厝建造技术与实践研究 [D]. 厦门:厦门大学,2019.
[10] 闫实,张杰. 古村落保护规划与旅游开发初探——以福建永宁古镇为例 [J]. 江苏建筑,2013(2):1-3+7.
[11] 王钰萱,王小岗. 石塘石屋与崇武石厝用材特点地域性比较研究 [J]. 城市建筑,2018(14):117-119.

浅析宋代砖室墓为载体的古代丧葬文化——以白沙宋墓一号墓为例

孙博序 孙奎利

天津美术学院

摘要：宋代经济、思想、文化高度繁荣，形成了一个多元的社会状态。通过对宋代砖室墓构造及装饰分析，可以发现宋代砖室墓的丧葬文化与前朝相比，更为成熟且极具特色。文章以河南省禹州市白沙镇白沙宋墓一号墓墓室为例，对该时期多元且复杂的生死观及丧葬文化进行解读分析，以此增加今人对古代丧葬文化的认识与了解。

关键词：宋代；砖室墓；丧葬文化；白沙宋墓；禹州市

一、引言

宋代文盛武弱，其思想、经济、文化的发展达到了一个前所未有的高度。彼时以儒学为核心的理学汲取佛、道两学所长，成为封建社会的主流思想。而唐朝时期所遗留的佛学，受众甚多，影响也极为广泛。宋代丧葬文化便是在前朝佛学与当朝理学的共同思想作用下所形成，各种思想既对立冲突又相互交融，因此也形成了宋代多元且复杂的生死观与丧葬文化。笔者试图带入宋代的社会环境，以宋人的方式去思考宋代生死观与丧葬文化的内涵与产生缘由。并在宋代砖室墓上寻其答案，从室墓的构造与装饰上入手，讨论二者对于亡者的存在意义，以及与当时社会文化的关联。最后以河南省禹州市白沙镇白沙宋墓一号墓墓室举例，谈论其所蕴含的文化价值，来证实上文对古代丧葬文化的探讨成果的可靠性，以此来增加今人对古代丧葬文化的认识与了解。

二、社会稳定促使丧葬文化发展：宋代思想与经济飞速进步

宋代虽外交软弱，产生大量割地赔款，但也因此加大国内的税收，开放市集，刺激国内经济发展。并且在同期理学出现，将儒、道、释三家思想集合，彼时学者在义理与性命之学方面取得一定的成就。经济与思想上的双重飞升，这成为宋代丧葬文化区别于前朝且盛于前朝的基础。

（一）理学思想诞生，维持社会稳定

早在唐朝时期，儒家思想受到佛教以及道教的冲击，出现三教合流的现象，三者思想相互交融，"借儒者之言，以文沦佛老之说，学者利其简便"。北宋思想家周敦颐汲取佛、道、释三者长处，以儒学为根本，创造理学。理学的出现既是主观的产物也是社会多重因素造就的。彼时北宋经济高度发展，社会风气开放，封建伦理道德受到冲击，因此便需要更加缜密的哲学理论来维护封建王朝的稳定。理学将佛家与道家出世的思想转变，变为入世"齐家""治国""平天下"。让学者与百姓追求来世的思想转变为致力于现世，但在转变过程中，理学也出现了对于人死后生活的相关观点。随理学思想的逐步完善，其逐渐具备了实用性与可操作性。到南宋时期，理学思想彻底成为统治阶级维持封建王朝运行的官方思想，同时这成为儒学思想的巅峰。

（二）商品经济发展，促使百姓富裕

"诸非州县之所，不得置市，其市当以午时击鼓二百下，而众大会，日入前七刻，击钲三百下，散。"宋代以前历朝历代，都对商品买卖实行非常严苛的政策，即便是唐朝的长安，也要遵循日落而归的政策。然而，五代十国时期的动乱使得城池边界被打破，居住区与商业区相互融合[1]。

再到宋代，商业已经完全突破了空间与时间上的约束。在宋代文学作品《水浒传》中有多处对于宋代商业繁华的描绘："元宵景致，鳌山排万盏华灯。夜月楼台，凤辇降三山琼岛。"这正是宋代现实生活在文学作品中的映射，城市一片繁华。因此，宋代商人地位得到显著提升，重农抑商思想逐渐消退，商品经济得到发展。百姓的消费力度快速增长，例如宋朝女性其衣着打扮较比前朝更为考究，出现各式各样衣衫裙摆，并在大袖加以饰品美化。这种商品经济发展的情形，也使得部分商贾有钱修建死后墓室繁华堪比朝中重官，成为宋代丧葬文化发展的大前提。

三、丧葬观念出现转折：举国重丧而薄葬

早在先秦时期，中国古代思想家认为生与死是人生最重要的开端与结束，《荀子》云："礼者，道于治生死者也。生，人之始也，死，人之终也。终始俱善，人道毕矣。"他强调如果生死都能按照礼来办置，那么人的一生才是完整的。可见，古人对于人死亡一事的重视程度。宋代由于理学思想的影响，对于"礼"变得更加注重，进而对于丧事的筹备以及流程更加繁复。但在对于亡者陪葬品上却沿袭了后周的从简观念，形成了举国上下重丧而薄葬的局面。

（一）礼法推行与宗教传播，多因素造就重丧态势

1. 自上而下的礼法建设

理学以儒家思想为根本，自然离不开"礼"，关于"礼"的思想内涵已经沦肌浃髓，融化在社会各个阶层中。宋朝文盛武弱，以文治世，便更离不开礼法。宋太祖即位便诏令编写《重集三礼图》，又于开宝年间撰写多达三百卷的《开宝通礼》，定一百卷《通礼义纂》。待到宋仁宗时期又增撰《礼阁新编》《太常新礼》《祀礼》等礼法典著。后人宋徽宗"裁成损益，亲制法令，施之天下，以成一代之法"，成《大观新编礼书》四百七十七卷，期间又经数次编写改动，最终成《政和五礼新仪》，在南宋时期仍有流传。《政和五礼新仪》为宋代官方礼法大成之作，深度影响了后世礼制的发展与演化。其编著详细，甚至将庶民的丧葬礼仪纳入其中，其中卷二百十八至卷二百二十详细叙述了"庶人丧仪"。

2. 自下而上的佛学传播

佛教自汉朝传入中国，在唐朝发展到顶峰，宋朝受前朝影响其佛教受众依然居多，朱熹在《朱子文集》中提到："自佛法入中国，上自朝廷，下达闾巷，治丧礼者，一用其法"而佛家所倡导的便是火葬，从一开始寺院僧人使用火葬，到后期民间居士也开始使用火葬，佛教火葬的受众逐渐扩大。另一个使佛教火葬成为民间部分人推崇的原因则是，五代十国时期局势动荡，贫民无地安葬逝者，不得已选择佛教火葬。而在民间流传的佛学思想终对儒学正派、官方礼法产生了影响。例如，佛家常以焚香的方式企图搭建人神沟通的桥梁，此类行为在官方典礼也有出现。在宋徽宗时期编著的《政和五礼新仪》中规定在对于皇帝祭祀，众臣需要分行两列于景灵宫行香。这些对于祭祀礼仪的细小转变，则透露出佛学因果轮回思想在社会中的渗透，对于宋代及后世的生死观产生影响。

（二）皇室表率与务实思潮，多条件形成薄葬风气

1. 北宋初年盛行节俭之风

宋代前各朝代盛行厚葬，在商周时期甚至将大量奴隶、牲畜作为陪葬。而在宋代皇室墓葬中的陪葬品数量远少于前朝，这与五代十国盛行的奢靡之风相差甚远。这得益于开朝皇帝宋太祖倡导的节俭之风，成为时代的一股清流，形成自上而下倡导的良好风气。根据《宋史寇准传》，宋太祖为提倡节俭风气，取消了官员日常之间的迎来往送，并制定律法禁止实行厚葬，这种风气向下传递很快影响到了平民百姓。《东京梦华录·清明节》中有记载，北宋都城汴京中开设扎纸铺以提供祭祀用品，来代替陶器铁器。"纸灰飞作白蝴蝶，泪血染成红杜鹃"便是描绘了宋代清明节用纸器祭祀的场景。

2. 文人政客传布务实思想

宋代理学继承儒学务实思想，追求现世，较于同时期其他思想，理学更加讲实学、求事功。朱熹批判佛老之学"说空说悬，不肯就实"，对于丧葬持"时人治丧，不以奉先为计，而专以利后为虑"的态度，认为相较对于逝者的看重，更要注重活着的人的生活质量，应改变物质上对逝者的大量花费。[2] 北宋政治家司马光同样认为"慎勿以金玉珍玩入圹中，为亡者之累"。宋代文人政客的务实思想为实行薄葬创造了坚实基础。

四、多元思想观念下影响的宋代砖室墓

《礼记》中记载："魂气归于天，形魄归于地"，汉代对于死亡后有了一定的认识，认为人死后化为魂魄，并分属于天地，进而便有古人了对于冥界的想象。但这与宋代理学追求现世价值的观念似乎相悖，在这种彼此对立又相互交融思想背景下造就了宋代复杂、多元的生死观。既有对逝者的慎终追远、对往生的六道轮回，又有对活人务实求真、对现世的趋乐避苦。多种对于生死思想观念在砖室墓中得到了展现。

（一）仿木结构为主的生前建筑再造

墓室中的仿木结构最早流行于晚唐时期，早先墓主人的多为帝王权贵，到北宋中期使用者的身份开始发生变化，多为百姓所用。宋代的仿木结构区别于前代，出现类似与佛塔的六边形构造，并且普及度更高、受众更广。

1.《营造法式》中木结构的砖石演绎

宋代营造法式将建筑建造规范化、标准化，其采用材栔制度，形成一套模数（图1）。《营造法式》中写道："凡构屋之制，皆以材为祖，材有八等，度物之大小，因而用之……凡屋宇之高深，名物之短长，曲直举折之势，规矩绳墨之宜，皆以所用之材，以为制度焉。"其中一材为中栱或木方的断面比例，为 3:2，也定其广 15 分，其厚 10 分。为建筑更加灵活，将栱与栱之间断面比例定为栔，定广 6 分，厚 4 分。而在仿木结构砖室墓中基本沿袭了此类建筑方法，将木结构通过砖石重新呈现在墓室中，使得仿木结构室墓除材料外其余于结构与木作建筑相似。[3]

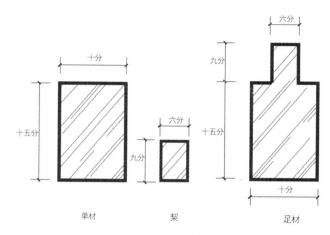

图1 营造法式材栔制度示意图

2. 仿木结构在砖室墓中的应用意义：筑室为故人魂魄

儒、道、释三家的思想被理学所揉合，其中对于人死后魂魄的归处进行了解释。这也就促使宋人一定程度上认为死亡后将会开启新生，进而对墓室大费周章按生前规格进行建造，以期盼死后生活的荣华富贵。仿木结构的关键在于仿造，既仿造结构，也仿造材料。其缘由应该为中国传统思想中对于木材的依赖，古人常将"木"赋德比兴。在五行中，木代表着生命与活力，这种在墓室中的仿造应用，其实也是传递的是宋人向死而生的思想。并且宋代出现的六边形、似塔结构的墓室则是在佛学的影响下，秉承不破不灭观念，祈求来世的稳定。室墓中仿木结构的应用不仅起到装饰作用，更成为亡者生前的精神寄托与坦然面对死亡的，其精神意味要更加浓厚。

（二）生活题材为主的生前场景的再现

宋代因实行薄葬，其墓室陪葬品较前朝大量减少，但出于对往生安稳富裕的向往，墓室中常使用壁画、砖雕、石刻等方式代替陪葬品成为精神寄托的载体。并且宋代思想开化，女性地位上升，文学艺术作品中大量出现女性，在墓室中也出现大量以女性为元素的艺术表达。

1. 一桌二椅夫妇共坐：关乎美好家庭的来世畅想

一桌二椅与夫妻共坐并不是仅存于宋代，而是存在于整个宋金时期。这是宋代礼法、丧葬文化对后世影响的重要表现。一桌二椅与夫妻共坐为两种题材，但二者皆表达家庭观念、宗族观念在社会中的重要地位与在来世生活中的美好向往。题材中常以墓主夫妇为中心，以家庭生活场景为背景，常用壁画形式展现。其中常出现大量生活用品，如表1所示。

表1 宋金时期一桌二椅与夫妻共坐壁画题材常见元素表

物品	桌子	椅子	家具（除桌椅外）	食具	文具	裁剪工具	灯具	衣具
人物	墓主人	墓主妻子	妾	仆人				

这些生活用品成为社会现象的引申，也是展现对于来世生活如此维持的期盼，例如裁剪用具在壁画中常会偏向妻子一侧，其意为妻子掌握女红技能，勤俭持家，是符合理学所提倡的封建伦理道德标准的。基于宋人社会认知的评判标准，整个壁画所展现的是和谐美满的家庭场景。不仅是裁剪工具，其他物品在壁画中的出现同样反映了墓主对来世不同的期盼。

2. 妇人启门：门后抽象空间的具象表现

夫人启门题材出现与宋、辽、金时期，成为该段时间石木忠极为常见的装饰。常以雕刻壁画形式与假门之上，女子呈现半遮半露、欲出还入的动态，如图2所示。

妇人半身处于假门之内，给人一种既是开门又是关门的动态理解。妇人与门配合周边仿木结构，展现出墓室建筑化的抽象意义，给予观者

图2 贵州遵义专区桐梓县营墓妇人启门主题雕刻（来源：网络）

妇人身后仍大有空间的错觉，成为除墓室实体建筑空间外的想象建筑空间。更有学者认为，"门"后为灵魂夜晚休息所去之处，而"门"前，即墓室乃是表现大堂的概念。早期朝廷为前朝后寝的格局，《鲁语·公父文伯之母伦内朝与外朝》中写道，"寝门之内，妇人治其业焉。"妇人治寝门之内的思想，在封建社会中成为共识，代入彼时社会环境，门后为灵魂所居之处并非无道理。关于妇人的身份还有另一说法，宋代文学作品层出不穷，其中不乏大量题材关于人神相之恋。便有学者认为妇人为仙子之类角色，目的为引渡灵魂进入门后极乐世界，但该想象并未有史料为其证实[4]。无论是哪种猜想，都是表达了部分宋人在当时多元思想影响下事死而生的生死观。

五、以白沙宋墓一号墓为例的丧葬文化解读

白沙宋墓为北宋时期赵大翁及其家属墓葬，共有三座，于1951年12月发现于河南省禹州市白沙镇北。其中一号墓为赵大翁墓，为砖石仿木建筑结构墓，其余两座为单室墓，墓保存较为完整，其中砖雕壁画与仿木结构为是如今结构最为复杂、内容最为丰富的一例，如今丧葬文化研究提供可靠的实例证明。

（一）白沙宋墓一号墓构造文化解读

一号墓呈南北向，墓室前墓道现存长度5.57米，分为阶梯与墓门前平坦部分两部。墓室通体长度7.62米，分为墓门、甬道、前室、过道、后室五部分，其中前室为扁方形，后室为叠涩式顶，呈六角形，将其墓门与《营造法式》经行比照分析，如表2所示。

表2 营造法式模数与白沙宋墓一号墓门仿木结构部分尺寸对比表

	《营造法式》规范模数	一号墓墓门仿木结构尺寸	比例关系
材高	15分	15厘米	1:1
栔高	6分	5.2厘米	1:0.86
泥道栱	62分	65厘米	1:0.95
耍头	22分	16厘米	1:0.73

通过对比可见，一号墓墓门仿木结构尺寸与营造法式中规范模数的比例具有很高的相似性，在墓的建造中受限于砖材，最大比例误差约为27%，并且墓门各部分结构均与宋代《营造法式》中样式名称相同，进而验证了生前建筑形式及建造手法在墓室中应用的推论。

墓室呈中心对称形式分布，与传统建造思想相似，呈现古人以对称为美的理性思维，墓室主体分前室与后室两部分。如果以人间建筑的角度来解读一号墓，前室为堂、后室为寝，传递出一种以家庭、宗族为核心的思想，这正是理学所提倡的。也可从另一角度理解，将前室视为阁，后室比作殿，那么沿中轴线形成门前园、入室廊道、前阁、院落、后殿，这与佛家寺院格局又产生了相似性。

儒家认为"人死则气散"，对佛家"轮回"之事持反对意见，并对于鬼事之论谈及甚少，然而对于"死后""轮回"之理论多出于佛学[5]。佛学补齐了民众对于死后世界粗浅的认知，展现了彼时社会意识的多元性，对立且共存的生死观。

（二）白沙宋墓一号墓装饰文化解读

一号墓前室东西两侧墙壁皆作有壁画，西侧壁画为一桌二椅夫妇共坐，东侧壁画内容为散乐杂剧表演，两侧墙壁所展现场景为"开芳宴"。有诗云："锦里开芳宴，兰缸艳早年。"这正是对与开芳宴的描绘，开芳宴是夫妻或有情人二人的特别活动。通过这种宴席男子向女子传递爱意，也向外人传递夫妻之间的恩爱。（图3~图6）

开芳宴图展示出三点：一是夫妻恩爱，二是百姓富裕，三便是理学推动下礼法的道德正确。宋代以聘为妻，以买为妾，所以夫妻之间的关系是基于道德标准而建立的。将这壁画画在墙上，也是侧面反映了百姓接受认同这种以"礼"相待的生活方式。

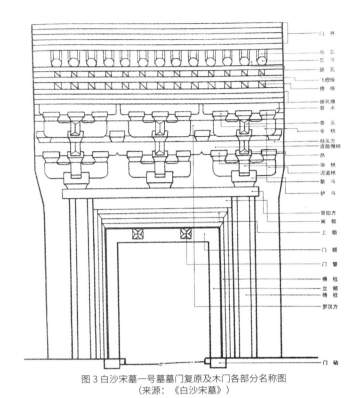

图3 白沙宋墓一号墓墓门复原及木门各部分名称图
（来源：《白沙宋墓》）

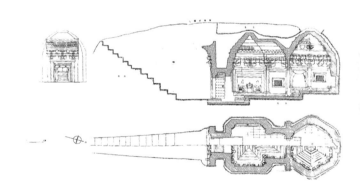

图4 白沙宋墓一号墓平面图、仰视图、立面图、剖面图
（来源：《白沙宋墓》）

因为一号墓为夫妻合葬墓，所以出现开芳宴并不足以为奇，开芳宴图像中乐舞、备茶、备馔、侍洗、庖厨等日常家居生活的画面浑然一体，盎然的生活气息扑面而来。"有夫有妇，然后为家。"前室中呈现务实的现世理想，如果说从装饰的角度看前室为现世的写照，那么后室则为虚构的幻想。

后室中妇人启门石雕与墓室入口大门处于同一轴线并且对望，使空间的始端与末端相呼应。妇人半掩于门内，好像在等待者进入墓室，灵魂脱离肉体与其共同进入门后的世界。道德经中老子言："吾所以有大患者，为吾有身；及吾无身，吾有何患。"无论是将门后理解为何处，其始终表达着门是可通行的概念，死后灵魂摆脱肉体活动，有着视死如生的思想杂糅其中。

六、结语

宋人的生死观是复杂的，难以简要概括的。归结于宋代多元的思想交汇，并对宋人产生潜移默化的影响，形成独特的、不同于前朝的生死观，

图 5 白沙宋墓一号墓前室东、西壁壁画
（来源：《白沙宋墓》）

图 6 白沙宋墓一号墓妇人启门石雕
（来源：《白沙宋墓》）

他们既致力于现世美好又渴求来世的愉悦，既认为死后不复存在又抱有视死如生的信念，而这些对于生死的观念均在白沙宋墓一号墓中得到了验证。本文立足于宋代社会背景中分析宋代砖室墓所呈现的结构与装饰，发掘其中的思想内涵，以此让古代丧葬文化被今人更加深入地了解。

参考文献：

[1] 王银娟. 宋代市、镇的起源与发展研究 [J]. 今古文创, 2021(18):63-64.

[2] 张丽丽. 中国殡葬制度演进的经济学研究 [D]. 北京：北京工业大学, 2020.

[3] 刘未. 门窗、桌椅及其他——宋元砖雕壁画墓的模式与传统 [J]. 古代墓葬美术研究, 2015:227-252.

[4] 李清泉. 空间逻辑与视觉意味——宋辽金墓"妇人启门"图新论 [J]. 古代墓葬美术研究, 2011:329-362.

[5] 姚卫群. 佛教的"轮回"观念 [J]. 宗教学研究, 2002(3):63-71+145.

垒石为居——环境伦理观下的纳西族民居营造特征研究

王珩珂 梁军

四川美术学院

摘要：环境伦理学旨在系统地阐释有关人类和自然环境之间的道德关系、伦理信息和行为规范的理论体系，在人地关系的认知中起着重要作用。纳西族在其长期的人地相处相处中形成具有本民族特点的伦理思想与道德观念。本文基于环境伦理观的视角，从纳西族的神话传说、迁徙历史等维度，梳理纳西族环境伦理观的形成原因，并结合俄亚大村纳西族民居的具体情况，分析其村落择居、建造结构、建造过程和内部空间等营造要素中的环境伦理观，从而为探索符合现代人的居住环境和生态伦理的新模式。

关键词：石材；环境伦理观；纳西族；俄亚大村；传统民居

一、环境伦理观的产生与发展

环境伦理观是对建立在一定环境价值基础上的人类道德行为规则的研究，在承认自然有其"本质的价值"的基础上，形成人与自然的和谐新伦理关系。

（一）西方环境伦理观的产生

20世纪60年代席卷而来的环境危机，迫使西方不得不反思是否继续目前的人与自然相处模式。70年代兴起的环境伦理受到广泛关注，主要流派包括人类中心论、动物权利论、生物中心论、生态中心论、大地伦理学等。虽不同流派间各有分歧，但其核心理论均以论述生物和自然所拥有的固有价值应当使他们享有道德地位并获得道德关怀为主。

（二）中国传统自然伦理观

由于中国传统思维惯例使然，中国的伦理探讨都以实现人伦关怀、人际关系为基点和准则，很少涉及人与自然的伦理关系。儒家文化人与自然的关系表现在"天道人伦化"的观念中；道家文化人与自然的关系体现在"道法自然""无为而治"的观念中。整体而言，中国传统自然伦理观重视事物间的普遍联系性，提倡遵从自然的固有规律，强调人与自然的和谐共处，形成"天—地—人"三才共生、天人合一等观念。

（三）纳西族的环境伦理观

纳西族的环境伦理观是先民们在实践活动中的初步经验和感觉基础上形成，由于对自然形成的长期依附，人与自然之间关系的重要性远远超过了人与社会关系的重要性。虽然纳西族受汉文化的影响，都强调人与自然间"兄弟般的平等共处"观念，肯定人是自然界的一部分而非凌驾于自然界之上的存在。但纳西族的环境伦理观还蕴含着万物有灵的自然本体观念，以及在享受自然恩惠过程中，对自然的"还债"与"赎罪"的敬畏意识。

二、纳西族形成环境伦理观的主要因素

纳西族主要居住在滇川藏交界的横断山脉地区，作为古羌文化的支流之一，由于其宗教崇拜、地理环境、迁徙历史及多族源民族等因素影响，使之形成特殊的环境伦理观。

（一）自然环境塑造的神话形象

1. 自然本体的创世观

神话是人类在实现理性认知前，了解世界及与自然相处的方式和准则，"是已经通过人民的幻想用一种不自觉的艺术方式加工过的自然和社会形式本身"。纳西族神话史诗《创世纪》不同于其他民族的神创论，而是认为万物由自然演化，《东埃术埃》中的"居那什罗大山""赠增海鲁大石"等形象，都是生活中的具体事物，纳西先民们把自然物神化并作为崇拜的对象，随之形成相应的神话形象和自然秩序。

2. 万物有灵的伦理观

在纳西神话传说中，纳西族人与自然的关系如兄弟相互依存，并从神话传说中概括出自然的化身"署"神来约束人的行为，"地界为人与署共有"，东巴经《祭署》中提到：在东巴什罗和神鹏的调解下，署与人签订了互不伤害的条约，规定了人与自然的责任与权利。"人类应遵守：勿射玉龙鹿；勿捕金江鱼；勿狞林中熊；莫毁高山林；莫污江湖水。自然神应遵守：不让狂风卷冰雹；不让山崩洪流起；不让天响炸雷地震荡；不让人畜遭病难生存。"纳西族对"署"的崇拜意识一方面反映了先民对自然的依赖性，另一方面则反映了对自然神性的恐惧与敬畏。木丽春将这种关系总结为，先民通过对自然的"还债"，解除对自然喜怒无常的畏惧，谋取"万物有灵"之间的平衡，以获得自我的宽慰和释然。这一环境伦理观虽无明确系统与规范，但对当时的纳西先民却有很强的约束力。

（二）迁徙历史中的鲜明烙印

20世纪30年代以来，不少学者对纳西族的族源有过考证和研究。目前学术界对纳西族族源的主要看法是"羌人说"和"夷人说"。其中"羌人说"占主导地位，即"纳西族渊源于远古时期居住在我国西北黄河、湟水一带的羌人"，一路由北至南迁徙，最终迁徙至"英古地"（纳西语，指今丽江）。"夷人说"则认为我国"古代西南民族中常与羌人相混淆实则是独立的'夷人'族系"，其中的'旄牛夷''白狼夷'正是纳西族先民中的一支。虽然说法不同，但各种论证都表明纳西族是多族源民族，在民族文化分化、发展和交融中既保持这本民族的特性，又吸收外来文化加以转化利用。

1. 迁徙中的选址、空间方位与自然的关系

《崇搬图》（纳西语，意为《创世纪》或《人类迁徙记》）作为纳西族最具代表性和研究价值的东巴经，详细记载了纳西先民迁徙过程中暂居地的选择和路线：先南下至岷江上游的四川木里一带，后往西今云南中甸白地，丽江大具、白沙等地，最后抵达丽江并定居。途中顺水而涉，靠山而居，暂居地的选址多是傍山伴水之地，一方面是由于水作为生命之源，民众的生活离不开水，另一方面则为避免突发洪涝，依山而居可确保进退得当。

在迁徙历程中，人的感知与自然地理之间浑然一体，由此形成了纳西族对方位的特殊表达方式。在纳西族自己的东巴文中，以"太阳"的升落代表东、西，以日出表示"东"，以日落表示"西"；由于在迁徙过程中沿途的河流如金沙江、无量河多为自北而南，因此以水头和水尾辨识南、北，水头为北，水尾为南，两者合一即为"水"。纳西族的空

间感知与自然之间的高度融合体现其对自然的发现、欣赏和认同等环境情感，间接或直接影响环境行为，对人们生态文明行为存在直接效益。

2. 多民族融合中居住形式的嬗变

纳西族作为河湟地带南迁的古羌人后裔，受黄河流域文化影响，其最初居住形式表现为穴居（图1）。另据东巴经所述，纳西先祖逐渐从树上移居至地面、洞穴再到搭建帐篷，后为适应干冷高寒的气候条件，出现以土石木为结构的土墼房、碉房、木楞房等。由于纳西族属多族源民族，且迁徙过程中与不同民族交流碰撞，深受汉族、藏族等影响，逐渐出现仿汉式与邛笼式民居。其中仿汉式民居以丽江大研古城为代表，邛笼式民居以俄亚大村为代表，纳西族传统民居木楞房则主要分布在永宁地区。

在不同阶段纳西民居经历不同类型的居住方式：

（1）穴居：作为人类居住的原始形态，当以天然洞穴等穴居状态为主，在泸沽湖畔及周围洞穴内发现石斧、石刀、石坠子等生产工具也佐证了这一居住方式。史籍上曾有"么些洞蛮"之说，东巴经也载有纳西先民的"穴居"情形，纳西族地区至今还有灵洞崇拜的习俗。

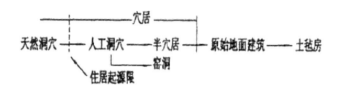

图1 穴居发展序列图（来源：《云南民族建筑研究》）

（2）帐篷：主要为纳西族尚在西北草原道牧时期的居住形式，为其放牧游猎提供住宿功能。据文献所载，古羌人的居住样式大致为"其屋，织牦尾及羖羊覆之（表1字1）""有栋宇，织毹尾、羊毛覆之，岁一易。"

（3）窝棚：从西北迁入西南山地之后，纳西族社会功能由游牧逐步转变为半农半牧，居所也开始相对固定，为适应山地树木繁茂的特点使用窝棚代替帐篷。其屋顶材料由木板、树枝等替代织毹尾和覆羊毛，起到遮光、避雨的作用（表1字8）。

（4）木楞房：在纳西语中称"细里吉"，是纳西族地区分布范围最广且流传时间最久的传统民居形式。其建筑形态为"惟土官廨舍用瓦，馀皆板屋，用圆木四围相交，层而垒之，高七八尺许，即加椽桁，覆以板，压以石。屋内四围皆床榻，中置火炉并炊爨具"。

表1 东巴文字中出现的建筑意向

编号	1	2	3	4	5
文字					

编号	6	7	8		
文字					

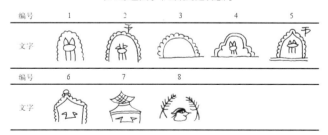

（来源：潘曦《纳西族乡土建筑建造范式研究》）

（5）石砌（邛笼式）民居：受到藏族的影响，多出现在明代木氏扩张时期形成的藏区纳西村落，其中俄亚大村为典型代表，建筑形态上体现为"众皆依山止，累石为室，高者至十余丈为邛笼。"

（6）仿汉式民居：明清以来，随着经济社会发展以及受中原文化的影响，丽江纳西族地区逐渐开始建盖木架结构和土墙瓦顶的民居建筑，我们可将其称之为仿汉式民居。清朝"改土归流"后，汉文化的影响进一步加深，仿汉式民居在纳西民间开始普及。

三、俄亚大村纳西族民居营造中的环境伦理观

俄亚大村隶属四川省凉山州木里县，位于云川两省交界处。"俄亚"系纳西语，意为山上的岩包，村内共有240多户人家，1700多人，以纳西族为主，民居形态多为平顶式石砌民居。作为《送魂经》上明确记载的纳西族迁徙地之一，加之四周崇山峻岭、龙达河（金沙江三级支流）环绕，且纳西族居住较为集中，因此俄亚大村仍完整地保留着纳西族传统生活方式和民居形态（图2）。

图2 俄亚大村民居形态及村落剖面

（一）地发千祥：村落择居中的生态观

据《木里县志》记载，俄亚最初是"无主之荒"，明代丽江木氏土司的管家途经此地播种见土地肥沃，遂带领部分纳西居民来此定居。由此可见纳西族的择居与农业活动息息相关，通过纳西先民开荒种地，把荒野农田化的过程，也形成了对土地的依存和深厚情感，在此过程中，人类活动本身就是自然生态系统的一部分。俄亚大村依山傍水，对岸是龙达河冲积下形成的平坦凹岸，该区域土地松软，地基不稳，适宜耕种而不利于修建房屋。因此村落民居聚居在河湾地凸岸，看似陡峭，但底部巨石能有效阻挡山体滑坡，经过长时间的风化形成了相对安全的地质条件（图3）。俄亚大村在选址的考量上体现出纳西族与自然长期相处中形成的乡土智慧和生态观。

图3 村落择居与周围环境的关系

（二）木石之心：建造结构中的宇宙观

俄亚大村纳西族在建造新房前，请东巴折算动土和伐木的时间，然后择地取材，首先请中柱（纳西语"蒙杜"，"蒙"的含义是天，"杜"的含义是支撑，意为顶天柱或擎天柱），中柱需由与房屋主人本命相和的大木匠砍下，未砍伐前在树上标记出东方的朝向，立柱时中柱的朝向必须与东方一致。立柱当天东巴举行仪式，诵读经书，经书名为"蒙杜晓"（纳西语音译），以这种方式向上天宣示村落里多了一户人家，希望得到上天庇佑。

纳西族认为中柱承载着人神沟通媒介的精神功能，是纳西族传统宇宙观在民居建筑文化中的具象表达。"在纳西人的观念中，宇宙是被放大的屋宇，而屋宇则是浓缩的宇宙"。纳西族认为宇宙以"居那什罗大山"和"白铁擎天柱"为核心，太阳与月亮被拴在中央铁柱上，四方各立有四根天柱以撑天地，由此形成"独柱擎天，五柱支撑"的宇宙结构（图4）。《崇搬图》所记载的不仅是纳西先祖观念中的宇宙结构，也是纳西族建造民居的结构格局，神山与擎天柱即是民居中的"蒙杜"（图5），这根中柱是民居的主要承重柱，它比竖于四角的柱子稍矮，

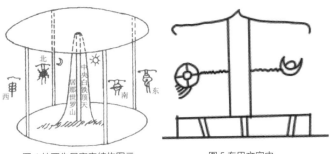

图4 纳西先民宇宙结构图示
（来源：转引自田松《人神交通的舞台》）

图5 东巴文字中，
即指代民居中的擎天柱

使整个房屋的重量都主要承压其上，民居的后续营建、火塘的布置都与中柱息息相关（图6）。因此纳西族民居建造过程中，最为重要的环节就是中柱的选取和立柱仪式。

（三）垒石为居：民居营造中的自然观

民居营造过程中，纳西族善用乡土材料，对自然的依赖较大（表2），形成了以木作支撑，块石砌墙，白土盖顶的平顶碉房。以石材作为主要材料，不同质地的石材在建造过程中有不同的用途。地基选用河里质地较硬的卵石，墙体选用山上受到风化后易于加工的石块；屋顶的檐口使用页岩；石块之间用水与黏土混合用作垒砌时的粘合剂，整体形成了垒石而居的民居形态。

图6 俄亚大村民居中的中柱

俄亚大村石砌民居建造过程主要分为四个步骤（图7）：

第一步：场地找平。挖基槽并对其夯实。大石块砌基脚，缝隙处用泥与碎石填充，填充的紧密程度直接影响到房屋的稳定性。第二步：立框架。首先立中柱，随后完成其余木框架的搭建，最后垒砌石墙，当石墙达到二层木框架高度后继续搭建三层木框架。第三步：砌墙体。俄亚大村民居墙体多为岩石垒砌而成，优势在于结构稳定，但砌筑工艺复杂、用时长。在垒砌墙体时要注意：①石墙与地基的处理方式。选用大石块作为墙体基础，增加其与地基的接触面。②石墙堆砌的处理方式。石块四周需要相互错缝堆叠，用碎石与黏土填充大石块之间的缝隙，并在垒砌时放入木筋拉紧石墙，从而增强石墙的稳定性。③石墙的收分。在建造过程中，工匠保持石块的向内微斜，同时墙体的厚度整体由下至上递减，形成向内倾斜（收分）的趋势，有利于减轻石墙的自重。④石墙转角的处理。石墙转角处结构复杂，修建时往往会采用大石块，以上下交错的方式相互叠压，错缝处借片石填充，以稳定建筑结构（图8）。

第四步：修屋顶（图9）。屋顶一般挑出600~800毫米，最外侧砌页岩，泥土隆起100毫米的"围子"用于引水，排水口用石板垒砌，以保护屋顶下裸露的木结构。首先在木梁上用原木铺设檩条；随后用三角形的木料（长度约为800~1500毫米）与檩条横向垂直铺设，铺完依次铺设木料、树叶或者稻草、稀泥，重复铺设多层直至形成厚度约为（300~800毫米）的屋顶基础层；最后在屋顶上铺约100~120毫米的生土，用木锤夯实形成屋顶的面层。由于屋顶的铺设工序繁琐，因此当地居民也将屋顶的厚度视为身份与财富的象征。

（四）生生相续：民居空间中的伦理观

由"蒙杜"、火塘和"格咕鲁"（神龛）构成的空间格局，形成了纳西族民居的核心空间，是纳西族民居的统一空间格局。在具体分布上俄亚大村民居多为三层，以"间"为空间单元。最底层为牲口圈；核心层为主屋，火塘位于该层，家族的祭祀、交流、用餐都在此进行，围绕火塘设置卧室、储藏室；顶层主要作为储物、晒坝和青年男子的单间住处（图10）。

俄亚大村处于父系社会，其核心空间是以男性为尊的单火塘，单中柱空间。火塘作为家庭居住、交流等活动的中心，整个房屋的建造都围绕这一中心开展，其余功能空间呈放射状向四周、楼上发散分布。

火塘是纳西族的"自然崇拜"与"祖先崇拜"体现。一方面，在古

图7 俄亚大村石砌民居建造步骤

图8 俄亚大村民居石墙垒砌

表2 俄亚大村民居主要建材表

材料	用途	特性	对应特点
生土	屋顶、黏合剂	隔热性好；材料易得、易加工；使用年限有限	冬暖夏凉；施工便利；易损坏
木材	梁柱、门窗、楼板	材料轻盈；材料易得、易加工；易变形；易燃	自重小，跨度大；施工便利；易损坏；易发生火灾
草、松叶	屋顶片子之上	材料易得、易加工；易变形；易燃	施工便利；易损坏；易发生火灾
石材	修整场地；砌地基、砌勒脚；做柱基、做墙体	材料易得、难加工；材质坚固	施工便利；地基坚实

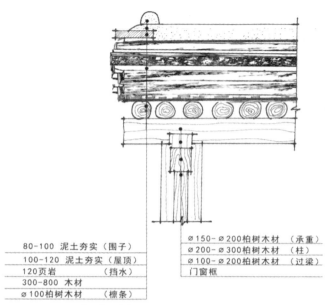

80-100 泥土夯实	（围子）	Ø 150- Ø 200 柏树木材	（承重）
100-120 泥土夯实	（屋顶）	Ø 200- Ø 300 柏树木材	（柱）
120 页岩	（挡水）	Ø 100- Ø 200 柏树木材	（过梁）
300-800 木材		门窗框	
Ø 100 柏树木材	（檩条）		

图 9 俄亚大村民居屋顶结构（单位：mm）

羌人游牧迁徙时期，"火与石"作为当时生活与生产活动的支撑，受万物有灵观念的影响，形成纳西先民的崇火观念；另一方面，也是先民"刀耕火种"的纪念。火塘一般位于民居的二层，具体方位由东巴根据主人的五行属相推算，形态为高脚式平台型，高约 0.5 米（图 11）；火塘角落设置有神龛（格咕噜）朝向东方，与中柱相对，作为东巴念经的地方；与神龛相连的两侧铺有与火塘同高的木床，火塘内侧为男性座位，外侧右侧为女性座位，两侧均以离神龛近的位置为尊。火塘中心供奉有纳西族第十八位禄神"家畜神"的神位（纳西语"昂纵巴拉"），每日三餐必须先祭祀后才能进食，通过这种仪式体现出纳西族对自然的敬畏与感恩。

四、纳西族环境伦理观对现代居住环境的影响

（一）自然本体意识的回归

从纳西族的神话传说、民俗活动和民居营造等方面，我们可以窥见纳西族人民与自然和谐相处的伦理对照。他们通过自然获得生存资源的同时，尊重自然本体论，认识到自然的固有价值，对土地有天然的敬畏之心。几十年来的工业化生产对自然构成了巨大破坏，近年来人们提倡为子孙后代和更长久发展关爱土地共同体，看似从土地共同体的整体利益出发，但仍是基于人类利益来思考土地利益。纳西族所信奉的非人类中心主义的环境伦理观则提供了另一种视角：自然不在人之外，人也不是自然的主宰者，自然本身就是一切生命的集合，人只是其中的一环。美国环境思想先驱奥尔多·利奥波德在《土地伦理》中提到：土地的伦理关系，只有在对土地的热爱、尊敬和赞美以及高度认知它的价值的情况下才能产生。这种对自认本体意识的重视和对自然固有价值的认可与

图 10 俄亚大村民居内部空间

图 11 火塘与神龛

纳西族不谋而合。

（二）诗意栖居的居住模式探寻

诚然，在生活方式转型中，纳西先民"在面对和处理人与自然的关系方面，是以追求两者的和谐协调为最高、最终目标，"这与当代生态意识的价值取向高度一致。纳西族居住中所蕴涵的人与自然平等的意识、万物有灵的主张、随势生机的择居方式，对于我们今天建设和谐、可持续发展的社会模式具有现实意义，是碎片化与刻板化生活中对田园牧歌式美好生活的寻觅。

参考文献：

[1] 陈正勇. 自然、神性与美 [D]. 上海：上海师范大学, 2008.

[2] 潘曦. 纳西族乡土建筑建造范式研究 [D]. 北京：清华大学, 2014.

[3] 王南林, 朱坦. 可持续发展环境伦理观：一种新型的环境伦理理论 [J]. 南开学报, 2001(4):69-76.

[4] 田松. 人神交通的舞台——传统纳西族的创世神话及宇宙结构分析 [J]. 自然科学史研究, 2007(3):334-351.

[5] 者丽艳. 云南少数民族传统文化中的生态伦理观 [J]. 云南民族大学学报（哲学社会科学版）, 2010,27(1):51-55.

[6] 李本书. 善待自然：少数民族伦理的生态意蕴 [J]. 北京师范大学学报（社会科学版）, 2005(4):89-95.

[7] 君岛久子, 白庚胜. 纳西（么些）族的传说及其资料——以《人类迁徙记》为中心 [J]. 民族文学研究, 1985(3):131-134+145.

[8] 白庚胜. 东巴神话研究 [M]. 北京：社会科学文献出版社, 1999.

[9] 利奥波德. 沙乡的沉思 [M]. 侯文蕙, 译. 北京：新世界出版社, 2010.

[10] 田松. 还土地以尊严——从土地伦理和生态伦理视角看农业伦理 [J]. 兰州大学学报（社会科学版）, 2015,43(4):114-117.

中日古典庭园置石文化与方式差异探究

张泽桓 彭军 孙奎利

天津美术学院

摘要：中国石文化拥有辉煌灿烂的历史底蕴，"室无石不雅，园无石不秀"，理水置石素来在庭园营造中占有重要地位。中国古典园林作为东方园林的代表与日本园林存在差异性的同时有着极强的联系性。在经历时代更替环境变迁的历史长河后，纵观两者传承脉络，形成了相互影响融合又在地化发展的局面。本文从"石"所处的文化环境到庭院空间再到具体置石营造方式三方面，探究总结中日古典庭院置石的文化、方式、理论差异，提出我国新中式设计中置石营造应吸取优秀经验的同时，需认识两者差异，拒绝文化混淆，在发展创新中秉持本国特色。

关键词：中日古典庭园；石景；石文化；当代转化

庄子"天地与我唯一，万物与我并生"的自然哲学观点与佛法中"芥子纳须弥"融合"人即宇宙，宇宙即人"的精神建构自古蕴藏于中国传统古典园林的内涵中，人们痴迷于将自然之壮阔凝意于方寸庭园之间。"石令人古，水令人远，园林水石，最不可无"，[1]掇山置石对于石的欣赏、山姿的凝练始终伴随着古典庭院的发展。作为东方庭园代表的中式庭园与受中国文化形象后本土化发展的日式庭园，两者都具有浓厚东方文化意蕴的同时基于本土石文化的不同特点形成中日"豁达山水"与"禅心枯寂"风格迥异的掇山置石之法。

一、文化之异，中日石文化意趣特点与历史成因

（一）庭园中的架构灵魂与支点

1. 置石在庭园空间中的功能性

置石在庭园中起着作为庭园主景与划分空间的作用，是古典庭园中空间组织手段之一，通过掇山置石的空间营造组织庭园空间结构（图1）。禅宗园林狮子林更是有着"假山王国"美誉，其庭园中以假山堆砌分割，整体分为上、中、下三层，拥有曲径九条，洞口二十一，竖向力求回环起伏，横向极尽迂回曲折，洞穴深幽，蹬道参差。并且在运用拓扑学与空间句法理论研究后发现，其内部假山路径被量化后的拓扑结构形态呈现树状与链状结合的迷宫空间，表现出其特殊的空间置石营造方式。[2]空间的透明性以"瘦""漏""透""皱"的石材表形，与罗伯特·斯拉茨基（Robert Slutzky）和柯林·罗（Colin Rowe）的《透明性》中对建筑空间的"时间与空间""透明性""相互渗透"等因素对空间的颠覆性影响的观点有着相互耦合的呼应关系，充分地将假山石景的观赏功能与空间特性融合于庭园景观中[3]。

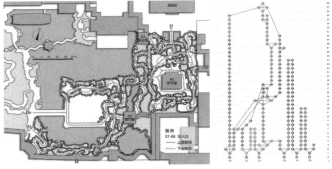

图1 狮子林主假山平面与拓扑结构图
（来源：《基于空间句法的狮子林主假山神秘性分析》）

2. 置石在庭院审美中的艺术性

中国景石审美的根源性在于儒家思想的"以人为本，山水比德"；道家思想的"道法自然，道生万物"；禅宗思想的"小中见大，万物心生"，三方世界观交合共通中，产生了中国古典赏石的独特审美标准："瘦、露、透、皱、丑"。[4]"瘦、露、透、皱"点出对于景石假山的外形姿态偏好，"丑"字则是对这四字的高度凝练，这种对于景石"艺术丑"的审美偏好追根溯源是由于儒、道、禅三大思想背景下的山水画意境与技法的影响。山水画的景物构成发展由魏晋、隋、唐代的天上人间式的人间仙境到元、明、清代的三叠二段式的玄远超逸之境，是由"有我"到"无我"的过程[5]，这一发展反映了作者主观的发挥想象、运用技法描绘心中之景到置石造园者寻找画中之石的过程。故景石之审美意蕴是经过古人山水画作时心灵感知、凝其神韵又反馈现实造园选石的长久打磨而成，蕴含着独属于中华的东方意蕴。

（二）天人合一，文人之气——中国石文化

1. 玉石比德

玉石的道德化是春秋时期由儒家发起，在周朝的逐渐衰败中，儒家将玉石推崇为道德的象征。将玉描述为"击声清越疏远，色泽皎洁，质地坚硬缜密，性情温泽细润"将对谦谦君子的品德向往寄托于玉石之中，在漫长的岁月中形成了对玉石不同寻常的道德情感倾向，成为君子灵魂的凝结物，通过玉石的形态气质看到儒生士人精神在其中的精神镜像。孔子于《礼记》中赋予了玉"十一德"，同时也是儒家全面的道德规范，即德、仁、天、地、义、知、礼、忠、信、乐、道。在人们对石认识的漫长岁月里，玉石的品德内涵便伴随儒家精神在中华石文化中上深深扎根了。[6]

2. 奇石藏赏

对天然奇石的追求由人们最初的猎奇心理萌芽，随着时间的积淀，奇石的收藏与欣赏与山水画相互交织沟通，藏石者追求名画石谱中拥有绘画技法味道的瘦、皱、漏、透特征之石。人们对于奇石的钟爱从石姿种类的记录中可见一二，宋代《云林石谱》其中序篇记录"南宋绍兴三年，当朝重文轻武，上至皇帝，下至臣民，迷石者众。"明代《素园石谱》以杂谈趣事的形式记录了当时人们赏石事迹、坊间趣事。

3. 尊山敬石

同时，传统文化中诗词歌赋、山水画卷对山有着大量的描绘，中国人对山向来是尊重的。集藏族建筑之大成的布达拉宫建于普陀山之上，是西藏建筑艺术、绘画、雕塑、工艺美术等集中的代表，其依托于佛教圣山的山势，形成了人与天与自然的统一，使得布达拉宫成为藏传佛教的朝圣之地。我国这种人借山势的例子并不少见，雷峰塔巧借自然山势，

致使"雷峰夕照"成为西湖经典风景之一，泰山之势作为五岳之首，自古留下诸多名言佳句，泰山石刻也成为其在历史长河中逐渐积淀的文化瑰宝，人们更是热衷于将泰山之石置于院落中作为镇院之石，"一石安则全家安""稳如泰山，安如泰山"之类安宅镇院观念深入人心。

4. 神石传说

关于石的尊重与神往也体现在民间传说中，如将石看作镇灾灵石的"女娲补天"中的"五色石"，"女娲补天"这个惊天动地、扭转乾坤的神话反映的是原始先民与自然灾害间的殊死搏斗，展现了朴素的济世精神。天破了"五色神石"可以补，社会腐烂了人可救。又比如石镜类传说，神话中的"石镜"能鉴人毫发、辨别奸邪、识人善恶。

（三）敬畏自然，石中有灵——日本石文化

日本对于石头的信仰传说与中国有着不同的特征内涵。日本石崇拜更加接近于对自然的依赖、敬畏，认为山川大地石头有神灵附着，对石头的看法并没有我国文人游赏的惬意，更多是将石、自然、神灵联系，隐含更多宗教信仰成分。如祈祷风调雨顺的"雨之岩"，日本福岛县伊达郡守护百姓的"牛石"传说，日本福冈、长野、静冈、福岛等地"子持石"的求子石传说，日本宫城县有"成长石"的传说，他们相信石头可以如同人类一样随着时间而成长，相信灵魂是寄居在石头里面灵魂的成长增殖与分裂，影响着石头的形态变化。

（四）本根同源，两国石文化联系

中国在石文化上主要有的赏石文化、礼制文化、玉石文化、尊山文化，由儒家、道家以及封建礼制所影响，形成我国气势磅礴与恬静悠闲并存，文人气十足的东方大国石文化。日本石文化主要因中国文化传入进而与本国地理环境、人文因素融合演变，受中国传统哲学思想、禅宗思想、文人思想、茶文化、山水画影响，形成宗教气息浓厚，可远观不可亵玩的敬石文化。

从中国传统思想和历史的角度看，儒家思想一定程度上是日本庭园理性的理论基础。在中国传统文化和思想的影响下，日本庭园结合自身宗教信仰、文化、风俗等在地因素形成日本造园文化。"象征式庭园"的设计手法是深受"道法自然"的道家思想所影响，而走向宗教园林是因深受中国佛教文化影响，并且随后与本土神教结合产生禅宗佛教。中国古典园林与日本庭园的相似性是由两国历史上长期的文化交流与融合以及同源的造园哲学思想所决定的。

二、庭园之异，中日庭园处理方式差异

（一）中日庭园发展历史沿革

两国古典庭园的发展受各朝代的诗词、绘画意境等人文思想影响，更受到宗教与统治阶级思想左右。中日两者庭园设计原则的差异，不但是影响庭园形式的重要因素，也对两国庭园景石的处理手法影响深远。

图 2 汉建章宫一池三山园林
（来源：网络）
（汉朝 - 宫殿 - 建章宫）

图 3 留园石林小院庭园置石
（来源：网络）

1. 中国古典庭园发展

由商周产生到清朝结束，界定了中国古典园林数千年的悠久历史。[7] 据史料对于园林的最早记载，从周文王开始营建宫苑始，中国园林已有数千年的历史，起初称其为"囿"。早期主要构筑物是用于祭祀、狩猎的"台"。在其漫长的发展历程中，主要有三个历程阶段：首先是汉代"一池三山"的布局形式，其次是以自然山水园林为主的魏晋南北朝，以及"写意山水园林"的隋唐至明清。历史社会背景驱动庭院风格变化，如自然山水园的形成就是因魏晋南北朝时期的国家分裂动荡，士大夫转而遨游山水、寄情田园才逐渐形成。宋元时期山水画盛行，形成写意山水园林。景石作为庭园的重要构成元素，在其中的角色也由"一池三山"的通神性、宗教化逐渐发展为注重山水意境的自然之趣。

2. 日本古典庭园发展

古代、中世、近代是划分日本古典园林的三个主要阶段。古代园林：飞鸟、奈良时代（593~794 年）是中国魏晋自然山水园的引进期，平安时代（794~1185 年）是日本式池泉园民族化时期，枯山水在此时著作的《作亭记》中首次被定义；园林的佛教化是在中世园林阶段的镰仓、南北朝、室町时代（1185~1573 年）；近世园林是园林茶道化的桃山时代（1573~1603 年）与园林佛法、茶道、儒意的综合期的江户时代（1603~1867 年）。根据日本造园古籍谱系的研究整理，日本庭园由最早有记载的奈良时代使用朝鲜半岛传去的建筑与中国风的桥组合造园，到平安时期将很多园林称为"唐人之作"，中世时期（1184~1572 年）宋元禅宗文化交流引入，日本园林游憩性转而偏向宗教性进而发展至今，其中能够看出中国文化对于日本庭园发展的巨大影响。

（二）庭园审美意蕴之异

中日庭园审美意蕴差异上上可从文化上的书香与禅意、情绪上的乐感与物哀、视觉上的中和与枯淡做总结对比。浓浓的书卷气是文人园林作为中国传统庭园主体的主要特点，而日本则主体是具有浓厚宗教色彩的僧人、武士园林。两国不同格局的原因在于中国文人园是园林主体，私家园林逐渐同化了宗教寺庙园林，而日本反之，成为宗教的主要载体，两者使用主体不同[8]。

儒家"乐志论"与道家"适意说"作为中国传统庭园意境两大立足点，体现了理性豁达乐观态度。这体现的是一种"乐感文化"，李泽厚先生认为这不只是儒教的文化教义，在漫长的文化涵养下，已经是一种文化结构、民族性格。与中国庭园赏玩游憩的"乐感文化"相对的是日本庭园受禅宗所影响的超然出世的"彻悟心境"，此种情绪上的乐感物哀差异是由两者园林使用主体不同造成的，是书香与禅意的情绪衍生。

视觉上的中和与枯淡之异在于中国庭园讲究《老子》中"万物负阴而抱阳，冲气以为和"的道家阴阳平衡；《论语》中"和而不同""过犹不及"的和谐多样组合，体现在园林景观中就是建筑、花鸟、理水、置石等多种元素的丰富搭配与阴阳平衡。与其相对的是日本庭园中追求禅味极浓的枯淡之美，是背负着"宿命""宿世"重负的佛教意味，常感人生短暂、罪孽深重。

三、手法之异，中日古典庭园置石处理对比

（一）观赏景石类置石营造对比

中国庭园景石讲究"有法无式，精在体宜，妙在因借"，其脉络气势与画理相同，这一点与日本的差异在景石类置石手法中体现得尤为明显。首先，如孤置、对置、特置、群置均有其鲜明特点，却无严谨明确的教条化摆放要求。这一点与日本置石代表性的"组石法"有鲜明的差异性，组石法按固定的石组摆放，形成了一定的标准置石组合。其次，中日庭园置石皆是模拟自然山水，以求在园内凝练自然之势，但中国石景营造是建立在文学意境追求上，模仿山水画中的画面景象，相区别的日本石景受宗教文化影响更甚，对石组的处理有明确的宜忌，支配性强，同时运用大量的象征性与抽象性表现。再次，中国在置石的运用上有大体量的假山，叠石亦是园林造景的重要元素，讲究叠、挂、撑、竖、垫、钩、压、挑、拼等技巧，而日本石景主要在置石艺术领域，并在枯山水中将其推向极致，并未向叠石艺术发展。（表 1）

（二）功能使用类置石营造对比

在庭园中功能性的石元素差异上，中国呈现出对石"容纳"的使用手法，石元素是庭院组成的重要元素，但其对石的处理是融合于自然之中，庭院中的不同元素融合共生，这也反映着中国园林师法自然、寄情山水的场域观念。而日本庭园中的石元素与其置石组石的手法近似，根据表 2 总结的部分功能石特点表明，每块功能石都是庭院中的单独组成元素，有其特有的功能，这点与中国的元素融合不同，每块石头的摆放有着明确的要求。如中国的"踏跺、蹲配"，被用作建筑入口的石材构

建，但其从功能性视角来看是作为建筑的补充，作为建筑的构建、附庸，而日本的亭主石与客石在是庭园组成部分的同时有着专属于自身的功能模块。

（三）造园理论古籍内容差异性

中国造园理论讲究有法而无式，描述意境画面。而日本造园理论则有大量的具体置石方式，如位置宜忌、石组摆放组合。《园冶》作为中国明清园林技术总结，拥有较强的文学性，其华丽的辞藻并没有具体描述叠山理水、造园技术的技艺细节。这表明中国古典园林置石造景缺少基础技术传承，一定程度上是因对工匠技术的轻视[9]。日本庭园中，橘俊纲写成了世界上第一本造园书籍《作庭记》。自江户中期以后，主要文献有：技术专著《筑山庭造传》《筑山染指录》，绘画造园书籍《大和名所图会》《都林泉名胜图会》等，将造园手法技艺归纳总结，完整地保存了本国各时期的造园形式、风格、技艺手法（表3）。由此看出日本园林著作对于本国庭园营造的记载与总结注重细节，更注重术[10]。

从两国造园理论区别可看出，日本对于庭院置石营造细节、工匠技艺要求严格，促进了一代代传承与现代转译，间接影响着园林营造技艺的传承，是日本古典庭院如今仍然广泛应用于现代设计当中的原因之一。

（四）新中式庭园置石发展问题

新中式庭园设计中存在元素堆砌与中日混淆现象，新中式风格近些年广受大众青睐，但现状是不同设计良莠不齐，存在元素堆叠、折中主义现象。中日庭园景石的不同处理手法，反映了中日文化哲学观、审美观、价值观的诸多不同，绝不只是视觉上的丰富与简洁之分。因此，针对我国新中式置石的发展，设计者更应深入了解两国古典庭园差异，正确弘扬本民族文化。借鉴日本庭园置石中注重工艺细节的发展经验，融入现代主义设计、少即是多，进行现代转译。

四、化形存意，新中式庭园置石当代转化发展

（一）化形取意，意蕴传承

"以壁为纸，以石为绘"，苏州博物馆中片山石景的营造在其建成后大红于网络，大面积的水池像极了水墨画中的"留白"，笔断意连，清晰的轮廓倒映于水中，延伸无穷。其利用水面将石与游客隔断，同时巧妙地设计以游客的固定观赏位置，以白墙为纸，石为墨，临水而建，有序堆叠，营造出一幅特别的泰山石山水画卷。运用极浓的山水画韵味塑造了中国古典庭园的现代置石转化。贝聿铭认为这是在苏州博物馆有限的空间里做石头假山的一种方式，用石头在三维空间里重新阐释米芾作品《云山图》的一种尝试，既有现代艺术的简洁抽象，又有传统山水画的空灵神韵。以苏州博物馆为代表的片山石景是新中式庭园置石的代表手法之一。（图4）

表1 观赏景石类中日常见置石手法对比

（来源：根据参考文献整理绘制）

表2 部分中日古典庭园功能类置石对比

（来源：根据参考文献整理绘制）

表3 日本造园古籍年表

（来源：《基于造园古籍谱系的日本园林观念演变探析》）

图4 苏州博物馆置石（来源：站酷 ZCOOL）

（二）空间提炼，删繁就简

在假山的现代转化上，近些年出现大量园林假山现代转译、山水画中的空间提取等研究内容及设计案例，绩溪博物馆在其徽派建筑现代转化设计的基础上，景观空间中使用传统园林假山的几何转化，在保留原有树种的同时使用集合转化的抽象假山作为景观空间中的串联元素，与其现代转化的徽派建筑相辅相成，与建筑性格保持一致，此种庭园景石营造方法已不是石质但有石魂，其简化的形式语言所表达的场所精神仍是中国传统韵味的山水空间。（图5）

（三）文化汲取，质朴天成

在现代商业性新中式景观中，其中石景营造一定程度上吸取了日本枯山水置石的优点，向简洁化、象征性靠拢，不同于照搬枯山水的设计，此手法在吸取日本置石简洁凝练特点融入现代设计的同时，注重中国山水意象的表达，将石、水、植物在空间中组织成一幅山水画卷，并且新中式的置石材料以使用黑山石最为广泛，由古典庭园石景注重石形转而注重材质肌理的表现，进一步降低了中式置石的制作成本，更加亲民化。如图6~图8中典型的以"曲水流觞"为意向所营造的石景小品，根据《曲水流觞图》所衍生的现代石景观形式各异，其中设计者在把握画面意境神韵中都有各自理解，以现代的形式手法表达了文化上的书香、情绪上

图 5 绩溪博物馆（来源：李兴钢工作室）

图 6 曲水流觞图　　图 7 曲水流觞小品
（来源：网络）　　　（来源：网络）

图 8 苏州中航樾园内庭院曲水流觞小品
（来源：网络）

的乐感、视觉上的中和三方面典型的中国庭园审美意蕴。

五、结语

庭园置石作为空间中的点睛之笔，应用形式更是发展得丰富多样，从庭园置石的传统石文化与古典园林置石的意蕴、方法入手，了解中日古典庭园置石文化及其间的异同联系，能够有助于对我国古典园林有更深入的了解。笔者以此为基础来理解当代新中式庭园景观中不同置石手法的联系性，并阐述三类具有代表性的创新手法，希望能够为当代新中式景观置石处理厘清发展脉络，促进传统园林景观在本国文化意蕴中进行现代转化，建立文化自信、文化自觉、文化自知。

参考文献：

[1] 张家骥. 园冶全释 [M]. 太原：山西古籍出版社, 2002.

[2] 杨琪瑶, 张建林. 基于空间句法的狮子林主假山神秘性分析 [J]. 中国园林, 2018, 34(4):129-133.

[3] 张愚, 王建国. 再论"空间句法" [J]. 建筑师, 2004(3):33-44.

[4] 龙宇锋. 中日庭园景石艺术比较及科学内涵研究 [D]. 长沙：湖南农业大学, 2010.

[5] 赵晶晶. 中国古典置石艺术在现代园林中的应用研究 [D]. 广州：华南理工大学, 2012.

[6] 王德鹏. 中国的石文化与建筑用石传统初探 [D]. 西安：西安建筑科技大学, 2010.

[7] 彭一刚. 中国古典园林分析 [M]. 北京：中国建筑工业出版社, 2000.

[8] 宋元蕾. 苏州狮子林和日本枯山水石景艺术比较研究 [D]. 新乡：河南师范大学, 2016.

[9] 孙银宝. 中日古典园林石景艺术比较研究 [D]. 株洲：湖南工业大学, 2012.

[10] 何晓静. 基于造园古籍谱系的日本园林观念演变探析 [J]. 贵州大学学报（社会科学版）, 2020, 38(3):121-127.

基金项目：2020年天津市高校教学改革重点项目《设计学科创新型、复合型、应用型人才培养模式改革与实践》（A201007301）阶段性成果。

论石在公园景观营造中的三重表达——基于胡塞尔的艺术图像理论

李佩璇
中国艺术研究院

摘要：20世纪初，奥地利哲学家胡塞尔开始思考艺术图像的相关问题。不同于沃尔海姆的看见观点认为在绘画中同时看到绘画和媒介，胡塞尔认为图像具有三重性即图像物体、再现图像、和图像题材。本文将胡塞尔的这一观点引入到景观设计的领域，探讨并分析景观中石的多层次表达，并提出要以整体的思路探讨石的材、石的景观表现和主题之间的关系，以期为设计实践提供理论参考。

关键词：胡塞尔；图像；景观设计；石材

一、相关理论及研究现状

（一）胡塞尔的图像三重性

20世纪著名的现象学家胡塞尔（Edmund Husserl）在其图像现象学中将符合绘画作品特征的图像区分为三个再现图像，即"物理图像""再现图像或再现图像"与"图像题材"。"物理图像"类似于由画布、大理石、照片等物质。"再现图像"是指根据颜色、形式等呈现出来的外观。"图像题材"则是指再现图像所表达的主题。胡塞尔用一张小孩的黑白照片为例加以说明，他认为"物理图像"是洗印出来的相纸（有实体的），"再现图像"是在相纸上的小孩的图像（无实体的）、"图像题材"是真实的、具体的、现实中的这个小孩（有实体的）。

胡塞尔认为，这三种对象在我们的感知中形成一个互相争执的整体。我们可以这样来理解，一幅绘画作品的呈现即"再现图像"，必须要作为一幅涂有色彩颜料的画布"物理图像"，当我们去观看一幅绘画作品时，绝不能将其只视为一个现实的物理意义上的"物"，比如画布或照片，因此我们感知到的不仅是画布，物质材料同时也为感知"再现图像"起着最基础的作用。"再现图像"可以超越"物理图像"在感知中更为凸显出来，继而我们可以想象或联想到被"再现图像"所模仿的"图像题材"。这种所谓的模仿是建立在"再现图像"与"图像题材"之间存在相似性的基础上。比如，艺术家在平面的画布上描绘的事物不可能和实际客观存在的事物或想象中的事物达到完全的一致，通过绘画媒介（色彩或线条）在一个二维平面上将其感知到的世界展现出来的是趋近于事物本身的显现。从另一个角度上来说我们能够真正看到的画面是事物在画布上的显现（即"再现图像"），与客观事物本身（图像主题）相似但并不是其本身。

（二）研究现状

现象学是20世纪最有影响的哲学流派之一，其主要代表人物胡塞尔的观点是以自我主体为开始思考世界本原问题，从而否定以笛卡尔和康德为代表的纯粹的"唯我论"。现象学对于艺术史的研究发展已不算新鲜，但胡塞尔的美学见解或艺术观似乎很少未纳入我们的思考。

国内外关于现象学进入环境设计领域的研究，大体有两种倾向，一种受海德格尔的存在主义现象学影响，主要讨论栖居、在场性等；另一种受梅洛－庞蒂知觉现象学的影响，主要关注感知觉、联觉和体验等。胡塞尔生前著述鲜少直接触及艺术相关问题，直到胡塞尔的手稿被整理发表，人们才得以了解其诸多关于美和艺术的思考，关于艺术图像的解读才逐渐进入人们的视野中。

公园景观作为城市户外活动与交往的空间，具备为公众提供休闲、娱乐需求的功能，具备维持城市生态平衡，涵养水源的功能，同时是一个承载地域历史与文化，展现精神文明的一个重要场所。石在公园景观中的运用颇为常见，石材本身作为一种景观元素具有很强的观赏价值。笔者认为，胡塞尔的观点不仅适用于艺术史或美学研究，同样也可以推动设计领域的发展。通过检索相关文献发现，与胡赛尔有关的环境设计或景观设计的研究寥寥无几，均是从现象学角度进行的分析，尚未找到与胡塞尔的"图像三重性"有关的景观设计研究。本文将胡塞尔的"图像三重性"观点，带入园林景观石的营造中，将景观石空间作为图像进行分析，从该角度探索景观石带来的审美体验，以期为园林景观石的空间设计提供理论参考。

二、石在公园景观营造中的多层表达

胡塞尔在记录自己对艺术的思考时，所用于描述、阅读的图像多半为文艺复兴大师画作，但胡塞尔并未对绘画艺术产生过专门的兴趣，也未曾进行过艺术创作。尽管他所遗留的手稿中包含对某些绘画作品的解读，但都是在审美感知的角度下去分析这些艺术问题。因此，在审美的过程中，观者往往通过材质载体再现图像，并尝试理解或获取其中主题。而在景观设计的过程，设计师对于主题或题材的观察和选择是先于再现图像的。换句话说，以石材为物理图像的"再现图像"意在表达设计者最初设定的景观主题。两者在本质上的区别在于对图像的解读角度不同，却共同形成了图像的创作与接受的完整过程。本文将主要以二者的综合视角理解胡塞尔的"图像三重性"观点，解读石在景观中的表达。

（一）物理图像层——石材

从胡塞尔的"物理图像"角度理解景观空间，石材即物理图像。石材本身是一种现实的物，可以作为景观雕塑或小品、设施外在表现的部分。从材质上可以分为软石和硬石材。软石类一般体量较小，质地疏松，吸水性强，多用于室内盆景或小型庭院中；硬石类我们在景观中常见的石材有太湖石、千层石、泰山石、灵璧石等。由于石材品种众多，依据不同石材的不同属性，在空间景观中对石的选择可以根据空间功能和景观效果的需要。其一，从用途与寓意的角度来说，不同的石材因其纹理、平整度、光泽、颜色、质地的不同呈现出不同的质感，例如黄蜡石多为多色透色，呈现出润、透且细腻的特点。而泰山石则更为浑厚且兼具纹理，体现着宛如泰山之壮美、古朴的特点。正是因为这种质感的差异，在景观的设计中可以根据空间功能或景观主题来挑选合适的石材。其二，从游览者的感官或体验来说，不同的石材能带来不同的感官体验，例如太湖石形态各异、面凹凸不平且有穿孔，给人险峻之感，因此古典园林中常用太湖石作假山。这要求设计者对空间的体验感进行分析并思考何种质地能呈现出何种形式的石质景观以丰富游览者的丰富感官体验。其三，从材质所产生的美学意境来说，在三重性的图像关系中，"物理图像"的直接表述之一在于引出"再现图像"，在选择石材的过程中不能只看其外形和质感，还需要考虑石材所营造的景观造型应具有良好的可读性，便于游览者理解。同时注意石材的选择与景观整体风格的协调性，如选择自然石作景墙，石面天然、粗犷的肌理与树木搭配，在阳光的照射下形成斑驳的光影（图1），产生静谧、雅致的意境。

（二）再现图像层——景观表现

再现图像层是一种具有审美意义的图像，利用石材塑造的景观并不是随意地进行石材的堆砌，这种景观准确地说是一种审美的景观表现。石材在公园景观中的造景主要有下列几种形式：

1. 景观石。景观石指不经人工雕琢，有着自然美感的天然石材，拥有一定的独特形态、色泽、质地、纹理，具有独特的美感（图2）。景观石可以点缀在公园景观绿地中，以独景为景；或者放置于景观的视觉焦点处，起到点睛之笔（图3）；又或者参考中国山水画的构图，将其放置于视觉的一侧，通过有节奏地留白展现山水画的意境。不仅可以通过对"石"的巧妙设置，增加空间的趣味感和灵活性，还可以用石头植物、水景和其他景观搭配营造别样的意境。如千层石具有平整扁阔的外形，具有一定韵律感、层次感，在景观设计中可叠石利用层次作跌水景观，产生雅致、端庄的意境。

2. 石墙。石质的景观墙和文化墙在公园景观中较为常见（图4），有时也会与小喷泉搭配作景观水幕墙。一般选择用吸水性弱、安全性高的石材。可以分为自然石景墙和加工的石墙。自然石景墙面是指没有经过处理的天然形成的面，也有是人为敲击劈裂形成的凹凸起伏的石面。加工的石墙一般为在石材表面进行加工使其具有强烈的纹理感，如拉槽工艺。

3. 步石（图5）、石驳岸（图6）。汀步石在景观园林中常常使用，可以增强人与水的接触，增加亲水性。在公园景观中设置适当的步石的不仅可以增加空间的趣味性，还可以降低环境中的人工感，满足人们亲近自然的心理需求。通常应选择压缩强度大、耐磨性高、耐腐蚀的石材。砌石驳岸是用于河道两侧，作用是对河岸波纹进行处理和围护，同时兼具一定的美观性。

4. 假山。假山的主要功能是造景（图7），单独作为一处节点时往往也是一处视觉焦点，可以增添自然生趣，有时还兼具区分空间的功能。其布置需要考虑充分考虑原始的地形条件以确定山势，基本手法为叠石处理。

5. 石雕塑。雕塑具有极强的表现力和装饰性，将雕塑与景观综合可以使公共空间传达出更深层面的"图像主题"。如华中农业大学校内的雕塑，形状为逐渐变大的三角形，像一本缓缓翻开的书页，意为"从历史中走来"。

6. 枯山水。指由细砂、碎石和少量造型别致的石头摆放形成的景观，以为"枯的山与水"常见于庭院景观中，在公园景观中常作为半私密空间或小空间中的点缀。

上述介绍了几种景观表现的形式，在实际中往往灵活运用以丰富审

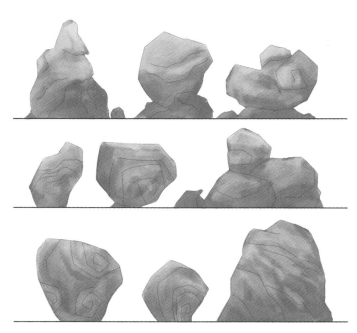

图2 景观石手绘立面

图3 淮安里运河滨水公园景观石　　图4 大运河森林公园石墙

图5 步石　　　　　　　　　　图6 石驳岸

图1 景墙上的光影

图7 假山

美体验。胡塞尔认为，我们不能把审美意义上的图像（再现图像）仅仅看作一个符号，通过这个符号去把握被再现的实体（图像主题），因为我们的审美兴趣在到达"图像主题"之后总是又回到"再现图像"。以文化公园为例，再现图像不应只作为体现文化的景观符号，景观表现不只在于其体现的主题，应该也具有美感，能带给人美的体验。例如，将典故运用在石材景观中则是以讲述或再现的形式塑造历史文化场景，以此完成对空间的历史想象与审美的提升。

（三）图像题材层——主题

对于空间主题我们可以从两个方面理解。一方面，主题是石质的景观物所体现出的主题。如形状如小狮子石塑名为"趴蝮"（图8）为古代镇水神兽。在这一图像中所呈现出来的主题是"趴蝮"本身，但作为神话传说其根本不存在实体，因此可以理解为观念上的实体。这样的主题表现出传统的祈福文化，在科技尚不发达的年代，古人将其石塑置于河边，寄托了保护一方平安、抵挡水患的愿望。另一方面，主题是景观空间所呈现出来的整体主题和氛围，因为石材景观主题的表达无法脱离景观空间的整体语境。无论哪一类景观空间都或多或少地呈现出共同的氛围。例如，城市公园往往突出地域性，森林公园往往凸显其生态主题，文化公园以某种特定文化为主题。例如，以扬州大运河三湾公园景观受到江南古典园林审美理想的影响，巧妙地置石手法中也体现着对江南园林文化的思考和表达。

图8 趴蝮

三、石与景观空间的图像整合

根据胡塞尔的观点，当我们观看一幅绘画时，我们不仅通过图像意识看"图像主题"，我们感兴趣的是这个主题如何在"再现图像"中以我们审美所能接受的方式显现出来。由此可见，无论看到的是画家所描绘的事物，还是平面的画布，画家的笔触、色彩或是其他任何，我们应该关注到的最重要的是所有对象是处在一种动态、联系的关系中。

可见，胡塞尔在图像理论中对图像的阐释已经不是建立在一个静态的、实体性的图像概念的基础之上，而是建立在一个动态的、生成的图像概念的基础之上，即共同构成一个图像事件。

值得一提的是，中国古代思想中存有与胡塞尔的"图像三重性"观点相似的从三个维度分析艺术相关问题的观点。如《易》之理见诸《诗》，《诗》之魂存乎《易》，骑驿于二者之间的，只是一个象。钱钟书先生在研究其相关性时认为易之象与诗之喻"理有相同"，即通过"象"尽意或比喻。我国学者庞朴在著作《一分为三》中梳理中国古代"道—象—器"的形象思维结构。事实上，道器关系的统一离不开"象"，这在中国古代设计的历史中不难找到依据，如作为宗教器物的博山炉（错金铜博山炉，西汉时期熏香所用器具）。"器"是其外观材质的体现，"象"是烟雾缭绕宛若仙境在脑海中感知形成的映像，"道"则是对于宗教的崇拜。古人将其作为一个完整统一的整体指导着器物的制作。

因此，以胡塞尔的"图像三重性"为视角进行研究时，不能只关注"物理图像""再现图像"和"图像题材"，还需要用动态的、联系的、生成性的眼光去探讨这一问题。石如何在景观中表达设计师想体现的主题？无论是山石造景、雕塑、铺装等在空间中的表达都不是片面的、割裂的，石材本身的质感与设计表现出的形式不是割裂的，形式与所表达的主题也不是割裂的。换句话说，当游览者进入一个特定的公共空间欣赏景观带来的感官体验的同时必然伴随着对空间的主题的关注和材质的观察。我们无法直接看到石的"主题"本身，我们看到的是设计出来的图像再现，这使得我们不得不用整体的、联系的方法才得以看到基本的全貌，这种联系不仅仅是向内的，也是向外的。"石"本身作为一种材料，自始至终不能脱离景观空间形成完整的"图像事件"，因为具有审美情感的形式不能离开语境的存在，明确的题材也并不能脱离形式，空有物理层面的石头固然无法体现题材，更不能表达景观空间中更深层的文化性或地域性。

四、结语

基于图像三重性的景观空间中石的设计并非将石质景观描绘为三个不同的图像，这种形而上的设计实际上更加危险。探讨这个问题本质意义在于避免石的多度类似设计造成的景观浮于表面的程式化，同时使石景观更便于解读，更容易唤醒人们对于主题的思考。图像三重性观点可以为设计实践提供三个不同的角度去理解石的表现，并最终以一个不可割裂的整体的眼光去审视内部联系，从而形成石材、景观表现和空间主题的和谐。

参考文献：

[1] 张红芸. 对胡塞尔与潘诺夫斯基关于艺术图像阐释问题的思考[J]. 商丘师范学院学报,2020,36(5):101-106.

[2] 庞朴. 当代学者自选文库 庞朴卷[M]. 合肥：安徽教育出版,1999.

[3] 罗晓玉. 园林置石在现代园林景观中的应用[J]. 现代园艺,2016(14):123.

丽江纳西族宝山石头城村"庇护型"空间图式研究

朱力 张旎

中南大学

摘要：宝山石头城村坐落于金沙江河谷的一块岩石之上，是整块天然巨石雕琢出来的生活世界。"石"对于村民不仅仅是一种建材，还与日常生活和精神信仰密切相关。本文运用"图式理论"，解析石头城村内在"尚石信仰"和外在"生存需求"双向驱动而成的"庇护型"空间图式，并从垂直和水平两个维度探析其图式的空间呈现，提出"石"是石头城村空间图式投射的主要媒介。

关键词：石营造；宝山石头城村；"庇护型"空间图式

一、宝山石头城村

宝山石头城村属丽江市玉龙纳西族自治县，位于玉龙雪山东北面的金沙江峡谷之中，2006 年被国务院公布为全国重点文物保护单位，在 2012 年被列入第一批中国传统村落名录，也是第三批中国少数民族特色村寨。村寨百余户建筑修建在一块 0.5 平方千米的蘑菇状天然岩石之上，总体走势由东南向西北、由高至低呈放射状分布，拥有山崖、河谷、山地等复合型地貌（图 1）。

图 1 宝山石头城村（内城与外城）全貌

二、"庇护型"空间图式的生成

"图式"指识别事物的组织结构[1]，是将客观对象进行抽象化概括和图形化处理后的一种心理认知模式。原广司提出"空间图式"由逻辑图式和情境图式双向的驱动机制塑造而成[2]。逻辑图式是一种根源性认知结构，例如纳西族长年累月所形成的"尚石"信仰和原始庇护心理，是根植于村民意识中的空间观念。情境图式由外在环境塑造而成，如宝山石头城村因常年战乱和外族入侵而生发出的一系列防御心理和空间石营造。逻辑图式是情境图式的内生性驱动，情境图式则将逻辑图式进行外在的呈现和拓扑式表达，两者耦合为石头城村"庇护型"空间图式。

（一）逻辑图式：内在"尚石"的民族信仰

逻辑图式生根于纳西族先民的原始信仰，是石营造的内在空间认知模式。我国纳西族聚居地主要分布于滇、川、藏交界的横断山脉区域，其中丽江和玉龙的纳西族占全族人口的 68.5%[3]。《纳西族早期民居》中记载着"石代表人类远祖美董阿普，心目中的胜利神，保护全氏族的安宁"。居住在玉龙雪山脚下的纳西族人依山筑屋、凿石筑寨、以石为居，逐渐生成了对神石的自然崇拜和祈求庇护的心理结构。

而宝山石头城也被称作"白石寨"，是古羌族由川迁滇的主要聚集地，因此在延续羌族祖先浓厚的"石崇拜"基础上，结合纳西族自身的"石信仰"，在当地衍生出了如"白石崇拜""飞石索巫术""谢石仪式""巨石求寿""东巴石卜"等浓厚的尚石文化。内在逻辑图式决定了"石"在村民生活中的崇高地位，并将在现实的生存挤压下以空间为载体被进一步牵引出来。

（二）情境图式：外在"寄石"的生存需求

情境图式是构建场景的结构性思维，它是在历史背景、地理环境、人文风俗等多重因素塑造而成的空间建造模式。石头城村始建于元至元年间（1264—1294 年），从原始时期到近代一直饱受战争纷扰。1253 年，忽必烈率领 10 万大军南征大理国，行军至丽江金沙江边的太子关天险，通过动物皮质所制的"革囊"渡江，进入石头城，留下了昆明大观楼长联中"元跨革囊"的军事典故。后因匪患猖獗，1926 年在北面崖壁低处修建"岩洞暗道"以直通城外。1949 年，中甸汪学鼎扫荡宝山乡，城外居民陆续搬入村内，凭借顽固的防御体系保护了村民安全。

常年存在外来入侵威胁的石头城村，因对安全性的极度需求，生成了"对外防守"和"对内掩护"的情境图式。对外借助"一夫当关，万夫莫开"的险要之势托举起整个村寨，依靠三面绝壁与周围环境保持疏离，对内通过空间多重围合为村民提供生存保障和心理庇护。

总而言之，"石"在此地不仅是信仰要素，更是宝山石头城村村民赖以生存的物质基础，其村落选址、方位朝向、建筑形制等都在"内在尚石信仰"和"外在的防御需求"的驱动下生成，在空间格局、构造、器具等方面呈现出"庇护型"空间图式。

三、"庇护型"空间图式呈现

阿普尔顿的"眺望—庇护理论"指出人类偏爱具有瞭望与掩护特征的环境[4]，即一个"能看见而不被看见"的地方，在自身被掩藏的前提下向外眺望开阔的环境。石头城从西南向东北所形成的俯冲式格局，在垂直方向形成巨大的"高度落差"，为村内居民提供了一种"眺望的猎人视野"，而这种眺望不仅旨在向外观测，更是为了通过"垂直性的空间疏离"与城外世界保持安全距离。

而"眺望"的目的并非在于对外的侵略，而是为了保持自身的"被庇护状态"。因此，"猎人"为了防止成为"猎物"，需要足够的"围合要素"制造庇护空间。石头城村村内的防御工事、街巷道路、民居形制等的规划与设计，都在水平方向传达出了"围合"的空间意向，通过对活动范围的"限制"塑造出心理层面的安全感。

石头城村险峻的地势、台层式的格局、明晰的边界、迂回曲折的街巷等，实质上是"逻辑图式"与"情境图式"双重驱动下的空间呈现，并从垂直和水平维度共同表达出异质同构的"庇护型空间图式"（图2）。

（一）垂直方向的疏离图式

石头城村选址的"剥离结构"和空间布局的"台层结构"，共同在垂直方向将村寨本体与外部世界分离，与周围环境形成了一定的物理性距离和心理震慑。在保证眺望视野的同时，将生存所需的资源环布于巨石周围。

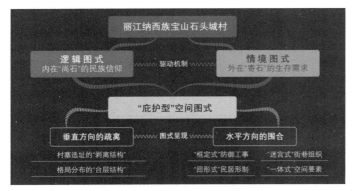

图2 石头城村"庇护型空间图式"研究框架

1. 村寨选址的"剥离结构"

石头城村百余户民居随岩就势的密布于巨石之上，西北面与东南面均为高30米的垂直峭壁。整体石地基高出江面200米，东面直插金沙江，西南面以烽火台为"顶点"由高至低向四面扩展，呈扇形放射状向东北面的金沙江河谷处延伸，与江面形成夹角，总体形成约500米垂直落差。

独特的选址将内城居民与外来者在空间上进行物理性隔绝。即使站在城外举目远望这个"突兀孤岛"，高耸的陡壁将不断传递出强烈的空间信号，以达到利用天然地势抵御外侵的目的。这种垂直性的空间隐喻通过与四周关系的"剥离"突出了村寨位置的"险"，也能给入侵者在心理上形成震慑。

2. 空间格局的"台层结构"

石头城村"三侧临空一面临江"的空间格局，形成了"背靠水源，面朝耕地"的台层结构，即将村寨腹地置于生存资源的中心。西坡最高处有"厄则开门"的天然水源，贯穿于整个村落至河谷最低处，村民将水源引入城内的生活系统，提高了日常取水和蓄水的便捷性。并依靠水势落差修葺了自流灌溉网，通过暗渠服务于下方农田。村民利用水利灌溉系统在东面陡坡临江处的沙滩河岸开垦梯田，种植了小麦、玉米、豌豆等农作物，提供了自给自足的安全生活保障。

整个石头城村被生存资源包裹在了最为安全的"中间台层"，上方清泉直通村内，层层梯田环绕于巨石下方，在村寨外围形成多层的资源梯度。这种空间格局的"台层结构"既保障了村民生产生活的基本需求，也给逃生路径提供了水路与陆路的多种选择，形成了多层防御梯度和安全梯度。

（二）水平方向的围合图式

奥斯卡·纽曼提出"防御空间"概念，由领域性、自然监视、印象、周围环境、安全毗连区五个设计要素构成[5]。宝山石头城村内城的规划均在水平方向以"围合"的方式呈现出"防御空间的设计特征"。如城内护城墙的线性包围、建筑的合院形制、不可移动的石制器具等体现防御空间的"领域性"。而居高临下的烽火台、多重拐角的"Z"字形街巷等则为"自然监视"提供了多重的视野。这种"围合"为城内居民提供了身体与心理的庇护场域，与垂直方向的"对外眺望"形成了互补关系。

1."框定式"防御工事

村寨的南侧与东侧筑有均高1.6米的弧形护城石墙，在墙体立面均开凿了三角形炮眼用于射击，在阻断外来入侵者必经之路的同时，通过人工屏障明确了空间边界。同时，村寨有且仅有两座城门与城外一条小道相连。北门的"过街楼"下辟门洞供行人出入，上置守卫台以供远眺。西南城门位于村寨高处，依绝壁而建，全部取石块砌筑而成，传递出"坚不可摧"的防御意向。西南城门上下设有烽火台和公共广场以作"观测节点"（图3）。烽火台位于村寨顶端，能够俯瞰整个山谷全貌，逐渐为村民提供了"自然监视"的地点。低处的公共广场东面与村寨内部相连，南面、北面、西面也筑有防御的石墙，是通往内城与外城的安全纽带。

整个石头城村的防御工事分工极其明确，村内少有功能模糊的空间区域，并通过"线性围合系统"和"网状监视系统"组成了天险之城的外围防御组织。以"边界框定"的方式划分出水平移动的固定范围，通过空间传递出强烈的"领域性"。

图3 宝山石头城村（内城）西南侧空间格局

2."迷宫式"街巷组织

石头城村的每一条街巷都从巨石上开凿而出，并用片状石块、瓦砾、卵石等材料铺地。街巷走势由民居形制和地形挤压而成，多以900转折的拐角，总体呈"Z"字形分布，道路均为宽度在1~2米间的羊肠小道，围合的狭窄道路提供了一定的阴影空间，为身体的行动提供了天然的遮蔽与掩护作用。道路虽狭窄、崎岖、陡峭但并不闭塞，街巷分支极多且四通八达（图4），并难以识别主路与岔路。陡转的街巷组织能够打破行人视野的连续性，不熟悉村内格局的入侵者无法直接透视村寨全貌和确保自身方位，每一次位移都需做出视野的调整。而对于村内居民而言，则成了一个适用于庇护自身的折角空间。这种模糊的道路走向和复杂的街巷分支呈现出"迷宫"特征，潜在地制造了行动阻碍，削弱了入侵者的行动便利性。

3."回形式"民居形制

随着纳西族与汉族、白族的文化交往，使得石头城村内的纳西族民居也呈现出"三坊一照壁，四合五天井"的合院建筑形制，建筑外墙以不易腐朽的石材为主，底层地基用高度约1~2米石砖砌筑，中段墙体由砖石和土坯垒砌而成，上段墙体则由木板制成。东侧坊为三层，一楼马厩和猪圈，二楼、三楼储粮食。正房一坊朝南，两层房屋用于生活起居。西侧坊为一层，用作厨房烹煮。"三坊"结合"北面的照壁"组成了封闭性的"回形合院"。此外，院落中天井的开口较小，旨在遮挡来自更

图4 宝山石头城村（内城）街巷实景

高处的窥探，进而提升村内家庭单元的防御功能。

"回形"民居形制以包裹的围合形态塑造出以家庭为单位的内部防御体，不仅在功能层面满足了村民的日常生活，也体现了"防御空间理论"中的"领域性"和"安全印象"要素，以此促进村民建立心理的庇护感。

4."一体式"空间要素

石头城村是从一整块巨石中"生成"的村寨，村内空间要素在巨石上"就地"雕刻而成，如石桌、石凳、石床、石炉、石磨、石灶、石缸、石盆等生活器具（图5），还有石墙、石篱笆、石阶、石柱、石畜槽、石寨门、石屋等构成要素，甚至有石质的财神爷和灶神爷，犹如从石头中自然生长而出，是纳西族村民生活需求和精神信仰的空间化表现。这种与巨石基地相连接的"一体式"空间要素生成模式，限制了石质品在水平方向的空间位移，村民围绕和依赖"石头"进行生活生产，而非仅仅将"石"作为一种砌筑材料。种种的石质品不仅有经久耐用和坚固不摧的功能，还蕴含着一种"恒在的永久性"意向，进而使村民在心理层面衍生出居住的安全感。

综上所述，垂直与水平的"异质同构"是"庇护型空间图式"在空

图5 宝山石头城村（内城）街巷实景
（从左至右：石磨、石灶、石床）

间营造中的投射，从村寨选址、村落格局、建筑形制和生活设施设备等方面共同组成宝山石头城村的立体防御系统。不仅注重对外的物理性防御，还通过空间的"石营造"为居民提供了心理上的庇护。

四、结论

石头历经了亿万年的风侵雨蚀，仍能以不朽形态见证纳西族居住空间历史的演变。"石"对宝山石头城的意义远超于材料层面的内涵，它早已成为生存活动不可分割的一部分，更是村寨"庇护型空间图式"的主要表达媒介。傍石而生、以石为穴的纳西族村民将对"石"的敬畏与依恋投射至空间营造中，赋予了"可破而不可夺坚"的人文表情和"永恒执守"的顽强性格，从"石"的自然属性中生发出情感意向。

参考文献：

[1]（瑞 士）Jean Piaget. The Language and Thought of the Child[M]. London: Routledge, 1926:45-50.

[2]（日）原广司. 空间——从功能到形态 [M]// 空间图式论. 张伦，译. 南京：江苏凤凰科学技术出版社，2017:146.

[3] 国家民族事务委员会. 纳西族概况 [M]// 民族问题五种丛书. 中国少数民族.

[4]（英）Appleton, Jay. The Experience of Landscape[M].John Wiley & Sons, London, 1975.

[5]（美）Newman, Oscar. Defensible space: Crime prevention through urban design. New York:Macmillan, 1972.

景观环境中的石质雕刻艺术分析

周雷　周海彬　赵晶
河南工程学院　福建商学院　周口师范学院

摘要：石质雕刻艺术作为景观环境设计中的必要组成元素，能够有效提升景观整体的艺术性和审美性。本文从石质雕刻艺术的内涵及分类出发进行探讨，进一步提出石质雕刻艺术在现代环境艺术设计中具有提升景观的人文价值和审美价值、促进空间格局整体和谐的作用及功能，在此基础上将石质雕刻艺术放于景观环境设计中的不同层面，探讨其与自然景观、人造景观和空间要素的组合效果及组合途径，以期为当今景观环境设计的可持续发展带来启示。

关键词：景观环境；石质雕刻艺术

一、石质雕刻艺术的内涵及分类

（一）石质雕刻艺术的内涵

石质雕刻艺术是造型艺术的重要分支，具有悠久的历史。从其概念界定来看，石质雕刻艺术是一种以石质材料为素材，运用浮雕、线刻及圆雕等雕刻技法创造实在体积和表现体，使人能够在一定空间范围内可视、可触的艺术形式。石质雕刻艺术作品往往具有深厚的内涵底蕴，是创作者用以表达感受，反映时代特性和寄托情感的依托。从其发源及演变历程来看，石质雕刻艺术自旧石器时期便开始成为原始先民的谋生手段，他们采用简易凿刻的方式在石头上绘制人物图像和抽象图案（图1）。在石质雕刻艺术发展早期，古人创作的石质雕刻艺术作品包括传统小型石器饰物、实用性较强的磨制石器、同于宗教性质的石器作品以及生活气息浓重的动物石雕。这一时期的石质雕刻艺术还不够成熟，处于浅显水平，石器作品与色彩的结合与应用也未见端倪。唐代的石雕艺术是中国雕塑史的巅峰时期，这一时期的石雕艺术不仅技艺高超，还融合了中外、南北方的不同艺术创作特点，为后世的雕刻艺术和表现手法树立了光辉的典范（图2）。在此奠基之下，石质雕刻艺术成为中华民族的工艺代表之一，享有"石破天惊""巧夺天工"之美称。从其当代价值来看，石质雕刻艺术发展至今已经成为景观环境设计和艺术研究领域内的重要话题，在空间场景设计和文化输出方面都具有关键作用。石质雕刻艺术凭借耐久性、可塑性强及传承性等多种优势，成为当今景观环境设计中不可或缺的重要元素。

（二）石质雕刻艺术分类

1. 按照艺术表现手法进行分类

石质雕刻艺术的种类多种多样，纷繁复杂，具有不同的呈现形式和功能价值。厘清不同石质雕刻艺术本身的特点和作用功效有助于我们深入把握和了解石质雕刻艺术与景观环境设计之间的关系。正如李雄飞在有关石质雕刻艺术与城市公共环境发展关系的探讨中提出的："我们就要对它们进行一定的分类与整合，来更好地区分和利用它们的空间装饰效果，以便于根据不同的城市公共空间景观环境进行创作，以达到更好的景观效果。"[1] 按照不同石质雕刻艺术表现手法进行划分，可以大致分为具象化石质雕刻艺术、抽象化石质雕刻艺术和意象化石质雕刻艺术。[2] 具象化石质雕刻艺术一般用于一些主题式或者具有人文纪念价值的景观设计中。具象化石质雕刻艺术的创作素材是来自现实世界中的真实物质和景象，创作过程则是对客观物质进行再加工后复原的艺术过程，在整个创作过程中要格外注重对于整体作品的比例把握和视觉透视关系，从而呈现出整体和局部严肃且细致的完美刻画。但是由于其设计表现较为直抒胸臆，给人们的想念留白较少，在景观环境设计中的应用局限性也较大。

抽象化石质雕刻艺术与工匠创作者和艺术设计者的主观理念关系较大，与具象化石雕艺术的特点不同，抽象化石雕艺术的创作素材具有抽象化、想象性的特点，它主要是运用点、线、面和体进行空间排列及自由组合创设雕刻作品的过程。抽象化石质雕刻艺术带给人的想象空间较大，如"一千个读者眼中就有一千个哈姆雷特"所说，不同人对于同一雕刻作品的主观感受和情绪感悟也稍有不同。抽象化石雕作品能够为景观环境增添娱乐性和趣味性，使整个场景更具艺术感染力和想象空间。

意象化石质雕刻艺术是融合具象化与抽象化艺术表现形式的产物，是一种兼具物化与想象两种特征的创作形式。他的艺术语言简明易懂，能让人们很快看懂，更便于理解。意象化石质雕刻艺术是设计者感性想象与理性客观物体的结合，人们在进行观赏时既能从中参透作品原型，也能感悟出作者所投入的深厚情感，从而成为在一般性常见事物形态之上进行创新，以艺术手法表现出来，带给人不同情感体验的混合石质雕刻方式。

2. 按照形式、空间尺度关系分类

"石质景观雕刻艺术与空间周边景观环境有着一定的联系与影响。"[3] 石质雕刻艺术作为场景搭建和设计元素的重要组成成分，与整体空间设置和周边元素有着紧密的联系，按照石质雕刻艺术呈现形式及空间尺度关系进行划分，有助于我们从另一个不同的角度出发探讨石质雕刻艺术与景观环境设计之间的关系。部分石质雕刻艺术在整体布局中所占位置比较重要，位于场景的中心部位，形成以此为核心的放射形态

图1 阿拉善岩画

图2 唐代石雕菩萨头像，天龙山石窟

石雕布局，这类石质雕刻艺术作品大都与场景主题密切相关，从而利用中央石雕作品突出主题，凸显文化元素的目的。如大部分城市广场在设计时会将英雄形象的石雕艺术作品放于广场中央，从而增添广场的人文价值，加深广场的美感表现力。除此之外，景观小品雕塑也是石质雕刻艺术的重要组成部分，它的作用范围具有空间局限性，通常与局部环境相关，在局部空间布景中起到直接点题和突出空间主旨的作用。

景观浮雕墙也称为面形装饰石景，它往往借助于"面"的形式达到围合空间和阻断空间的目的。他的设计理念和设计过程主要依靠绘画与石材本身特质作为支撑，由于石头原型千奇百怪，本身便具有不同的色泽、纹理、形状、光泽及质感[4]，呈现出的视觉感受也各有不同。因此石头原型即使不加修饰，也是景观墙设计中本真自然的艺术表现元素。石头原型中的青冈石、鹅卵石和大理石都是城市景观设计中最为受人青睐和喜爱的石质原料，通过将不同视觉呈现的石质原料进行组合搭配，拼凑成不同的形状和图案，不仅能够自然而然地组织路线及构造空间，还能够丰富景观地面设计，带给人身心舒适的视觉感受。另一种景观浮雕墙是借助于石质墙体这一承载物，使绘画艺术由平面展示变为立体化、多角度形式的表达，景观浮雕墙具有记录和写实的作用，它能够将某一历史事件及具有纪念价值的人物形象全面完整地呈现于石质墙体之上，带给人别样的视觉冲击（图3）。

景观地雕是一种最为常见和使用最多的石质雕刻艺术形式，我们可以在庙宇、古镇街景、现代化影视城和餐饮行业等多个景观工程中见到它的踪影，它适用于对单一化空间环境的装饰和点缀，使人们在娱乐时依旧拥有良好的空间体验感。俗话说"脚下有乾坤"，景观地雕的图案纹样选择一般颇有讲究，既有福禄寿喜地雕，寓意生活平安、祥和、家庭幸福美满；也有以花卉系纹样为主调的"宝莲花"地雕，人们拾级而上，寓意步步生莲（图4）。

二、石质雕刻艺术在现代环境艺术设计中的作用

（一）提升景观的人文价值和审美价值

中华民族自产生起便极为注重艺术中的对称美和和谐美，在石质雕刻艺术中也秉持此理念将方形和圆形等点、线结合构造出精巧作品，从已经出土的石质雕刻作品中，我们也能深刻感受其线条和形体的优美和谐，它们每一处与器物的其他各处都精准对称。不同时期的石雕艺术作品都承载着这一时期的文化特点和思想观念，从石质雕刻艺术中能够感悟到古时工匠的设计智慧和匠心精神，为当今景观设计和石雕创作提供参考价值和借鉴。石质景观雕刻艺术由于本身便具有民族文化、地域文化、历史性文化等多种内涵特性，在景观设计中加入石雕作品，能够凸显地区文化特色，增强观赏者的历史认同感和文化自信，拉近景观与人们之间的距离，大大提升景观环境的亲和力。同时，在现代化空间设计和景观搭建中融入石雕艺术作品，也能够进一步传承和延续历史文化，增添独属于中华民族的工艺，强化景观的文化表现力和审美价值。

（二）促进空间格局整体和谐

石质雕刻艺术在空间构造和空间搭配具有重要作用。首先，石质雕刻作品既有分割空间的作用，也有连接空间起到纽带的作用。人们偏爱的视觉欣赏在于受不同环境刺激自然而然的转变和衔接，对于石质雕刻来说，它既是既定空间内部的组成部分，也是不同特质空间形态的连接物和区分物。石质雕刻的介入不仅不会破坏已有空间设计和组成元素之间的协调关系，还能够丰富整个空间环境，增加空间与空间之间的层次感，使原本单一的线性设计变得具有节奏感和多元性。同时，石质雕刻作品既可以单独成体作为观赏物质，也可以依附于周围主景以填充和装饰物的角色出现。它极大的包容性使其能够与周围空间完美契合，产生遥相呼应、多边对应、对称等多种空间格局，进一步丰富设计，使空间形式多样，组合新颖。

三、石质雕刻艺术与景观环境其他组成元素的艺术构景研究

（一）石质雕刻艺术与空间要素融合构景

石质雕刻艺术产品作为环境设计中的重要一环，必须与景观环境中的其他组成元素之间达到完美契合和统一，才能加强景观的整体审美功能，达到最佳的观赏视觉水准。石质雕刻艺术随着形式空间与角色功能的不同，彼此间的组合方式也各有差异。在相关室外景观设计方面，石质景观雕刻艺术的基本组合方式大致可划分发散式组合、组团式组合和密布规则式组合[5]。从石质雕刻艺术本身与整体空间的相互作用来看，石质雕刻艺术产品可以在空间中以点状分散的方式对景观空间进行点缀，从而间接突出设计主旨；它也可以通过精准预测和设计后与空间完美融合，使空间布局具有层次感；除此之外，部分石质雕刻艺术作为空间走向的引导，其位置与空间走向相匹配，使场景各元素之间的组合搭配更具流畅性。在室内场景设计中，石质雕刻艺术作品以室内装饰和砖雕艺术形式出现。它以室内装饰角色出现时，必须保障室内布局合理性，与其他周围的元素相得益彰。而它以砖雕艺术形式出现时，大多起到空间隔断的作用，从而使建造空间的墙体具有艺术欣赏性。这时石质雕刻艺术在空间中的位置选择与空间的划分直接相关，在融合构景时必须考虑整体空间的地形与尺度等多种因素，从而达到理想化的空间呈现效果。

（二）石质雕刻艺术与自然景观的构景

石质雕刻艺术与自然景观共同构景，能够巧妙地将自然和人工艺术元素结合起来，使景观兼具时代艺术价值和传统文化欣赏价值。在景观设计与石质雕刻艺术融合构景中，最为常见的自然景观有植物和水景两种。植物景观与石质雕刻艺术的搭配常见组合形式有单独石质雕刻艺术与空旷草地、石质雕刻艺术与花团映衬以及乔木与散落的石质雕刻艺术等。在现代中式庭院设计及造景中，最为常见的石质雕刻艺术与植物组合便是松树造型与置石的搭配，"石配松而华，松配石而坚"，石质雕刻艺术的形状与松枝生长方向和造型息息相关，使其仿佛具有了生命力，攀附松树而自我延伸。石质雕刻艺术作为一种人工艺术产物与自然环境

图3 人民英雄纪念碑浮雕

图4 "宝莲花"地雕

中的植物形成鲜明的视觉对比，使大自然鬼斧神工下的本真产物与人为匠心设计下的艺术作品遥相呼应，达到"雕饰"与"去雕饰"两者的完美融合。水景景观与石质雕刻艺术的组合包括"主题景观柱+喷泉""自然水域+景观小品雕塑"两种。城市公共园林的景观设计中，通常以人工喷泉为主要设计，加入石质雕刻艺术景观柱为辅助设计，石头与流水相互碰撞，两者互相呼应，呈现出动中有静，静中有动的视觉冲击，为观赏者带去视觉、听觉的双重观景体验。

（三）石质雕刻艺术与人为景观的构景

人为景观是与自然景观相对应的概念，石质雕刻艺术本身也是属于人为景观的一种。随着人们欣赏观念的不断提升，按照自我意识和群体需要而搭建出的景观更加符合人们的常规视觉需求和空间需要。在石质雕刻艺术与人为景观融合构景中，按照确定景观设计主旨、明确创作形式、厘清创作尺度、选择创作石材及根据空间布局确定置入位置的步骤进行艺术工作，从而保证空间尺度和文化元素能够被充分考虑进来，实现石质雕刻艺术与人为景观环境、主旨、风格和形式的高度统一。石质雕刻艺术在城市公共园林中具有功能性和审美性的双重属性：一方面，它较大的体量能够作为明显的指示物，帮助人们辨别方向；另一方面，作为园林中其他建筑群体之间的连接物，它能够降低园林建筑突然出现的突兀感，实现人为建筑物与自然环境的完美融合。地方特色及历史文化是石质雕刻艺术与人造景观联合布景的重要考虑因素，无论是从石质雕刻艺术材质的选择还是风格造型的确认方面，都不可避免会受到地域性文化的影响。

四、结语

中国现代石质雕刻艺术研究者应当将传统"完善统一"的设计理念作为指导原则，主动汲取中外传统艺术精华，将其浓缩和融汇于现代景观设计中，多角度、全方位地对比分析后进行借鉴与完善，使石质雕刻艺术具有简约性、生态性和极致性等多重属性。在此基础之上，将其显现于实践行动中，将中国传统文化元素和本土特色符号用于石质雕刻艺术作品生产，锻造出具有中国特色的现代石景之路。

参考文献：

[1] 李雄飞.国外城市中心商业区与步行街[M].天津：天津大学出版社,1996.

[2] 周琦.城市公共空间石质景观雕刻艺术创作理论及其实践研究[D].西安：西安建筑科技大学,2013.

[3] 吴涤新,何乃深.园林植物景观[M].北京：中国建筑工业出版社,2002.

[4] 林佳.中国石景观的艺术设计表象研究[D].长春：吉林建筑大学,2014.

[5] 梁思成.中国雕塑史[M].天津：百花文艺出版社,2006.